Bosch Fachinformation Automobil

Elektrik und Elektronik

Elektronische Systeme im Kfz im Überblick (einschließlich Lichttechnik)
Vernetzung
Bussysteme
Architektur elektrischer Systeme und EMV
Elektronische Bauelemente im Kfz
Steuergeräte, Aktoren und Mechatronik
Sensoren im Kraftfahrzeug - Allgemeine Einführung
Sensormessprinzipien
Sensorausführungen
Energiebordnetze
Starterbatterien
Generatoren
Startanlagen
Schaltzeichen und Schaltpläne

Werkstatt-Technik

Werkstatt-Technik

Zeitlich zurückliegende Themen

Benzineinspritzsysteme der Vergangenheit
Zündsysteme der Vergangenheit
Benzineinspritzsystem L-Jetronic
Benzineinspritzsystem K-Jetronic
Benzineinspritzsystem KE-Jetronic
Benzineinspritzsystem Mono-Jetronic
Zündkerzen (frühere Systeme bis 1994)
Reiheneinspritzpumpen
Regler für Reiheneinspritzpumpen
Kantengesteuerte Verteilereinspritzpumpen
Aufschaltgruppen für Verteilereinspritzpumpen
Magnetventilgesteuerte Verteilereinspritzpumpen
Dieseleinspritzsysteme im Überblick (frühere Systeme bis 1995)
Antiblockiersystem ABS (frühere Systeme bis 2002)
Hydroaggregate und Steuergeräte für ABS (frühere Systeme bis 2002)
Druckluftanlagen für Nutzfahrzeuge 1 - Grundlagen, Systeme und Pläne (frühere Systeme bis 1998)
Druckluftanlagen für Nutzfahrzeuge 2 - Geräte (frühere Systeme bis 1994)
Bremsanlagen für Personenkraftwagen (frühere Systeme bis 1994)
Adaptive Cruise Control (ACC) (frühere Systeme bis 2002)
Lichttechnik Grundlagen (frühere Systeme bis 2002)
Lichtelemente am Fahrzeug (frühere Systeme bis 2002)
Scheibenreinigung (frühere Systeme bis 2002)
Lichttechnik (frühere Systeme bis 1998)
Sicherheits- und Komfortsysteme: Insassen-Sicherheitssysteme, Fahrsicherheitssysteme und Triebstrang, Informationssysteme, Scheinwerferanlagen, Reinigungsanlagen, Diebstahlschutz, Komfortsysteme (frühere Systeme bis 1998)
Generatoren (frühere Systeme bis 2002)
Starter (frühere Systeme bis 2002)
Generatoren (frühere Systeme bis 1995)
Startanlagen (frühere Systeme bis 1996)
Batterien (frühere Systeme bis 1997)
Schaltzeichen und Schaltpläne (frühere Systeme bis 1999)
Werkstatt-Technik (frühere Systeme bis 2002)

www.bosch-fachinformation-automobil.viewegteubner.de

VIEWEG+ TEUBNER

Abraham-Lincoln-Straße 46
65189 Wiesbaden
Fax 0611.7878-400
www.viewegteubner.de

Konrad Reif (Hrsg.)

Batterien, Bordnetze und Vernetzung

Mit 178 Abbildungen

Bosch Fachinformation Automobil

VIEWEG+
TEUBNER

Bibliografische Information der Deutschen Nationalbibliothek
Die Deutsche Nationalbibliothek verzeichnet diese Publikation in der Deutschen Nationalbibliografie; detaillierte bibliografische Daten sind im Internet über <http://dnb.d-nb.de> abrufbar.

Der Inhalt dieses Buches erschien bisher unter den Titeln:
Batterien und Bordnetze
Vernetzung im Kraftfahrzeug
herausgegeben von der Robert Bosch GmbH, Plochingen

1. Auflage 2010

Lektorat: Christian Kannenberg | Elisabeth Lange

Vieweg+Teubner Verlag ist eine Marke von Springer Fachmedien.
Springer Fachmedien ist Teil der Fachverlagsgruppe Springer Science+Business Media.
www.viewegteubner.de

Umschlaggestaltung: KünkelLopka Medienentwicklung, Heidelberg
Technische Redaktion: Gabriele McLemore
Satz: FROMM MediaDesign, Selters/Ts.
Druck und buchbinderische Verarbeitung: MercedesDruck, Berlin
Gedruckt auf säurefreiem und chlorfrei gebleichtem Papier.
Printed in Germany

ISBN 978-3-8348-1310-7

Vorwort

Die Technik im Kraftfahrzeug hat sich in den letzten Jahrzehnten stetig weiterentwickelt. Der Einzelne, der beruflich mit dem Thema beschäftigt ist, muss immer mehr tun, um mit diesen Neuerungen Schritt zu halten. Mittlerweile spielen viele neue Themen der Wissenschaft und Technik in Kraftfahrzeugen eine große Rolle. Dies sind nicht nur neue Themen aus der klassischen Fahrzeug- und Motorentechnik, sondern auch aus der Elektronik und aus der Informationstechnik. Diese Themen sind zwar für sich in unterschiedlichen Publikationen gedruckt oder im Internet dokumentiert, also prinzipiell für jeden verfügbar; jedoch ist für jemanden, der sich neu in ein Thema einarbeiten will, die Fülle der Literatur häufig weder überblickbar noch in der dafür verfügbaren Zeit lesbar. Aufgrund der verschiedenen beruflichen Tätigkeiten in der Automobil- und Zulieferindustrie sind zudem unterschiedlich tiefe Ausführungen gefragt.

Gerade heute ist es so wichtig wie früher: Wer die Entwicklung mit gestalten will, muss sich mit den grundlegenden wichtigen Themen gut auskennen. Hierbei sind nicht nur die Hochschulen mit den Studienangeboten und die Arbeitgeber mit Weiterbildungsmaßnahmen in der Pflicht. Der rasche Technologiewechsel zwingt zum lebenslangen Lernen, auch in Form des Selbststudiums.

Hier setzt die Schriftenreihe „Bosch Fachinformation Automobil" an. Sie bietet eine umfassende und einheitliche Darstellung wichtiger Themen aus der Kraftfahrzeugtechnik in kompakter, verständlicher und praxisrelevanter Form. Dies ist dadurch möglich, dass die Inhalte von Fachleuten verfasst wurden, die in den Entwicklungsabteilungen von Bosch an genau den dargestellten Themen arbeiten. Die Schriftenreihe ist so gestaltet, dass sich auch ein Leser zurechtfindet, für den das Thema neu ist. Die Kapitel sind in einer Zeit lesbar, die auch ein sehr beschäftigter Arbeitnehmer dafür aufbringen kann.

Die Basis der Reihe sind die fünf bewährten, gebundenen Fachbücher. Sie ermöglichen einen umfassenden Einblick in das jeweilige Themengebiet. Anwendungsbezogene Darstellungen, anschauliche und aufwendig gestaltete Bilder ermöglichen den leichten Einstieg. Für den Bedarf an inhaltlich enger zugeschnittenen Themenbereichen bietet die siebenbändige broschierte Reihe das richtige Angebot. Mit deutlich reduziertem Umfang, aber gleicher detaillierter Darstellung, ist das Hintergrundwissen zu konkreten Aufgabenstellungen professionell erklärt. Die schnelle Bereitstellung zielgerichteter Information zu thematisch abgegrenzten Wissensgebieten sind das Kennzeichen der 92 Einzelkapitel, die als pdf-Download zur sofortigen Nutzung bereitstehen. Eine individuelle Auswahl ermöglicht die Zusammenstellung nach eigenem Bedarf.

Im Laufe der Neukonzeption dieser Schriftenreihe ist es nicht möglich, alle Produkte gleichzeitig inhaltlich neu zu bearbeiten. Dies geschieht demnach Zug um Zug.

Der vorliegende Band „Batterien, Bordnetze und Vernetzung" behandelt Energiebordnetze, Starterbatterien, Schaltzeichen und Schaltpläne, elektromagnetische Verträglichkeit, Vernetzung, Bussysteme und Architekturen elektronischer Systeme. Er setzt sich aus den früheren gelben Heften „Batterien und Bordnetze" und „Vernetzung" in der bisherigen Form zusammen. Eine inhaltliche Neubearbeitung wird folgen. Neu erstellt wurde das Stichwortverzeichnis, um die Inhalte dieses Buchs rasch zu erschließen.

Friedrichshafen, im Juni 2010 Konrad Reif

Inhaltsverzeichnis

Bussysteme

Architektur elektronischer Systeme

Autorenverzeichnis

Batterien und Bordnetze

Autoren

Dipl.-Ing. Clemens Schmucker,
Dipl.-Ing. Reinhard Meyer (Energiebordnetze),
Dipl.-Ing. Clemens Schmucker (Elektrisches Energiemanagement),
Dipl.-Ing. Markus Beck,
Dipl.-Ing. (FH) Bernd Moosmann (Bordnetzauslegung),
Dipl.-Ing. Wolfgang Kircher,
Dipl.-Ing. Werner Hofmeister (Kabelbäume),
Dipl.-Ing. Andreas Simmel (Steckverbindungen),
Dipl.-Ing. Ingo Koch (Starterbatterien),
Dr.-Ing. Wolfgang Pfaff (Elektromagnetische Verträglichkeit)

Vernetzung im Kraftfahrzeug

Autoren und Mitwirkende

Dipl.-Ing. Stefan Mischo,
Dipl.-Ing. (FH) Stefan Powolny,
Dipl.-Ing. Hanna Zündel,
Dipl.-Ing. (FH) Norbert Löchel,
Dipl.-Inform. Jörn Stuphorn, Universität Bielefeld,
Dr. Rainer Constapel, DaimlerChrysler AG Sindelfingen,
Dipl.-Ing. Peter Häußermann, DaimlerChrysler AG, Sindelfingen,
Dr. rer. nat. Alexander Leonhardt, DaimlerChrysler AG Sindelfingen,
Dipl.-Inform. Heiko Holtkamp, Universität Bielefeld

Soweit nicht anders angegeben, handelt es sich um Mitarbeiter der Robert Bosch GmbH, Stuttgart.

Energiebordnetze

Das Energiebordnetz eines Kfz besteht aus dem Generator als Energiewandler, einer oder mehreren Batterien als Energiespeicher und den elektrischen Geräten als Verbraucher. Mithilfe der Energie aus der Batterie wird der Fahrzeugmotor über den Starter gestartet. Im Fahrbetrieb müssen Zünd- und Einspritzanlage, Steuergeräte, die Sicherheits- und Komfortelektronik, die Beleuchtung und weitere Geräte mit Strom versorgt werden. Der Generator liefert hierfür sowie zum Laden der Batterie die benötigte elektrische Energie.

Gestiegene Ansprüche an Komfort und Sicherheit führen zu einem erheblichen Anstieg des Energiebedarfs im Bordnetz. Zudem setzt sich der Trend fort, immer mehr Fahrzeugkomponenten zu elektrifizieren (z. B. Sitzverstellung, elektrische Feststellbremse, elektrische Lenkhilfe). Die Nennleistung der Generatoren reicht von ca. 1 kW im Kleinwagen bis über 3 kW in der Oberklasse. Das ist weniger, als die Verbraucher in der Summe benötigen. Das bedeutet, dass zeitweise auch die Batterie im Fahrbetrieb Energie liefern muss. Alle Komponenten sollten so dimensioniert sein, dass die Ladebilanz der Batterie im Betrieb stets positiv oder zumindest ausgeglichen ist.

Elektrische Energieversorgung

Aufgabe des Energiebordnetzes

Bei laufendem Motor liefert der Generator Strom (I_G, Bild 1). Damit der Generator die Batterie laden kann, muss er die Bordnetzspannung über die Batterie-Leerlaufspannung anheben. Das kann der Generator jedoch nur, wenn die zugeschalteten Verbraucher ihm nicht mehr Strom abverlangen, als er liefern kann. Ist der Verbraucherstrom I_V im Bordnetz höher als der Generatorstrom I_G (z. B. bei Motorleerlauf), so wird die Batterie entladen. Die Bordnetzspannung sinkt auf das Spannungsniveau der belasteten Batterie.

Der maximale Generatorstrom hängt stark von der Drehzahl und der Generatortemperatur ab. Bei Motorleerlauf kann der Generator nur 55...65 % seiner Nennleistung abgeben. Direkt nach einem Kaltstart bei niedrigen Außentemperaturen ist der Generator jedoch in der Lage, ab mittlerer Motordrehzahl bis zu 120 % seiner Nennleistung in das Bordnetz zu speisen. Wenn der Motor warm ist, heizt sich der Motorraum abhängig von der Außentemperatur und der Motorbelastung auf 60...120°C auf. Hohe Motorraumtemperaturen verursachen hohe Wicklungswiderstände, die die maximale Generatorleistung reduzieren.

Über die Auswahl von Batterie, Generator, Starter und der anderen Verbraucher

1 Schematische Darstellung des Energiebordnetzes

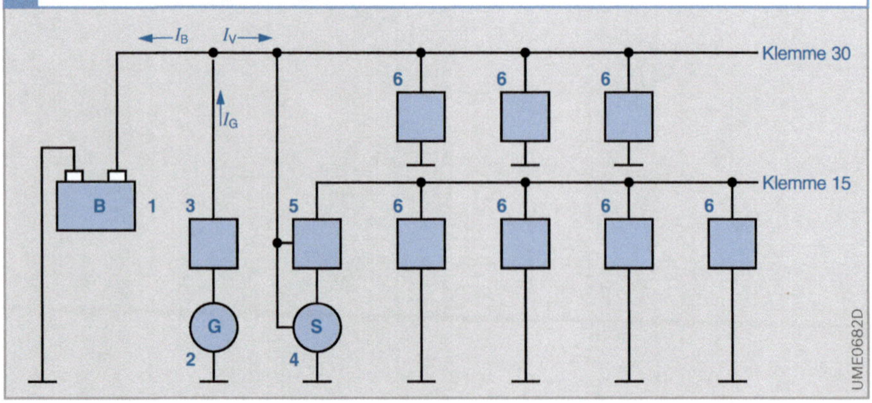

Bild 1
1 Fahrzeugbatterie
2 Generator
3 Generatorregler
4 Starter
5 Fahrtschalter
6 Verbraucher

I_B Batteriestrom
I_G Generatorstrom
I_V Verbraucherstrom

im Bordnetz muss eine ausgeglichene Ladebilanz der Batterie sichergestellt werden, sodass

- immer ein Starten des Verbrennungsmotors möglich ist und
- nach Abstellen des Motors bestimmte elektrische Verbraucher noch eine angemessene Zeit betrieben werden können.

Aufbau und Arbeitsweise des 14-V-Bordnetzes

Schematische Darstellung

Das elektrische System im Kraftfahrzeug lässt sich als Zusammenspiel des Energiewandlers (Generator), des Energiespeichers (Batterie) und der Verbraucher darstellen (Bild 1). Bei abgezogenem Zündschlüssel werden nur wenige Verbraucher mit Spannung versorgt (z. B. Diebstahlalarmanlage, Autoradio, Standheizung). Der Anschluss, über den diese Verbraucher versorgt werden, wird als *Klemme 30* (Dauerplus) bezeichnet.

Die übrigen Verbraucher sind an *Klemme 15* angeschlossen. In Fahrtschalterstellung *Zündung ein* wird die Batteriespannung auf diese Klemme geschaltet, sodass nun alle Verbraucher an die Stromversorgung angeschlossen sind.

Der Generator wird über den Keilriemen von der Kurbelwelle angetrieben und wandelt die mechanische Leistung in elektrische Leistung. Der Generatorregler begrenzt die abgegebene Leistung so weit, dass die im Regler eingestellte Sollspannung (14,0...14,5 V) nicht überschritten wird.

Batterieeinbaulagen

Die Batterie ist bei den meisten Autos im Motorraum untergebracht. Eine große Batterie (z. B. 100 Ah) nimmt jedoch sehr viel Platz in Anspruch und kann bei beengten Motorraumverhältnissen u. U. nicht eingebaut werden. Ein weiteres Argument gegen einen Einbau im Motorraum kann die hohe Umgebungstemperatur sein. Eine Alternative ist der Einbau im Kofferraum oder im Fahrgastraum (z. B. unter Beifahrersitz).

Einfluss der Einbaulage auf die Ladespannung

Die Leitung zwischen der im Motorraum eingebauten Batterie und dem Generator ist kürzer als beim Einbau im Kofferraum. Das wirkt sich auf den Leitungswiderstand und damit direkt auf den Spannungsfall auf der Leitung aus. Der Widerstand ist proportional zur Leitungslänge und umgekehrt proportional zum Leitungsquerschnitt. Geeignete Leitungsquerschnitte und gute Verbindungsstellen, deren Übergangswiderstände sich auch nach längerer Betriebszeit nicht verschlechtern, halten Spannungsfälle klein.

Bild 2a zeigt die Verhältnisse für den Einbau im Motorraum. Der Spannungsfall U_{D1} am Leitungswiderstand R_{L1} beträgt

$U_{D1} = R_{L1} \cdot I_G$, mit

$I_G = I_V + I_B$

I_G Generatorstrom,

I_V Verbraucherstrom von R_{V1} und R_{V2},

I_B Batterieladestrom.

2 Einbaulagen der Batterie

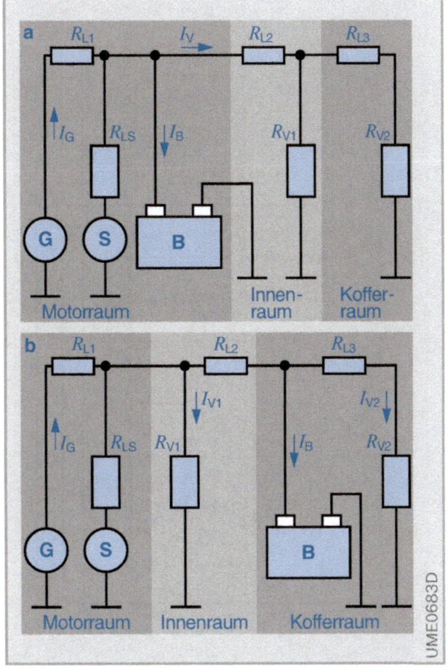

Bild 2
a Einbau im Motorraum
b Einbau im Kofferraum

G Generator
B Batterie
S Starter
R_L Leitungswiderstände
R_V Verbraucherwiderstände
I_G Generatorstrom
I_V Verbraucherstrom
I_B Batterieladestrom

Die im Kofferraum eingebaute Batterie benötigt eine längere Zuleitung mit dem zusätzlichen Leitungswiderstand R_{L2} (Bild 2b). An diesem Widerstand entsteht der Spannungsfall

$U_{D2} = R_{L2} \cdot (I_B + I_{V2})$, mit
I_{V2} Verbraucherstrom von R_{V2}.

Aufgrund des höheren Spannungsfalls ist die Ladespannung für die im Kofferraum eingebaute Batterie also geringer. Die zusätzliche von R_{L2} verursachte Spannungsdifferenz kann durch eine Erhöhung des Sollwerts der Generatorspannung ausgeglichen werden. Dadurch wird die Leistung des Generators höher.

Einfluss der Einbaulage auf Startfähigkeit

Die Startfähigkeit hängt von der am Starter anliegenden Spannung ab. Je höher dieser Wert ist, desto höher ist beim Startvorgang die Drehzahl des Starters. Einen entscheidenden Einfluss auf diese Spannung hat aufgrund des hohen Starterstroms der Widerstand der Zuleitung. Für die Variante mit der im Kofferraum eingebauten Batterie ist die Leitung zwischen Batterie und Starter länger als beim Motorraumeinbau, entsprechend höher ist der Widerstand und somit auch der Spannungsfall. Für eine gute Startfähigkeit ist somit der Batterieeinbau im Motorraum mit kurzen Leitungen zum Starter günstiger.

Einfluss der Umgebungstemperatur

Hohe Temperaturen, wie sie im Motorraum auftreten können, führen zu temperaturbedingten Effekten in der Batterie (z. B. Gasung), die sich negativ auf die Lebensdauer der Batterie auswirken. Hohe

3 Drehstrom-Brückenschaltung

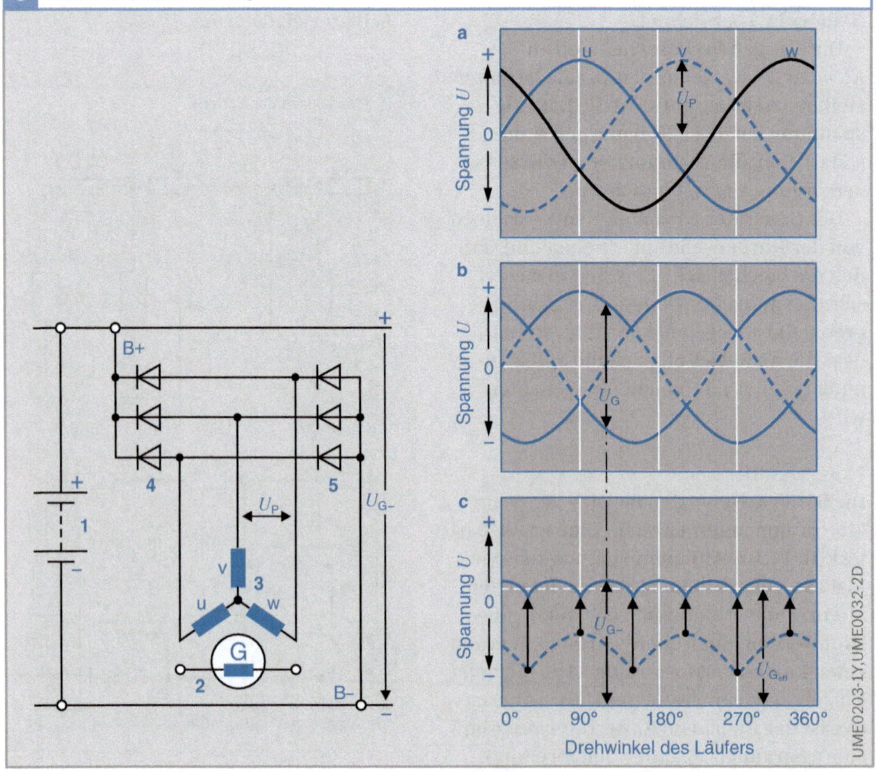

Bild 3
- a Dreiphasen-Wechselspannung
- b Generatorspannung, durch die Hüllkurven der positiven und negativen Halbwellen gebildet
- c gleichgerichtete Generatorspannung

- U_P Phasenspannung
- U_G Spannung am Gleichrichter (Minus nicht an Masse)
- U_{G-} Generator-Gleichspannung (Minus an Masse)
- U_{Geff} Effektivwert der Gleichspannung

1. Batterie
2. Erregerwicklung des Generators
3. Ständerwicklung
4. Plus-Dioden
5. Minus-Dioden

Temperaturen in der Batterie können durch Abschirmung reduziert werden.

Bei niedrigen Außentemperaturen dauert es lange, bis die im Kofferraum eingebaute Batterie warm wird. Zu niedrige Batterietemperaturen führen zu einer schlechten Ladefähigkeit. Dies wiederum führt zu einer schlechten Ladebilanz und damit zu einem niedrigen Ladezustand (SOC, State of Charge). Das beschleunigt den Alterungsprozess der Batterie (Sulfatisierung).

Einfluss der Einbaulage auf Spannungsstabilität

Da nur Gleichstrom in Batterien gespeichert werden kann, muss der im Generator erzeugte Wechselstrom gleichgerichtet werden. Diese Aufgabe übernimmt ein Diodengleichrichter, der im Generator integriert ist (Bild 3). Durch das Gleichrichten der Wechselspannung entsteht eine wellige Gleichspannung, indem die Dioden die Spitzen aus den Wechselspannungswellen „herausschneiden" (Bild 3c). Außerdem entstehen durch das Schalten der Dioden - wenn der Strom von einer Diode zur nächsten kommutiert - hochfrequente Spannungsschwingungen, die zum größten Teil durch den im Generator eingebauten Entstörkondensator geglättet werden.

Elektronische Verbraucher (z. B. Steuergeräte) können durch die Spannungsspitzen oder die Spannungswelligkeit gestört oder sogar beschädigt werden. Durch ihre große Kapazität kann die Batterie die Spannungsschwankungen glätten. Aufgrund des Leitungswiderstands R_L zwischen Generator und Batterie werden sie jedoch am Generator nicht vollständig unterdrückt. Sind die Verbraucher batterieseitig (Bild 4a) oder hinter der Batterie angeschlossen (z. B. R_{V1} und R_{V2} in Bild 2a), werden sie mit der weitgehend geglätteten Bordnetzspannung versorgt. Sind die Verbraucher generatorseitig, also direkt am Generator angeschlossen (Bild 4b), so sind sie einer größeren Spannungswelligkeit und größeren Spannungsspitzen ausgesetzt.

Es empfiehlt sich, spannungsunempfindliche Verbraucher mit hoher Leistungsaufnahme in Generatornähe und spannungsempfindliche Verbraucher mit niedriger Leistungsaufnahme in Batterienähe anzuschließen.

Leistung der Verbraucher

Verbraucherklassifizierung

Die elektrischen Verbraucher haben unterschiedliche Einschaltdauern (Bild 5). Man unterscheidet zwischen

- Dauerverbrauchern, die immer eingeschaltet sind (z. B. Elektrokraftstoffpumpe, Motormanagement),
- Langzeitverbrauchern, die bei Bedarf eingeschaltet werden und dann für längere Zeit eingeschaltet sind (z. B. Abblendlicht, Autoradio, elektrisches Kühlergebläse) und
- Kurzzeitverbrauchern, die nur kurz eingeschaltet sind (z. B. Blinker, Bremslicht, elektrische Sitzverstellung, elektrische Fensterheber).

4 Anschlussmöglichkeiten von Verbrauchern

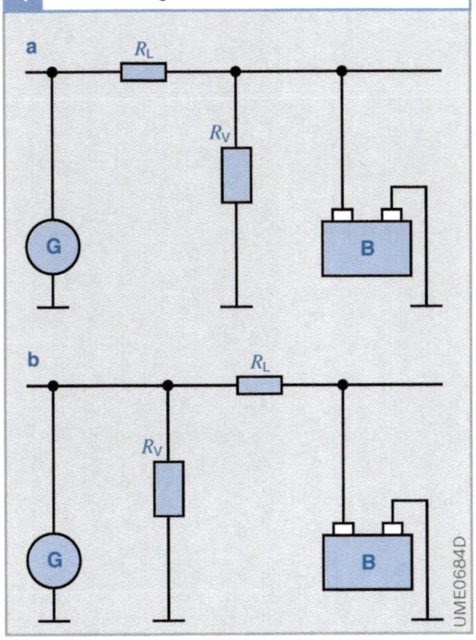

Bild 4
a Batterieseitiger Anschluss von Verbrauchern
b generatorseitiger Anschluss von Verbrauchern

G Generator
B Batterie
R_L Leitungswiderstand
R_V Verbraucherwiderstand

5 Leistungsbedarf von elektrischen Verbrauchern im Bordnetz (Beispiele mit Durchschnittswerten)

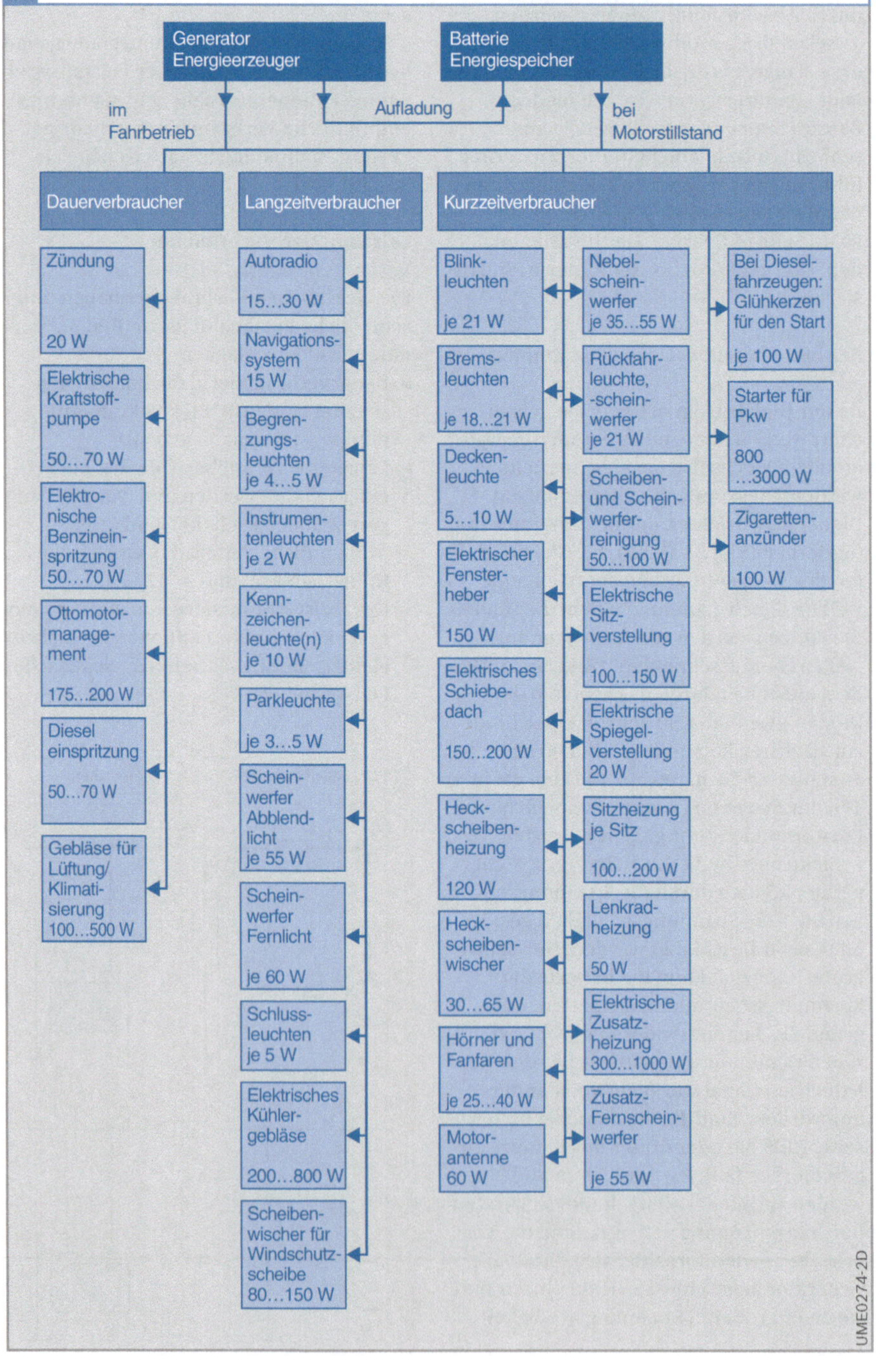

Die Benutzung einiger elektrischer Verbraucher hängt von der Außentemperatur ab. Insbesondere die verschiedenen Heizungen (z. B. Front- und Heckscheibenheizung, Sitzheizung) werden nur bei Bedarf bei Fahrtbeginn für eine begrenzte Zeit eingeschaltet.

Vom Motorlüfter wird die größte Leistung bei Fahrzeugstillstand (also bei Motorleerlauf mit geringer Stromerzeugung des Generators) angefordert, weil die Kühlung der Fahrtwinds fehlt. Der Kühler wird bei Bedarf auch nach Abstellen des Motors zugeschaltet, um einen Wärmestau im Motorraum zu verhindern. Dieser Verbraucher deckt somit einen großen Anteil seines hohen Energiebedarfs aus der Batterie ab.

Fahrzeitabhängige Verbraucherleistung

Die benötigte Verbraucherleistung ist während einer Fahrt nicht konstant. Sie ist insbesondere in den ersten Minuten nach dem Start sehr hoch und sinkt dann ab (Bild 6):

- Eine elektrische Frontscheibenheizung benötigt zum Abtauen der Scheibe für 1...3 Minuten nach dem Start bis zu 2 kW.
- Die Sekundärluftpumpe, die Luft direkt hinter dem Brennraum zum Nachverbrennen des Abgases einbläst, läuft bis zu 3 Minuten nach dem Start.
- Weitere Verbraucher wie Heizung (Heckscheibenheizung, Sitzheizung, Außenspiegelheizung usw.), Gebläse und Beleuchtung sind je nach Situation kürzer oder länger eingeschaltet.

Nach einigen Minuten sind diese Verbraucher ausgeschaltet. Die Verbraucherleistung wird dann vorwiegend von den Dauerverbrauchern (z. B. Motormanagement) und den Langzeitverbrauchern bestimmt.

Ruhestromverbraucher

Verschiedene Steuergeräte bzw. Verbraucher benötigen auch bei abgestelltem Fahrzeug eine Stromversorgung. Der Ruhestrom setzt sich aus der Summe aller dieser eingeschalteten Verbraucher zusammen. Die meisten schalten kurze Zeit nach Abstellen des Motors ab (z. B. Innenraumbeleuchtung), einige hingegen sind immer aktiv (z. B. Diebstahlwarnanlage).

Der Ruhestrom muss von der Batterie geliefert werden. Der maximale Wert des Ruhestroms wird von den Fahrzeugherstellern definiert. Die Dimensionierung der Batterie richtet sich u. a. nach diesem Wert.

Typische Werte für den Ruhestrom in einem Pkw liegen bei ca. 3...10 mA.

Stromabgabe des Generators

Wesentliche Bestandteile des Generators sind der feststehende Stator (Bild 7, Pos. 3) und der im Stator drehende Rotor (2), der über den Keilriemen von der Kurbelwelle angetrieben wird. In den drei Statorwicklungen wird eine elektrische Wechselspannung induziert (Drehstromgenerator), wenn in der Rotorspule ein Strom fließt (Erregerstrom) und damit ein Magnetfeld aufgebaut wird. Der Erregerstrom wird vom erzeugten Generatorstrom abgezweigt (Selbsterregung). Die induzierte Spannung hängt von der Drehgeschwindigkeit des Rotors und von der Höhe des Erregerstroms ab. Die erzeugte Wechselspannung wird von Dioden (5) gleichgerichtet.

Da die im Generator induzierte Spannung von der Generatordrehzahl und so-

6 Verbraucherleistung in Abhängigkeit der Fahrzeit

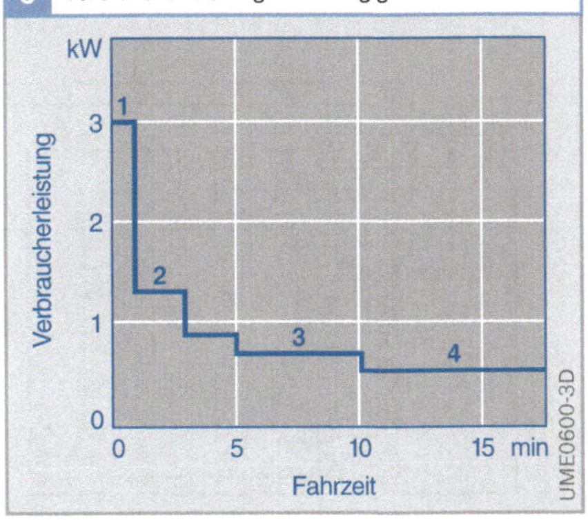

Bild 6
1 Frontscheibenheizung
2 Sekundärluftpumpe
3 Heizung, Gebläse usw.
4 Dauer- und Langzeitverbraucher

mit auch von der Motordrehzahl abhängt, ist die Spannung bei niedrigen Drehzahlen gering. Bei Motorleerlaufdrehzahl n_L kann der Generator bei gängigen Übersetzungsverhältnissen (Kurbelwellen- zu Generatordrehzahl) von 1:2,5 bis 1:3 nur einen Teil seines Nennstroms abgeben (Bild 8). Der Nennstrom wird unter Volllast bei der Generatordrehzahl 6 000 min^{-1} erreicht. Um die nominale Generatorleistung zu erreichen, muss die im Fahrbetrieb erreichte mittlere Drehzahl hoch genug sein. Fahrzyklen mit hohem Leerlaufanteil sind besonders kritisch, weil die verfügbare Generatorleistung so niedrig ist, dass bei hoher eingeschalteter Verbraucherleistung die Batterie entladen wird.

Ist die Generatorspannung höher als die Batteriespannung, fließt ein Batterieladestrom in die Batterie und lädt diese auf. Die Spannung wird vom Generatorregler begrenzt, sodass sich die Bordnetzspannung von ca. 14 V einstellt.

Die Leistungserzeugung durch den Generator hat Einfluss auf den Kraftstoffverbrauch. Der Mehrverbrauch bei 100 W elektrischer Leistung liegt in der Größenordnung von 0,17 *l* auf 100 km Fahrstrecke und ist abhängig vom Wirkungsgrad des Generators und vom Wirkungsgrad des Verbrennungsmotors.

Spannungsregelung im Bordnetz

Erzeugung des Erregermagnetfelds im Start

Damit in den Statorwicklungen eine Spannung induziert werden kann, ist ein Magnetfeld im Rotor erforderlich. Bei niedrigen Drehzahlen nach dem Start ist eine Selbsterregung nicht möglich. Die erste Erregung des Generators nach dem Start wird deshalb von der Batterie übernommen.

Das Drehmoment eines unter Last laufenden Generators würde den Startvorgang und die Leerlaufstabilisierung des Verbrennungsmotors behindern. Deshalb regeln moderne Regler den Erregerstrom während der Startphase auf einem gerin-

8 Generatorstromabgabe I_G in Abhängigkeit von der Generatordrehzahl

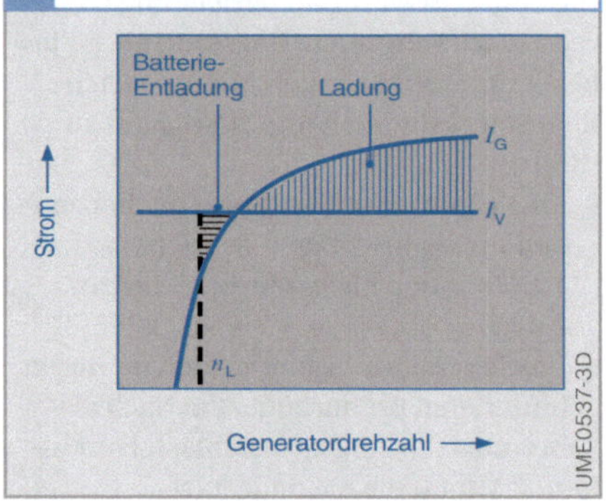

Bild 8
I_V Verbraucherstrom
I_G Generatorstrom
n_L Motorleerlaufdrehzahl

7 Zusammenspiel von Generator, Generatorregler und Batterie

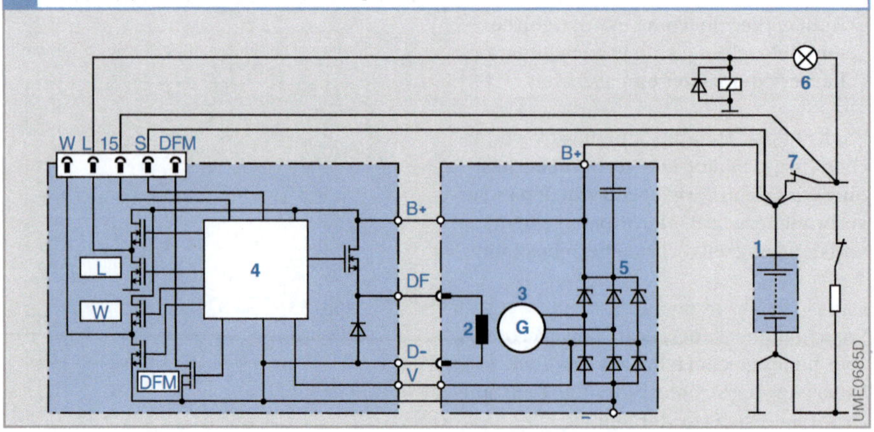

Bild 7
1 Batterie
2 Rotor des Generators
3 Stator des Generators
4 Generatorregler
5 Gleichrichterdioden
6 Ladekontrollleuchte
7 Fahrtschalter

gen Niveau ein (gesteuerte Vorerregung). Die Stromerzeugung wird bis nach dem Hochlauf des Motors verzögert (Load-Response Start, LRS). Die Verbraucher werden bis dahin von der Batterie versorgt.

Spannungsregelung im Fahrbetrieb

Der Regler stellt das Erregermagnetfeld über einen pulsweitenmodulierten (PWM) Strom in der Rotorwicklung so ein, dass die Spannung an B+ dem vorgegebenen Sollwert entspricht. Die Frequenz des PWM-Signals beträgt 40...200 Hz, das Tastverhältnis hängt davon ab, wie viel Leistung die Verbraucher anfordern. Bei einer Laständerung ändert sich die Bordnetzspannung, worauf der Regler durch Anpassen des PWM-Signals das Erregermagnetfeld so einstellt, dass die Spannung nachgeführt wird.

Der Anschluss der Erregerwicklung wird als DF (Dynamo Feld) bezeichnet. Der Generatorregler gibt das PWM-Signal als DFM (DF-Monitor) aus, um andere Steuergeräte über die Auslastung des Generators in Kenntnis zu setzen.

Der Regler benötigt zur Regelung den Wert der Batteriespannung. Er erhält ihn über den Anschluss B+. Bei einer langen Zuleitung und hohen Strömen auf dieser Leitung kann der Spannungsunterschied zwischen Batterie und Regler groß sein, sodass die Leistungserzeugung des Generators reduziert ist und die Batterie möglicherweise umzureichend geladen wird. Abhilfe kann hier der S-Anschluss bieten, über den mit einem separat am Pluspol der Batterie angeschlossenen Kabel dem Regler die Batteriespannung zugeführt wird.

Die Bus-Anbindung des Reglers (z. B. LIN-Bus) ermöglicht die Variation des Sollwerts, auf den geregelt werden soll. Damit sind Funktionen wie z. B. Rekuperation möglich. Die Funktion Load-Response Fahrt (LRF) regelt im Fahrbetrieb nach Zuschalten einer hohen Last und dem damit verbundenen plötzlichen Spannungseinbruch die Generatorspannung rampenförmig wieder auf den Sollwert. Dadurch wird verhindert, dass der Generator den Verbrennungsmotor sprunghaft belastet.

Ladekontrollleuchte

Die Ladekontrollleuchte wird vom Generatorregler angesteuert. Sie leuchtet bei *Zündung ein* und geht aus, wenn der Generator Strom liefert. Sobald der Regler einen Fehler erkennt (z. B. Generatorausfall durch Keilriemenbruch, Unterbrechung oder Kurzschluss im Erregerstromkreis, Unterbrechung der Ladeleitung zwischen Generator und Batterie), schaltet er die Ladekontrollleuchte ein.

Laden der Batterie

Die ideale Batterieladespannung muss aufgrund der chemischen Vorgänge in der Batterie bei Kälte höher, bei Wärme niedriger sein. Die Gasungsspannungskurve gibt die maximale Spannung an, bei der die Batterie nicht gast. Der Generatorregler begrenzt die Spannung, wenn der Generatorstrom I_G größer ist als die Summe aus benötigtem Verbraucherstrom I_V und dem temperaturabhängigen maximal zulässigen Batterieladestrom I_B.

Regler sind üblicherweise an den Generator angebaut. Bei größeren Abweichungen zwischen Reglertemperatur und Batteriesäuretemperatur ist es von Vorteil, die Temperatur für die Spannungsregelung direkt an der Batterie zu erfassen.

Die Anordnung von Generator, Batterie und Verbrauchern beeinflusst den Spannungsfall auf der Ladeleitung und damit die Ladespannung. Sind alle Verbraucher batterieseitig angeschlossen, fließt auf der Ladeleitung der Gesamtstrom $I_G = I_B + I_V$. Durch den hohen Spannungsfall ist die Ladespannung entsprechend niedriger. Sind dagegen alle Verbraucher generatorseitig angeschlossen, ist der Spannungsfall auf der Ladeleitung niedriger, die Ladespannung höher. Der Spannungsfall kann vom Regler mit unmittelbarer Messung des Spannungs-Istwertes an der Batterie berücksichtigt werden.

Bordnetzstrukturen

Ein-Batterie-Bordnetz

Bild 1 zeigt ein Ein-Batterie-Bordnetz, wie es im Pkw-Bereich vorwiegend zu finden ist. Als Energiespeicher dient eine Batterie, die sowohl den Strom für den Startvorgang liefert als auch die Energieversorgung für die Verbraucher bei fehlender (Motorstillstand) oder unzureichender (Leerlaufphasen) Generatorleistung übernimmt. Dieses Konzept ist derzeit am meisten verbreitet, da es die kostengünstigste Lösung für die Energieversorgung im Kraftfahrzeug darstellt.

Nachteile des Ein-Batterie-Bordnetzes

Bei der Auslegung einer Fahrzeugbatterie für das Ein-Batterie-Bordnetz, die sowohl den Starter als auch die weiteren Verbraucher im Bordnetz versorgt, muss ein Kompromiss zwischen verschiedenen Anforderungen gefunden werden. Während des Startvorganges wird die Batterie mit hohen Strömen (300...500 A) belastet. Der damit verbundene Spannungseinbruch wirkt sich nachteilig auf bestimmte Verbraucher aus (z. B. Unterspannungsreset bei Geräten mit Mikrocontroller) und sollte so gering wie möglich sein.

Im Fahrbetrieb fließen dagegen nur noch vergleichsweise geringe Ströme. Für eine zuverlässige Stromversorgung ist die Kapazität der Batterie maßgebend. Beide Eigenschaften - Leistung und Kapazität - lassen sich nicht gleichzeitig optimieren.

Zwei-Batterien-Bordnetz

Bei Bordnetzausführungen mit zwei Batterien - Startspeicher und Versorgungsbatterie - werden durch das Bordnetzsteuergerät die Batteriefunktionen *Bereitstellung hoher Leistung für den Startvorgang* und *Versorgung des Bordnetzes* getrennt (Bild 9), um den Spannungseinbruch im Bordnetz beim Start zu vermeiden und einen Kaltstart auch bei einem niedrigen Ladezustand der Versorgungsbatterie sicherzustellen.

Startspeicher (Startbatterie)

Der Startspeicher muss nur für eine begrenzte Zeit (Startvorgang) einen hohen Strom liefern. Er wird daher auf eine hohe Leistungsdichte (hohe Leistung bei geringem Gewicht) ausgelegt. Weil er ein klei-

9 Zwei-Batterien-Bordnetz (Ansicht)

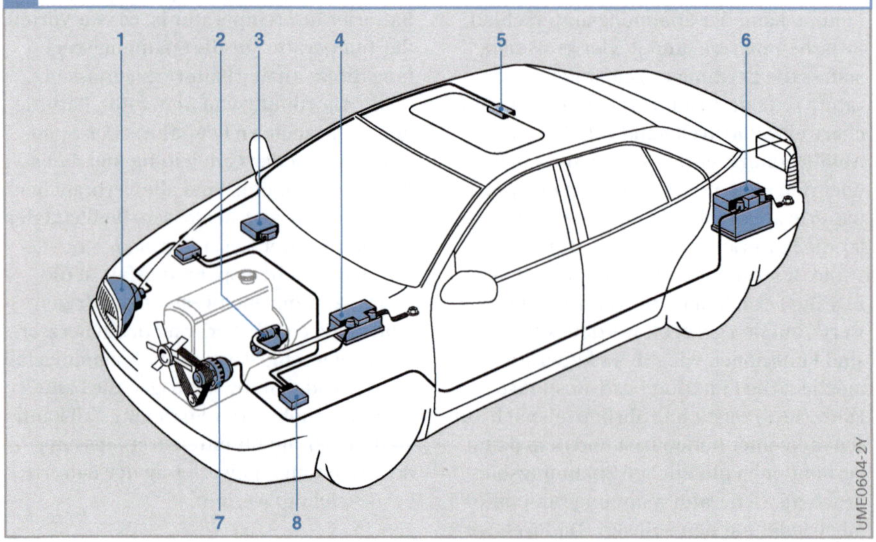

Bild 9
1 Lichtanlage
2 Starter
3 Motormanagement
4 Startbatterie
5 weitere Bordnetzverbraucher (z. B. elektrische Schiebedachbetätigung)
6 Versorgungsbatterie
7 Generator
8 Lade-/Trennmodul

nes Volumen hat, kann er in der Nähe des Starters eingebaut und mit diesem über eine kurze Zuleitung (niedriger Spannungsfall auf der Leitung) verbunden sein. Die Kapazität ist reduziert.

Versorgungsbatterie

Die Versorgungsbatterie ist ausschließlich für das Bordnetz (ohne Starter) vorgesehen. Sie liefert Ströme zur Versorgung der Bordnetzverbraucher (z. B. ca. 20 A für das Motormanagement). Sie ist stark zyklisierbar, d. h., sie kann große Energiemengen bereitstellen und speichern. Die Dimensionierung richtet sich im Wesentlichen nach der erforderlichen Kapazitätsreserve für eingeschaltete Verbraucher, den Verbrauchern bei stehendem Motor (Ruhestromverbaucher, z. B. Empfänger für Funkfernbedienung der Zentralverriegelung, Diebstahlwarnanlage) und der zulässigen Entladetiefe.

Bordnetz-Steuergerät

Das Bordnetz-Steuergerät im Zwei-Batterien-Bordnetz (Bild 10, Pos. 3) trennt den Startspeicher und den Starter vom übrigen Bordnetz, solange dieses von der Versorgungsbatterie ausreichend versorgt werden kann. Es verhindert damit, dass sich der vom Startvorgang verursachte Spannungseinbruch im Bordnetz auswirkt. Bei abgestelltem Fahrzeug verhindert es eine Entladung des Startspeichers durch eingeschaltete Verbraucher und Stillstandsverbraucher.

Durch die Trennung der Startspeicherseite vom übrigen Bordnetz besteht auf dieser prinzipiell keine Einschränkung für das Spannungsniveau. Damit kann die Ladespannung über DC/DC-Wandler optimal an die Versorgungsbatterie angepasst werden, sodass die Ladedauer minimiert wird.

Bei leerer Versorgungsbatterie ist das Steuergerät in der Lage, beide Bordnetzbereiche vorübergehend zu verbinden und damit das Bordnetz über den vollen Startspeicher zu stützen. In einer weiteren möglichen Ausführung schaltet das Steuergerät für den Start nur die startrelevanten Verbraucher auf die jeweils volle Batterie.

10 Zwei-Batterien-Bordnetz (Schema)

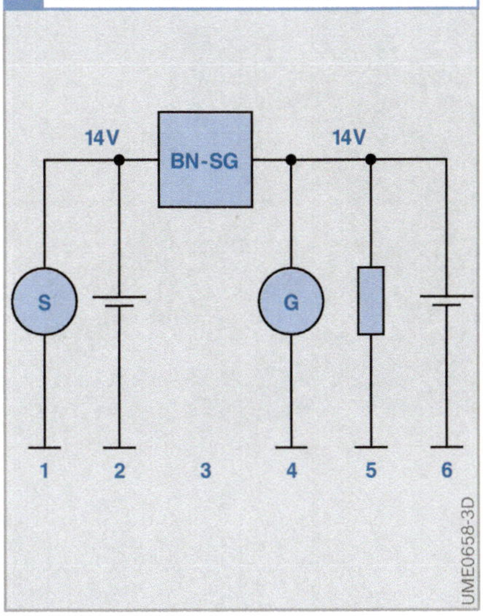

Bild 10
1 Starter
2 Startbatterie (Startspeicher)
3 Bordnetzsteuergerät (BN-SG)
4 Generator
5 elektrische Verbraucher
6 Versorgungsbatterie

Generator-Geschichte(n)

Die Einführung der elektrischen Beleuchtung anstelle der Kutschenbeleuchtung am Kraftfahrzeug der Jahrhundertwende hing von der Verfügbarkeit einer geeigneten Stromquelle ab. Die Batterie für sich allein kam auf die Dauer dafür nicht in Betracht, da sie – wenn entladen – erst nach dem Aufladen außerhalb des Wagens wieder betriebsfähig war. Etwa im Jahr 1902 entstand bei Robert Bosch das Muster einer „Lichtmaschine" (jetzt Generator genannt). Sie bestand hauptsächlich aus Dauermagneten als Ständer, einem Anker mit Kommutator und einem Unterbrecher für die Zündung (Bild). Die eigentliche Schwierigkeit lag aber darin, dass die erzeugte Spannung von der stark wechselnden Motordrehzahl abhing.

Die weiteren Bemühungen konzentrierten sich deshalb auf die Entwicklung einer Gleichstrom-Lichtmaschine mit Spannungsregelung. Schließlich führte die von der Maschinenspannung abhängige elektromagnetische Steuerung des Feldwiderstands auf den richtigen Weg. Mit diesem um 1909 erreichten Stand der Erkenntnisse ließ sich eine vollständige „Licht- und Anlasseranlage für Kraftfahrzeuge" realisieren. Sie kam 1913 auf den Markt und umfasste eine Lichtmaschine (spritzwasserdicht gekapselte 12-Volt-Gleichstrom-Dynamomaschine mit Nebenschlussregelung und 100 W Nennleistung), eine Batterie, einen Regler- und Schaltkasten, einen Freilaufanlasser mit Fußstufenschalter und verschiedene lichttechnische Komponenten.

UME0664Y

Elektrisches Energiemanagement (EEM)

Motivation

Reduktion des Kraftstoffverbrauchs

Die Reduktion des Kraftstoffverbrauchs und der Treibhausgase, insbesondere CO_2, ist ein wesentliches Ziel der Fahrzeughersteller. Erreicht werden soll dies durch eine Optimierung der Energieflüsse im Kraftfahrzeug. Maßnahmen zur Erreichung dieses Ziels sind z. B.:

- Vermeidung der Leerlaufverluste durch Stopp-Start-Funktion (automatisches Abstellen und Wiederstart des Motors z. B. bei Rotphasen an Ampeln).
- Erhöhung des Wirkungsgrads der elektrischen Leistungserzeugung durch Optimierung des Generators und eine intelligente Generatoransteuerung (Rekuperation).
- Elektrisch angetriebene Nebenaggregate, um durch Entkopplung vom Verbrennungsmotor eine bedarfsgerechte Ansteuerung zu ermöglichen.

Elektrischer Leistungsbedarfs

Diese Maßnahmen führen zu einem steigenden elektrischen Leistungsbedarf und gleichzeitig zu einem reduzierten Drehzahlangebot für die elektrische Leistungserzeugung (z. B. durch Stopp-Start-Betrieb). Neue Komfort- und Sicherheitsfunktionen (z. B. elektrische Servolenkung, elektrische Wasserpumpe, PTC-Zuheizer, elektrische Klimatisierung bei Fahrzeugen mit Stopp-Start-Funktion) erfordern zusätzlich elektrische Leistung, sodass es hilfreich ist, ein Elektrisches Energiemanagement (EEM) zu integrieren.

Aufgabe des EEM

Das EEM steuert die Energieflüsse und stellt gleichzeitig die elektrische Energieversorgung sicher, um die Startfähigkeit des Fahrzeuges zu erhalten und „Liegenbleiber“ durch entladene Batterien zu reduzieren. Das EEM stabilisiert zudem die Batteriespannung und optimiert die Verfügbarkeit von Komfortsystemen – auch bei Motorstillstand. Dies kann erreicht werden durch Sicherstellen einer positiven oder zumindest ausgeglichenen Ladebilanz während des Fahrbetriebs und ei-

1 Elektrisches Energiemanagement EEM)

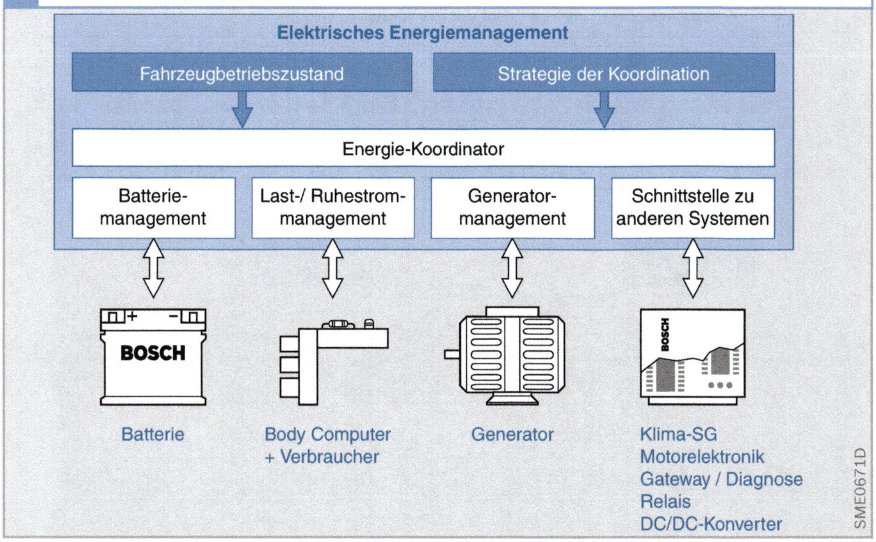

ner Überwachung des Energiebedarfs bei Motorstillstand. Zudem können durch koordiniertes Schalten von elektrischen Verbrauchern Spitzenlasten reduziert werden. Dies wird im EEM koordiniert (Bild 1).

Die Auswirkungen der getroffenen Maßnahmen konkurrieren teilweise miteinander. Zum Beispiel führt das Abschalten von Komfortverbrauchern zu Komforteinbußen, das Verbot der Stopp-Start-Funktion zu erhöhtem Kraftstoffverbrauch. Abhängig vom Fahrzeughersteller wird das eine oder andere bevorzugt und dementsprechend werden die möglichen Maßnahmen zur Sicherstellung der Ladebilanz priorisiert.

Nutzen des EEM

Der Bedarf und der Nutzen eines EEM werden in der Pannenstatistik des Allgemeinen Deutschen Automobil-Clubs (ADAC) dokumentiert. Seit Jahren sind Batteriepannen ein Schwerpunkt in der Statistik. Sie zeigt aber auch, dass die Zahl der entladenen Batterien gegenüber defekten Batterien überwiegt und der Anteil an Batteriepannen jährlich weiter steigt, bei Fahrzeugen mit EEM jedoch abnimmt.

Funktionen des EEM

Lastmanagement im Ruhemodus (Ruhestrommanagement)

Das Ruhestrommanagement überwacht den Batteriezustand und damit die Startfähigkeit bei abgestelltem Motor. Mit Hilfe einer genauen Batteriezustandserkennung kann über das Ruhestrommanagement die Verfügbarkeit von Verbrauchern optimiert werden, d. h., die Einschaltdauer der Komfortverbraucher kann maximiert werden. Bei drohendem Verlust der Startfähigkeit kann das EEM z. B. eine Botschaft an das Anzeigemodul senden, um den Nutzer zu informieren. Zudem wird das Lastmanagement bei Annäherung an die Startfähigkeitsgrenze den Energieverbrauch reduzieren (z. B. Leistungsreduzierung des Klimagebläses) bis hin zum Abschalten einzelner Verbraucher, um die Startfähigkeit möglichst lange zu erhalten (Bild 2).

Beispiele für solche Komfortverbraucher sind Standheizung und Infotainmentkomponenten wie Navigationssystem, Radio und Telefon.

2 Beispiel für Verbraucherabschaltung zum Erhalt der Startfähigkeit

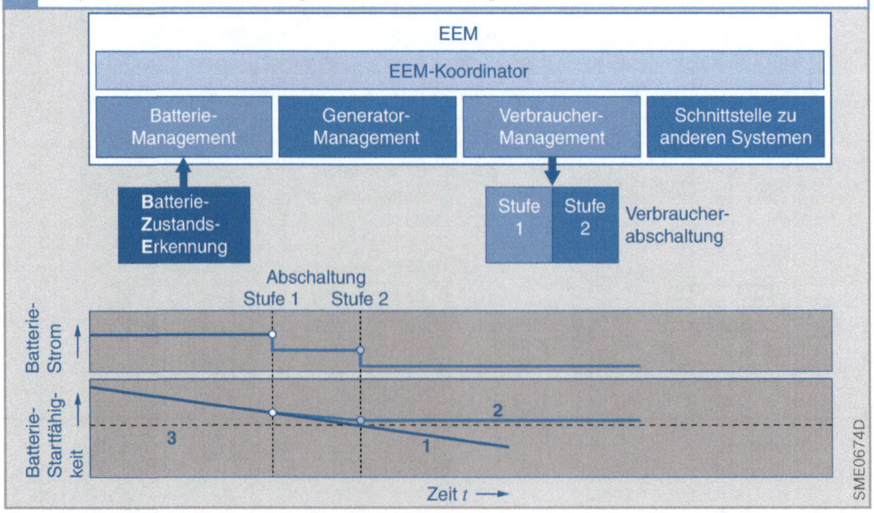

Bild 2
1 Verlauf ohne EEM: Verlust der Startfähigkeit
2 Verlauf mit EEM: Erhalt der Startfähigkeit
3 Startfähigkeitsgrenze

Energiemanagement im Fahrbetrieb

Aufgabe des EEM bei aktivem Generator ist neben dem Lastmanagement auch das Generatormanagement einschließlich der Schnittstelle zur Rekuperations-Funktion und die Energiemanagement-Schnittstelle zu anderen Systemen, wie z.B. Motormanagement.

Schalten von Verbrauchern

Das Lastmanagement koordiniert das Zu- und Abschalten von Verbrauchern, um Leistungsspitzen zu reduzieren. Zudem kann im Vorfeld von hochdynamischen Schaltvorgängen der Schaltwunsch dem Generatormanagement mitgeteilt werden, um die Erregung des Generators frühzeitig einzuleiten und damit die Spannungsstabilität zu erhöhen. Die Steuerung der Hochleistungsheizsysteme (Frontscheibenheizung und PTC-Zuheizer) übernimmt ebenfalls das Lastmanagement.

Auch im Fahrbetrieb ist die Sicherstellung der Wiederstartfähigkeit die wesentliche Aufgabe des EEM. Bei kritischen Batteriezuständen sorgt das Lastmanagement für eine Reduzierung des elektrischen Leistungsbedarfs, um die Batterie möglichst schnell wieder zu laden. Insbesondere Komfortverbraucher mit Speicherverhalten (Heizsysteme) werden bevorzugt zurückgeschaltet, da durch eine intelligente Ansteuerung erreicht werden kann, dass wahrnehmbare Abweichungen vom Sollverhalten möglichst lange herausgezögert werden.

Der aus der Abschaltung von Verbrauchern resultierende Funktionsverlust wird vom Nutzer nur in Ausnahmefällen akzeptiert. Daher muss das Bordnetz so ausgelegt sein, dass diese Situationen nur selten auftreten. Spürbare Auswirkungen müssen dem Nutzer angezeigt werden, um das vom Normbetrieb abweichende Verhalten zu erklären.

Erhöhen der Generatorleistung

Alternativ zur Reduzierung des elektrischen Leistungsbedarfs kann durch eine Motordrehzahlerhöhung die elektrische Leistungserzeugung des Generators erhöht werden (z.B. Leerlaufdrehzahlanhebung oder Verbot des Motorstopps bei Stopp-Start-Betrieb). Um z.B. die Leerlaufdrehzahl anzuheben, gibt das EEM über den Datenbus eine Anforderung an die Motorelektronik weiter.

Die genannten Maßnahmen haben direkten Einfluss auf den Kraftstoffverbrauch und sind daher ebenso wie die Komforteinbußen bei der Verbraucherabschaltung nur in Ausnahmefällen zulässig.

Beispiel einer verbrauchseinsparenden Funktion: Rekuperation

Unter Rekuperation wird hier die Bremsenergierückgewinnung über eine intelligente Ansteuerung des Generators verstanden. Diese Funktion erfordert einen über eine Schnittstelle steuerbaren Generator zur Vorgabe der Soll-Betriebsspannung sowie einen Batteriesensor zur Erkennung des Batteriezustandes. Die Funktion selbst kann in der Motorelektronik, einem Gateway, einem Bodycomputer oder direkt auf dem Batteriesensor partitioniert werden.

Während der Schubabschaltung wird dem Generator eine erhöhte Sollspannung vorgegeben, um die Batterie schnell zu laden. Die Erzeugung der elektrischen Leistung erfolgt in diesem Betriebspunkt ohne Kraftstoffverbrauch. In Fahrzuständen mit schlechtem Wirkungsgrad der elektrischen Leistungserzeugung wird die Generatorspannung abgesenkt und die Batterie entladen, um den Kraftstoffbedarf für die elektrische Leistungserzeugung zu minimieren.

Eine vollgeladene Batterie kann keine Ladung aufnehmen. Deshalb ist die Rekuperation nur mit einer teilgeladenen Batterie möglich (Partial State of Charge, PSOC). Das ist eine Abweichung von der konventionellen Ladestrategie, deren Ziel eine möglichst voll geladene Batterie ist. Ein für die Startfähigkeit notwendiger minimaler

Batteriezustand darf auf keinen Fall unterschritten werden, d.h., der aktuelle Batteriezustand muss bekannt sein.

Die Rekuperations-Funktion führt durch die erhöhte Zyklisierung der Batterie sowie den Betrieb im teilentladenen Zustand zu einer schnelleren Batteriealterung und das Risiko von Säureschichtung steigt bei Nassbatterien. Der Einsatz von AGM-Batterien (Absorbent Glass Mat) zur Erhöhung des kritischen Energiedurchsatzes (Durchsatz in Ah über die Lebensdauer, der für die Lebensdauer kritische Durchsatz steigt um Faktor 2...3) und der Vermeidung von Säureschichtung wird daher empfohlen.

Der Rekuperations-Algorithmus muss den Einfluss von Spannungsänderungen auf die Verbraucher berücksichtigen, da diese wahrnehmbar sein können (z.B. Änderung der Drehzahl des Klimagebläses oder Lichtflackern). Zudem nimmt die Lebensdauer von Glühlampen mit steigender Spannung ab.

Die Rekuperation ermöglicht eine Kraftstoffeinsparung im Bereich von 1,5...4 %, je nach Zyklus und Auslegung der Funktion.

Batteriezustandserkennung und Batteriemanagement

Aufgabe

Eine wesentliche Voraussetzung für ein gutes EEM ist eine Batteriezustandserkennung (BZE), die die Leistungsfähigkeit der Batterie zuverlässig berechnet. Algorithmen für die Batteriezustandserkennung nutzen als Eingangsgrößen üblicherweise die Messgrößen Batteriestrom, -spannung und -temperatur. Auf Basis dieser Größen werden der Ladezustand (State of Charge, SOC), die Batteriezustand bzw. Leistungsfähigkeit (State of Function, SOF) und der Alterungsgrad (State of Health, SOH) der Batterie bestimmt und dem EEM als Eingangsgrößen zur Verfügung gestellt (Bild 3).

Zur Messung der Batteriegrößen wird ein Batteriesensor verwendet, der den Batteriestrom und die -spannung direkt misst. Die Batterietemperatur wird über eine Temperaturmessung in der Nähe der Batterie bestimmt, da die direkte Messung der Säuretemperatur der Batterie im Fahrzeug einen Eingriff in die Batterie erfordern würde, der aktuell nicht möglich ist.

3 Zusammenspiel Batteriesensor, Batteriezustandserkennung (BZE) und Elektrisches Energiemanagement (EEM)

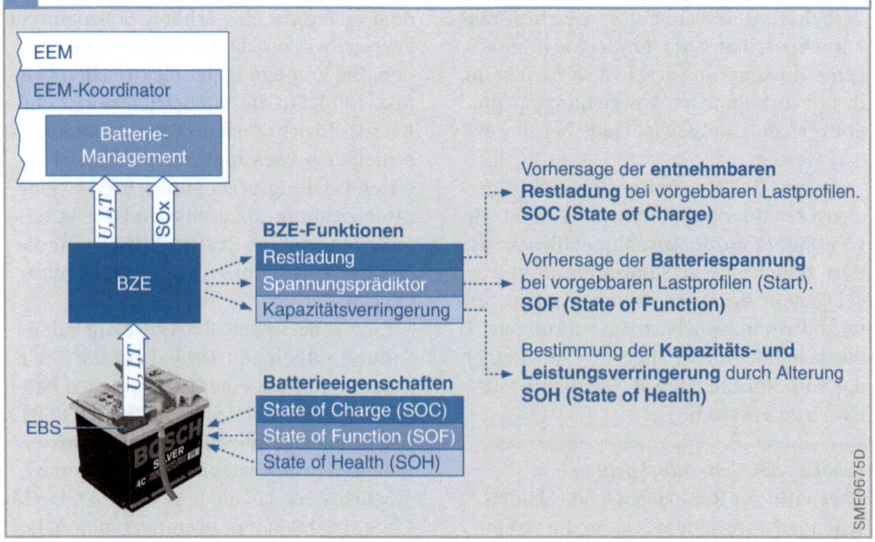

Beispiel

Beispiel für eine Funktion der BZE ist die Startfähigkeitsbestimmung auf Basis des SOF. Beim SOF wird das zukünftige Verhalten der Batterie bei Belastung mit dem Startstrom vorhergesagt. Das heißt, die BZE bestimmt den Batteriespannungseinbruch bei einem vorgegebenen Startstromprofil (Bild 4). Da das minimale Spannungsniveau für einen erfolgreichen Start bekannt ist, liefert der vorhergesagte Spannungseinbruch ein Maß für die aktuelle Startfähigkeit. Abhängig vom Abstand des vorhergesagten Spannungseinbruchs zur Startfähigkeitsgrenze definiert das EEM Maßnahmen zum Erhalt oder zur Verbesserung der Startfähigkeit.

Batteriesensor (EBS)

Die Erfassung der Batteriemessgrößen Strom, Spannung und Temperatur muss sehr genau, dynamisch und zeitsynchron sein. Insbesondere die Messung von Strömen im Bereich einiger mA bis hin zu Startströmen von mehr als 1 000A stellt eine hohe Anforderung an die Sensorik dar. Der Elektronische Batteriesensor (EBS) ist direkt am Batteriepol platziert und mit der Polklemme kombiniert (Bild 5). Da die Polnische nach DIN 72 311 genormt ist, ist keine Applikation an unterschiedliche Batterien erforderlich.

Der Strom wird mit Hilfe eines speziellen Shunts aus Manganin gemessen. Kernstück der elektrischen Schaltung des Batteriesensors ist ein ASIC, das u.a. einen leistungsstarken Mikroprozessor zur Messwerterfassung und -verarbeitung enthält. Auf diesem Mikroprozessor werden auch die Algorithmen der Batteriezustandserkennung abgearbeitet. Die Kommunikation mit übergeordneten Steuergeräten erfolgt z.B. über den LIN-Bus.

Der Batteriesensor kann neben der Berechnung des Batteriezustands für das EEM auch für weitere Funktionen genutzt werden. Zum Beispiel kann die präzise Erfassung von Strom und Spannung auch zur geführten Fehlersuche in Produktion und Werkstätten genutzt werden (z.B. Suche von fehlerhaften Ruhestromverbrauchern).

4 Vorhersage des Spannungseinbruchs bei vorgegebenem Stromprofil

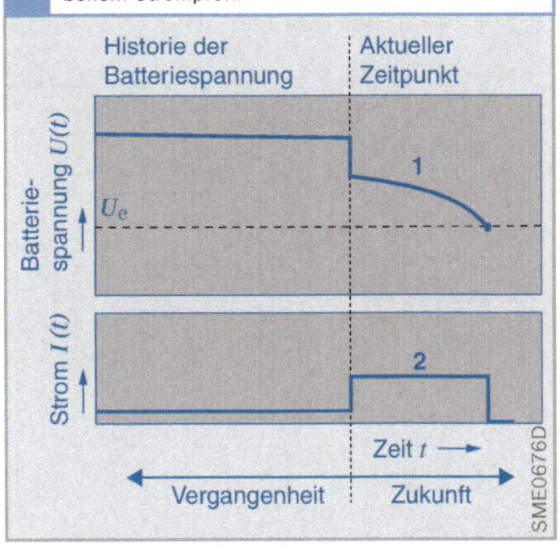

5 Elektronischer Batteriesensor (EBS)

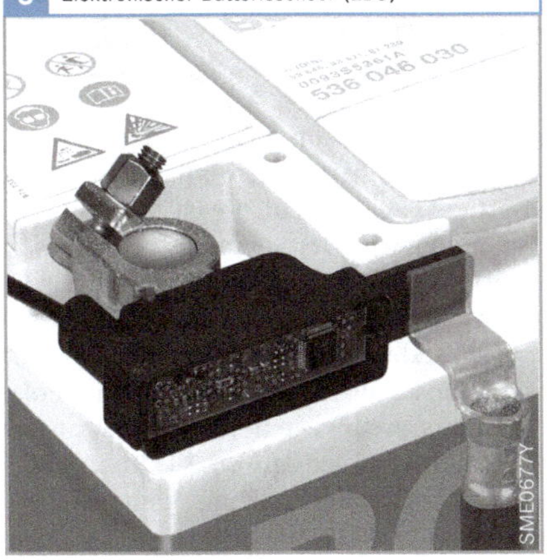

Bild 4
1 Vorhersage des Batteriespannungsverlaufs für das vorgegebene Startstromprofil
2 virtuelles Startstromprofil

U_e Vergleichswert für Startfähigkeitsvorhersage

Bordnetzkenngrößen

Ladezustand

Definition des Ladezustands

Der Ladezustand der Batterie (SOC, State of Charge) gehört zu den wichtigsten Kenngrößen im Bordnetz. Er kann definiert werden als Verhältnis von der noch in der Batterie gespeicherten Ladungsmenge (aktueller Ladezustand) zu der maximalen Ladungsmenge, die die vollgeladene neue Batterie speichern kann.

$$SOC = \frac{Q_{ist}}{Q_{max}}$$

Der Wert Q_{max} ergibt sich, wenn die voll geladene Batterie mit dem Entladestrom I_{20} – das entspricht dem zwanzigsten Teil der Nennkapazität in Ampere (bei einer 100-Ah-Batterie sind das 5 A) – bis zum Erreichen von 10,5 V entladen wird. Die Ladungsmenge, die während dieses Entladevorgangs entnommen wurde, entspricht Q_{max}.

Da somit Q_{max} nur durch eine Messung zugänglich ist, bietet sich häufig auch die Definition durch die nomiale Kapazität der Batterie an, die auf dem Etikett zu finden ist, wobei dann gilt: $Q_{max} = K_{20}$ (nominal).

Die aktuell gespeicherte Ladungsmenge Q_{ist} ergibt sich aus der Differenz von Q_{max} und der Ladungsmenge, die beim Entladen der vollgeladenen Batterie entnommenen wurde. Somit kann der Ladezustand einer Batterie nicht ohne weiteres über Q_{ist} ermittelt werden.

Der Ladezustand der Batterie korreliert direkt mit der Säuredichte, wobei weiterhin die Ruhespannung der Batterie proportional zur Säuredichte ist. Als Ruhespannung wird der Spannungswert bezeichnet, der sich ergibt, wenn sich nach dem Lade- oder Entladevorgang der Batterie ein stabiler Endwert einstellt. Aufgrund langsam ablaufender Diffusions- und Polarisationsvorgänge in der Batterie kann das u. U mehrere Tage dauern. Die Ruhespannung wird an den Anschlussklemmen gemessen.

Der Ladezustand kann dann folgendermaßen definiert werden:

$$SOC = \frac{(U_{aktuell} - U_{min})}{(U_{max} - U_{min})}$$

Mit

$U_{aktuell}$: momentane Ruhespannung.

U_{max}: Ruhespannung der vollen Batterie (SOC = 100 %).

U_{min}: Ruhespannung der Batterie bei SOC = 0 %. Da die Abhängigkeit der Ruhespannung vom Ladezustand bei niedrigen Ladezuständen (ca. kleiner 20 %) nicht-linear wird, muss hier der auf SOC = 0 % linear extrapolierte Wert eingesetzt werden.

Somit ist es möglich, aus der gemessenen Ruhespannung auf den Ladezustand zu schließen.

Ladezustandserkennung bei Fahrzeugstillstand

Im Fahrzeug kann die exakte Ruhespannung bei Fahrzeugstillstand nicht bestimmt werden, da Ruhestromverbraucher permanent einen Ruhestrom von einigen mA verursachen. Dieser Strom führt zu einem von der Batterietemperatur abhängigen Spannungseinbruch (Bild 1). Eine stabile Spannung stellt sich nach ca. 4 Stunden ein, sofern die Batterie in diesem

1 Einfluss der Batterietemperatur auf Ruhespannung bei konstantem Ruhestrom

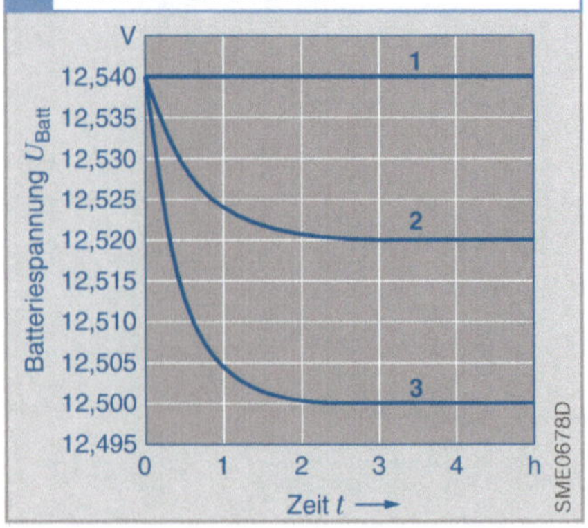

Bild 1

1 Ruhespannung für die unbelastete Batterie

2 U_{Batt} bei + 20°C

3 U_{Batt} bei – 10°C

Zeitraum mit einem konstanten Ruhestrom belastet wurde und die Batterie zuvor nicht geladen oder entladen wurde. Dem Bild ist zu entnehmen, dass zur tatsächlichen Ruhespannung eine Differenz zu erkennen ist. Diese kann durch eine entsprechende Funktion in Abhängigkeit vom fließenden Ruhestrom, der Temperatur und ggf. weiterer Größen berechnet werden. Dieser Differenzterm wird zur gemessen stabilen Spannung addiert. Mit diesem Wert kann der Ladezustand (SOC) mit oben dargestellter Formel ermittelt werden.

Ladezustandsermittlung während der Fahrt

Der Ladezustand bei laufendem Motor kann mit der Ladebilanzrechnung ermittelt werden. Dabei wird der Ladestrom über die Zeit integriert.

$$\mathrm{SOC}_{\mathrm{ist}} = \mathrm{SOC}_{\mathrm{Start}} + \frac{1}{C_{\mathrm{Batt}}} \cdot \frac{1}{3600} \cdot LF \cdot \int i_{\mathrm{Batt}}(t)\,\mathrm{d}t$$

Angabe SOC in %, C_{Batt} in Ah.

Beim Laden der Batterie ist der Ladefaktor *LF* kleiner als 1, da ein Teil des Ladestroms in parasitäre Reaktionen geht (z.B Gasung), die nicht zu einer Erhöhung des Ladezustands beitragen. Beim Entladen ist der Ladefaktor 1.

Nach Abstellen des Motors kann über die Ruhespannung wie zuvor beschrieben der Ladezustand ermittelt und mit dem aufintegrierten Wert verglichen werden. Kleine Differenzen ergeben sich aus der Ungenauigkeit bei der Integration. Große Differenzen können auf größere Defekte bei der Batterie hindeuten (z.B: Kurzschluss, starke Gasung).

Gesundheitszustand

Batterien unterliegen einem Alterungsprozess. Verschiedene Alterungseffekte führen dazu, dass Batterien z.B. nicht mehr die Nennladung speichern können und einen Verlust an Kapazität aufweisen. Ein weiterer Effekt ist, dass beim Entladen mit großen Strömen zudem Spannungsverluste durch den im Vergleich zu einer neuen Batterie höheren Innenwiderstand entstehen. Dies wird mit dem Gesundheitszustand (SOH, State of Health) ausgedrückt. Diese Größe wird auch als Alterungsgrad bezeichnet.

Zur Beurteilung einer Batterie wird ihr Verhalten bei einem bestimmten Stromprofil betrachtet, das z.B. einem Motorstart entsprechen kann.. Unter gleichen Bedingungen (Temperatur, Entladestrom) wird eine neue Batterie belastet. Diese Batterie dient als Vergleich zur Bestimmung des SOH-Werts. Nach einer definierten Zeit t_0 fällt die Batteriespannung auf den Wert U_{neu} (Bild 2). Der Spannungswert für die ältere Batterie liegt nach t_0 bei U_{min}. U_1 ist der Spannungswert, der gerade noch akzeptiert wird. SOH wird definiert zu:

$$\mathrm{SOH} = \frac{(U_{\mathrm{min}} - U_1)}{(U_{\mathrm{neu}} - U_1)}$$

Für eine neue Batterie ergibt sich SOH = 1. SOH = 0 charakterisiert eine Batterie, die gerade noch die Schwelle U_1 erreicht. SOH < 0 bedeutet, dass die Batterie nicht mehr brauchbar ist. Aus der charakteristischen Abhängigkeit von SOH von der Temperatur und SOC kann auf die SOH-Werte für andere Temperatur/SOC-Kombinationen geschlossen werden.

2 Bestimmung des SOH-Werts

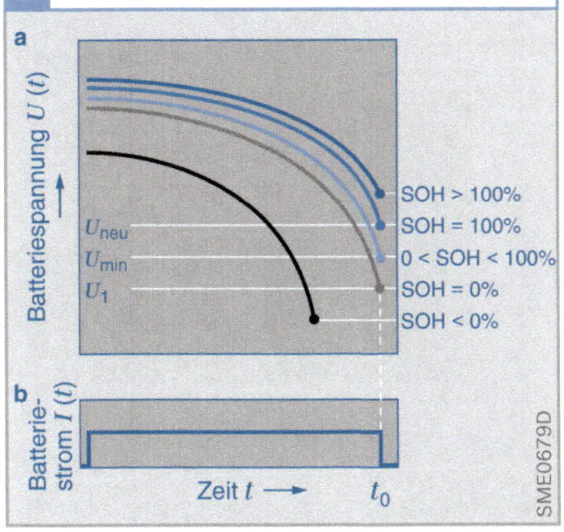

Bild 2
a Spannungsverlauf der belasteten Batterie
b Stromprofil

Batteriezustand

Im Betrieb kann nicht alleine über den SOH-Wert eine Aussage getroffen werden, ob die Batterie ihre Aufgabe noch erfüllen kann. Das liegt daran, dass sich SOC, SOH und die Temperatur gegenseitig kompensieren können. Ein niedriger SOC-Wert kann bei einer neuen Batterie mit hohem SOH-Wert akzeptiert werden, ein niedriger SOH-Wert bei einer alten Batterie kann durch einen hohen Ladezustand (SOC) ausgeglichen werden.

Die Fähigkeit der Batterie, eine Aufgabe im aktuellen Batteriezustand (d. h. beim derzeitigen SOC, SOH und der Batterietemperatur) zu erfüllen, wird mit dem Batteriezustand (SOF, State of Function) beschrieben. Diese Größe fasst die Werte SOC, SOH und die Temperatur zusammen. SOF ist ähnlich definiert wie SOH. Es werden die Parameter SOC, SOH und die Temperatur berücksichtigt, um vorhersagen zu können, ob die Batterie in der Lage ist, im aktuellen Zustand ihre Aufgabe zu erfüllen. SOH hingegen ist nur für definierte SOC- und Temperaturwerte gültig und stellt somit eine Batterie charakterisierende Größe dar.

$$\mathrm{SOF} = \frac{(U_{\mathrm{min}} - U_1)}{(U_{\mathrm{neu}} - U_1)}$$

3 Qualitative Abhängigkeiten des SOF-Werts

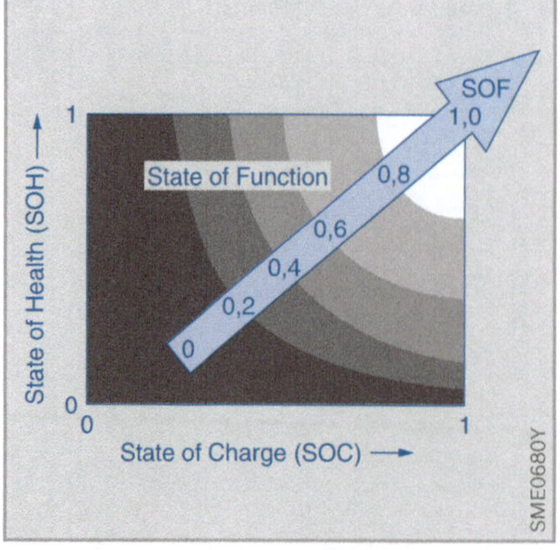

Dieser SOF-Wert gilt für aktuelle SOC-, SOH- und Temperaturwerte.

Bild 3 zeigt qualitativ die Abhängigkeit von SOF als Funktion von SOC und SOH bei einer gegebenen Temperatur. Auf der x-Achse ist der SOC-Wert aufgetragen, der sich beim Entladen von 1 auf 0 ändert. Die y-Achse gibt den SOH-Wert an, der bei einer neuen Batterie bei 1 liegt. Dieses Bild zeigt, dass innerhalb gewisser Grenzen die Alterung der Batterie (niedriger SOH) durch einen höheren SOC-Wert kompensiert werden kann.

Generatorauslastung

Der in der Erregerwicklung des Generators fließende Strom bestimmt die in den Ständerwicklungen induzierte Spannung. Der Generatorregler regelt den erforderlichen Erregerstrom über ein Tastverhältnis (PWM-Signal). DF (Dynamo Feld) ist der Anschluss, über den der Erregerstrom zugeführt wird. Das Tastverhältnis des PWM-Signals gibt den Auslastungsgrad des Generators an, d.h.,, ob er noch Reserven hat und für zusätzlich zugeschaltete Lasten noch mehr Strom liefern kann.

Der Generatorregler gibt dieses Signal zusätzlich als DFM-Signal (DF-Monitor) aus. Regler mit Busschnittstelle legen dieses Tastverhältnis auf den Bus. Zusätzlich wird auch die Erregerstromstärke in Ampere ausgegeben. Verschiedene Steuergeräte werten das DFM-Signal aus, z. B. um bei hoher Generatorauslastung die Sitzheizung oder Frontscheibenheizung abzuschalten.

Bordnetzauslegung

Je mehr leistungsstarke Verbraucher gleichzeitig in Betrieb sind, desto höher ist die Belastung für die Batterie. Es wird mehr Energie benötigt, als der Generator nachliefern kann. Die Differenz muss die Batterie bereitstellen. Insbesondere im Winter ist der Energiebedarf in den ersten Minuten nach dem Motorstart hoch, da viele Heizungen (z. B. Heckscheibenheizung, Außenspiegelheizung) zugeschaltet werden.

Bei niedrigen Temperaturen laufen in der Batterie die chemischen Prozesse langsamer ab, sodass unter diesen Bedingungen nicht die volle Leistungsfähigkeit der Batterie zur Verfügung steht. Selbst bei einer voll geladenen Batterie sind bei -18°C nur noch ca. 40 % der ursprünglichen Leistung abrufbar.

Die Ladebilanz muss unabhängig von Fahrzyklus (z. B. Stadtfahrt mit vielen Leerlaufphasen oder Autobahnfahrt mit hohen Drehzahlen) und Fahrgewohnheiten (z. B. Fahren im hohen Gang bei niedriger Drehzahl) immer positiv ausfallen. Der Ladezustand der Batterie muss immer so hoch sein, dass nach dem Abstellen des Motors die im Nachlauf betriebenen Verbraucher sowie die Ruhestromverbraucher versorgt werden können. Zudem muss für einen Start des Verbrennungsmotors genügend Energie bereitstehen.

Ein zuverlässiger Bordnetzbetrieb setzt voraus, dass der Generator und die Batterie richtig dimensioniert sind. Der Generator muss genügend Energie liefern, um die Verbraucher zu versorgen und der Batterie die erforderliche Ladungsmenge zur Verfügung stellen zu können. Die Batterie muss eine Ladungsmenge speichern können (Kapazität), die so groß ist, um den Motor sicher starten zu können und im Fahrbetrieb im Bedarfsfall (z. B. in Leerlaufphasen bei unzureichender Generatorleistung) die Verbraucher zu versorgen.

Die klassische Bordnetzauslegung legt anhand der Ladebilanz die Generatorleistung und die Batteriegröße (Nennkapazität) fest. Weitere Batterieparameter sind z. B. der Kälteprüfstrom und die Batterieausführung (z. B. AGM-Batterie). Aber auch die Batteriegeometrie spielt bei beengten Motorraumverhältnissen eine Rolle. Bei der Auslegung von neuen Bordnetzen mit Energiemanagement muss auch der Einfluss von Funktionen wie z. B. der Rekuperation berücksichtigt werden.

Es gibt keine allgemeingültige Strategie für die Auslegung des Bordnetzes. Jeder Automobilhersteller hat seine eigene Methode, das Bordnetz auszulegen. Im folgenden sind einige dieser Möglichkeiten erläutert.

Dynamische Systemkennlinie

Die dynamische Systemkennlinie stellt den Verlauf der Batteriespannung über den Batteriestrom während eines Fahrzyklus dar (Bild 4). Die Hüllkurven geben das Zusammenwirken von Batterie, Generator, Verbraucher, Temperatur, Drehzahl und Übersetzung Motor/Generator wieder. Eine große Fläche in der Hüllkurve bedeutet, dass bei dieser Bordnetzauslegung in dem gewählten Fahrzyklus große Spannungsschwankungen auftreten und die Batterie stark zyklisiert wird, d.h., dass ihr Ladezustand starke zeitliche Änderungen erfährt.

4 Dynamische Systemkennlinie

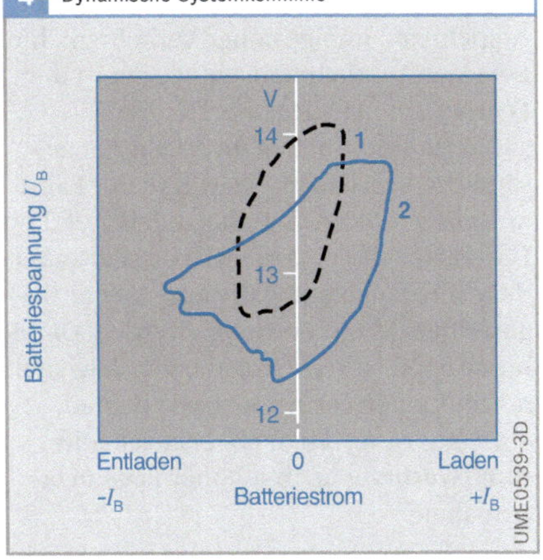

Bild 4
Hüllkurve bei Stadtfahrt
1 mit großem Generator und kleiner Batterie
2 mit kleinem Generator und großer Batterie

Die Systemkennlinie ist spezifisch für jede Kombination und jede Betriebsbedingung und damit eine dynamische Angabe. Die dynamische Systemkennlinie kann an den Klemmen der Batterie gemessen und mit Messsystemen aufgezeichnet werden.

Ladebilanzrechnung

Anhand der Ladebilanzrechnung kann die Auslegung von Generator und Batterie festgelegt werden. Mithilfe eines Computerprogramms wird aus der Verbraucherlast und der Generatorleistung der Batterieladezustand am Ende eines vorgegebenen Fahrzyklus berechnet. Ein üblicher Zyklus für Pkw ist Berufsverkehr (niedriges Drehzahlangebot) kombiniert mit Winterbetrieb (geringe Ladestromaufnahme der Batterie und hoher elektrischer Verbrauch). Auch unter diesen für den Energiehaushalt des Bordnetzes sehr ungünstigen Bedingungen muss die Batterie eine ausgeglichene Ladebilanz aufweisen.

Fahrprofil

Das Fahrprofil als Eingangsgröße für die Ladebilanzrechnung wird durch die Summenhäufigkeitslinie der Motordrehzahl dargestellt (Bild 5). Sie gibt an, wie häufig eine bestimmte Motordrehzahl erreicht oder überschritten wird.

Ein Pkw hat bei Stadtfahrt im Berufsverkehr einen hohen Anteil an Motorleerlaufdrehzahl, bedingt durch häufigen Halt an Ampeln und infolge hoher Verkehrsdichte. Bei einer Autobahnfahrt hingegen ist der Leerlaufanteil in der Regel minimal.

Ein Stadtbus im Linienverkehr hat zusätzliche Leerlaufanteile wegen der Fahrtunterbrechungen an Haltestellen. Auf die Ladebilanz der Batterie wirken sich außerdem Verbraucher negativ aus, die bei abgestelltem Motor betrieben werden. Omnibusse im Reiseverkehr haben im Allgemeinen nur einen geringen Leerlaufanteil, aber unter Umständen bei Pausen Stillstandsverbraucher mit hoher Leistungsaufnahme.

Bordnetzsimulation

Im Gegensatz zur summarischen Betrachtung bei Ladebilanzrechnungen lässt sich die Situation der Bordnetz-Energieversorgung mit modellgestützten Simulationen zu jedem Betriebszeitpunkt berechnen. Hier können auch Energiemanagementsysteme mit einbezogen und in ihrer Auswirkung beurteilt werden.

Neben der reinen Batteriestrombilanzierung ist es möglich, den Bordnetzspannungsverlauf und die Batteriezyklisierung zu jedem Zeitpunkt einer Fahrt zu registrieren. Berechnungen mit Hilfe von Bordnetzsimulationen sind immer dann sinnvoll, wenn es um den Vergleich von Bordnetztopologien und um die Auswirkungen hochdynamischer oder nur kurzfristig eingeschalteter Verbraucher geht.

5 Häufigkeitsverteilung der Motordrehzahl

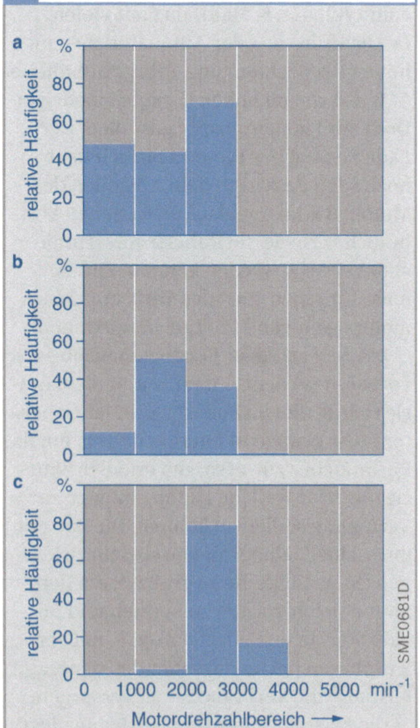

Bild 5
a Stadt
b Land
c Autobahn

Werte wurden ermittelt auf einer Fahrt in und in der Umgebung von Stuttgart („Stuttgart-Zyklus", repräsentativer Zyklus für den europäischen Raum)

Kabelbäume

Anforderungen

Der Kabelbaum stellt die Energie- und Signalverteilung innerhalb eines Kraftfahrzeugs sicher. Ein Kabelbaum im Mittelklasse-Pkw mit mittlerer Ausstattung hat heute ca. 750 verschiedene Leitungen mit einer Gesamtlänge von rund 1 500 Metern. In den letzten Jahren hat sich aufgrund ständig steigender Funktionen im Kfz die Anzahl der Kontaktstellen in etwa verdoppelt. Unterschieden wird zwischen Motorraum- und Karosseriekabelbaum. Letztere unterliegen etwas geringeren Temperatur-, Schüttel-, Medien- und Dichtheitsanforderungen.

Kabelbäume haben einen erheblichen Einfluss auf Kosten und Qualität eines Automobils. Bei der Kabelbaumentwicklung müssen folgende Punkte betrachtet werden:

- Dichtheit,
- EMV-Kompatibilität,
- Temperaturen,
- Beschädigungsschutz der Leitungen,
- Leitungsauslegung,
- Belüftung des Kabelbaums.

Deshalb ist ein frühzeitiges Einbinden der Kabelbaumexperten bereits bei der Systemdefinition erforderlich. Bild 1 zeigt einen Kabelbaum, der als spezieller Ansaugmodulkabelbaum entwickelt wurde. Aufgrund der gemeinsam mit Motor- und Kabelbaumentwicklung optimierten Verlegung und Befestigung konnte ein erheblicher Qualitätsfortschritt sowie Kosten- und Gewichtsvorteile erzielt werden.

Dimensionierung und Werkstoffauswahl

Die wichtigsten Aufgaben für den Kabelbaumentwickler sind:

- Dimensionierung der Leitungsquerschnitte,
- Werkstoffauswahl,
- Auswahl geeigneter Steckverbinder,
- Verlegen der Leitungen unter Berücksichtigung von Umgebungstemperatur, Motorbewegungen, Beschleunigungen und EMV-Einfluss,
- Beachtung des Umfelds, in dem der Kabelbaum verlegt wird (Topologie, Montageschritte bei der Fahrzeugherstellung und Vorrichtungen am Montageband).

1 Kabelbaum (Beispiel)

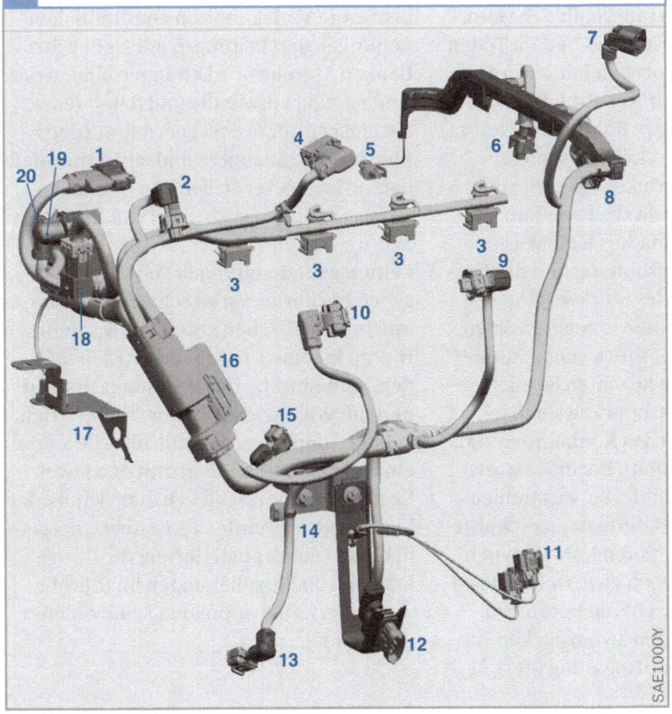

Bild 1
1 Zündspulenmodul
2 Kanalabschaltung
3 Einspritzventile
4 Drosselvorrichtung DV-E
5 Öldruckschalter
6 Motortemperatursensor
7 Ansauglufttemperatursensor
8 Nockenwellensensor
9 Tankentlüftungsventil
10 Saugrohrdrucksensor
11 Ladestromkontrollleuchte
12 Lambda-Sonde hinter Kat
13 Drehzahlsensor
14 Klemme 50, Starterschalter
15 Klopfsensor
16 Motorsteuergerät
17 Motormasse
18 Trennstecker für Motor- und Getriebekabelbaum
19 Lambda-Sonde vor Kat
20 Abgasrückführventil

Leitungsquerschnitte

Leitungsquerschnitte werden festgelegt aufgrund zulässiger Spannungsfälle. Die untere Querschnittsgrenze wird durch die Leitungsfestigkeit vorgegeben. Üblich ist es, keine Leitungen kleiner als 0,5 mm^2 einzusetzen. Mit Zusatzmaßnahmen (z. B. Abstützungen, Schutzrohre, Zugentlastungen) ist auch 0,35 mm^2 noch vertretbar.

Werkstoffe

Als Werkstoff für die Leiter wird in der Regel Kupfer eingesetzt. Die Isolationswerkstoffe der Leitungen werden festgelegt in Abhängigkeit von der Temperatur, der sie ausgesetzt sind. Es müssen Werkstoffe mit entsprechend hoher Dauergebrauchstemperatur ausgewählt werden. Hier muss die Umgebungstemperatur genauso berücksichtigt werden wie die Erwärmung durch den fließenden Strom. Als Werkstoffe werden Thermoplaste (z. B. PE, PA, PVC), Fluorpolymere (z. B. ETFE, FEP) und Elastomere (z. B. CSM, SIR) eingesetzt.

Falls die Leitungen innerhalb der Motortopologie nicht an besonders heißen Teilen (z. B. Abgasleitung) vorbeigeleitet werden, kann als Kriterium zur Auswahl des Isolationswerkstoffs und des Kabelquerschnitts die Deratingkurve des Kontakts mit zugehöriger Leitung herangezogen werden. Die Deratingkurve stellt die Beziehung zwischen Strom, der dadurch hervorgerufenen Temperaturerhöhung und der Umgebungstemperatur des Steckverbinders dar. Die in den Kontakten erzeugte Wärme kann üblicherweise nur über die Leitungen abgeführt werden. Zu beachten ist auch, dass sich durch die Temperaturwechsel der Elastizitätsmodul des Kontaktmaterials ändert (Metallrelaxation). Beeinflusst werden können die geschilderten Zusammenhänge durch größere Leitungsquerschnitte und Einsatz von geeigneten Kontakttypen und edleren Oberflächen (z. B. Gold, Silber) und damit höheren Grenztemperaturen. Bei stark schwankenden Stromstärken ist eine Kontakttemperaturmessung oft sinnvoll.

Steckverbindungen und Kontakte

Die Auswahl der Steckverbindungen und Kontakte ist von verschiedenen Faktoren abhängig:

- Strömstärke,
- Umgebungstemperaturen,
- Schüttelbelastung,
- Medienbeständigkeit sowie
- Montagefreiraum.

Leitungsverlegung und EMV-Maßnahmen

Bei der Leitungsverlegung ist darauf zu achten, dass Beschädigungen und Leitungsbruch vermieden werden. Dies wird durch Befestigungen und Abstützungen erreicht. Schwingbelastungen auf Kontakte und Steckverbindungen werden reduziert durch Befestigungen des Kabelbaums möglichst nahe am Stecker und möglichst auf gleicher Schwinghöhe. Die Leitungsverlegung muss in enger Zusammenarbeit mit dem Motoren- oder Fahrzeugentwickler erfolgen.

Bei EMV-Problemen empfiehlt sich die getrennte Verlegung von empfindlichen Leitungen und Leitungen mit steilen Stromflanken. Geschirmte Leitungen sind in der Anfertigung aufwändig und damit teuer. Sie müssen außerdem geerdet werden. Eine kostengünstigere und wirksame Maßnahme ist das Verdrillen von Leitungen.

Leitungsschutz

Leitungen müssen gegen Scheuern und gegen Berührungen an scharfen Kanten und heißen Flächen geschützt werden. Hierzu kommen Tapebänder (Klebebänder) zum Einsatz. Der Wicklungsabstand und die Wicklungsdichte bestimmen den Schutz. Häufig werden Rillrohre (Materialeinsparung durch Rillen) mit den jeweiligen Verbindungsstücken zum Schutz der Leitungen verwendet. Es ist aber unerlässlich, dass eine Tapefixierung die Beweglichkeit von Einzelleitungen im Rillrohr verhindert. Den optimalen Schutz bieten Kabelkanäle.

Steckverbindungen

Aufgaben und Anforderungen

Der hohe Integrationsgrad von Elektronik im Kraftahrzeug stellt an die Automobil-Steckverbindungen hohe Anforderungen. Sie übertragen nicht nur hohe Ströme (z. B. Ansteuerung von Zündspulen), sondern auch analoge Signalströme mit geringer Spannung und Strömstärke (z. B. Signalspannung des Motortemperatursensors). Die Steckverbindungen müssen über die Lebensdauer des Fahrzeugs die Signalübertragung sowohl zwischen den Steuergeräten als auch zu den Sensoren unter Einhaltung der Toleranzen sicherstellen.

Steigende Anforderung der Abgasgesetzgebung und der aktiven Fahrzeugsicherheit erzwingen eine immer präzisere Übertragung der Signale über die Kontaktierstellen der Steckverbindungen. Für die Konzipierung, Auslegung und Erprobung der Steckverbindung müssen viele Parameter berücksichtigt werden (Bild 1).

Die häufigste Ausfallursache einer Steckverbindung ist der durch Vibrationen oder Temperaturwechsel verursachte Verschleiß an der Kontaktstelle. Der Verschleiß verursacht Oxidation. Dadurch steigt der ohmsche Widerstand, die Kontaktstelle wird z. B. bei hohen Strömen thermisch überlastet. Das Kontaktteil kann über den Schmelzpunkt der Kupferlegierung erhitzt werden. Bei hochohmigen Signalkontakten erkennt die Fahrzeugsteuerung häufig einen Plausibiltätsfehler im Vergleich zu anderen Signalen, die Steuerung geht dann in einen Fehlermodus. Durch die in der Abgasgesetzgebung geforderte On-Board-Diagnose (OBD) werden diese Schwachstellen in der Steckverbindung diagnostiziert. Die Fehlerdiagnose in den Service-Werkstätten ist jedoch schwierig, da dieser Defekt als Komponenteausfall angezeigt wird. Der fehlerhafte Kontakt kann nur indirekt erkannt werden.

Für die Konfektionierung der Steckverbindung sind verschiedene Funktionselemente am Steckergehäuse vorgesehen, die ein fehlerfreies und sicheres Fügen der Kabel mit den angeschlagenen Kontakten in die Steckverbindung sicherstellen. Moderne Steckverbindungen haben eine Fügekraft < 100 N, damit in der Fahrzeugmontage der Stecker mit der Komponente- bzw. Steuergeräteschnittstelle vom Montagemitarbeiter sicher gefügt werden kann. Bei zu hohen Steckkräften steigt der Anteil von nicht richtig auf die Schnittstelle aufgesteckten Steckverbindungen. Ein Lösen des Steckers während des Fahrzeugbetriebs ist die Folge.

1 Parameter für die Konzeptionierung von Steckverbindern

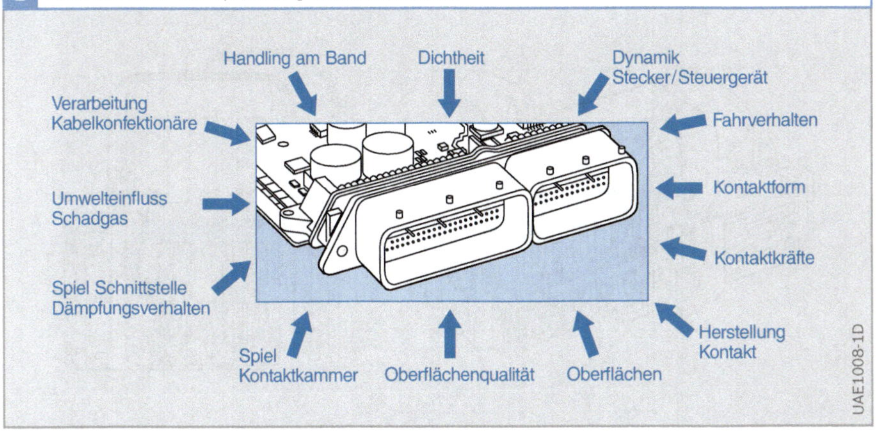

Tabelle 1

1 Einsatzgebiete von Steckverbindungen

	Polzahl	Besonderheiten	Anwendung
Niederpolig	1...10	Keine Fügekraftunterstützung	Sensoren und Aktoren (viele unterschiedliche Anforderungen)
Hochpolig	10...150	Fügekraftunterstützung durch Schieber, Hebel, Module	Steuergeräte (mehrere, ähnliche Anforderungen)
Sonderstecker	beliebig	z.B. integrierte Elektronik	Sonderanwendungen (einzelne, abgestimmte Anforderungen)

Aufbau und Bauarten

Steckverbindungen haben unterschiedliche Einsatzgebiete (Tabelle 1), die durch die Polzahl und die Umweltbedingungen gekennzeichnet sind. Es gibt drei verschiedene Klassen von Steckverbindungen, die als harter Motoranbau, weicher Motoranbau und Karosserieanbau bezeichnet werden. Ein weiterer Unterschied ist die Temperaturklasse des Einbauortes.

Hochpolige Steckverbindungen

Hochpolige Steckverbindungen werden bei allen Steuergeräten im Fahrzeug eingesetzt. Sie unterscheiden sich in der Polzahl und der Pin-Geometrie. Einen typischen Aufbau einer hochpoligen Steckverbindung zeigt Bild 2. Die gesamte Steckverbindung ist zur Stiftleiste des zugehörigen Steuergerätes durch eine umlaufende Radialdichtung im Steckergehäuse abgedichtet. Sie sorgt mit drei Dichtlippen für eine sichere Funktion am Dichtkragen des Steuergerätes.

Der Schutz der Kontaktstelle gegen eindringende Feuchtigkeit entlang des Kabels erfolgt durch eine Dichtplatte, durch die die Kontakte mit angecrimmter Leitung geführt werden. Hierfür wird eine Silikongelmatte oder Silikonmatte eingesetzt. Größere Kontakte und Leitungen können auch mit einer Einzeladerabdichtung gedichtet werden (vgl. niederpolige Steckverbindungen).

Bei der Montage des Steckers werden der Kontakt und die Leitung durch die im Stecker vormontierte Dichtplatte geschoben. Der Kontakt gleitet in seine Endposition im Kontaktträger. Der Kontakt verriegelt sich selbstständig durch eine Rastfeder, die in einen Hinterschnitt im Kunststoffgehäuse des Steckers verrastet. Sind alle Kontakte in der Endposition, wird

2 Hochpolige Steckverbindung

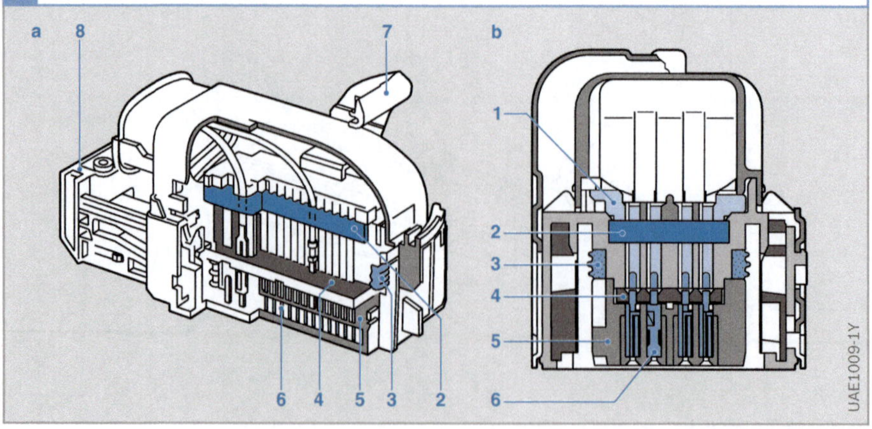

Bild 2
a Ansicht
b Schnitt

1 Druckplatte
2 Dichtplatte
3 Radialabdichtung
4 Schiebestift (Sekundärverriegelung)
5 Kontaktträger
6 Kontakt
7 Hebel
8 Schiebermechanismus

ein Schiebestift eingeschoben, der eine zweite Kontaktsicherung, auch Sekundärverriegelung genannt, sicherstellt. Dies ist eine zusätzliche Sicherung und erhöht die Haltekraft des Kontakts in der Steckverbindung. Weiterhin kann mit der Schiebebewegung die richtige Lage der Kontakte geprüft werden. Die Bedienkraft der Steckverbindung wird über einen Hebel und einen Schiebermechanismus reduziert.

Niederpolige Steckverbindungen

Niederpolige Steckverbindungen werden bei Aktoren (z. B. Einspritzventile) und Sensoren verwendet. Der prinzipielle Aufbau ist ähnlich einer hochpoligen Steckverbindung (Bild 3). Die Bedienkraft der Steckverbindung wird in den meisten Fällen nicht übersetzt.

Niederpolige Stecksysteme werden mit einer Radialdichtung zur Schnittstelle abgedichtet. Die Leitungen werden jedoch mit Einzeladerabdichtungen, die am Kontakt befestigt sind, im Kunststoffgehäuse abgedichtet.

Kontaktsysteme

Im Kraftfahrzeug werden zweiteilige Kontaktsysteme verwendet. Das Innenteil (Bild 4) - der stromführende Teil - wird aus einer hochwertigen Kupferlegierung gestanzt. Es wird durch eine Stahlüberfeder geschützt, gleichzeitig erhöht diese durch ein nach innen wirkendes Federelement die Kontaktkräfte des Kontakts. Durch eine ausgestellte Rastlanze aus der Stahlüberfeder wird der Kontakt in das Kunststoffgehäuseteil eingerastet. Kontakte werden je nach Anforderung mit Zinn, Silber oder Gold beschichtet. Zur Verbesserungen des Verschleißverhaltens der Kontaktstelle werden nicht nur verschiedene Kontaktbeschichtungen verwendet, sondern auch verschiedene Bauformen. Zur Entkoppelung der Kabelschwingungen zum Kontaktpunkt werden verschiedene Entkoppelungsmechanismen in das Kontaktteil integriert (z. B. mäanderförmige Gestaltung der Zuleitung).

Die Kabel werden über einen Crimpprozess an den Kontakt angeschlagen. Die Crimpgeometrie am Kontakt muss auf das jeweilige Kabel abgestimmt sein. Für den Crimpprozess werden Handzangen oder vollautomatische prozessüberwachte Crimppressen mit den kontaktspezifischen Werkzeugen angeboten.

3 Niederpolige Steckverbindung

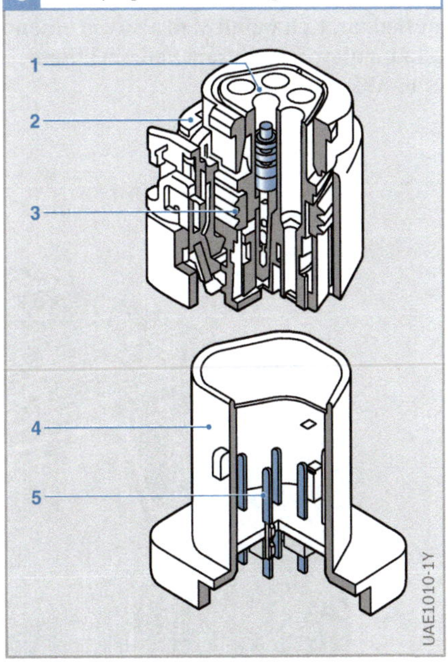

Bild 3
1 Kontaktträger
2 Gehäuse
3 Radialdichtung
4 Schnittstelle
5 Flachmesser

4 Kontakt

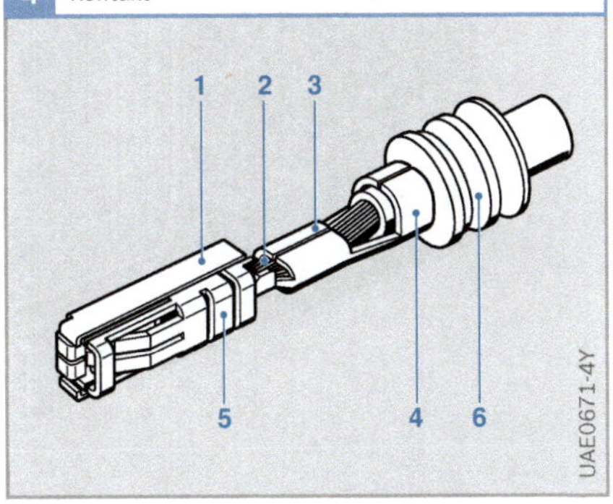

Bild 4
1 Stahlüberfeder
2 Einzelader (Litze)
3 Leitercrimp
4 Isolationscrimp
5 Mäander
6 Einzelader-abdichtung

Starterbatterien

Die Starterbatterie ist ein elektrochemischer Speicher für die vom Generator während des Motorbetriebs erzeugte überschüssige elektrische Energie. Diese gespeicherte Energie wird im Fahrbetrieb in den Phasen benötigt, wenn der Energiebedarf der eingeschalteten Verbraucher größer als die vom Generator erzeugte Energie ist (z. B. im Leerlauf). Die Batterie liefert auch die Energie für die elektrischen Verbraucher bei Motorstillstand sowie für den Startvorgang. Sie ist nach ihrer Entladung immer wieder aufladbar. Es handelt sich also um einen Akkumulator, in diesem Fall um einem Blei-Akkumulator.

Aufgaben und Anforderungen

Die Starterbatterie ist im Bordnetz der Speicher für elektrische Energie. Ihre Aufgaben sind:

- Bereitstellung elektrischer Energie für den Starter.
- Deckung des Defizits zwischen Erzeugung und Verbrauch bei nicht ausreichender Energieversorgung des Bordnetzes durch den Generator (z. B. bei Leerlauf oder Motorstillstand).
- Dämpfung von Spannungsspitzen der Bordnetzspannung zum Schutz empfindlicher elektronischer und elektrischer Bauteile (z. B. Glühlampen, Halbleiter)

1 Aufbau einer Bleibatterie (Beispiel: wartungsfreie Batterie)

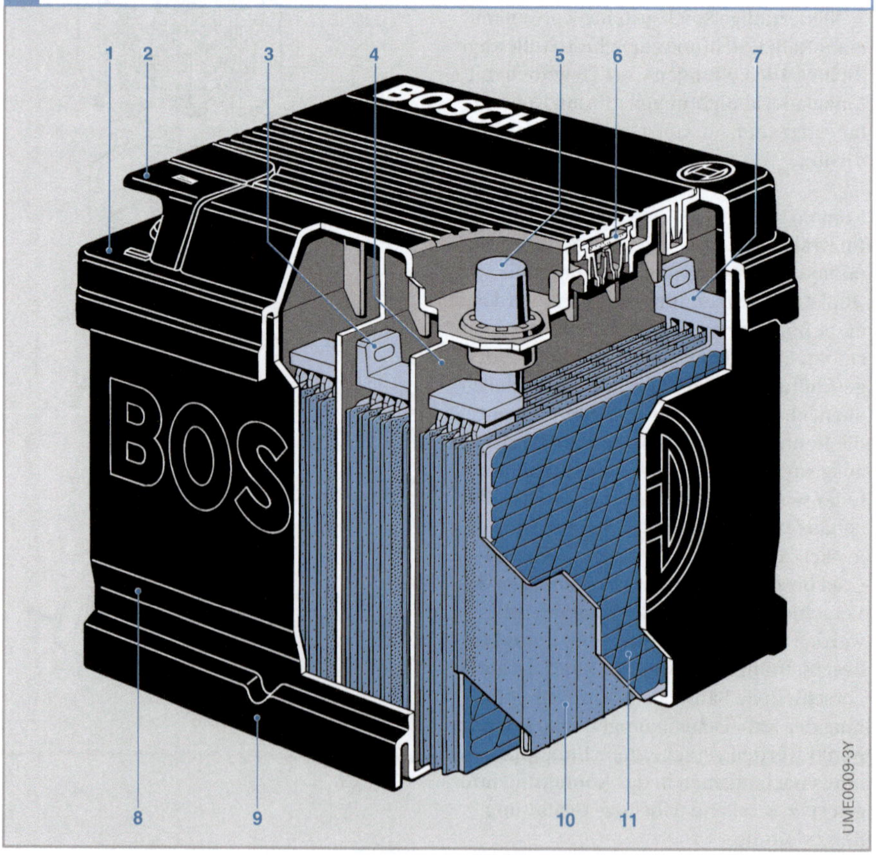

Bild 1
1 Blockdeckel
2 Polabdeckkappe
3 Direktzellenverbinder
4 Zellentrennwand
5 Endpol
6 Verschlussstopfen unter der Abdeckplatte
7 Plattenverbinder
8 Blockkasten
9 Bodenleiste
10 Plusplatten in Folienseparatoren eingetascht
11 Minusplatten

Der Starter ist zwar nur kurzzeitig eingeschaltet, er hat aber die größte Leistungsaufnahme aller elektrischen Verbraucher (Pkw mit Ottomotor: 0,7...2,0 kW; Pkw mit Dieselmotor: 1,4...2,6 kW; Busse, Nfz: 2,3...9,0 kW). Beim Startvorgang sinkt aufgrund des hohen Stroms die Batterieklemmenspannung. Sie darf aber ein gewisses Niveau nicht unterschreiten, damit die Funktion der verschiedenen Steuergeräte - z. B. Motormanagementsystem - gewährleistet bleibt. Diese können bei zu niedriger Versorgungsspannung nicht mehr arbeiten.

Im Fahrbetrieb müssen eine Vielzahl elektrischer Verbraucher mit Energie versorgt werden (z. B. Motormanagementsystem, Lichtanlage, Klimaanlage, Elektronisches Stabilitätsprogramm). Erzeugt der Generator - z. B. bei Leerlauf oder niedriger Motordrehzahl - nicht genug Strom, um alle eingeschalteten elektrischen Verbraucher versorgen zu können, sinkt die Bordnetzspannung auf Batteriespannungsniveau ab und der Batterie wird elektrische Energie entnommen. Die Batterie muss somit über begrenzte Zeit Komponenten des Bordnetzes teilweise oder - bei Motor- und damit Generatorstillstand - ganz mit elektrischer Energie versorgen können. Wird ausreichend Strom erzeugt, kann die Batterie über den Generatorregler wieder aufgeladen werden. Die beschriebenen Vorgänge bezeichnet man als Lade- und Entladezyklen.

Die Stromentnahmen aus einer Starterbatterie bewegen sich in sehr unterschiedlichen Größenordnungen. Der Strombedarf des Bordnetzes bei Motor- und Generatorstillstand beträgt ca. 10 mA (z. B. für die Uhr, die Diebstahlwarnanlage oder die funkgesteuerte Zentralverriegelung). Im Motorleerlauf und bei langsamer Fahrt werden zeitweise 20...70 A aus der Batterie benötigt. Der Startvorgang des Motors erfordert ca. 300 A für eine Zeitdauer von 0,3...3 s, als Spitzenwerte können sogar Ströme bis 1000 A fließen. Bei tiefen Temperaturen sind Strombedarf und Dauer des Motorstarts deutlich höher (bis um den Faktor 2).

Der Energiebedarf, der aus den Verbraucherleistungen für ein bestimmtes Fahrzeug resultiert und nach den Betriebsbedingungen ermittelt wurde, ist maßgebend für die Dimensionierung der Batterie, aber auch des Generators.

Werden für ein Fahrzeug zusätzliche Ausrüstungen, z. B. Komfortsysteme mit Stellmotoren für Fenster- und Dachantriebe, Sitz und Lenkradverstellung, Sitzheizung, Klimaanlage oder Kühlgerät gewählt, können diese einen spürbaren zusätzlichen Energiebedarf zur Folge haben. Diese Verbraucherleistungen werden bei der Dimensionierung der elektrischen Komponenten im Fahrzeug vom Hersteller berücksichtigt. Das bedeutet, dass solch ein Fahrzeug mit einer stärkeren Batterie und möglicherweise mit einem größeren Generator geliefert wird. Ebenso werden je nach Einsatzart weitere mechanische, zyklische oder klimatische Beanspruchungen berücksichtigt. So werden z. B. häufig bei geländegängigen Nkw spezielle Batterien, die auf Rüttelfestigkeit ausgelegt sind und dafür u. a. unter Pressung eine Vliesauflage zwischen den Platten aufweisen, verwendet. Für besondere zyklische Beanspruchung sind z. B. AGM-Batterien sehr gut geeignet. Wärmere Klimate verlangen nach einer korrosionsfesten Bleilegierung.

Da Wohnwagen und Wohnmobile oft mit verschiedenen elektrischen Geräten wie Beleuchtung, Kühlschrank, Heizung, Rundfunk- und Fernsehgeräten ausgestattet sind, werden in diesen Fällen häufig zusätzliche Batterien mit einem getrennten Stromkreis eingebaut.

Den genannten Anforderungen genügt im Allgemeinen die Blei-Schwefelsäure-Batterie, die außerdem für diesen Zweck zurzeit das kostengünstigste Energiespeichersystem ist. Typische Spannungen sind 12 Volt bei Pkw (mit 14-Volt-Bordnetz) und 24 Volt bei Nkw (Reihenschaltung zweier 12-Volt-Batterien).

Aufbau

Klassifikation

Starterbatterien können in zwei Bauarten unterteilt werden:

- *Geschlossene Batterien:*
  Diese Bauart ist nach EN 50342 eine Batterie mit frei beweglichem Elektrolyten, in der durch Öffnungen im Deckel entstehende Gase entweichen können. Die geschlossenen Batterien stellen bisher den überwiegenden Anteil aller Starterbatterien.
- *Verschlossene Batterien:*
  Diese Bauart nach EN 50342 erlaubt einen Gasaustritt nur, wenn der Druck in der Batterie einen gewissen Wert überschreitet. Das Nachfüllen von Schwefelsäure ist nicht möglich. Der Elektrolyt ist festgelegt, d. h., er ist nicht mehr frei beweglich. Dies kann durch das Aufsaugen in einem Glasvlies (AGM-Batterie) oder durch Verwendung von einem gelierten Elektrolyten erfolgen.

Weiterhin gibt es noch die Unterscheidung

- Pkw-Batterien, deren Maße heute nach der Norm EN 60095-2 festgelegt werden, und
- Nkw-Batterien (hauptsächlich nach EN 60095-4).

Hinsichtlich der Wartung werden Starterbatterien unterteilt in

- Konventionelle sowie wartungsarme Batterien,
- wartungsfreie Batterien (nach EN) und
- absolut wartungsfreie Batterien.

Der prinzipielle Aufbau dieser Typen ist weitgehend identisch, sie unterscheiden sich im Wesentlichen durch die Legierung der Struktur- und Ableitermaterialien (Gitter) in den Elektroden-Platten.

Komponenten

Eine 12-Volt-Starterbatterie verfügt über sechs in Reihe geschaltete Zellen, die in einen durch Trennwände unterteilten Blockkasten aus Polypropylen eingebaut sind (Bild 1). Eine Zelle besteht aus einem Plattenblock (je ein Plus- und ein Minusplattensatz), aufgebaut aus Bleiplatten (Bleigitter und aktive Masse) sowie mikroporösem Isoliermaterial (Separatoren) zwischen den Platten verschiedener Polarität. Als Elektrolyt dient verdünnte Schwefelsäure, die den freien Zellenraum und die Poren von Platten und Separatoren ausfüllt. Endpole, Zellen- und Plattenverbinder bestehen aus Blei, die Zellenverbinder sind durch die Zellentrennwand dicht hindurchgeführt. Der Blockdeckel, im Heißsiegelverfahren auf den Blockkasten aufgebracht, verschließt die Batterie nach oben.

In konventionellen Batterien hat jede Zelle einen Verschlussstopfen, der der Erstfüllung, der Wartung und der Ableitung der beim Laden entstehenden Gase dient. Heutzutage werden ausschließlich wartungsfreie Batterien in neue Fahrzeuge eingebaut, weil diese keine regelmäßige Überprüfung des Elektrolyts durch den Fahrer mehr erfordern. Sie sind scheinbar völlig verschlossen. Trotzdem besitzen auch sie Entgasungsöffnungen, damit das Gas, das beim Ladevorgang durch den Generator in geringen Mengen entsteht, entweichen kann.

Blockkasten

Der Blockkasten (Bild 1, Pos. 8) – das Gehäuse der Batterie – besteht aus säurebeständigem Isoliermaterial (Polypropylen) und besitzt bei vielen Bauarten außenseitig Bodenleisten (9) zur Befestigung im Fahrzeug.

Der Blockkasten ist durch Trennwände in Zellen unterteilt. Diese Zellen sind das Grundelement einer Batterie. In ihnen befinden sich die Plattenblöcke (10, 11) mit den Plus- und Minusplatten sowie den zwischengefügten Separatoren. Die Reihenschaltung der Zellen erfolgt durch Direktzellenverbinder (3), die die Verbindung durch Öffnungen in den Zellenwänden herstellen.

Blockdeckel

Die Zellen mit den Plattenblöcken sind durch einen gemeinsamen Blockdeckel (Bild 1, Pos. 1) abgedeckt und verschlossen. Der Blockdeckel setzt sich zusammen aus Verschlussdeckel und Basisdeckel (Bild 2).

Plattenblöcke

Die Plattenblöcke bestehen aus parallel geschalteten Minus- und Plusplatten (Gitterplatten) sowie aus zwischengefügten Separatoren (Bild 1, Pos. 10 und Bild 3). Die Kapazität der Zellen hängt im Wesentlichen von der Anzahl und der Fläche dieser Platten ab. Ihre Dicke wird je nach Anwendung der Batterie gewählt und bewegt sich üblicherweise im Bereich zwischen 1 und 3 mm.

Die Platten - auch Gitterplatten genannt - bestehen aus Bleigittern und der aktiven Masse, mit der die Gitter eingestrichen (pastiert) werden. Die aktive Masse der Plusplatte enthält poröses Bleidioxid (PbO_2, Farbe braun-orange), die Minusplatte reines Blei (Pb, Farbe metallisch grau-grün) in Form von „Bleischwamm". Das heißt, auch das reine Blei liegt in stark poröser Form vor. Alle Minus- und alle Plusplatten werden jeweils durch eine Polbrücke (oder auch Plattenverbinder) verbunden, die in der Batterie oberhalb des Plattensatzes angeordnet ist. Diese Polbrücke besteht aus massivem Blei. Die Verbindung zwischen Platten und Polbrücke wird durch Anschmelzen gewährleistet. Jeder Plattenblock enthält meist eine Minusplatte mehr als Plusplatten.

Aktive Masse

Die aktive Masse ist derjenige Bestandteil der Gitterplatten, der bei Durchgang des Stroms, d. h. bei der Ladung und Entladung, chemischen Umsetzungen unterworfen ist (vgl. DIN 40 729). Die Masse ist porös und bildet dadurch eine große wirksame innere Oberfläche. So haben z. B. die Minusplatten einer Batterie mit 100A·h eine innere Oberfläche von etwa 2000 m^2, die Plusplatten etwa 30 000 m^2. Bei der Herstellung der aktiven Masse in der Batteriefabrikation wird aus Bleioxid (PbO), das noch 5...15 % fein verteiltes metallisches Blei (Grauoxid) enthält, im Mischer durch Zugabe von Wasser (H_2O), verdünnter Schwefelsäure (H_2SO_4) und gegebenenfalls weiteren Zusatzstoffen und kurzen Kunststofffasern eine teigartige Masse hergestellt. Dabei entstehen basische Bleisulfate. Bleioxid und metallisches Blei bleiben teilweise erhalten. Die noch teigartige Masse wird in die Bleigitter eingestrichen und härtet dort aus.

Beim anschließenden Formieren, der elektrochemischen Umwandlung dieser Masse bei der erstmaligen Aufladung, wird

2 Blockdeckel der Bosch Silver Batterie

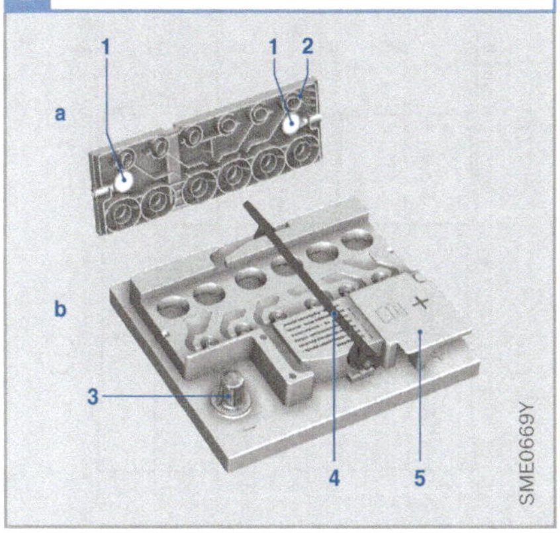

3 Plattenblock

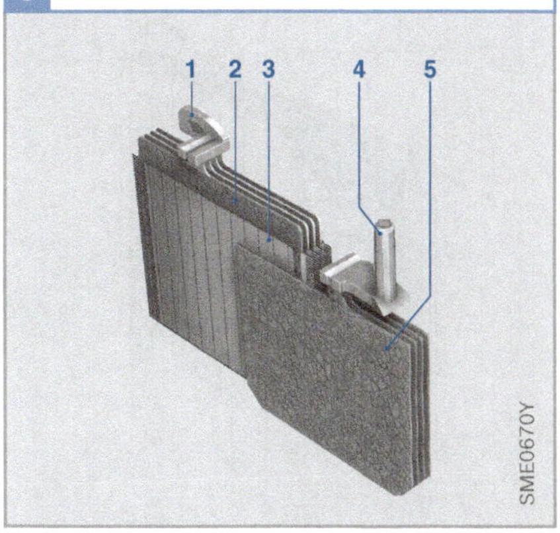

Bild 2
- a Verschlussdeckel
- b Basisdeckel

- 1 Integrierte Fritten
- 2 Labyrinth zur Gastrocknung und Rückführung der Säure
- 3 Endpol
- 4 Tragegriff
- 5 Polschutzkappe

Bild 3
- 1 Zellenverbinder
- 2 positive Platte
- 3 Separator
- 4 Endpol
- 5 negative Platte

hieraus die aktive Masse der nun fertigen Platte gebildet; dies geschieht ausschließlich beim Batteriehersteller.

Separatoren

Da Kraftfahrzeugbatterien Raum und gewichtsparend sein müssen, stehen Plus- und Minusplatten sehr nahe, üblicherweise im Abstand von 0,8...1,5 mm zusammen. Sie dürfen sich allerdings weder beim Verbiegen noch beim Abbröckeln von Teilchen aus der Oberfläche berühren, da sonst die Batterie wegen des dann folgenden Kurzschlusses unmittelbar zerstört würde. Deshalb besaßen bis vor kurzem Batterien am Boden Rippen zur Fixierung der Platten. Zusätzlich wurden Scheidewände (*Separatoren*) zwischen die einzelnen Platten eines Plattenblocks eingelegt.

Die taschenartigen Separatoren (Bild 4) moderner Batterien sorgen dafür, dass Platten verschiedener Polarität einen genügend großen Abstand zueinander haben und elektrisch voneinander getrennt (galvanisch isoliert) bleiben. Dadurch sind die Bodenrippen überflüssig. Als Separatorenmaterial wird poröse oxidations- und säurebeständige Polyethylenfolie eingesetzt, die in Taschenform die Plus- oder Minusplatten des Plattenblocks umhüllt. Die Separatoren dürfen der Ionenwanderung im Elektrolyt (Schwefelsäure) keinen nennenswerten Widerstand entgegensetzen. Außerdem müssen sie aus einem säurefesten, aber durchlässigen (mikroporösen) Stoff bestehen, damit die Batteriesäure hindurchdringen kann. Die mikroporöse Struktur ist auch deshalb notwendig, weil feine Bleifäden, die die Separatoren durchdringen könnten, Kurzschlüsse hervorrufen würden und deshalb zurückgehalten werden müssen.

Zellenverbinder

Die einzelnen Zellen der Batterie sind durch die Zellenverbinder (Bild 1, Pos. 3 und Bild 3, Pos. 1) in Reihe geschaltet. Zur Verringerung des inneren Widerstands und des Gewichts werden bei hochwertigen Batterien Direktzellenverbinder verwendet. Die Plattenverbinder der einzelnen Batteriezellen sind dabei auf dem kürzesten Weg durch die Zellentrennwand hindurch miteinander verbunden. Damit wird auch die Kurzschlussgefahr durch äußeren Kontakt verhindert.

Endpole und Batterieklemmen

Der Plattenverbinder der Plusplatten der ersten Zelle ist mit dem Pluspol der Batterie, der Plattenverbinder der Minusplatten der letzten Zelle mit deren Minuspol verbunden (Bild 1, Pos. 5). Die beiden Endpole sind die Verbindungsglieder zwischen dem Bordnetz und der Batterie (Bilder 5 und 6) und bestehen aus einer Bleilegie-

4 Platte mit Taschenseparator

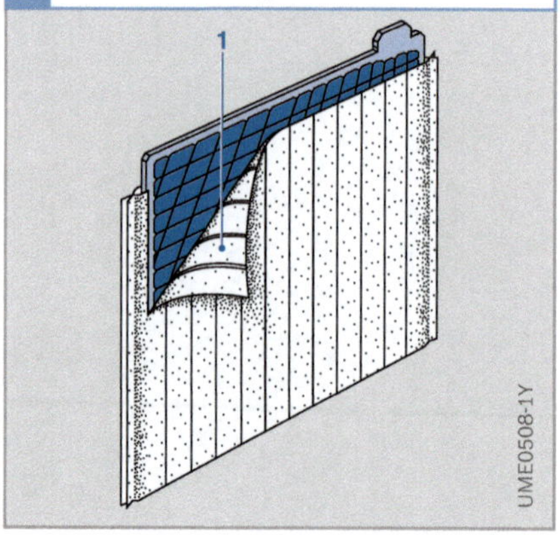

Bild 4
1 Taschenseparator aufgeschnitten

5 Endpole

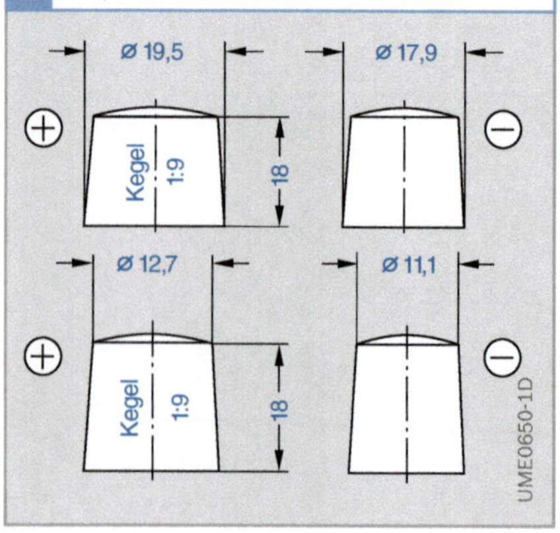

rung. Ihre konische Form gewährleistet einen festen Sitz und einen guten Kontakt mit den Batterieklemmen. Zwischen diesen beiden Endpolen herrscht die Klemmenspannung der Batterie, also ca. 12 Volt. An den Endpolen werden die Anschlussleitungen des Fahrzeugs mit besonderen Batterieklemmen angeschlossen. Um ein Verwechseln der beiden Pole (Verpolung) auszuschließen, sind diese besonders gekennzeichnet und zusätzlich unterschiedlich ausgeführt (Minuspol hat einen kleineren Durchmesser als Pluspol). Die zum Anschluss der Batterie ins Fahrzeug notwendigen Batterieklemmen gibt es in zwei Ausführungen (Bild 6):

- Schraubklemmen und
- Lötklemmen.

Bauformen

Alle Batterien sind in Normlisten beschrieben, die außer den elektrischen Werten auch Festlegungen für die geometrischen Abmessungen des Blockkastens und der Anschlusspole enthalten (für Pkw: EN 60095-2). Außerdem sind darin die Befestigungsvarianten sowie die Anordnung der Zellen und deren Zusammenschaltung aufgeführt, um die herstellerübergreifende Austauschbarkeit zu gewährleisten. Auch das Handelsprogramm für die Batteriebestellungen enthält als Angebotsmerkmale diese Bauformen, die in den folgenden Abschnitten näher beschrieben werden.

Schaltungen

Je nach Raumangebot und Anordnung der Aggregate im Kfz werden Batterien mit den unterschiedlichsten Abmessungen und Anordnungen der Anschlusspole benötigt.

Die Größen können durch die Anordnung der Zellen (Längs- oder Quereinbau) sowie deren Verschaltung untereinander in weiten Grenzen variabel gestaltet sein. Eine Übersicht über die gängigsten Schaltungen zeigt Bild 7.

Batterieabdeckung

Pkw-Batterien

Je nach Batterietyp gibt es zwei Ausführungen der Batterieabdeckung für Pkw-Batterien (Bilder 8 und 9):

- Blockdeckel und
- Monodeckel.

Bei Blockdeckeln mit Gaskanal wird das bei Ladevorgängen entstehende Gas aus der Batterie zentral über einen Schlauch abgeführt. Blockdeckel haben pro Zelle einen Verschlussstopfen, der zum Einfüllen von Batteriesäure und zu Wartungszwecken abgenommen werden kann. Bei wartungsfreien Batterien gibt es häufig keine Verschlussstopfen mehr.

6 Batterieklemmen

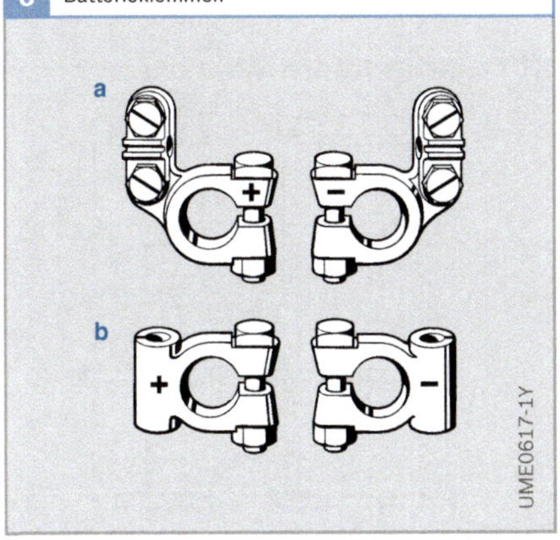

7 Schaltungen der Batteriezellen

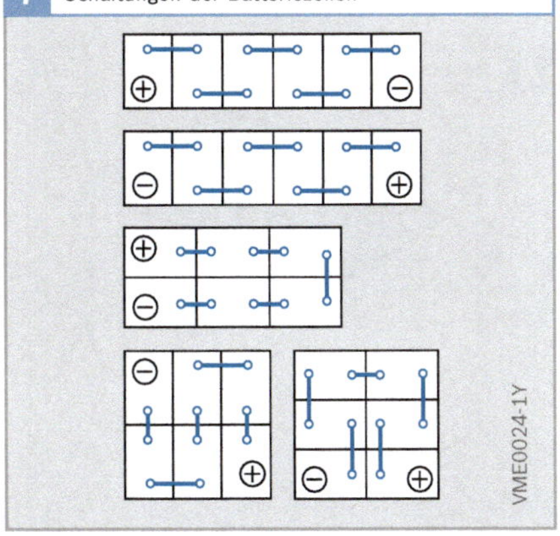

Bild 6
a Schraubklemmen
b Lötklemmen

Der Blockdeckel einer wartungsfreien Bosch Silver Batterie weist folgende Merkmale auf:
- Geschlossene und glatte Deckeloberfläche (keine Stopfen).
- Tragegriffe zum einfachen Transport (Bild 11).
- Labyrinth zur Vermeidung von Wasserverlust durch Verdampfung.
- Fritten (gesinterte mikroporöse Körper aus Polyethylen) im Gaskanal zum Schutz vor Rückzündungen. Das heißt, falls in Batterienähe ein Funken oder eine Flamme entsteht, kann das Übergreifen in den Batterieinnenraum vermieden werden.
- Labyrinth und Fritten zur Erhöhung der Auslaufsicherheit.

Beim Monodeckel gibt es keinen Gaskanal und kein Labyrinth. Hier tritt das Gas durch Stopfen mit Entgasungsöffnungen aus.

Nkw-Batterien
Bei den Nkw-Batterien gibt es ebenfalls zwei wesentliche Ausführungen:
- Monodeckel und
- Labyrinthdeckel.

Bei den Monodeckeln werden die beim Laden entstehenden Gase über Öffnungen im Stopfen abgeleitet. Fritten sind nicht vorhanden.

Der Labyrinthdeckel hat im Wesentlichen die Vorteile eines Pkw-Blockdeckels, nur ist hier das Labyrinth aufgrund der erforderlichen Außenabmaße einer Nkw-Batterie tief angeordnet. Die Vorteile sind im Wesentlichen die gleichen:
- Fritten zum Schutz vor Rückzündung,
- Labyrinth zur Erhöhung der Auslaufsicherheit und
- zentrale Entgasung.

Befestigung
Die Batterie muss so im Fahrzeug befestigt sein, dass jede Eigenbewegung ausgeschlossen ist. Deshalb wird die Batterie durch eine der folgenden Vorrichtungen auf eine Unterlage gespannt:
- Spannrahmen,
- Bügel, jeweils mit Spannschraube oder
- Bodenbefestigung, z. B. mit einer Spannpratze mit Spannschraube (Bild 10).

8 Blockdeckel

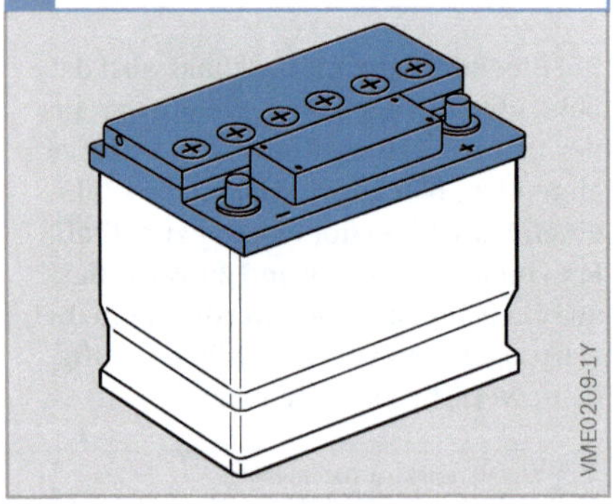

9 Monodeckel

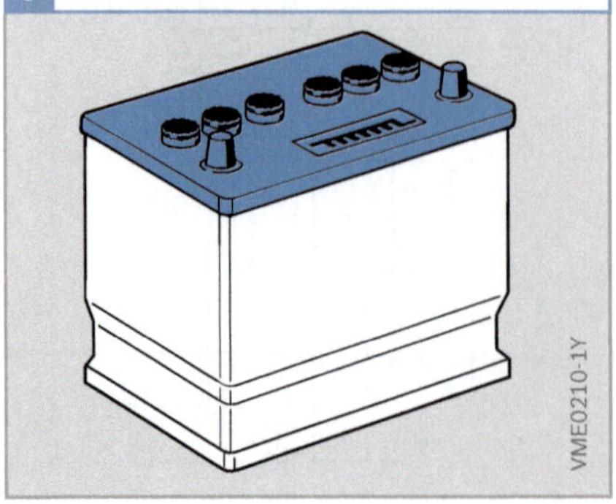

10 Batteriebefestigungen (Beispiele)

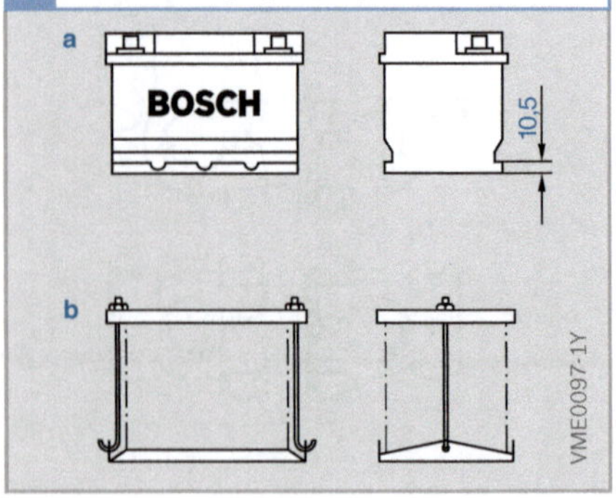

Bild 10
a Bodenbefestigung
b Spannrahmenbefestigung

Die hierzu notwendigen Ausbildungen am Batterieboden sind in verschiedenen Ausführungen gebräuchlich und deshalb ebenfalls Bestandteil der Normung.

Die Befestigung ist wichtig für die Sicherheit. Nicht richtig befestigte Batterien können bereits bei leichten Auffahrunfällen und sogar schon bei extremen Fahrsituationen in Bewegung geraten und durch einen dann möglichen Kurzschluss einen Brand verursachen.

Die vorhandene Befestigung erfüllt alle Sicherheitsanforderungen und sollte daher nicht verändert werden.

Arbeitsweise

Elektrochemische Vorgänge in der Bleizelle

Entstehung der Zellenspannung

Taucht eine Metallelektrode (z. B. aus Blei) in ein Elektrolyt (z. B. Schwefelsäure) ein, so lösen sich Metall-Ionen im Elektrolyt. Diese Metall-Ionen sind positiv geladen und haben Elektronen in der Elektrode zurückgelassen. Dadurch hat diese Elektrode ein elektrisches Potenzial. Dieses wirkt einer weiteren Lösung von Ionen entgegen, so dass sich ein Gleichgewicht ausbildet zwischen dem Lösen und dem

1 Vergleich der verschiedenen Batterieausführungen

		EN-Wasserverbrauch (g/Ah)	Batterie-Kasten	Deckel/Stopfen	Separator	Gitterlegierung Plus	Gitterlegierung Minus	Sonstiges
konventionelle Starterbatterie		> 4,0	Bodenrippen	Monodeckel und Entgasungsstopfen	Blattseparator	Blei/Antimon	Blei/Antimon	sehr zyklenfest; Nkw-Anwendung: Separator z. T. mit Glasmattenauflage
wartungsarm		meist < 4,0	glatter Boden		Taschenseparator	Antimon < 3,5 %	Blei/Antimon	
wartungsfrei nach EN		< 4,0, meist < 2,0	glatter Boden	Blockdeckel mit Zentralentgasung; Stopfen	Taschenseparator	Blei/Antimon	Blei/Kalzium	Hybridbatterie; OEM-Einsatz vernachlässigbar
absolut wartungsfrei	flüssiger Elektrolyt	< 1,0	glatter Boden	Blockdeckel[1] mit Zentralentgasung[7]; Fritte[2]	Taschenseparator	Blei/Kalzium/Silber[4]	Blei/Kalzium	Stand der Technik[5] OEM und IAM
	AGM[3]	< 1,0	verstärkte Konstruktion glatter Boden	Blockdeckel mit Zentalentgasung; Ventil und Fritte	mikroporöser Glasvlies oder Gel[6] und Blattseparator	Blei/Kalzium/Silber	Blei/Kalzium	sehr zyklenfest; Oberklassenfahrzeuge und 2-Batt.-Bordnetze

[1]) häufig mit Labyrinth zum optimalen Säurerückhalt, [2]) Fritte garantiert Rückzündschutz, [3]) Absorbent Glass Mat,
[4]) bei Bosch-Batterien, [5]) zunehmend auch für Nkw, [6]) nicht als Starterbatterie im Pkw, [7]) OEM mit Stopfen, Handel ohne Stopfen

11 Bosch Silver Batterie mit ihren Bestandteilen

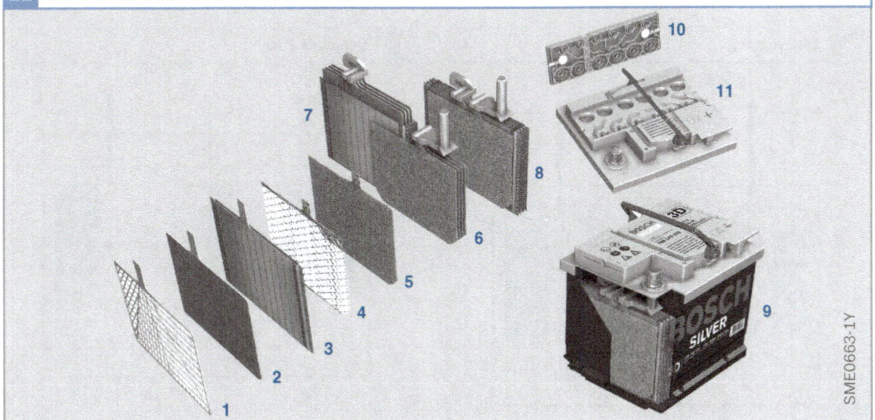

Bild 11
1 Positives Gitter
2 Positive Platte
3 Positive Platte im Plattenscheider (Separator)
4 Negatives Gitter
5 Negative Platte
6 Negativer Plattensatz
7 Positiver Plattensatz
8 Plattenblock
9 Blockkasten mit Bodenleisten
10 Verschlussdeckel
11 Basisdeckel

Abscheiden der Metall-Ionen unter Aufnahme von Elektronen.

Ähnlich verhält sich auch eine Elektrode aus PbO_2, nur dass hier eine Umwandlung von unterschiedlich geladenen Blei-Ionen stattfindet (Pb^{2+} und Pb^{4+}). Unterschiedliche Elektroden haben unterschiedliche Potentiale, sodass sich eine Zellspannung als Differenz dieser Potentiale ergibt. Bei einer geladenen Bleizelle (Bild 12) besteht die positive Elektrode im Wesentlichen aus Bleidioxid (PbO_2), die negative Elektrode aus reinem Blei (Pb). Als Elektrolyt dient verdünnte Schwefelsäure (H_2SO_4 plus H_2O). Durch den Schwefelsäureanteil wird das Wasser leitend und damit als Elektrolyt verwendbar.

Der Stromtransport erfolgt durch Ionenleitung. In der wässrigen Lösung spalten sich die Schwefelsäuremoleküle in positiv geladene Wasserstoff-Ionen ($H+$) und negativ geladene Säurerest-Ionen (SO_4^{2-}). Die Spaltung ist Voraussetzung für die Leitfähigkeit des Elektrolyts und damit auch für das Fließen eines Lade- oder Entladestroms.

Die beim Laden und Entladen der Zelle auftretenden Teilchenübergänge werden in den folgenden beiden Abschnitten erläutert.

Laden einer Batterie

Die Batterie wird im Fahrbetrieb aufgeladen, wenn der Generator genügend Ladestrom liefert. Eine entladene Batterie kann auch mit einem Batterieladegerät wieder aufgeladen werden.

Beim Ladevorgang ist die positive Elektrode der Bleizelle mit dem Pluspol, die negative Elektrode mit dem Minuspol der Gleichspannungsquelle (Generator bzw. Ladegerät) verbunden. Der Ladevorgang wird – im Gegensatz zum nachher beschriebenen Entladevorgang – durch die Zufuhr elektrischer Energie erzwungen, sodass alle Zellen nach der Ladung ein höheres Energieniveau erreichen. In den Bildern 12 bis 15 sind die Vorgänge, die sich zwischen den einzelnen Teilchen der Elektrodenmasse und des Elektrolyts abspielen, schematisch dargestellt.

Die Ladespannungsquelle sorgt in der Zelle für einen Ladungstransport von der Pluselektrode zur Minuselektrode. Sie zwingt die Elektronen der Minuselektrode auf, dadurch entsteht an dieser Elektrode aus dem zweiwertig positiven Blei (Pb^{2+}) – unter Auflösung der Bleisulfat-Moleküle – „nullwertiges" (metallisches) Blei (Pb). Gleichzeitig gehen die frei gewordenen negativ geladenen Säurerest-Ionen (SO_4^{2-}) von der Minuselektrode in den Elektrolyt über (Bild 12).

An der Pluselektrode wandelt sich durch den Wegtransport von Elektronen zwei-

12 Ladevorgang

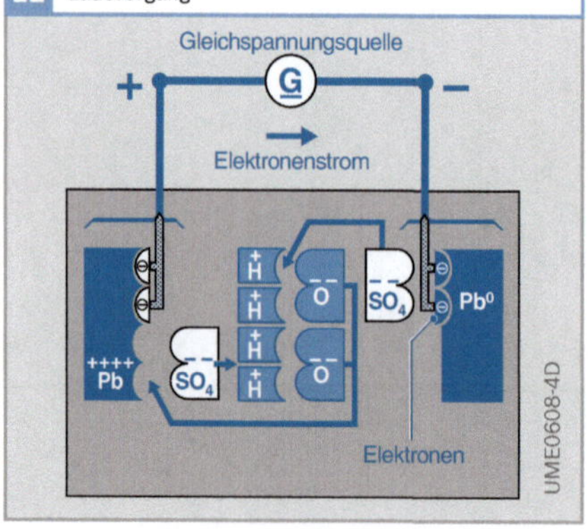

13 Geladene Zelle

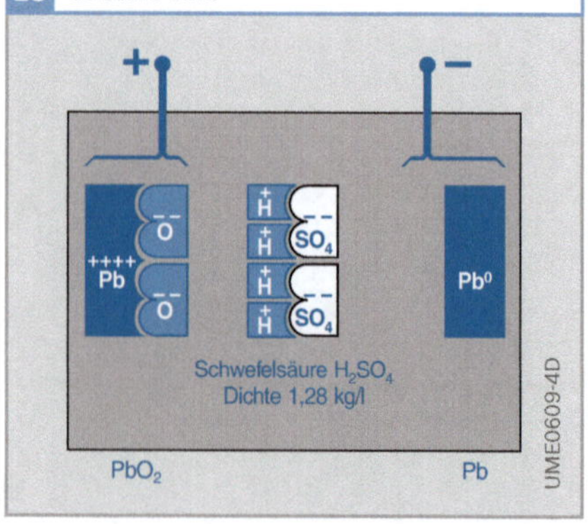

wertig positives Blei (Pb^{2+}) in vierwertig positives Blei (Pb^{4+}) um. Dabei wird das Bleisulfat ($PbSO_4$) durch die angelegte Ladespannung elektrochemisch gespalten. Das vierwertig positive Blei verbindet sich mit dem aus dem Wasser (H_2O) entnommenen Sauerstoff zu Bleidioxid (PbO_2). Gleichzeitig treten die bei diesem Oxidationsvorgang an der Pluselektrode frei gewordenen Sulfat-Ionen (SO_4^{2-}, aus dem Bleisulfat $PbSO_4$) und Wasserstoff-Ionen (H^+, aus dem Wasser) in den Elektrolyt über. Die Reaktionsgleichung des Ladevorgangs lautet:

$$2PbSO_4 + 2H_2O \rightarrow PbO_2 + 2H_2SO_4 + Pb$$

Durch den Ladevorgang erhöht sich die Zahl der Wasserstoff-Ionen (H^+) und der Sulfat-Ionen (SO_4^{2-}) im Elektrolyt. Das heißt, es wird Schwefelsäure (H_2SO_4) neu gebildet, wobei die Dichte ρ des Elektrolyts zunimmt (bei geladener Zelle normalerweise $\rho = 1{,}28$ kg/l). Dies entspricht einem Schwefelsäuregehalt von ca. 37 %. Deshalb kann über eine Messung der Säuredichte der Ladezustand der Batterie ermittelt werden.

Die Ladung ist beendet (Bild 13), nachdem
- sich das Bleisulfat ($PbSO_4$) an der Pluselektrode in Bleidioxid (PbO_2) und
- das Bleisulfat ($PbSO_4$) an der Minuselektrode in metallisches Blei (Pb) umgewandelt hat,
- die Ladespannung sowie die Säuredichte ρ auch bei fortwährendem Laden nicht mehr weiter ansteigen.

Gasung

Durch den Ladeprozess wird die zugeführte elektrische Energie in chemische Energie umgewandelt und gespeichert. Wird nach vollständiger Ladung weiter geladen, findet nur noch eine elektrolytische Wasserzersetzung statt. An der Plusplatte bildet sich Sauerstoff (O_2), an der Minusplatte Wasserstoff (H_2). Dieser Vorgang wird als Gasung bezeichnet. Gegebenenfalls muss daraufhin Wasser nachgefüllt werden.

Eine Überladung kann dadurch reduziert werden, dass z. B. eine Begrenzung der Ladezeit eingeführt wird. Im Fahrzeug kann eine Überladung durch eine ladezustandsgeführte Ladung verhindert werden, die allerdings eine Batteriezustandserkennung voraussetzt.

Einfluss der Motordrehzahl

Die Ladung der Batterie hängt stark vom Fahrzeugbetrieb ab (z. B. Stau, Stop-and-go oder freie Fahrt). Der Generator wird vom Motor angetrieben, die Stromerzeugung des Generators nimmt mit steigender Motordrehzahl zu. Deshalb haben z. B. lange Wartezeiten bei Verkehrsstaus und vor Signalanlagen bei einer dem Motorleerlauf entsprechend niedrigen Generatordrehzahl auch einen niedrigen Ladestrom zur Folge. Fehlende längere Überlandfahrten wirken sich zusätzlich negativ auf die Ladebilanz aus. Ist dagegen eine längere freie Fahrt auf der Landstraße oder Autobahn möglich, liegt die Motordrehzahl im mittleren bis oberen Bereich und der Ladestrom ist entsprechend hoch.

Entladen (Stromentnahme)

Die Stromrichtung und die elektrochemischen Vorgänge kehren sich beim Entladen der Batterie gegenüber dem Ladevorgang um. Werden die beiden Pole einer

14 Entladevorgang

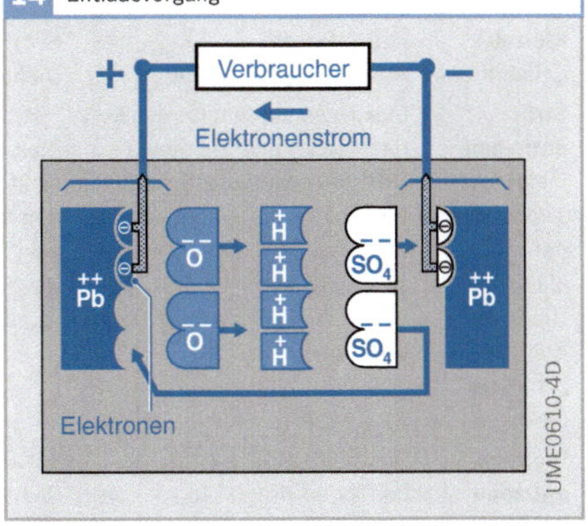

Batterie über einen Verbraucher (z. B. Glühlampe) miteinander verbunden, so fließen infolge der zwischen den Polen vorhandenen Potenzialdifferenz (der 6-fachen Zellenspannung) Elektronen von der Minuselektrode über den Verbraucher zur Pluselektrode.

Durch diesen Übergang von Elektronen wandelt sich das vierwertig positive Blei (Pb^{4+}) der Pluselektrode in zweiwertig positives Blei (Pb^{2+}) um, und die Bindung des zuvor vierwertig positiven Bleis an die Sauerstoffatome (O) wird aufgehoben (Bild 14). Die dadurch frei gewordenen Sauerstoffatome verbinden sich mit Wasserstoff-Ionen (H^+), die aus der Schwefelsäure (H_2SO_4) entnommen worden sind, zu Wasser (H_2O). Die Dichte des Elektrolyts nimmt hierdurch ab. Bei einer leeren Batterie beträgt sie - je nach Bauart - meist deutlich unter $\rho = 1{,}12$ kg/*l*. Dies entspricht einem Schwefelsäuregehalt von ca. 17 %.

An der Minuselektrode bildet sich durch den Übergang von Elektronen aus dem metallischen Blei (Pb) zur Pluselektrode ebenfalls zweiwertig positives Blei (Pb^{2+}). Die zweifach negativ geladenen Säurerest-Ionen (SO_4^{2-}) aus der Schwefelsäure verbinden sich mit dem zweiwertig positiven Blei der beiden Elektroden, sodass als Entladeprodukt an beiden Elektroden Bleisulfat ($PbSO_4$) entsteht (Bild 15).

15 Entladene Zelle

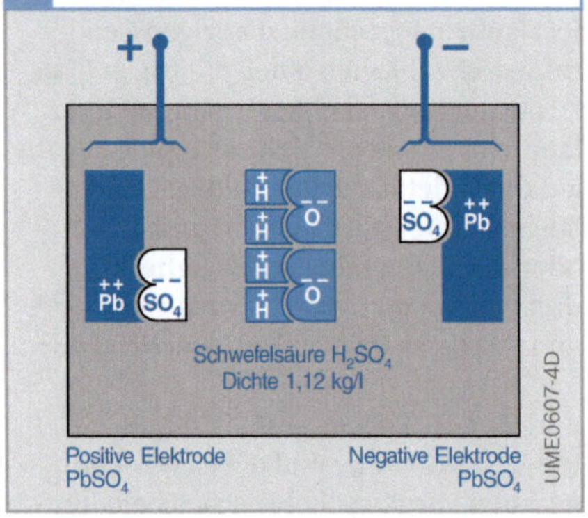

Die Reaktionsgleichung des Entladevorgangs lautet:

$$PbO_2 + 2H_2SO_4 + Pb \rightarrow 2PbSO_4 + 2H_2O$$

Beide Elektroden haben jetzt wieder den Ausgangszustand erreicht: Die in der Zelle gespeicherte chemische Energie wurde durch den Entladevorgang wieder in elektrische Energie umgewandelt.

Einen Überblick über die Vorgänge beim Entladen einer Batterie gibt Tabelle 2.

2 Übersicht über die Entladevorgänge

	Pluselektrode	Elektrolyt	Minuselektrode
Bleizelle geladen	Aktive Masse: Bleidioxid (PbO_2, braun)	Schwefelsäure hoher Dichte (H_2SO_4)	Aktive Masse: Blei (Pb, metallisch grau)
Strom-entnahme Elektronenstrom von der Minus-elektrode (über Verbraucher) zur Plus-elektrode	Elektronenaufnahme reduziert das vierwertige Bleidioxid ($Pb^{4+}O_2$) zu zweifach positiven Blei-Ionen (Pb^{++}), die sich mit dem Säurerest der Schwefelsäure (Sulfat-Ionen SO_4^{--}) zu dem hellen Bleisulfat ($PbSO_4$) verbinden.	Der Sauerstoff (O_2) des Bleidioxids (PbO_2) der Pluselektrode bildet Wasser mit den frei gewordenen positiv geladenen Wasserstoff-Ionen (H^+, H_3O^+) der Schwerfelsäure; sie wird verdünnt.	Elektronenabgabe oxidiert das neutrale metallische Blei (Pb) zu zweifach positiven Blei-Ionen (Pb^{++}), die sich mit dem Säurerest der Schwefelsäure (Sulfat-Ionen SO_4^{--}) zu dem hellen Bleisulfat ($PbSO_4$) verbinden.
Bleizelle entladen	Bleisulfat ($PbSO_4$) aus den Ionen $Pb^{++} + SO_4^{--}$	Schwefelsäure niedriger Dichte	Bleisulfat ($PbSO_4$) aus den Ionen $Pb^{++} + SO_4^{--}$

Tabelle 2

Batterieausführungen

Konventionelle und wartungsarme Batterien

Konventionelle Batterien werden heutzutage fast nicht mehr in Neufahrzeuge eingebaut, da sie nicht wartungsfrei sind und regelmäßig auf ihren Flüssigkeitsstand überprüft werden müssen. Da die Gasungsspannung (Spannung, bei der der Gasungsprozess einsetzt) niedriger ist als bei allen anderen gängigen Batterieausführungen, setzt der Gasungsprozess früher ein und es entweicht mehr Ladegas (siehe Abschnitt „Elektrochemische Vorgänge in der Bleizelle"). Deshalb muss regelmäßig Wasser durch die Verschlussstopfen nachgefüllt werden.

Wartungsarme Batterien bieten eine leichte Verbesserung. Durch den geringeren Wasserverbrauch (< 4 g/A · h) liegen die Wartungsintervalle höher, wobei diese vom Betrieb und dem Einbauort der Batterie abhängen.

Merkmale

Konventionelle Batterien

Konventionelle Batterien besitzen an der inneren Bodenfläche des Blockkastens Stege, auf denen die Platten mit den Plattenfüßen stehen. Der Raum zwischen den Stegen (Schlammraum) dient zur Aufnahme kleiner Masseteilchen, die sich im Laufe der Betriebszeit aus den Platten lösen und zu Boden sinken. In diesem Schlammraum kann sich der elektrisch leitende Bleischlamm absetzen, ohne dass er mit den Platten in Berührung kommt. Auf diese Weise werden Kurzschlüsse vermieden. Die Bauweise mit Stegen und Schlammraum ist bei konventionellen Batterien erforderlich, da Blattseparatoren zwischen den Platten sitzen, die diese unten nicht umschließen.

Wartungsarme Batterien

Bei wartungsarmen Batterien hingegen werden Taschenseparatoren verwendet. Durch die Taschenform umschließen sie die Plus- oder Minusplatte vollständig. Sich lösende Masseteilchen sinken innerhalb der Tasche zu Boden und können somit keinen Kurzschluss auslösen. Es werden daher keine Stege mehr am Batterieboden benötigt, der Kastenboden ist glatt. Dadurch kann die verfügbare Plattenoberfläche erhöht werden (höhere Stromentnahme möglich) und die Platten stehen auf ihrer kompletten Unterseite auf (höhere Stabilität).

Legierungswerkstoff des Plattengitters

Blei-Antimon-Legierung (PbSb)

Um die Gießbarkeit der dünnen Bleigitter zu verbessern (besonders wichtig bei Hochleistungs-Starterbatterien), die Aushärtung zu beschleunigen und den Bleiplatten die nötige Stabilität für den Fahrbetrieb (*Zyklenfestigkeit*) zu geben, besteht das Gitterblei aus einer Blei-Antimon-Legierung (PbSb). Antimon übernimmt die Funktion des Härters, wodurch sich auch die Bezeichnung „Hartblei" für Gitterblei ableitet. Allerdings wird das Antimon im Laufe der Batterielebensdauer durch Korrosion der Plusgitter zunehmend ausgeschieden, wandert quer durch den Elektrolyt und den Separator zur Minusplatte und „vergiftet" diese durch Bildung von Lokalelementen. Diese Lokalelemente erhöhen in erster Linie die Selbstentladung der Minusplatte und setzen die Gasungsspannung herab. Beides verursacht erhöhten Wasserverbrauch bei Überladung, die wiederum die Antimonfreisetzung fördert. Dieser Selbstverstärkungsmechanismus führt zu einer über die Gebrauchsdauer stetigen Verminderung der Leistungsfähigkeit. Vor allem im Winter führt der dann geringere Ladestrom zur Mangelladung. Die Batterie erreicht keine ausreichend hohen Ladezustände mehr und muss oft auf ihren Säurestand hin kontrolliert werden.

Die durch den Antimongehalt von 4...5 % im Gitterblei hervorgerufene Selbstentladung der Minusplatten ist somit eine der Hauptausfallursachen von konventionellen

Starterbatterien. Der Wasserverbrauch (> 4 g/A·h) durch erhöhte Gasung bei gealterten Batterien machte je nach Fahrbedingungen ein Wartungsintervall von vier bis sechs Wochen erforderlich. Bei wartungsarmen Batterien ist der Antimonanteil in der Plusplatte geringer (< 3,5%). Hierdurch wird der Anstieg der Selbstentladung der Batterie mit zunehmender Lebensdauer verlangsamt.

Da Batterien mit Blei-Antimonlegierung sehr zyklenfest sind, werden sie vor allem in Nkw und Taxen eingesetzt. Auch Batterien für Motorräder basieren auf Antimontechnologie, da die häufige Verwendung bei schönem Wetter und lange Standzeiten im Winter eine besonders zyklenfeste Batterie bedingen.

Die Vorteile der Zyklenfestigkeit werden aber durch Nachteile bei der Korrosion der Gitter in der Lebensdauer häufig kompensiert. Ursache dafür ist, dass Gitter mit Blei-Antimon einem stärkeren korrosivem Angriff ausgesetzt sind als die weiter unten beschriebene Blei-Kalzium-Legierung oder die noch bessere Blei-Kalzium-Silber-Legierung.

Da für die meisten Pkw jedoch wartungsfreie und nicht extrem zyklenfeste Batterien gefordert werden, kommen in Neufahrzeugen so gut wie keine Antimonbatterien mehr zum Einsatz.

Wartungsfreie Batterie (nach EN)

Legierungswerkstoff des Plattengitters

Bei wartungsfreien Batterien (Hybridbatterien) besteht das Negativgitter aus einer Blei-Kalzium-Legierung (PbCa) – bei manchen Ausführungen mit Silberzusatz – und das Positivgitter aus einer Antimonlegierung (PbSb).

Die Funktion des Härters für die Minusplatten übernimmt das Element Kalzium an Stelle von Antimon. Kalzium ist unter den herrschenden Potenzialverhältnissen in Bleibatterien elektrochemisch inaktiv. Dadurch findet keine Vergiftung der Minusplatte statt und die Selbstentladung wird verhindert. Bedeutsamer ist jedoch die über die Gebrauchsdauer stabile Gasungsspannung auf hohem Niveau und der damit einhergehende gegenüber einer Blei-Antimon-Legierung reduzierte Wasserverbrauch.

Ein weiterer Vorteil einer Hybridbatterie ist die einfache Fertigung. Die Negativgitter mit Kalziumlegierung werden meist im einfachen Streckverfahren hergestellt, die durch Korrosion mechanisch stärker belasteten Positivgitter mit Antimonlegierung im aufwändigeren Gießverfahren. Wegen des Antimonanteils können allerdings auch Hybridbatterien im Pkw-Bereich die heutigen hohen Anforderungen nach niedrigem Wasserverbrauch (< 1 g/A·h) fast nie erfüllen. Hierzu sind nur absolut wartungsfreie Batterien in der Lage, bei denen beide Gitter aus der Blei-Kalziumlegierung bestehen.

Bei hoher zyklischer Belastung, z. B. bei Taxen in Ballungsräumen, Stadtlinienbussen und Lieferfahrzeugen, haben sich wartungsfreie Starterbatterien wegen ihres Separatorenkonzepts (Taschenseparatoren), das einen zuverlässigen Schutz gegen Ausfall bietet, bewährt.

Merkmale

Der Wasserverlust einer wartungsfreien Batterie ist über ihre Gesamtlebensdauer weitaus geringer als bei der konventionellen Batterie (< 4 g/A·h, meist < 2 g/A·h). Lediglich zu den normalen Serviceintervallen in der Werkstatt muss der Flüssigkeitsstand kontrolliert werden. Als Separatorenmaterial wird oxidations- und säurebeständige poröse Polyethylenfolie eingesetzt, die in Taschenform die Plus- oder Minusplatten des Plattenblocks umhüllt.

Weitere Merkmale sind:

- Labyrinthblockdeckel mit zentraler Gasableitung. Dies minimiert den Wasserverbrauch durch Verdunstung und verhindert Säureaustritt bei kurzzeitigem Umkippen der Batterie.

- Fritten schützen vor Rückzündung bei Funkenbildung: Das heißt, sie verhindern, dass sich austretendes Ladegas durch äußeren Einfluss entzündet (stehende Flamme) bzw. sich entzündet und in die Batterie zurückschlägt.
- Die Endpole sind durch Kappen gegen unbeabsichtigten Kurzschluss geschützt.
- Die Abdeckplatte über der Stopfenmulde verdeckt die Verschlussstopfen und verhindert die Ansammlung von Schmutz und Feuchtigkeit.
- Der Blockkastenboden ist aufgrund der Verwendung von Taschenseparatoren innen glatt. Die Platten reichen bis zum Kastenboden (größere Plattenoberfläche) und stehen dort auf ganzer Länge auf (höhere Stabilität).
- Mikroporöse Taschenseparatoren verhindern sowohl das Ausfallen von Masse als auch die Bildung von Kurzschlussbrücken an Unter- und Seitenkanten der Platten. Der mittlere Porendurchmesser der Taschenseparatoren ist um den Faktor 10 kleiner als bei den konventionellen Blattseparatoren; er verhindert damit wirkungsvoll Kurzschlüsse bei gleichzeitig niedrigem Durchgangswiderstand.

Eine wartungsfreie Starterbatterie von Bosch erfüllt neben den festgelegten Mindestleistungswerten der Norm noch folgende Anforderungen:

- Leistungsdaten und Ladeverhalten werden nicht durch Wasserverbrauch beeinträchtigt.
- Leistungsdaten und Ladeverhalten sind während der gesamten Gebrauchsdauer nahezu unverändert.
- Nach Tiefentladung und anschließender Standzeit unter Bordnetzbedingungen ist die Batterie wieder aufladbar.
- Bei Saisonbetrieb ohne Zwischenladung (bei abgeklemmtem Massekabel) ist kein Lebensdauerrückgang gegenüber Ganzjahresbetrieb zu erwarten.
- Eine langen Lagerfähigkeit der gefüllten Batterie muss gewährleistet sein.

Absolut wartungsfreie Batterie

Absolut wartungsfreie Batterien besitzen eine verlängerte Lebensdauer für extremen Langstreckenverkehr und sind widerstandsfähiger gegen Dauerüberladung. Dies wird durch eine Weiterentwicklung der Plattenlegierung erreicht.

Plattengitter

Blei-Kalzium-Silberlegierung (PbCaAg)

Die Leistungssteigerung bei neu entwickelten Pkw-Motoren in Verbindung mit kompakten und strömungsgünstigen Kfz-Karosserien führte zu einem Anstieg der mittleren Motorraumtemperatur. Dieser Umstand betrifft auch die Starterbatterie, deren nächste Entwicklungsstufe deshalb über eine verbesserte Bleilegierung für die Gitter der positiven Platten verfügt. Diese enthalten neben einem reduzierten Kalziumgehalt und einem erhöhten Zinnanteil auch das Element Silber (Ag). Diese Blei-Kalzium-Silberlegierung (PbCaAg) besitzt eine verfeinerte Gitterstruktur und hat sich selbst unter dem Einfluss hoher Temperaturen, die die korrosive Zerstörung beschleunigen, als sehr langlebig erwiesen. Dies gilt sowohl bei schädlicher Überladung bei hoher Säuredichte als auch während der (möglichst zu vermeidenden) Standzeit mit niedriger Säuredichte.

Der Legierungswerkstoff für die Minusplatten ist eine Blei-Kalzium-Legierung. Diese Batterien sind also antimonfrei.

Merkmale

Die optimierte Geometrie der Gitterstruktur mit optimierter elektrischer Leitfähigkeit erlaubt eine bessere Ausnutzung der aktiven Masse. Der für die Zellenverbinder mittig gelegte Anschluss (Mittelfahne) gewährleistet einen gleichmäßigen Halt der Gitterplatten im Batteriegehäuse. Diese Technik hat das Potenzial, die Platten gegenüber denen von wartungsfreien Batterien um etwa 30% dünner (aber stabiler) zu gestalten und damit ihre Anzahl zu erhöhen. Dies ermöglicht eine Steigerung der Kaltstartleistung ohne Qualitätseinbuße.

Ausführungen im „Robust-Design“ haben kürzere und dickere Plusplatten mit stabilem Rahmen und dadurch bedingt ein erhöhtes Säurevolumen oberhalb der Platten. Diese sind dadurch stets von Batteriesäure bedeckt und vor Korrosion geschützt. Mit diesen Eigenschaften erweisen sich diese Batterien insgesamt robuster in der praktischen Anwendung.

Die absolut wartungsfreie Batterie erfordert keine Säurestandskontrolle und bietet dazu in der Regel auch keine Möglichkeit mehr. Sie ist bis auf zwei Entgasungsöffnungen dicht verschlossen. Unter den üblichen Bordnetzbedingungen (konstante, nach oben begrenzte Spannung) ist die Wasserzersetzung so weit reduziert (< 1 g/A · h), dass der Elektrolytvorrat über den Platten für die gesamte Lebensdauer ausreicht. Eine absolut wartungsfreie Batterie hat zusätzlich den Vorteil sehr geringer Selbstentladung. Dies ermöglicht nach Auslieferung der voll geladenen Batterie eine Lagerung über viele Monate.

Wegen der niedrigen Selbstentladung können alle absolut wartungsfreien Batterien bereits im Herstellerwerk mit Schwefelsäure gefüllt werden. Dadurch wird gefährliches Verschütten beim Mischen und Einfüllen in Werkstätten oder bei Händlern vermieden.

Sofern eine absolut wartungsfreie Batterie außerhalb des Bordnetzes nachgeladen wird, darf die Ladespannung 2,3...2,4 Volt pro Zelle nicht übersteigen, denn ein Überladen mit konstantem Strom oder mit Ladegeräten mit W-Kennlinie (Widerstand konstant) führt zu Wasserzersetzung (Gasung).

Die zurzeit am Markt befindlichen Ausführungen der absolut wartungsfreien Batterie besitzen einen Sicherheits-Labyrinthdeckel mit seitlichen Entgasungsöffnungen, der einen Säureaustritt bei Neigungswinkeln von bis zu 70° verhindert und durch die vorhandenen Fritten Rückzündschutz bietet. Verschlussstopfen sind nicht mehr erforderlich.

Die Bosch-Batterie mit Silberlegierung in den positiven Platten weist eine 20 % längere Lebensdauer gegenüber herkömmlichen Batterien auf. Wegen der dünnen Plattenausführungen ist die Plattenzahl pro Zelle höher. Die daraus resultierende größere Oberfläche erhöht die Startleistung gegenüber herkömmlichen Batterien um 30 %. Zudem verfügt diese Batterieausführung über ein „Power Control System“, das sich oben im Blockdeckel der Batterie befindet und den aktuellen Ladezustand mit unterschiedlichen Farben anzeigt.

- Grün: Der Ladezustand ist in Ordnung.
- Dunkelgrau: Die Batterie sollte nachgeladen werden. Nach dem Laden zeigt die Anzeige wieder „Grün“ an.
- Weiß: Die Batterie ist defekt, sie muss ausgetauscht werden.

Für Anwendungen im Nkw gibt es von Bosch Batterien mit Silberlegierung mit den Vorteilen der absolut wartungsfreien Pkw-Starterbatterie („Bosch TECMAXX“). Verbunden wird die absolute Wartungsfreiheit, die gerade für die Anwendung im Nkw einen nicht zu unterschätzenden Kostenvorteil bietet, mit einer neuen Technologie des Batteriedeckels: Durch einen neuartigen Labyrinthdeckel wird die Auslaufsicherheit gewährleistet. Durch die Verwendung einer Zentralentgasung anstatt einer Entgasung über die Stopfen kann eine Fritte eingebaut werden, sodass die Rückzündung von außen vorliegenden Flammen oder Funken in das Innere der Batterie verhindert wird.

In der Kraftfahrzeugerstausrüstung werden heutzutage nahezu ausschließlich absolut wartungsfreie Batterien eingesetzt. Sie erlauben eine Verlängerung des Wartungsintervalls und haben sich millionenfach bewährt.

AGM-Technik

Für weiter erhöhte Anforderungen an die Fahrzeugbatterie haben sich AGM-Batterien bewährt (Absorbent Glass Mat, d. h., Batterien mit in einem Glasvlies gebundenem Elektrolyt). Diese Batterien unterscheiden sich von Batterien mit freiem Elektrolyten dadurch, dass die Schwefelsäure in einem Glasvlies gebunden ist, das sich anstelle der Separatoren zwischen den Plus- und Minusplatten befindet.

Die Batterie wird durch Ventile luftdicht von der Umgebung getrennt. Durch einen internen Kreislauf in der Batterie wird der bei der Gasung an der positiven Elektrode entstehende Sauerstoff an der negativen Elektrode wieder verbraucht, die Entstehung von Wasserstoff unterdrückt und damit der Wasserverlust sehr klein gehalten. Dieser Kreislauf wird erst dadurch möglich gemacht, dass sich zwischen positiver und negativer Platte kleine Gaskanäle bilden, über die der Sauerstoff transportiert wird. Die Ventile öffnen nur bei einem größeren Überdruck. Die verschlossene AGM-Batterie hat daher einen extrem geringen Wasserverlust und ist somit absolut wartungsfrei.

Diese Technologie bietet daneben weitere Vorteile. Das Vlies ist elastisch, deshalb kann der Plattensatz unter Druck eingebaut werden. Durch das Anpressen des Vlieses auf die Platten wird der Effekt der Abschlammung und Lockerung der aktiven Masse stark reduziert. Damit wird ein üblicherweise um bis zu dreimal größerer Ladungsdurchsatz gegenüber vergleichbaren Starterbatterien erzielt. Weiterhin bietet dieser Batterietyp den Vorteil, dass selbst bei Zerstörung des Batteriegehäuses, z. B. durch einen Unfall, i. Allg. keine Schwefelsäure austritt, da diese im Glasvlies gebunden ist. Bei einer 180°-Drehung tritt auch nach längerer Zeit kein Elektrolyt aus. Aufgrund der hohen Porosität des Glasvlieses werden hohe Kaltstartströme erzielt.

Ein weiterer Vorteil der AGM-Batterie besteht darin, dass Entstehung einer Säureschichtung verhindert wird. Beim zyklischen Lade- und Entladebetrieb einer Batterie mit freiem Elektrolyt baut sich nach und nach ein Gradient in der Säuredichte von oben nach unten auf. Grund hierfür ist, dass sich beim Laden der Batterie an den Platten Schwefelsäure hoher Konzentration bildet, die aufgrund der höheren spezifischen Dichte nach unten fällt und sich dort sammelt, während im oberen Teil der Batteriezelle die Schwefelsäure geringerer Konzentration verbleibt. Diese Säureschichtung reduziert unter anderem die Batteriekapazität sowie die Lebensdauer. Der Effekt der Säureschichtung tritt bei allen Batterien mit freiem Elektrolyt mehr oder weniger stark ausgeprägt auf. Bei AGM-Batterien hingegen wird Säureschichtung durch das Festlegen des Elektrolyts im Glasvlies verhindert.

Beim Einbauort der AGM-Batterie muss darauf geachtet werden, dass keine allzu hohen Temperaturen auftreten, da die Wärmekapazität kleiner als bei Batterien mit freiem Elektrolyt ist.

Gel-Technik

Eine andere Bauform der verschlossenen und somit absolut wartungsfreien Batterie verwendet statt des Glas-Vlieses ein Mehrkomponenten-Gel, in dem der Elektrolyt gebunden ist. Auch hier verhindert der interne Gaskreislauf die Gasung und somit den Wasserverbrauch. Damit ist diese Batterie ebenfalls absolut wartungsfrei.

Die Verschlussstopfen der Batteriezellen haben ein Sicherheitsventil, das im Fall iner dauerhaften Überladung öffnet. Mit dieser Gel-Technik beträgt die Selbstentladung bei 20 °C nur 2 % pro Monat.

Die kurzen, dicken Platten und der gelförmige Elektrolyt garantieren auch eine hohe Zyklenfestigkeit. Außerdem ist sie fest verschlossen und absolut kippsicher. Das heißt, selbst bei Drehungen von 180° läuft sie nicht aus.

Absolut wartungsfreie Batterien für Motorräder

Immer häufiger werden auslaufsichere Batterien mit Vlies-Technologie eingesetzt. Die Gel-Technik wird hier nicht angewendet. Die Batterie wird mit Hilfe beigefügter Säureflaschen zum gewünschten Zeitpunkt befüllt. Nach dem ersten Befüllen wird die Säure in vliesähnlichen Separatoren gebunden. Durch den Gaskreislauf in der Batterie wird eine Gasung verhindert. Bei einer fehlerhaften Überladung mit hohen Ladespannungen über einen langen Zeitraum könnte es trotz Vliestechnik zur Gasung kommen. In diesem Fall entweicht das Gas durch ein Sicherheitsventil. Nach dem ersten Befüllen wird die Batterie fest verschlossen, damit sie auch beim Neigen und sogar kurzzeitgen 180°-Drehungen absolut auslaufsicher ist.

Batterien für Sonderanwendungen

Es ist nicht möglich, mit nur einer Standardbatterie alle möglichen und völlig unterschiedlichen Einsatzbedingungen abzudecken. Die Standardbatterien wären dadurch für den Einsatz unter normalen Bedingungen überdimensioniert und zu teuer.

Für sehr tiefe Temperaturen in kalten Ländern sind Batterien mit höherer Startkraft erforderlich. Die Starttemperaturen liegen oft unterhalb -20 °C. Diese Batterien werden mit einer erhöhten Anzahl von dünneren Platten und Separatoren ausgerüstet.

Die Situation in tropischen Klimagebieten ist hingegen völlig anders, da hier durch den erhöhten Wasserverbrauch (Elektrolyse und Verdunstung) die Gefahr des „Eindickens" der Säure besteht. Während für gemäßigte und kalte Zonen die Dichte der Batteriesäure mit einer Gefrierschwelle von -68 °C in voll geladenem Zustand gleich gehalten werden kann, muss die Säuredichte für tropische Länder also geringer sein.

Im gewerblichen Bereich (z. B. bei Bus, Taxi, Arztwagen und Lieferwagen) kommt es durch den häufigen Kurzstreckenverkehr mit entsprechend hoher Stromentnahme zu einer starken zyklischen Belastung der Batterie. Hinzu kommen weitere zyklische Belastungen bei hoher Stromentnahme im Stand. Sie entstehen z. B. durch Klimaanlage, Beleuchtung, Gebläse, elektrohydraulisch angetriebene Ladebordwand, Kühlaggregat, Standheizung usw.

Batterien in Geländefahrzeugen, Nutzfahrzeugen, Baumaschinen, Schleppern sowie in Fahrzeugen der Land- und Forstwirtschaft müssen zusätzlich zu der zyklischen Beanspruchung den Anforderungen einer hohen Schüttel- und Stoßbeanspruchung auf Pisten, Baustellen oder im Gelände genügen.

Zyklenfeste Batterie

Starterbatterien eignen sich aufgrund ihrer Bauweise nur bedingt für Einsatzfälle mit häufig wiederholten tiefen Entladungen (zyklische Belastung), da hierbei ein starker Verschleiß der Plusplatten durch Abschlammung und Lockerung der aktiven Masse eintritt. Im gewerblichen Bereich (z. B. Nkw) kommt es durch häufigen Kurzstreckenverkehr mit entsprechend hoher Stromentnahme zu einer starken Belastung der Batterie. Dabei kann die Batterie durch andauernde Stromentnahme weitgehend entladen und anschließend durch den Generator oft nicht genügend nachgeladen werden. Hinzu kommen zusätzliche Belastungen bei hoher Stromentnahme im Stand durch Gebläse, Klimaanlage, Standheizung, Beleuchtung, Autoradio, Funkgerät usw. Hier ist die AGM-Batterie häufig die erste Wahl. Kann eine AGM-Batterie nicht verwendet werden, so stellt die zyklenfeste Starterbatterie mit freiem Elektrolyt eine Alternative dar. Sie kann häufiger tief entladen werden als eine normale Batterie, ohne dass die Lebensdauer darunter leidet.

In der zyklenfesten Starterbatterie stützen Separatoren mit einer zusätzlichen Glasmatte die Plusmasse ab und verhindern dadurch ein vorzeitiges Abschlammen. Die in Lade-/Entladezyklen gemessene Lebensdauer ist etwa doppelt so hoch wie bei der Standardbatterie.

Rüttelfeste Batterie

In der rüttelfesten Batterie hindert eine Fixierung mit Gießharz und/oder Kunststoff die Lockerung der Plattenblöcke in dem Blockkasten. Diese Batterie muss nach Normvorschrift eine 20-stündige Sinus-Rüttelprüfung (Frequenz 22 Hz) und eine Maximalbeschleunigung von 6 *g* bestehen. Damit liegen die Anforderungen etwa um den Faktor 10 höher als bei der Standardbatterie. Der Einsatz erfolgt hauptsächlich auf Baustellen und im Gelände in der Bau-, Land- und Forstwirtschaft bei Nutzfahrzeugen, Baumaschinen und Schleppern.

Heavy Duty Batterie

Nkw verfügen über eine hohe Anzahl elektrischer Zusatzverbraucher, z. B. Hebebühne, Funkgerät, Fernseher oder Kaffeemaschine. Die trocken geladene (d. h., die Batterie ist nach Befüllen mit Schwefelsäure einsatzbereit) Heavy Duty-Batterie (HD-Batterie) ist wartungsfrei nach EN und weist eine Kombination von Maßnahmen für zyklenfeste und rüttelfeste Batterien auf. Sie gewährleistet auch bei hoher Dauerbeanspruchung durch viele elektrische Verbraucher eine sichere Stromversorgung. Der Einsatz erfolgt in hoch beanspruchten Nutzfahrzeugen, bei denen hohe Rüttelbeanspruchungen und zyklische Belastungen auftreten.

Die HD-Extra-Batterie bietet noch zusätzliche Eigenschaften für außergewöhnliche Belastungen:

- extrem kaltstartsicher (bis zu 20 % mehr Startreserve),
- extrem langlebig,
- extra rüttelfest (100 % über EN),
- extra zyklenfest (viermal höher als Standardbatterien).

Batterie für Langzeit-Stromentnahme

Diese Batterie gleicht im Aufbau der zyklenfesten Batterie, verfügt jedoch über dickere, dafür aber über weniger Platten. Für diese Batterie wird kein Kälteprüfstrom angegeben, da sie für Startvorgänge nicht geeignet ist. Ihre Startleistung liegt deutlich niedriger (um ungefähr 35...40 %) gegenüber gleich großen Starterbatterien.

Die Anwendung erfolgt in Fällen mit sehr starker zyklischer Belastung, zum Teil sogar für Traktionszwecke (Antriebsbatterie). Ein Beispiel hierfür sind Gabelstapler, die keine Startleistung benötigen, dafür aber häufig nachgeladen werden müssen. Diese Batterie liefert außerdem die Antriebsenergie für Kleinantriebe (z. B. Krankenfahrstühle, Kehrmaschinen) und die Energie für Signalanlagen, Baustellenbeleuchtungen, Boote, Zusatzaggregate sowie für Anwendungen in der Freizeit.

Der Antimonanteil macht die Antriebs- und Beleuchtungsbatterien von Bosch mit flüssigem Elektrolyt besonders zyklenfest. Die negativen Einflüsse des Antimons bleiben auf ein vertretbares Maß reduziert.

Kenngrößen der Batterie

Die europäische Norm EN 50342 und nationale Normen legen Kenngrößen und Prüfmethoden für Starterbatterien fest. Diese Prüfungen eignen sich zur Bestimmung und Überwachung der Qualität neuer Starterbatterien, erheben jedoch keinen Anspruch auf völlige Übereinstimmung mit den vielfältigen Beanspruchungen in der Praxis.

Eine Eigenschaft der chemischen Stromspeicher ist, dass die entnehmbare Strommenge (Kapazität) von der Größe des Entladestroms I_E abhängt. Das heißt, je höher der entnommene Strom ist, desto kleiner wird die verfügbare Kapazität bei definierter Endspannung. Um Starterbatterien überhaupt vergleichen zu können, bezieht man die Kapazität auf diejenige Entladestromstärke, die bei 20-stündiger Entladezeit und definierter Endspannung (10,5 V) möglich ist (Nennkapazität K_{20}).

Zellenspannung

Die Zellenspannung U_Z ist die Differenz der Potenziale, die zwischen den positiven und negativen Platten im Elektrolyt auftreten. Diese Potenziale hängen vom Material der Platten, vom Elektrolyt und dessen Konzentration ab. Die Zellenspannung ist keine konstante Größe, sondern vom Ladezustand (Säuredichte) und der Elektrolyttemperatur abhängig.

Nennspannung

Für Bleibatterien wurde die Nennspannung U_N einer Zelle durch Normen (DIN 40729) auf einen Wert von 2 V festgelegt. Die Nennspannung der gesamten Batterie ergibt sich aus der Multiplikation der Nennspannung der einzelnen Zellen mit der Anzahl der in Reihe geschalteten Batteriezellen. Nach der Norm EN 50342 beträgt die Nennspannung für Starterbatterien 12 V.

Leerlauf- und Ruhespannung

Die Leerlaufspannung ist die Spannung der unbelasteten Batterie. Sie verändert sich nach abgeschlossenen Lade- und Entladevorgängen aufgrund von Diffusions- und Polarisationsvorgängen bis hin zu einem Endwert, den man als Ruhespannung U_0 bezeichnet (Bild 16). Die Ruhespannung ist die Multiplikation der Anzahl der Zellen mit der Zellenruhespannung U_{Z0}. Bei sechs Zellen gilt:

$U_0 = U_{Z01} + U_{Z02} + ... + U_{Z06} \approx 6 \cdot U_{Z0}$

Die Ruhespannung ist wie die Zellenspannung eine von Ladezustand und Elektrolyttemperatur abhängige Größe. Aus einer Spannung, die direkt nach Lade- oder Entladevorgängen gemessen wurde, kann

16 Ruhespannung einer Batterie

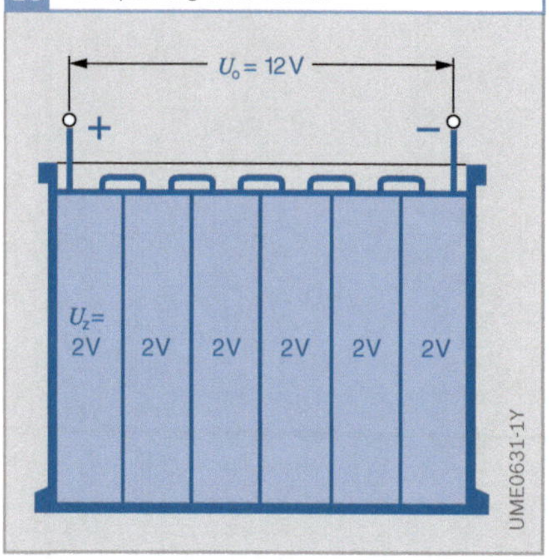

17 Spannungen der Batterie

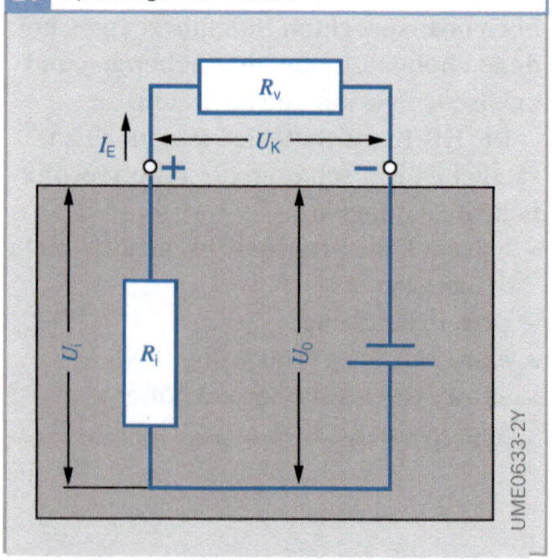

Bild 16
U_z Zellenspannung
U_0 Ruhespannung

Bild 17
I_E Entladestrom
R_i Innenwiderstand
R_v Verbraucherwiderstand
U_0 Ruhespannung
U_K Klemmenspannung
U_i Spannungsfall am Innenwiderstand

nicht auf den Ladezustand geschlossen werden. Erst nach einer Wartezeit, die u. U. mehrere Tage dauern kann, stellt sich eine ausgeglichene Ruhespannung ein, die dann zur Bewertung des Ladezustands herangezogen werden kann. Geeigneter zur Ermittlung des Batterieladezustands ist das Messen der Säuredichte.

Innerer Widerstand R_i

Der innere Widerstand R_i einer Zelle setzt sich aus verschiedenen Teilwiderständen zusammen. Im Wesentlichen aus dem Übergangswiderstand R_{i1} zwischen den Elektroden und dem Elektrolyt (Polarisationswiderstand). Dazu kommen noch der Widerstand R_{i2}, den die Elektroden (Platten mit Separatoren) dem Elektronenstrom entgegensetzen sowie der Widerstand R_{i3}, den der Elektrolyt dem Ionenstrom bietet. Bei einer Reihenschaltung von mehreren Zellen muss noch der Widerstand der Zellenverbinder R_{i4} addiert werden. Damit ist $R_i = R_{i1} + R_{i2} + R_{i3} + R_{i4}$.

Mit zunehmender Plattenzahl (größere Fläche) verringert sich der innere Widerstand der Zelle. Das heißt, je größer die Kapazität einer Zelle ist, desto kleiner ist der innere Widerstand (bei gleicher Plattendicke). Mit fortschreitender Entladung und bei niedriger Temperatur (Schwefelsäure wird zähflüssiger) steigt R_i hingegen an.

Der Innenwiderstand einer 12-Volt-Starterbatterie setzt sich aus einer Reihenschaltung der inneren Widerstände der einzelnen Zellen sowie aus den Widerständen der inneren Verbindungsteile (Plattenverbinder und Zellenverbinder) zusammen. Bei einer voll geladenen 50-A·h-Batterie liegt er bei 20 °C in der Größenordnung von 5...10 mΩ; bei einem Ladestand von 50 % und -25 °C steigt er auf etwa 25 mΩ. Er ist eine kennzeichnende Größe für das Startverhalten. Der Innenwiderstand der Batterie bestimmt zusammen mit den übrigen Widerständen des Starterstromkreises die Durchdrehdrehzahl beim Start.

Klemmenspannung U_K

Die Klemmenspannung U_K ist die Spannung zwischen den beiden Endpolen einer Batterie. Sie ist abhängig von der Leerlaufspannung und dem Spannungsfall U_i am Innenwiderstand R_i der Batterie (Bild 17):
$U_K = U_0 - U_i$ mit $U_i = I_E \cdot R_i$

Wird einer Batterie über einen Verbraucher mit dem Lastwiderstand R_L ein Entladestrom I_E entnommen, so vermindert sich die Klemmenspannung bei Belastung gegenüber der Spannung in unbelastetem Zustand. Die Ursache hierfür ist der Innenwiderstand der Batterie. Fließt ein Strom I_E durch die Zelle, so entsteht an R_i ein Spannungsfall U_I, der mit wachsendem Strom zunimmt. Da der Innenwiderstand unter anderem von Temperatur und Ladezustand abhängig ist, sinkt die Klemmenspannung der belasteten Batterie bei tieferen Temperaturen und schlechterem Ladezustand.

Durch zusätzliches Messen der Klemmenspannung einer belasteten Batterie kann auf ihren Ladezustand und den Grad des Verschleißes geschlossen werden.

Gasungsspannung

Die Gasungsspannung ist nach DIN 40 729 die Ladespannung, bei deren Überschreiten eine Batterie deutlich zu gasen beginnt. Dies führt zu Wasserverlusten in der Batterie und es besteht die Gefahr der Knallgasbildung. Für die Gasungsspannung gilt nach DIN VDE 0510 je nach Bauart ein Richtwert von 2,40...2,45 Volt je Zelle. Bei 12-Volt-Batterien liegt diese Spannungsgrenze damit bei 14,4...14,7 Volt, je nach Elektrolyttemperatur. Um Wasserverlust im Fahrbetrieb zu reduzieren, aber gleichzeitig auch eine schnelle Wiederaufladung zu gewährleisten, sollten temperaturabhängige Reglerkennlinien verwendet werden. Diese sehen z. B. für absolut wartungsfreie geschlossene Batterien einen Maximalwert von 16 V bei Temperaturen deutlich unter 0 °C und etwa 13,5 V bei Temperaturen deutlich über 30 °C vor. Hiermit wird berücksichtigt, dass die Aufladbarkeit der Bleibatterie bei kleinen

Temperaturen gehemmt ist, sodass hier die Ladespannung angehoben werden muss. Bei hohen Temperaturen ist die Ladespannung geringer anzusetzen, um Wasserverlust und auch die Korrosion von Batterien zu begrenzen. Letztere wirkt verstärkt bei hohen Temperaturen und Spannungen.

Für wartungsfreie verschlossene Gel-Batterien wird eine Ladespannung von 14,1 V (2,35 V/Zelle) bei einer Ladezeit von maximal 48 Stunden angegeben.

Kapazität

Verfügbare Kapazität *K*

Die Kapazität *K* ist die unter bestimmten Bedingungen entnehmbare Strommenge, das Produkt aus Stromstärke und Zeit (Amperestunden, A·h). Die eingesetzte Menge an aktiver Masse und die Menge an Schwefelsäure bestimmt im Wesentlichen die Kapazität der Batterie. Für hohe Leistungen (z. B. hohe Stromentnahme beim Starten eines Verbrennungsmotors) müssen der aktiven Masse eine große innere und eine große äußere Oberfläche (große Plattenzahl und große geometrische Plattenabmessungen) zur Verfügung stehen. Die große innere Oberfläche wird während der elektrochemischen Vorbehandlung der Platten (Formieren) erzeugt. Die Kapazität ist jedoch keine konstante Größe, sondern hängt von folgenden Einflussgrößen ab (Bilder 18 und 19):

- Entladestromstärke,
- Dichte und Temperatur des Elektrolyts,
- zeitlicher Verlauf der Entladung (Kapazität ist bei Entladung mit Pause größer als bei ununterbrochenen Entladung),
- Alter der Batterie (Kapazitätsrückgang gegen Ende der Gebrauchsdauer infolge Masseverlust der Platten) und
- Grad der Säureschichtung der Batterie.

Besonders wichtig ist die Entladestromstärke. Je größer die Entladestromstärke, desto kleiner ist die verfügbare Kapazität. Im Beispiel in Bild 19 kann die verfügbare Kapazität von 44 A·h bei einem Entladestrom von 2,2 Ampere bis zu 20 Stunden genutzt werden. Bei einem mittleren Starterstrom von 150 Ampere und 20 °C sinkt die verfügbare Kapazität bei einer Entladezeit von ca. 8 Minuten auf ca. 20 A·h. Der Grund dafür ist, dass bei kleinem Entladestrom die elektrochemischen Vorgänge langsam bis tief in die Poren der Platten hinein vor sich gehen und dabei auch außerhalb der Platten befindliche Säure (ca. 50 %) genutzt werden kann, während bei Entladung mit größerem Strom die Umsetzung hauptsächlich an der Plattenoberfläche mit der dort in den Poren vorhandenen Säuremenge abläuft.

Temperatureinfluss auf die Kapazität

Kapazität und Entladespannung einer Batterie nehmen mit steigender Temperatur unter anderem wegen der geringeren Viskosität (Zähflüssigkeit) der Säure und des dadurch bedingten geringeren Innenwiderstands zu. Mit sinkender Temperatur dagegen nehmen sie ab, da die chemischen Vorgänge dann weniger effektiv verlaufen.

Die Kapazität einer Starterbatterie darf deshalb nicht zu knapp bemessen sein. Bei großer Kälte besteht sonst die Gefahr, dass der Verbrennungsmotor beim Starten nicht mit der erforderlichen Drehzahl und nicht lange genug durchgedreht wird. Bild 20 soll dies veranschaulichen:

18 Verfügbare Kapazität in Abhängigkeit von Temperatur und Entladestrom

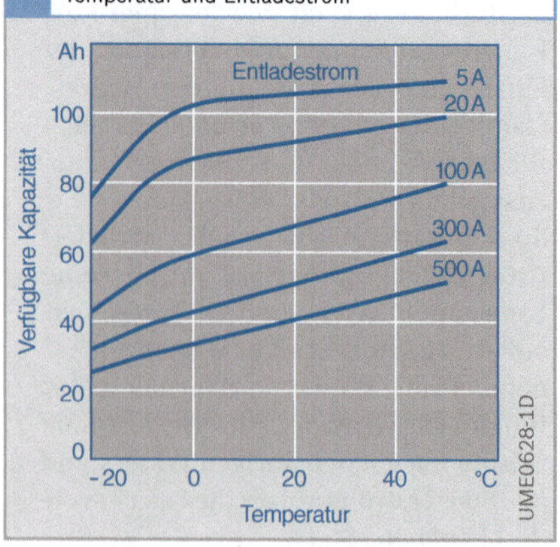

Bild 18
Batterie: 12 V, 100 A·h (bezogen auf Entladezeit 20 h und 100 % Ladezustand)

Kurve 1a zeigt – in Abhängigkeit von der Temperatur – die Drehzahlen des Starters bei einer um 20 % entladenen Batterie (Kurve 1b bei stark entladener Batterie), Kurve 2 zeigt die vom Verbrennungsmotor benötigte Mindestanfangsdrehzahl. Diese Drehzahl ist bei großer Kälte wegen der hohen Reibungswiderstände im Fahrzeugmotor und im Getriebe (z. B. höhere Zähigkeit des Schmieröls) relativ hoch.

Der Schnittpunkt S_1 der Kurven 1a und 2 ergibt die Kaltstartgrenze (Grenztemperatur) bei der um 20 % entladenen Batterie. Das heißt, bei noch niedrigeren Temperaturen oder geringerer Batterieladung ist ein Starten nicht mehr möglich, weil die von der Batterie bzw. dem Starter lieferbare Leistung kleiner ist als die vom Verbrennungsmotor benötigte Startleistung. Bei stark entladener Batterie verschiebt sich die Kaltstartgrenze (Schnittpunkt S_2) zu höheren Temperaturen hin.

Nennkapazität K_{20}

Die Nennkapazität K_{20} ist die einer Batterie zugeordnete Elektrizitätsmenge in Amperestunden (A·h). Diese Elektrizitätsmenge muss sich nach EN 50 342 mit einem festgelegten Entladestrom I_{20} in 20 h bis zur festgelegten Entladeschlussspannung 10,5 V bei (25 ±2) °C entnehmen lassen. Der Entladestrom I_{20} ist derjenige Strom, der der Nennkapazität zugeordnet ist und während der festgelegten Entladedauer von der Batterie abgegeben wird:
$I_{20} = K_{20}/20$ h.

Die Nennkapazität ist ein Maß für die in der Batterie im Neuzustand speicherbaren Energie. Sie hängt von der Menge der eingesetzten aktiven Masse und dem Elektrolytangebot ab. Eine neue 44-A · h-Batterie kann beispielsweise mindestens 20 Stunden mit einem Strom von 2,2 A entladen werden (44 A · h/20 h = 2,2 A), bis die Entladeschlussspannung von 10,5 Volt erreicht ist. Die Nennkapazität muss bei der Auslegung der Dauerverbraucher im Bordnetz

19 Abhängigkeit der Batteriekapazität von der Entladestromstärke (Batterie: 12 V 44 A · h)

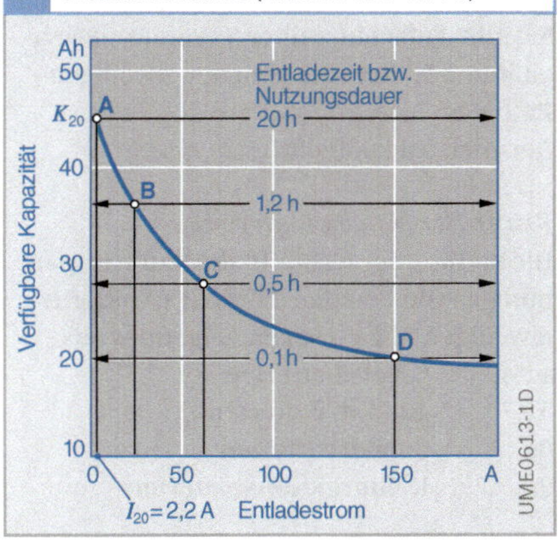

Bild 19
Strombedarf:
- A 20-stündige Entladung
- B Zündung und Beleuchtung
- C zusätzlich Gebläse, Scheibenheizung, Nebellicht, Wischer und Radio
- D mittlerer Starterstrom

20 Temperatureinfluss auf Starterdrehzahl und Mindest-Anfangsdrehzahl des Motors

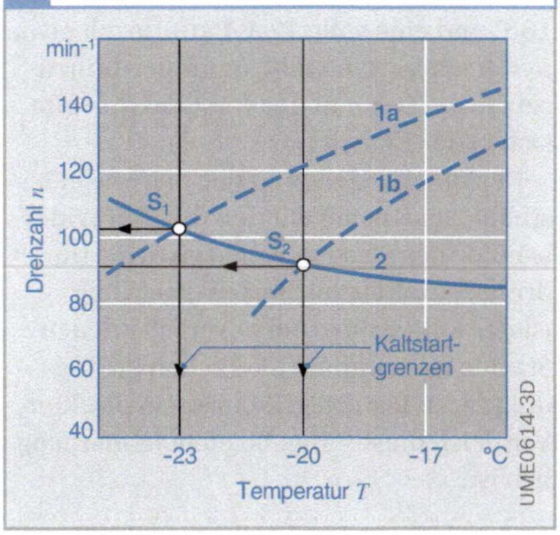

Bild 20
Beispiel:
- 1a Starterdrehzahl Batterie um 20 % entladen
- 1b Starterdrehzahl Batterie stark entladen
- 2 Mindestanfangsdrehzahl des Motors
- S_1, S_2 Kaltstartgrenze

21 Entladung einer 12-Volt-Batterie mit dem Kälteprüfstrom I_{CC} bei −18 °C und bei 27 °C

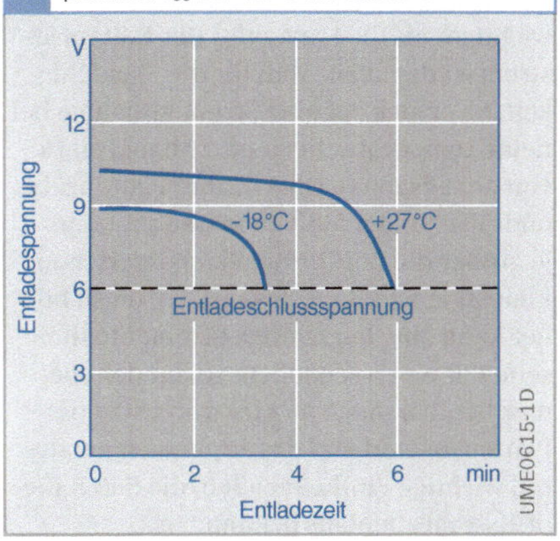

eines Kraftfahrzeugs berücksichtigt werden (Bild 19).

Kälteprüfstrom I_{CC}

Der Kälteprüfstrom I_{CC} (früher I_{KP}) kennzeichnet die Stromabgabefähigkeit der Batterie bei Kälte. Nach EN 50342 muss die Klemmenspannung bei Entladung mit I_{CC} und -18 °C sowie 10 Sekunden nach Entladebeginn mindestens 7,5 V (1,25 V pro Zelle) betragen. Weitere Einzelheiten zur Entladedauer sind dieser Norm zu entnehmen. Maßgeblich für das durch I_{CC} gekennzeichnete Kurzzeitverhalten sind die Plattenzahl, die Plattenfläche, der Plattenabstand und das Material der Separatoren.

Eine das Startverhalten kennzeichnende Größe ist der Innenwiderstand R_i. Für -18 °C und eine volle 12-V-Batterie gilt etwa: $R_i = 4000/I_{CC}$, wobei I_{CC} in Ampere einzusetzen ist. Der Innenwiderstand R_i ergibt sich in der Einheit mΩ.

Der Innenwiderstand der Batterie bestimmt zusammen mit den übrigen Widerständen des Starterstromkreises die Durchdrehdrehzahl beim Starten. Allerdings ist der Kälteprüfstrom in verschiedenen Staaten nach unterschiedlichen Prüfbedingungen festgelegt, sodass ein direkter Vergleich dieser Angabe nicht immer möglich ist.

Für eine Fahrzeugbatterie, die die elektrische Energie für den Starter liefern muss, ist die Startfähigkeit bei Kälte meist noch wichtiger als die Kapazität. Der Kälteprüfstrom ist damit ein Maß für die Startfähigkeit, da er sich auf eine Stromentnahme bei tiefer Temperatur bezieht. Er hängt stark von der gesamten Oberfläche (Plattenzahl und -fläche) der aktiven Masse ab. Denn je größer die Berührungsfläche zwischen Bleimasse und Batteriesäure ist, umso höher kann eine kurzzeitige Stromentnahme sein. Für einen schnellen Ablauf der chemischen Vorgänge im Elektrolyt sind der Plattenabstand und das Separatorenmaterial wichtige Einflussgrößen, die den Kälteprüfstrom ebenfalls bestimmen.

Typenbezeichnungen

Ausführungen und Bezeichnungen verschiedener Starterbatterien sind in Normen festgelegt, um die Produkte unterschiedlicher Hersteller gegeneinander austauschen zu können (Kompatibilität). Bosch-Batterien sind im Allgemeinen mit folgenden Informationen beschriftet:

- Kenngrößen nach EN-Norm,
- Europäische Typnummer ETN mit allgemeinen Sicherheitshinweisen zum Umgang mit Batterien,
- Typteilenummer TTNR,
- Kundensuchnummer KSN (speziell für Bosch Silver).

Kenngrößen

Die in der europäischen Norm EN 50342 festgelegten Kenngrößen beschreiben die Standards bzw. Eigenschaften einer Starterbatterie. Die wichtigsten Kenngrößen einer Starterbatterie sind

- Nennspannung (z. B. 12 Volt),
- Nennkapazität (z. B. 44 A·h) und
- Kälteprüfstrom (z. B. 360 Ampere).

In den USA wird ein Code z. B. nach SAE (Society of Automotive Engineers) und in Japan z. B. nach JIS (Japanese Industrial Standard) benutzt.

Europäische Typnummer ETN

Die europäische Typnummer ETN ersetzt in Deutschland seit 1998 die DIN-Nummer. Sie gibt Aufschluss über Spannung, Kapazität und Kälteprüfstrom der jeweiligen Batterie.

Beispiel: 5 44 059 036

Kennziffer für den Batterietyp

Die Stelle 1 der ETN gibt die Batteriespannung an (im Beispiel „5“ für 12 Volt). Die jeweiligen Ziffern sagen Folgendes aus:

1...4:	6-Volt-Batterien
5...7:	12-Volt-Batterien
8:	Sonderbatterien
9:	Kleintraktionsbatterien

Kennziffer für die Kapazität
Die Stellen 2 und 3 der ETN geben die Kapazität (20-stündig) in A·h an (im Beispiel 44 für 44 A·h). Bei über 100 A·h erhöht sich die Stelle 1 um 1 je 100 A·h (im Bereich 5...7).

Zählnummer
Die Stellen 4, 5 und 6 der ETN geben eine Zählnummer an (im Beispiel 059). Anhand dieser Zählnummer können mit Hilfe einer Liste verschiedene weitere Informationen über die Batterie abgelesen werden (z. B Rüttelfestigkeit).

Kennziffer für Kälteprüfstrom
Die Stellen 7, 8 und 9 der ETN geben den Kälteprüfstrom nach EN an. Die Zahl gibt dabei ein Zehntel des Stroms wieder (im Beispiel 036 für 360 A).

Typteilenummer TTNR
Die alphanumerische Bosch-Typteilenummer TTNR besteht aus einer Bosch-Zahlenkombination für den Batterietyp und einer ETN mit Bosch-Codierung.
Beispiel: 0 093 S 544 1N

Kennziffer für den Batterietyp
Die Stellen 2 und 3 der TTNR geben an, ob es sich um eine antimonfreie oder eine antimonhaltige Batterie handelt. 09 entspricht antimonfreien, 18 antimonhaltigen Batterien.

Kennziffer für die Spannung und Kapazität
Die Stelle 6 der TTNR gibt die Batteriespannung an, die Stellen 7 und 8 die Kapazität. Es gilt die gleiche Kodierung wie bei der ETN für die Stellen 1...3.

Kundensuchnummer KSN
Für die Batterien Bosch Silver gibt es Kundensuchnummern (KSN), um dem Kunden die Suche nach der für sein Fahrzeug geeigneten Batterie zu erleichtern.

Praxis- und Labortests von Batterien

In der EN 50342 sind verschiedene Laborhaltbarkeitstests beschrieben. Zusätzlich werden Prüfungen zur Ladungsaufnahme, für den Wasserverbrauch und zur Rüttelfestigkeit beschrieben. Ergänzend hierzu werden von den Kfz-Herstellern häufig noch weitere Tests verlangt. So werden bei extremen Temperaturen Lade- und Entladezyklen der Batterie und ein anschließender Motorstart simuliert. Ein Beispiel ist der J240-Test, der sich an der amerikanischen SAE-Norm orientiert. Er testet die Lebensdauer einer Batterie bei hohen Temperaturen (75 °C).

Gebrauchsdauer
In Labortests kann eine Batterie hinsichtlich verschiedener geforderter Batterieeigenschaften geprüft werden. Das Zusammenspiel der Batterieeigenschaften zur Erzielung optimalen Nutzens im Fahrzeug kann dagegen nur in der Praxis getestet werden. Deshalb werden Batterien im Fahrbetrieb getestet. Ein Beispiel ist der Test in Taxis in Las Vegas. Hier werden besondere Anforderungen an die Batterie gestellt. Es liegen aufgrund des Klimas hohe Temperaturen vor und durch den Betrieb im Taxi ergibt sich auch eine hohe zyklische Belastung der Batterie. Hier zeigen Blei-Kalzium-Batterien eine um den Faktor 1,4, Blei-Kalzium-Silber-Legierung eine um den Faktor 3 längere Einsatzdauer verglichen mit herkömmlichen Batterien.

Selbstentladung
Das Prinzip der Blei-Akkumulatoren bedingt eine Selbstentladung der Plus- und Minusplatten. In Abhängigkeit von der Temperatur und weiteren Faktoren ist die Batterie nach einer bestimmten Zeit auch ohne äußeren Verbraucher elektrisch „leer". Bei konventionellen Starterbatterien bewirkt die Antimonvergiftung eine Steigerung der Selbstentladereaktion auf der Minusplatte; die Rate steigt mit der

Gebrauchsdauer deutlich an. In der Praxis bedeutet dies, dass neue konventionelle Starterbatterien in gefülltem Zustand nach sechs Monaten Standzeit bei Raumtemperatur nur noch einen Ladezustand von ca. 65 % besitzen. Dies entspricht einer Säuredichte von 1,20 kg/*l*. Gebrauchte Batterien erreichen diesen Wert unter Umständen schon nach wenigen Wochen Standzeit. Bei der wartungsfreien Starterbatterie beträgt der Ladezustand nach sechs Monaten 90 %. Die entsprechende Säuredichte beträgt 1,26 kg/*l*. Erst nach 18 Monaten werden 65 % Ladezustand (Säuredichte ρ = 1,20 kg/*l*) erreicht (Bild 22).

Wegen des reineren Legierungssystems der Blei-Kalzium-Gitter entlädt sich die absolut wartungsfreie Batterie wesentlich langsamer. Die niedrige Selbstentladerate von Plus- und Minusplatte bleibt dadurch während der gesamten Gebrauchsdauer konstant. Von besonderer Bedeutung ist die Selbstentladung für Fahrzeuge im Saisonbetrieb (z. B. in der Land-, Forst- und Bauwirtschaft), aber auch für Zweitwagen und Wohnmobile, die im Winter nicht oder selten gefahren werden. Dies trifft ebenso auf Fahrzeuge zu, die kontinuierlich gefertigt werden, jedoch wegen saisonalem Verkauf bzw. langen Stand- und Transportzeiten zwischen Herstellung und Inbetriebnahme stillstehen (Exportfahrzeuge).

Startleistung

Die absolut wartungsfreie Starterbatterie mit Blei-Kalzium-Silber-Technologie weist eine um etwa 30 % höhere Startleistung auf als eine konventionelle Batterie. Das ist im Wesentlichen auf die Taschenseparatoren mit niedrigem spezifischem Durchgangswiderstand und auch auf die Vergrößerung der Plattenoberfläche wegen des Wegfalls des Schlammraums zurückzuführen.

Zusätzlich bleibt die Startleistung der wartungsfreien Batterie dank der Blei-Kalziumlegierung gegenüber der konventionellen Batterie über viele Jahre annähernd erhalten und fällt erst gegen Ende der Gebrauchsdauer unter den Sollwert der Norm für neue Batterien ab. Während die absolut wartungsfreie Starterbatterie nach 75 % der Gebrauchsdauer noch über dem Sollwert der Norm liegt, unterschreitet die konventionelle Batterie den Sollwert der Norm deutlich früher (bei 40 %) und hat in der Praxis nach 75 % der Gebrauchsdauer schon ca. ein Drittel der ursprünglichen Startleistung verloren (Bild 23).

Stromaufnahme

Antimonarme und antimonfreie Batterien verhalten sich bei der Prüfung der Stromaufnahme nach EN 50 342 annähernd gleich. Beim Laden mit Reglern, die die Batterietemperatur berücksichtigen und

22 Säuredichte in Abhängigkeit von der Lagerzeit bei Raumtemperatur

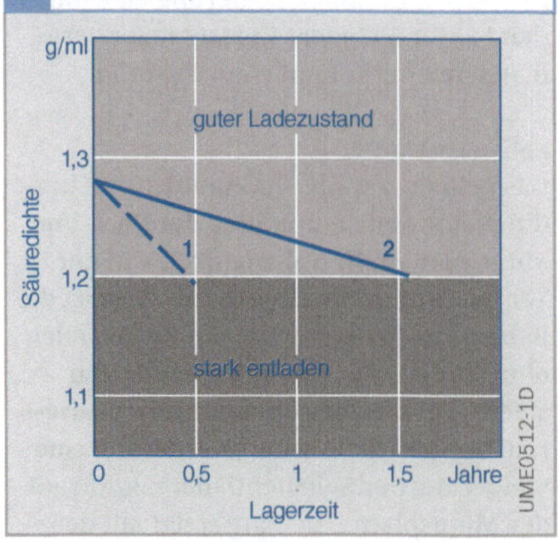

Bild 22
1 Konventionelle Starterbatterie (PbSb)
2 wartungsfreie Starterbatterie (PbCa)

23 Startleistung in Abhängigkeit von der Gebrauchsdauer

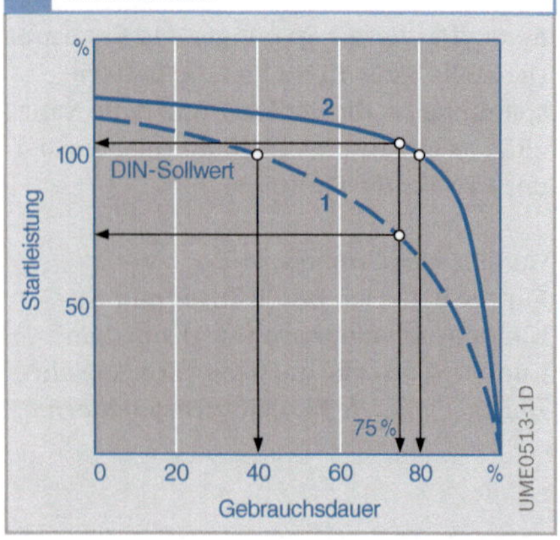

Bild 23
1 Konventionelle Starterbatterie (PbSb)
2 wartungsfreie Starterbatterie (PbCa)

die Spannung von 14,5 V überschreiten können, hat die absolut wartungsfreie Starterbatterie große Vorteile (höhere Gasungsspannung, geringerer Wasserverlust). In der Praxis sind die Unterschiede bei den gebräuchlichen Reglerkennlinien (siehe Abschnitt „Kenngrößen der Batterie/ Gasungsspannung") gering, abgesehen von einer besseren Stromaufnahme der wartungsfreien Batterie mit Blei-Kalziumlegierung bei Ladezustand unter 50 %. Denn bei Kälte benötigt jede Batterie zum Erreichen des gleichen Ladezustands eine höhere Ladespannung. Die absolut wartungsfreie Batterie speichert entsprechend ihrer höheren Gasungskennlinie den erhöhten Ladestrom auch ohne Gasungsverluste ab, erreicht also einen höheren Ladezustand und bietet damit bessere Startbedingungen.

Überladefestigkeit

Überladung als bestimmender Faktor für die Batterielebensdauer kommt z. B. bei Vielfahrern und Kurierfahrzeugen, aber auch bei landwirtschaftlichen Fahrzeugen, Baufahrzeugen sowie Lkw im Fernverkehr vor. In diesen Fällen ist die Batterie voll geladen, der Motor läuft mit hoher Drehzahl, und der Generator hat nur wenige Verbraucher zu versorgen. Der Ladestrom führt nun zu Überladung, Korrosion und Masseauflockerung. In einem Labortest bei einer Elektrolyttemperatur von 40 °C und einer Ladespannung von 14 bzw. 16 V zur Simulation dieser Bedingungen zeigt die wartungsfreie Starterbatterie eine deutlich längere Lebensdauer als eine antimonhaltige Batterie.

Tiefentladefestigkeit

Um die Tiefentladefestigkeit zu prüfen, wird die Batterie über eingeschaltete Lampen entladen und bleibt dann vier Wochen im Kurzschluss stehen. Die Batterie muss sich danach unter Bordnetzbedingungen wieder aufladen lassen. Sie muss noch funktionsfähig sein und darf nur bestimmte Leistungsrückgänge aufweisen. Zum Beispiel einen Verlust in Batteriekapazität, der kleiner als ein bestimmter Grenzwert ist.

Wasserverbrauch

Sowohl antimonfreie als auch antimonhaltige Starterbatterien unterschreiten als neue Batterien im Test deutlich die Forderung der Norm nach einem Wasserverbrauch von weniger als 6 g/A · h. Die Blei-Kalziumbatterie kommt in der Regel auf Dauer mit 1 g/A · h aus.

Die Wasserverbrauchswerte der absolut wartungsfreien Starterbatterie sind deshalb so günstig, weil die Gasungsspannung während der gesamten Gebrauchsdauer auf ihrem hohen Anfangswert bleibt und somit nur eine minimale Wasserzersetzung stattfindet. Eine Elektrolytkontrolle beschränkt sich

- bei wartungsarmer Batterie auf alle 15 Monate oder alle 25 000 km und
- bei absolut wartungsfreier Batterie (nach EN) auf alle 25 Monate oder alle 40 000 km.

Zusammenfassung

Für die absolut wartungsfreie Batterie ergeben sich folgende Vorteile.

- Die Ladespannung liegt nur bei hohen Temperaturen über der Gasungsspannung. Dadurch kommt es nur selten zur Gasung: das Nachfüllen von destilliertem Wasser entfällt somit während der gesamten Gebrauchsdauer.
- Wartungsfehler wie vergessenes Nachfüllen von destilliertem Wasser oder Einfüllen von verunreinigtem Wasser können nicht mehr vorkommen.
- Gefahren und Schäden durch Hautkontakt mit Schwefelsäure entfallen.
- Längere Lebensdauer und Haltbarkeit.
- Gleich bleibend hohe Startleistung.
- Höhere Kurzstreckenfestigkeit.
- Höhere Leistungsfähigkeit in allen Temperaturbereichen.
- Kosteneinsparung bei Wartung und Pflege.
- Möglichkeit der Unterbringung an schwer zugänglichen Stellen im Kfz.

Batteriegeschichte(n)

In der Geschichte rund um die Entwicklung der Batterie haben sich viele Wissenschaftler und Erfinder verdient gemacht. Vor allem Männer wie Luigi Galvani (1789), Alessandro Graf Volta (um 1800), Johan Ritter (um 1800), Gaston Planté (1859) oder Camille Faure brachten die Entwicklung des Akkumulators auf den richtigen Weg.

Ende des 19. Jahrhunderts wurden schon Gitterplatten gefertigt, die ihrem Prinzip nach bis heute noch Bestandteile von Blei-Akkumulatoren sind. Demnach hat sich der Blei-Akkumulator von früher bis zum heutigen Tage grundsätzlich kaum verändert: immer noch Zellen, immer noch Platten, immer noch Schwefelsäure! Doch bei genauerem Hinsehen stellt man fest: die Energiedichte hat sich vervielfacht, das Material (früher z.T. noch Holz für Separatoren und Gehäuse) wurde weitgehend durch Kunststoff ersetzt, die absolute Wartungsfreiheit gehört heute zum Standard einer Starterbatterie, und die Lebensdauer erreicht in Ausnahmefällen schon ein ganzes „Fahrzeugleben".

Die Batteriegeschichte in Zahlen

- 1905 wurden die ersten Batterien in Kraftfahrzeuge eingebaut (zuerst nur für Beleuchtungszwecke).
- 1914 verrichtete erstmals eine Starterbatterie ihren Dienst in einem Kfz.
- 1922 gab es bereits die ersten Bosch-Motorradbatterien und vier Jahre später ein erstes Batterieladegerät.
- Ab 1927 entwickelte Bosch auch Autobatterien, und schon neun Jahre danach begann die Fertigung solcher Batterien am Fließband.

Nach dem 2. Weltkrieg war die Entwicklung der Bosch-Fahrzeugbatterie geprägt von der

- Einführung des Kunststoffs im Batteriebau (z.B. „Polystyrol", 1955; „Polypropylen", 1971),
- Verbesserung einzelner Batteriekomponenten (z.B. „Faltrippen-Separator", 1956; „Blockdeckel", für 6-V-Batterien 1964 und für 12-V-Batterien 1966; „Direktzellenverbinder", 1971; „Streckmetall-Technik für Minusgitter", 1985) und
- Herstellung spezieller Batterietypen (z.B. „zyklenfest", 1969; „wartungsarm", 1979; „rüttelfest", 1980; „wartungsfrei", 1982; „absolut wartungsfrei", 1988).

Starterbatterie aus dem Jahre 1951

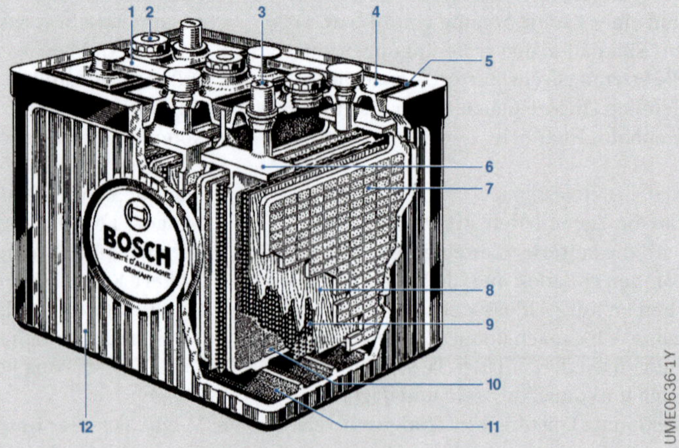

1 Verbindungsschiene
2 Verschlussstopfen
3 Polkopf
4 Zellendeckel
5 Vergussmasse
6 Polbrücke
7 Minusplatte
8 Holzseparator
9 Hartgummiseparator
10 Plusplatte
11 Steg
12 Batteriegehäuse

Batteriewartung

Wartung und Pflege von Batterien
Batterien werden üblicherweise in einem gefüllten Zustand ausgeliefert, d. h., eine Erstbefüllung mit Säure ist nicht mehr erforderlich. Nur bei einigen Batterietypen, wie z. B. Motorradbatterien oder Nkw-Batterien kann eine Befüllung noch notwendig sein. Hier muss dann nach Bedienungsanleitung vorgegangen werden.

Auch eine Wartung ist in vielen Fällen, z. B. bei absolut wartungsfreien Batterien wie der Bosch Silver, nicht mehr nötig und auch nicht mehr möglich. Diese Batterien haben einen so geringen Wasserverlust, dass ein Nachfüllen von destilliertem Wasser nicht erforderlich ist.

Batterien, bei denen die Wartung entfällt, sind üblicherweise daran zu erkennen, dass die Batteriestopfen nicht mehr zugänglich sind.

Säuredichte und Ladezustand
Die Säuredichte ist das Hauptmerkmal für den Ladezustand einer Batterie. Tabelle 1 zeigt einige Zahlenwerte für die Dichte der Batteriesäure und deren Gefrierschwelle (Erstarrungspunkt) bei verschiedenen Ladezuständen.

Säuredichte und Betriebstemperatur
Hohe Temperaturen haben eine Beschleunigung der chemischen Vorgänge in der Batterie zur Folge. Dadurch werden jedoch nicht nur die Leistung der Startanlage und die Kapazität vergrößert, sondern es werden auch die Platten stärker angegriffen (Masse fällt aus, Gitter korrodieren). Außerdem wird die Selbstentladung beschleunigt.

1 Säurewerte der verdünnten Schwefelsäure

Ladezustand	Säuredichte in kg/*l* [1]	Gefrierschwelle in °C
Geladen	1,28	−68
Halb geladen	1,16/1,20 [2]	−17...−27
Entladen	1,04/1,12 [2]	−3...−11

Tabelle 1
[1] Bei 20 °C: Die Säuredichte sinkt bei steigender und steigt bei sinkender Temperatur um ca. 0,01kg/*l* je 14K Temperaturänderung
[2] Niedriger Wert: hohe Säureausnutzung; hoher Wert: niedrige Säureausnutzung.

Säuredichte und Erstarrungstemperatur
Je tiefer die Entladung, desto mehr wird die Säure verdünnt. Damit verschiebt sich der Erstarrungspunkt zu höheren, ungünstigeren Temperaturen. Die Batteriesäure in einer geladenen Batterie mit einer spezifischen Dichte von 1,28 kg/*l* hat einen Erstarrungspunkt von -60...-68 °C. Eine entladene Batterie mit einer spezifischen Dichte von 1,04 kg/*l* hat dagegen einen Erstarrungspunkt von -3...-11 °C; sie kann bei tiefen Außentemperaturen gefrieren (s. Tabelle 1).

Eine Batterie mit gefrorenem Elektrolyt kann nur noch niedrige Ströme abgeben und ist zum Starten nicht verwendbar. Ein Batteriegehäuse aus Polypropylen bleibt auch bei gefrorenem Elektrolyt stabil. Die Wahrscheinlichkeit, dass das Gehäuse zerbricht, ist klein, da sich die Flüssigkeit nicht zu 100 % auskristallisiert. Eine gefrorene Batterie sollte nicht geladen werden, da die zähe Batteriesäure anfängt zu quellen. Die Batterie muss erst auftauen, bevor sie wieder geladen werden kann.

Messen der Säuredichte
Das Messen der Säuredichte wird in Werkstätten nur noch selten vorgenommen, weil in Fahrzeugen vorwiegend absolut wartungsfreie Batterien eingesetzt werden. Zur Prüfung der Säuredichte von herkömmlichen Batterien wird vereinzelt noch der Säureheber eingesetzt. Mit dessen Ansaugballon kann Säure in die Glasröhre angesaugt werden. Das Aräometer - ein Schwimmer mit Skala - bestimmt die Dichte der Säure, der Messwert kann an der Skala abgelesen werden.

Moderne Säurerefraktometer nutzen das Brechungsvermögen der Säure und schließen daraus auf die Dichte. Für diese Messung ist nur noch ein kleiner Tropfen Säure erforderlich. Dieses Gerät kann auch zur Frostschutzprüfung des Kühlmittels und des Wassers für die Waschanlage herangezogen werden.

Bei herkömmlichen Batterien sollte der Elektrolytstand regelmäßig kontrolliert und bei Bedarf mit destilliertem Wasser bis zur angegebenen „Max-Marke“ aufgefüllt werden. Vor Beginn der kalten Jahreszeit empfiehlt sich eine Kontrolle des Ladezustands durch Messung der Säuredichte. Liegt diese unter 1,20 kg/*l*, sollte die Batterie nachgeladen werden.

Bei absolut wartungsfreien Batterien ist keine Möglichkeit mehr zum Messen der Säuredichte gegeben, auch ist das Nachfüllen von destilliertem Wasser nicht mehr erforderlich. Bei der Bosch-Silver-Batterie bekommt man eine Information über die Säuredichte und damit über den Ladezustand über das „Power-Control-System“ (Bild 1). Ist die Anzeige grün im transparenten Fenster, dann ist die Batterie ausreichend geladen. Ist die Anzeige schwarz, dann ist die Säuredichte und damit der Ladezustand zu niedrig, die Batterie muss nachgeladen werden. Wird das Fenster hell, dann hat der Elektrolytstand den Minimalwert unterschritten, die Batterie muss ausgetauscht werden.

Lagerung einer Batterie

Für den Handel sind für neue Batterien folgende Lagerzeiten vorgeschrieben:

- ungefüllt: unbegrenzt,
- gefüllt, konventionell: 3 (max. 6) Monate,
- gefüllt, absolut wartungsfrei: 18 Monate.

1 Power-Control-System der Bosch-Silver

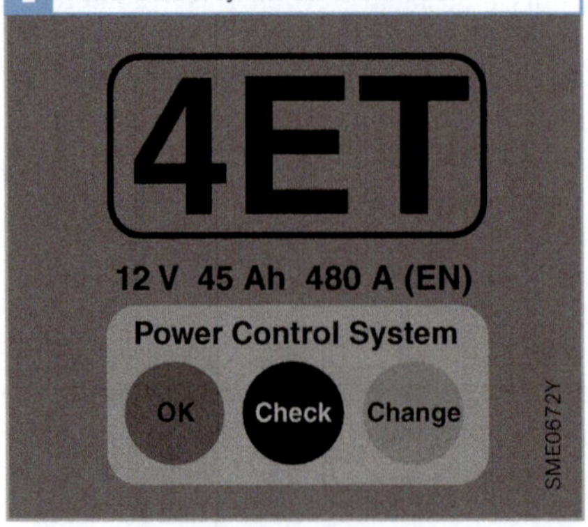

Bei längeren Lagerzeiten sind die Batterien in regelmäßigen Abständen entsprechend der Normalladung nachzuladen. Batterien müssen kühl und trocken nur in gutem Ladezustand gelagert werden. Bei gebrauchten Batterien verkürzen sich mit zunehmendem Alter die Lagerzeiten. Sofern möglich, ist die Batterie mit kleinem Strom dauernd zu laden. Falls die Batterie im Fahrzeug verbleibt, ist ihr Minuspol abzuklemmen.

Laden von Batterien

Wenn der Generator die Batterie nicht genügend laden kann, muss diese mit einem Ladegerät aufgeladen werden. Dies ist auch der Fall, wenn die Batterie längere Zeit nicht in Betrieb war oder bevor sie stillgelegt und eingelagert wird.

Lademethoden

Normalladung

Bei Normalladung wird allgemein mit dem Ladestrom I_{10} geladen, der 10 % der Batterienennkapazität entspricht:

$$I_{10} = 0{,}1 \cdot K_{20} \cdot A/A \cdot h.$$

Die Ladezeit kann je nach Verfahren bis zu 14 Stunden betragen.

Schnellladung

Mit der Schnellladung lassen sich entladene intakte Batterien in kurzer Zeit ohne Schaden auf ca. 80 % ihrer Nennkapazität aufladen und damit startbereit und fahrzeugtauglich machen. Unterhalb der Gasungsspannung ist ein hoher Ladestrom – z. B. in der Höhe des Zahlenwertes der Nennkapazität (relativer Ladestrom $I_1 = K_{20} \cdot A/A \cdot h$) – problemlos möglich. Bei Erreichen der Gasungsspannung ist die Schnellladung jedoch zu beenden oder auf Normalladung umzuschalten.

Die Gasungsspannung hängt von der Bauart, vom Alter der Batterie und von der Säuretemperatur ab. Überschreitet die Ladespannung während der Ladung diesen Wert, beginnt die Batterie zu gasen. Dies führt zu Wasserverlust in der Batterie

2 Ladekennlinien

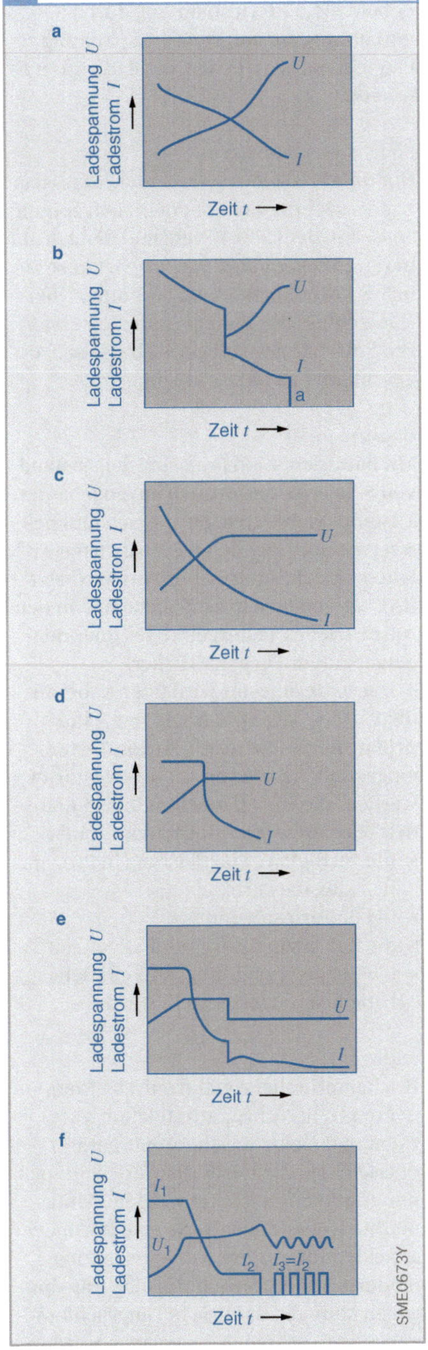

und zur Entstehung von Knallgas. Geregelte Ladegeräte begrenzen deshalb die Ladung auf typisch 14,4 V (2,4 V/Zelle) bei kalter Batterie und auf 13,8 V (2,3 V/Zelle) bei warmer Batterie.

Dauerladung
Um die Selbstentladungsverluste bei gelagerten Batterien auszugleichen (z. B. Überwintern von Wohnwagen- oder Wohnmobilbatterien), wird die Batterie über einen längeren Zeitraum an ein Ladegerät (mit Strombegrenzung auf 1 mA/A · h) angeschlossen.

Pufferbetrieb
Beim Pufferbetrieb sind Ladegerät und Verbraucher mit der Batterie verbunden. Das bedeutet, dass während des Ladevorgangs gleichzeitig durch Verbraucher Energie aus der Batterie entnommen wird. Die Elektronik des Ladegeräts verhindert dabei ein Überladen der Batterie.

Ladekennlinien

Das Laden kann mit verschiedenen Methoden erfolgen, für die bestimmte Ladekennlinien charakteristisch sind (DIN 41 772):

- *W* Widerstand konstant (Ladestrom sinkt, wenn die Ladespannung steigt).
- *U* Ladespannung konstant.
- *I* Ladestrom konstant.
- a Automatisch abschalten.
- e Automatisch neu einschalten.
- o Automatisch auf andere Kennlinie umschalten.

Dabei sind auch Kombinationen aus verschiedenen Kennlinien möglich, wie z. B.:

- WU Wie W-Kennlinie, jedoch bleibt Ladespannung ab einem bestimmten Wert konstant (z. B. knapp unterhalb der Gasungsspannung).
- IU Konstanter Ladestrom bis zu einem Wert, ab dem die Spannung konstant ist und der Ladestrom fällt.
- WoW Umschaltung von einer W-Kennlinie auf ein andere.

Bild 2
a W-Ladekennlinie (Normalladung)
b WoWa-Ladekennlinie
c WU-Ladekennlinie
d IU-Ladekennlinie (Schnellladung)
e IUoU-Ladekennlinie
f $I_1U_1I_2aI_3aI_3$...-Ladekennlinie

Bei der W-Ladekennlinie (Bild 2a) wird der Ladestrom bestimmt durch den Ladekreiswiderstand und die treibende Spannungsdifferenz gemäß dem Ohm'schen Gesetz ($I = \Delta U/R$). Da die Ladespannung bei der Ladung langsam ansteigt, wird die treibende Spannungsdifferenz kleiner und damit auch der Ladestrom.

Die W-Ladekennlinie ist am einfachsten zu realisieren, d. h., sie führt zu billigen Ladegeräten. Nachteilig ist jedoch das unkontrollierte Ladeende und die lange Ladezeit bis zur Vollladung. Der Ladestrom sinkt bereits lange bevor die Gasungsspannung erreicht ist.

Beide Nachteile vermeidet die IU-Ladekennlinie (Bild 2d). Ein konstant hoher Ladestrom I wird gehalten, bis die Lade-Endspannung U erreicht ist. Mit dieser Methode wird ein hoher Füllgrad in kurzer Zeit erreicht und eine Überladung verhindert.

Mit der IUoU-Ladekennlinie (Bild 2e) wird nach Erreichen der Lade-Endspannung U (2,3...2,4 V pro Zelle) dauerhaft auf eine niedrigere Spannung (2,23 V pro Zelle) umgeschaltet (Erhaltungsladung).

Eine Überladung der Batterie wird auch mit Geräten verhindert, deren Ladespannung begrenzt ist (WU-Kennlinie, Bild 2c) oder die beim Erreichen einer Grenzspannung selbsttätig auf schwächere W-Ladekennlinien umschalten (Bild 2b) oder die Ladung vollständig beenden (Wa-Kennlinie).

Die $I_1U_1I_2aI_3aI_3$...-Ladekennlinie (Bild 2f) beginnt wie die IU-Ladung. Sobald der Ladestrom in der U-Phase einen Grenzwert unterschreitet, wird auf Nachladen mit I_2 umgeschaltet. Dies ist zeitbegrenzt und auch spannungsmäßig begrenzt. Batterien mit festgelegter Batteriesäure (Vlies- oder Gel-Technologie) werden wirklich vollgeladen und übliche Starterbatterien mit freier Batteriesäure („nasse" Batterien) erleben eine definierte Gasungsphase mit Säuredurchmischung. Die abschließende Erhaltungsladung (I_3aI_3a...) lädt mit ca. 1A/100 A·h bis zu einer oberen Grenzspannung und schaltet dann ab. Sobald die Batteriespannung durch Selbstentladung eine untere Grenzspannung erreicht hat, startet der Nachladestrom I_3 erneut.

Sicherheitsanforderungen

Um Unfallrisiken zu vermeiden, muss das Ladegerät eine sichere Potenzialtrennung zwischen dem 230-V-Netz und den berührbaren Ladeklemmen aufweisen. Ein zusätzlicher Verpolungsschutz verhindert den Kurzschluss der Batterie und die Zerstörung des Batterieladegeräts bei falsch angeschlossenen Batterieklemmen.

Batterietester

Mit Batterietestern lässt sich der Zustand von Starterbatterien auch im eingebauten Zustand überprüfen. Sie messen und bewerten hauptsächlich die Hochstromfähigkeit der Batterie. Der Batterietester BAT121 von Bosch ermöglicht zudem den Ausdruck des Testergebnisses über den eingebautem Thermodrucker.

Der Batterietester wird über Kabel an die Batterie angeschlossen. Der Kälteprüfstrom der Batterie wird am Tester eingestellt, dann kann der Test gestartet werden. Die Digitalanzeige gibt am Ende des Tests folgende Informationen aus:

- die verfügbare Startleistung in Prozent des Eingabewerts,
- die Batteriespannung,
- die Bewertung „Gut" oder „Ersetzen",
- eine Ladeempfehlung, falls ein tiefer Ladezustand festgestellt wurde.

Ladegeräte

Hochempfindliche elektronische Komponenten (z. B. Airbag, Autotelefon, Autoradio und elektronische Steuergeräte) müssen beim Laden der Batterie vor Spannungsspitzen geschützt werden. Dafür musste früher die Batterie vom Bordnetz abgeklemmt werden. Bei Verwendung moderner elektronischer Ladegeräte hingegen kann die Batterie bei angeschlossenen Stromverbrauchern geladen werden

(Pufferbetrieb). Das bedeutet erheblich mehr Sicherheit und mehr Komfort für den Werkstatt-Service:

- der aufwändige Batterieausbau bzw. das Abklemmen der Batterie entfällt,
- Gespeicherte Daten von Autoradio, elektronischen Steuergeräten, Telefon, Bordcomputer u. ä. bleiben erhalten,
- elektrische Verbraucher (Airbag, Steuergeräte u. ä.) werden geschützt,
- keine Schäden durch Fehlbedienung.

Elektroniklader

Elektroniklader von Bosch liefern eine Ausgangsspannung, die frei von schädlichen Spannungsspitzen ist. Damit lassen sich Batterien im eingebauten Zustand laden. Die Geräte sind überladungssicher, überstromfest und haben einen Verpolschutz.

Der Elektroniklader BML2415 lädt die Batterie mit einer WU-Ladekennlinie. Der Ladestrom ist stufenlos einstellbar. Der Lader ist für Dauerladung und Pufferbetrieb geeignet. Tiefentladene Batterien werden schonend angeladen und mit höheren Strömen weitergeladen.

Der Elektroniklader BAT415 ist sowohl zum Laden von herkömmlichen Batterien als auch zum Laden von Batterien mit festgelegtem Elektrolyt (Gel-Batterie oder Vlies-Batterie) geeignet. Dies wird ermöglicht durch die mikroprozessorgesteuerte $I_1U_1I_2aI_3aI_3$...-Ladekennlinie. Durch Eingabe der Batteriekapazität in A · h werden die Ströme I_1, I_2 und I_3 der Batterie optimal angepasst.

Schnellstartlader

Der Schnellstartlader BSL2470 hat genügend Leistungsreserven, um ein rasches Laden von 12-V- und 24-V-Batterien sowie netzgespeiste Starthilfe zu ermöglichen. Elektrische Komponenten im Bordnetz werden beim Laden und Starten vor Beschädigung geschützt. Der Ladestrom ist stufenlos einstellbar, auch tiefentladene Batterien können geladen werden.

Der Schnellstartlader BSL2470 lädt mit der WU-, der SL24100E mit der WoWa-Ladekennlinie.

3 Batterieservicegeräte von Bosch

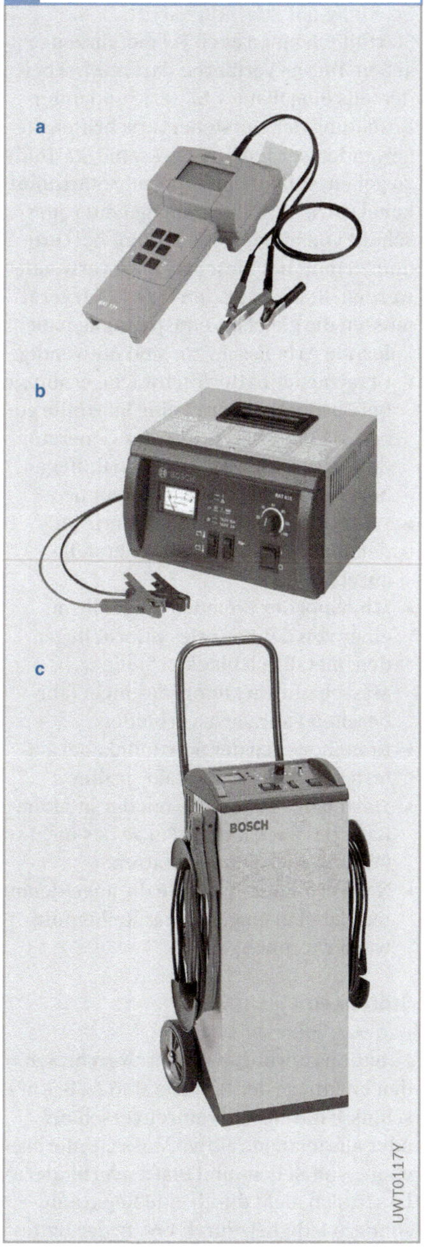

Bild 3
a Batterietester BAT121
b Elektroniklader BAT415
c Schnellstartlader BSL2470

Achtung! Starthilfe ist nur bei Fahrzeugen zulässig, bei denen dies nicht vom Hersteller in der Bedienungsanleitung eingeschränkt oder untersagt wird.

Starthilfe mit Starthilfekabel

Starthilfe können auch Fremdfahrzeuge geben. Dieses Verfahren darf nur bei beiderseits eingebauter Batterie und unter Beachtung der Herstellervorschriften angewendet werden. Um wirksame Starthilfe zu geben, sollten nur genormte Starthilfekabel (DIN 72 553) mit einem Leiterquerschnitt von mindestens 16 mm² bei Otto- und 25 mm² bei Dieselmotoren verwendet werden. Beide Batterien (bzw. Ladegerät) müssen die gleiche Nennspannung haben. Folgende Arbeitsschritte sind notwendig:

- Ursache der Batterieschwäche ermitteln. Bei Bordnetzfehlern keine Starthilfe geben, da die Batterie und der Generator (bzw. das Ladegerät) des Starthilfegebers beschädigt werden könnten.
- Pluspol der entladenen Batterie an den Pluspol der Fremdstromquelle anschließen.
- Minuspol der Fremdstromquelle mit einer von der Batterie entfernt liegenden, metallisch blanken Stelle (z. B. Masseband am Motor) des nicht fahrbereiten Fahrzeugs verbinden.
- Kontaktstellen der Starthilfekabel auf festen Sitz (guter Kontakt) prüfen.
- Starten des Fahrzeugs mit der intakten Batterie. Nach kurzer Pause das nicht fahrbereite Fahrzeug starten.
- Nach erfolgter Starthilfe die angeklemmten Kabel in umgekehrter Reihenfolge wieder trennen.

Störungen

Batteriefehler

Funktionsstörungen, deren Ursache Schäden im Innern der Batterie sind (z. B. Kurzschlüsse durch Separatorenverschleiß oder ausgefallene aktive Masse, Unterbrechung von Zellen- und Plattenverbindern), lassen sich nicht durch eine Reparatur, sondern lediglich durch Ersatz der Batterie beseitigen. Ein Zellenkurzschluss ist erkennbar an der um ca. 2 V zu niedrigen Batteriespannung. Bei Unterbrechung der Zellenverbinder kann die Batterie häufig noch mit kleinen Strömen entladen und auch geladen werden; beim Start jedoch bricht auch bei vollem Ladezustand die Spannung sofort zusammen.

Bordnetzfehler

Wenn kein Batteriedefekt feststellbar ist, die Batterie dennoch dauernd überladen wird (hoher Wasserverbrauch, ständig über 14,5 V liegende Batteriespannung bei Motorlauf) oder tief entladen ist (keine Startleistung, niedrige Säuredichte in allen Zellen, Batteriespannung unter ca. 12,3 V, ständig unter ca. 13,9 V liegende Batteriespannung bei Motorlauf), liegt ein Fehler im Bordnetz vor. Ursachen für Fehler können Defekte bzw. Störungen an folgenden Komponenten sein:

- Generator (dauernde Tiefentladung, kein Starten mehr möglich),
- Keilriemen (fehlender Generatorantrieb),
- Regler (Schwankung der Lichthelligkeit beim Gasgeben, Wasserverlust),
- Abschaltrelais (Verbraucher bleiben nach dem Abstellen eingeschaltet),
- Zubehör (z. B. Radio, Uhr, Alarmanlage) benötigt zu großen Ruhestrom.

Eine Überprüfung der Generatorspannung kann in vielen Fällen sinnvoll sein, wenn eine Batterie häufig einen niedrigen Ladezustand aufweist.

Sulfatierung

Lässt man eine Batterie längere Zeit in entladenem Zustand stehen, kann sich unter ungünstigen Umständen das bei der Entladung entstandene fein kristalline Bleisulfat in grob kristallines umwandeln. Das lässt sich nur noch schwer oder überhaupt nicht mehr zurückbilden. Die Batterie wird dann als „sulfatiert" bezeichnet.

Sulfatierung ist eine der Folgeerscheinungen von nachlässiger Pflege. Sie bewirkt eine Erhöhung des inneren Widerstandes und erschwert die chemischen Umsetzungen und damit auch den Ladevorgang.

Beim Laden einer sulfatierten Batterie mit einem Ladegerät mit W-Kennlinie erwärmt sich diese sehr stark. Die Ladespannung steigt nach Beginn der Ladung steil an. Ist der Grad der Sulfatierung gering, so wird das Bleisulfat langsam umgewandelt, wobei die Ladespannung stetig fällt. Sobald das Bleisulfat regeneriert ist, erhöht sich die Spannung wieder wie beim Laden einer nicht sulfatierten Batterie (Bild 4).

Fehlerermittlung

Das Versagen einer Starterbatterie kann durch ungenügende Aufladung, aber auch durch Defekte in der Batterie verursacht sein. Bei Ladezuständen unter 50 % ist bei sehr tiefen Temperaturen (-20 °C) die Startfähigkeit nicht mehr gegeben. Der aktuelle Ladezustand einer Batterie kann über die Säuredichte, aber auch durch Messung der Ruhespannung ermittelt werden. Damit kann schon recht gut zwischen einer schlecht geladenen und einer defekten, aber gut geladenen Batterie unterschieden werden. 50 % Ladezustand ist in etwa gleichbedeutend mit 12,3 V Ruhespannung. Hoher Wasserverlust sowie ein unmittelbar vor dem Test erfolgtes Laden verfälschen das Ergebnis nach oben. Die das Ergebnis verfälschende Ladung an den Oberflächen der Platten kann durch eine kurze Entladung in der Größenordnung von 5 % der Nennkapazität abgebaut werden.

4 Verlauf von Ladestrom und Ladespannung beim Laden sulfatierter Batterien

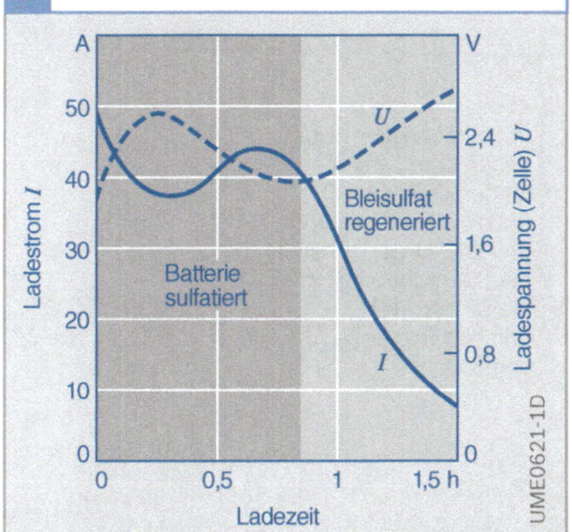

Sicherheitshinweise

Kurzschlüsse (z. B. mit dem Werkzeug) können Funken erzeugen und Verbrennungen verursachen. Deshalb ist vor Beginn von Arbeiten an der elektrischen Anlage oder in der Nähe der Batterie - nachdem alle Verbraucher abgeschaltet sind - das Massekabel zu lösen. Besondere Vorsicht ist beim An- und Abklemmen eines Lade- oder Starthilfekabels geboten, um einen Kurzschluss zu vermeiden. Es sollen folgende, die Sicherheit betreffende Grundsätze beim Arbeiten mit Batterien eingehalten werden:

- Beim Umgang mit Schwefelsäure bzw. beim Nachfüllen von Wasser bei nicht wartungsfreien Batterien vorsorglich Schutzbrille und Gummihandschuhe tragen.
- Säure nicht über Max-Marke einfüllen.
- Batterie nicht stark und lang anhaltend kippen.
- Wegen der Gefahr einer Knallgasverpuffung beim Laden sowohl offenes Feuer und Rauchen als auch Funkenbildung vermeiden (An- und Abklemmen in festgelegter Reihenfolge bei abgeschaltetem Ladegerät).
- Batterieladeräume gut belüften.

Schaltzeichen und Schaltpläne

Die elektrischen Anlagen in Kraftfahrzeugen enthalten eine große Zahl von elektrischen und elektronischen Geräten für Steuerung und Regelung des Motors sowie für Sicherheits- und Komfortsysteme. Eine Übersicht über die komplexen Bordnetzschaltungen ist nur mit aussagefähigen Schaltzeichen und Schaltplänen möglich. Schaltpläne als Stromlaufpläne und Anschlusspläne helfen bei der Störungssuche, erleichtern den Einbau zusätzlicher Geräte und ermöglichen das fehlerfreie Anschließen beim Umrüsten oder Ändern der elektrischen Ausstattung von Fahrzeugen.

Schaltzeichen

Die in Tabelle 1 dargestellten Schaltzeichen bilden eine Auswahl genormter Schaltzeichen, die für die Kraftfahrzeugelektrik geeignet sind. Sie entsprechen bis auf wenige Ausnahmen den Normen der Internationalen Elektrotechnischen Kommission (IEC).

Die Europäische Norm „Grafische Symbole für Schaltpläne" EN 60 617 entspricht der Internationalen Norm IEC 617. Sie besteht in drei offiziellen Fassungen (Deutsch, Englisch und Französisch). Die Norm enthält Symbolelemente, Kenn-

1 Schaltplan eines Drehstromgenerators mit Regler

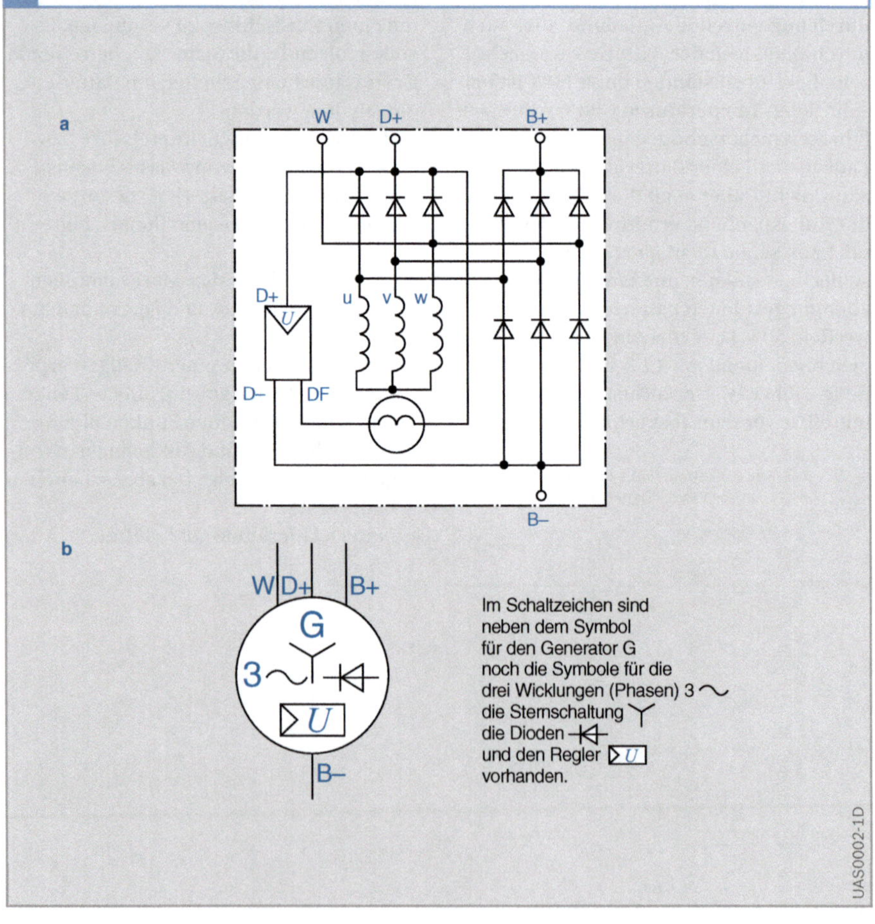

Bild 1
a mit Innenschaltung
b Schaltzeichen

zeichen und vor allem Schaltzeichen für folgende Bereiche:

Allgemeine Anwendungen	Teil 2
Leiter und Verbinder	Teil 3
Passive Bauelemente	Teil 4
Halbleiter und Elektronenröhren	Teil 5
Erzeugung und Umwandlung elektrischer Energie	Teil 6
Schalt- und Schutzeinrichtungen	Teil 7
Mess-, Melde- und Signaleinrichtungen	Teil 8
Nachrichtentechnik, Vermittlungs- und Endeinrichtungen	Teil 9
Nachrichtentechnik, Übertragungseinrichtungen	Teil 10
Gebäudebezogene und topografische Installationspläne und Schaltpläne	Teil 11
Binäre Elemente	Teil 12
Analoge Elemente	Teil 13

Anforderungen

Schaltzeichen sind die kleinsten Bausteine eines Schaltplans und die vereinfachte zeichnerische Darstellung eines elektrischen Geräts oder eines Teiles davon. Die Schaltzeichen lassen die Wirkungsweise eines Geräts erkennen und stellen in Schaltplänen die funktionellen Zusammenhänge eines technischen Ablaufs dar. Schaltzeichen berücksichtigen nicht die Form und Abmessungen des Geräts und die Lage der Anschlüsse am Gerät. Allein durch die Abstraktion ist eine aufgelöste Darstellung im Stromlaufplan möglich.

Ein Schaltzeichen soll folgende Eigenschaften besitzen: es soll einprägsam, leicht verständlich, unkompliziert in der zeichnerischen Darstellung und eindeutig innerhalb einer Sachgruppe sein.

Schaltzeichen bestehen aus Schaltzeichenelementen und Kennzeichen (Bild 2). Als Kennzeichen dienen Buchstaben, Ziffern, Symbole, mathematische Zeichen, Formelzeichen, Einheitenzeichen, Kennlinien u. Ä.

Wird ein Schaltplan durch die Darstellung der Innenschaltung eines Geräts zu umfangreich oder sind zum Erkennen der Funktion des Geräts nicht alle Details der Schaltung notwendig, so kann der Schaltplan für dieses spezielle Gerät durch ein einziges Schaltzeichen (ohne Innenschaltung) ersetzt werden (Bilder 1b und 2).

Bei integrierten Schaltkreisen, die einen hohen Grad von Raumausnutzung aufweisen (dies ist gleichbedeutend mit hohem Integrationsgrad von Funktionen in einem Bauteil), wird eine vereinfachte Schaltungsdarstellung bevorzugt.

2 Beispiel für den Aufbau eines Schaltzeichens: die Lambda-Sonde

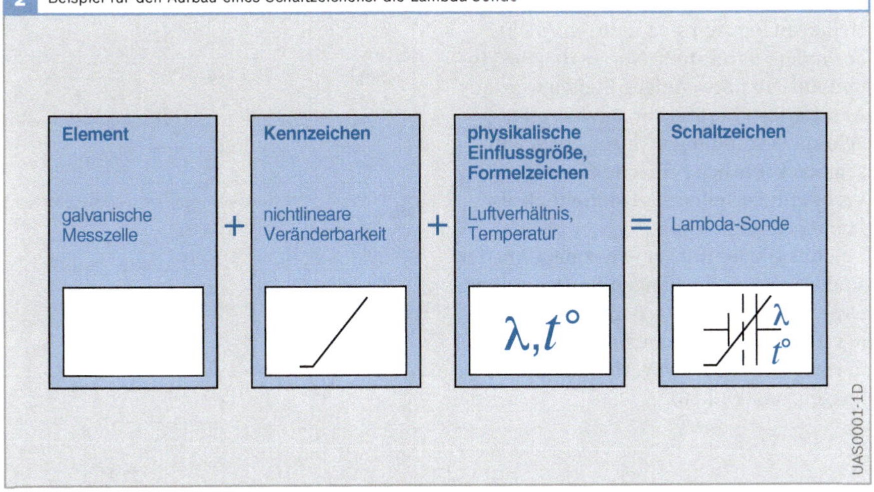

Darstellung

Die Schaltzeichen sind ohne Einwirkung einer physikalischen Größe, d. h. in strom- und spannungslosem und mechanisch nicht betätigtem Zustand dargestellt. Ein von dieser Regeldarstellung (Grundstellung) abweichender Betriebszustand eines Schaltzeichens wird durch einen danebengesetzten Doppelpfeil gekennzeichnet (Bild 3).

Schaltzeichen und Verbindungslinien (sie stellen elektrische Leitungen und mechanische Wirkverbindungen dar) haben die gleiche Linienbreite.

Um unnötige Knicke und Kreuzungen bei den Verbindungslinien zu vermeiden, können Schaltzeichen in Stufen von 90° gedreht oder spiegelbildlich angeordnet werden, sofern sie dadurch ihre Bedeutung nicht verändern. Die Richtung der weiterführenden Leitungen ist frei wählbar. Ausgenommen sind die Schaltzeichen für Widerstände (Anschlusszeichen sind hier nur an den Schmalseiten zugelassen) und Anschlüsse für elektromechanische Antriebe (hier dürfen sich Anschlusszeichen nur an den Breitseiten befinden, Bild 4).

Verzweigungen werden sowohl mit als auch ohne Punkt dargestellt. Bei Kreuzungen ohne Punkt ist keine elektrische Verbindung vorhanden (Bild 5). Anschlussstellen an Geräten sind meistens nicht besonders dargestellt. Nur an den für Ein- und Ausbau notwendigen Stellen werden Anschlussstelle, Stecker, Buchse oder Schraubverbindungen durch ein Schaltzeichen kenntlich gemacht. Sonstige Verbindungsstellen sind einheitlich als Punkt gekennzeichnet.

Schaltglieder mit gemeinsamem Antrieb sind bei zusammenhängender Darstellung so gezeichnet, dass sie beim Betätigen einer Bewegungsrichtung folgen, die durch die mechanische Wirkverbindung (- - -) festgelegt ist (Bild 6).

3 Von der Grundstellung abweichender Betriebszustand des Schaltzeichens

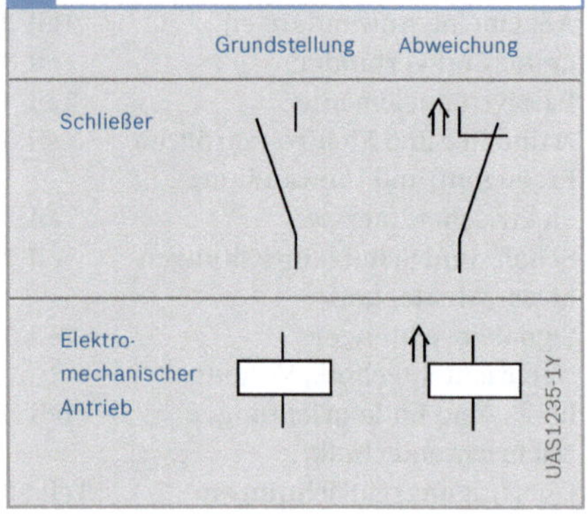

4 Anschlüsse

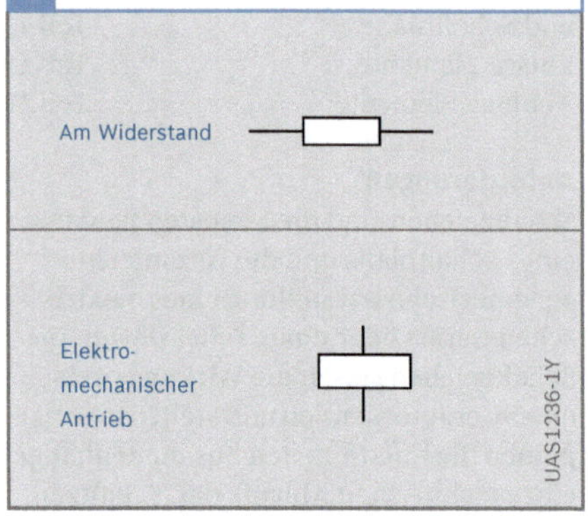

5 Verzweigung und Kreuzungen

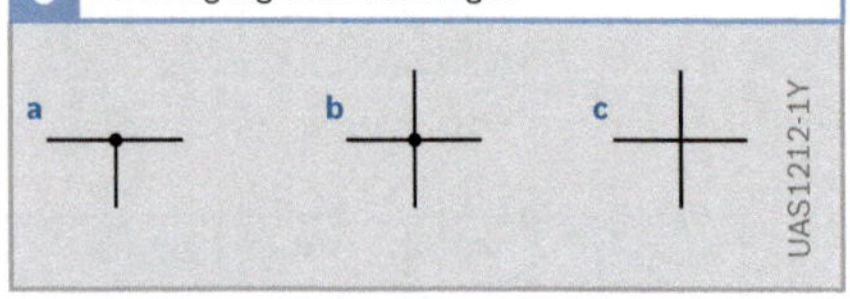

Bild 5
- a Verzweigung mit elektrischer Verbindung
- b Kreuzung mit elektrischer Verbindung
- c Kreuzung ohne elektrische Verbindung

6 Mechanische Wirkverbindung am Mehrstellenschalter

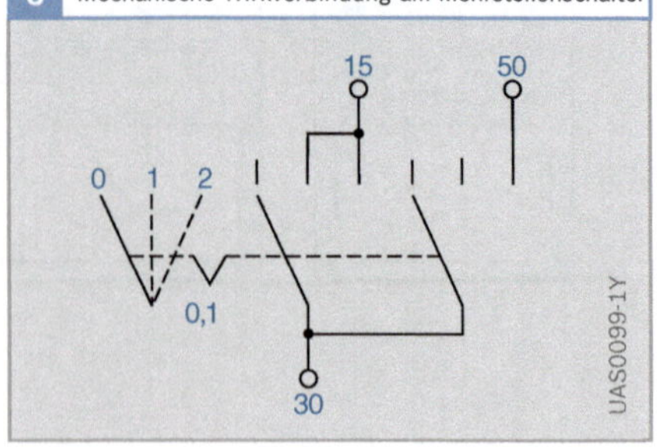

1 Auswahl von Schaltzeichen

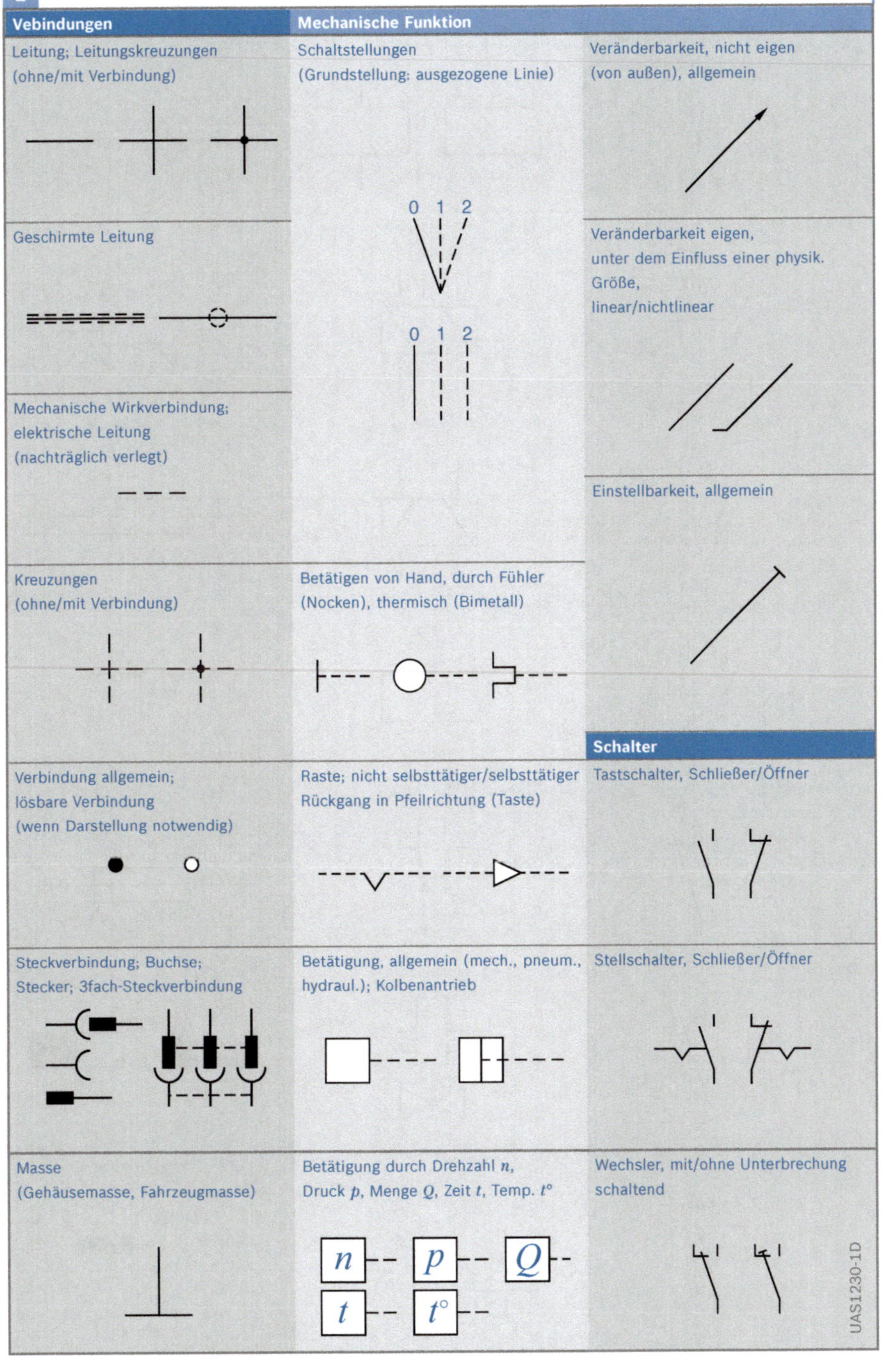

Tabelle 1

1 Auswahl von Schaltzeichen (Fortsetzung)

Schalter	Verschiedene Bauelemente	
Zweiwegschließer mit drei Schaltstellungen (z. B. Blinkerschalter) 	Antriebe mit einer Wicklung 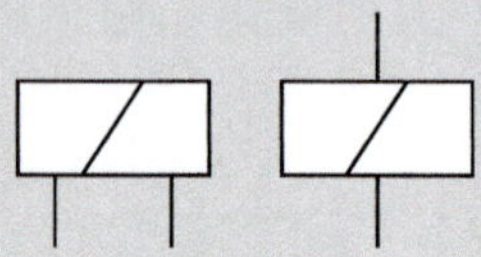	Widerstand 
Schließer-Öffner 	Antrieb mit zwei gleichsinnig wirkenden Wicklungen 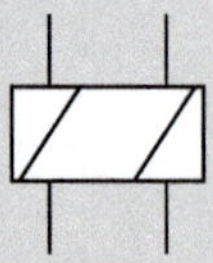	Potenziometer (mit drei Anschlüssen) 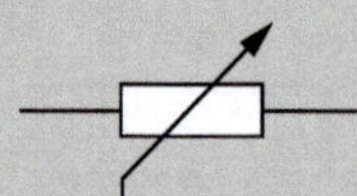
Zwillingsschließer 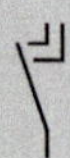	Antrieb mit zwei gegensinnig wirkenden Wicklungen 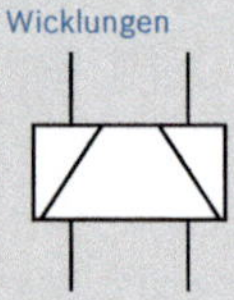	Heizwiderstand, Glühkerze, Flammkerze, Heizscheibe 
Mehrstellenschalter 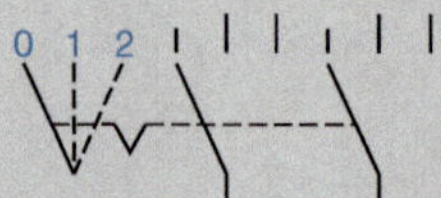 	Elektrothermischer Antrieb, Thermorelais 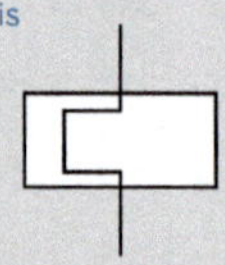	Antenne 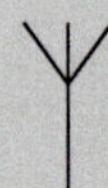
Nockenbetätigter Schalter (z. B. Unterbrecher) 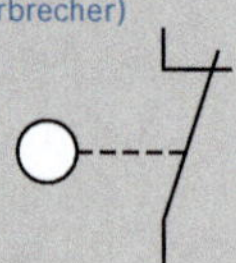	Elektrothermischer Antrieb, Hubmagnet 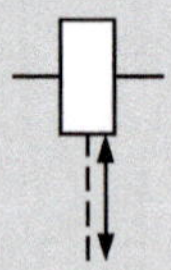	Sicherung 
Thermoschalter 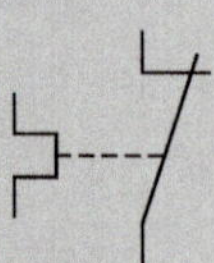	Magnetventil, geschlossen 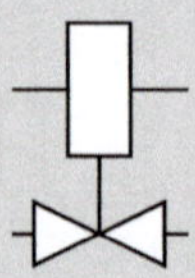	Dauermagnete 
Auslöser 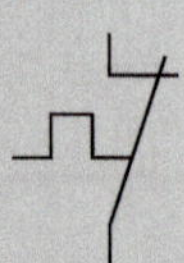	Relais (Antrieb und Schalter), Beispiel: unverzögerter Öffner und verzögerter Schließer 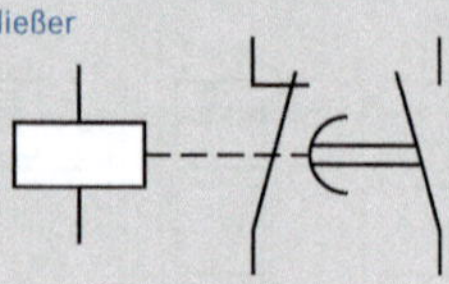	Wicklung, induktiv 

UAS1231-1D

Tabelle1
(Fortsetzung)

1 Auswahl von Schaltzeichen (Fortsetzung)

Verschiedene Bauelemente	**Geräte im Kraftfahrzeug**	
Kaltleiter-(PTC-)Widerstand 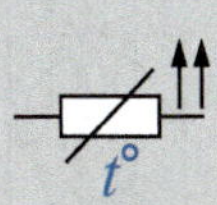	Strich-Punkt-Linie zur Abgrenzung oder Umrahmung zusammengehöriger Schaltungsteile 	Batterie 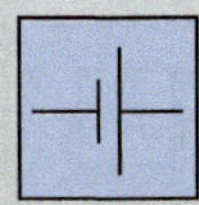
Heißleiter-(NTC-)Widerstand 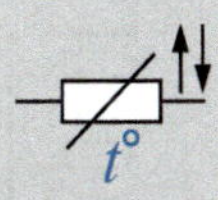	Geschirmtes Gerät, Umrahmung mit Masse verbunden 	Steckanschluss 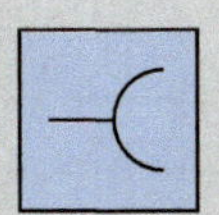
Diode, allgemein, Stromdurchlass in Richtung der Dreieckspitze 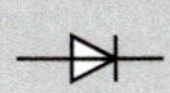	Regler, allgemein 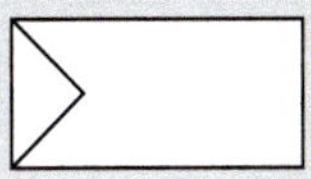	Leuchte, Scheinwerfer 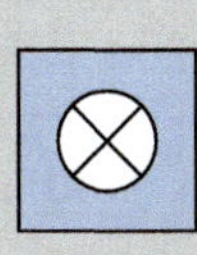
PNP-Transistor NPN-Transistor E = Emitter (Pfeil zeigt in Durchlass-richtung) C = Kollektor, positiv B = Basis (waagerecht), negativ 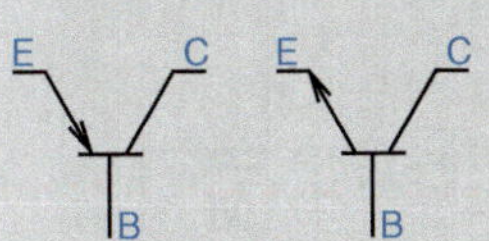	Steuergeräte 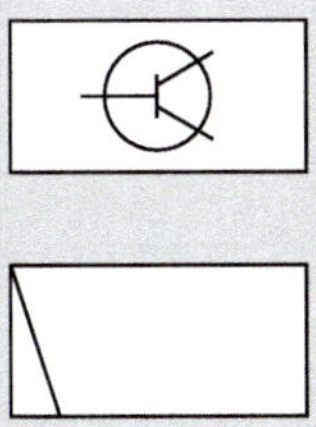	Signalhorn, Fanfare 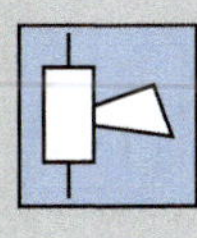
		Heizbare Heckscheibe (allgemein Heizwiderstand) 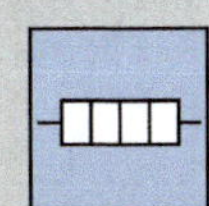
Leuchtdiode (LED) 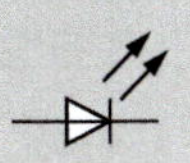	Anzeigeelement, allgemein; Spannungsmesser; Uhr 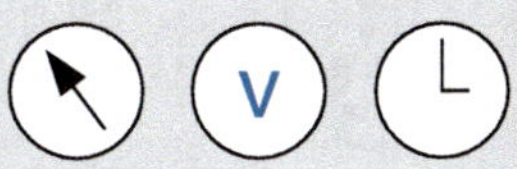	Schalter, allgemein, ohne Anzeigelampe 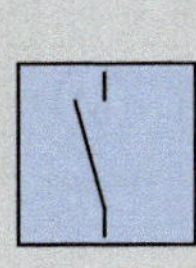
Hallgenerator 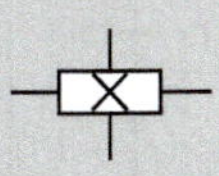	Drehzahlanzeige; Temperaturanzeige; Geschwindigkeitsanzeige 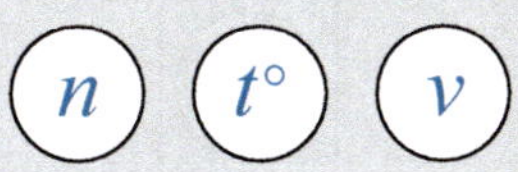	Schalter, allgemein, mit Anzeigelampe 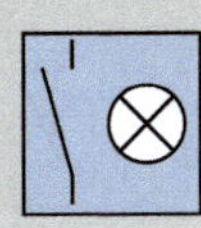

UAS1232-1D

Tabelle 1
(Fortsetzung)

1 Auswahl von Schaltzeichen (Fortsetzung)

Geräte im Kraftfahrzeug		
Druckschalter 	Zündkerze 	Motor mit Gebläse, Lüfter 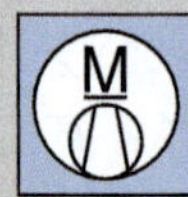
Relais, allgemein 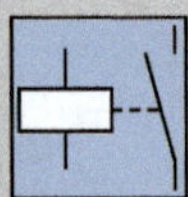	Zündspule 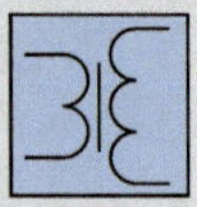	Startermotor mit Einrückrelais (ohne/mit Innenschaltung) 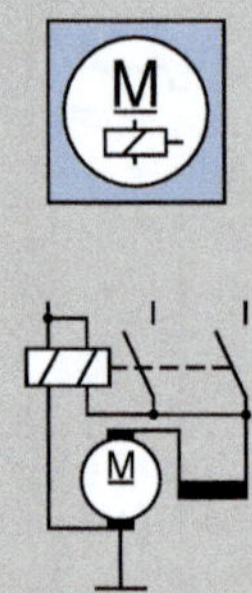
Magnet-, Einspritz-, Kaltstartventil 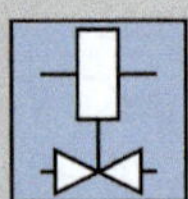	Zündverteiler, allgemein 	
Thermozeitschalter 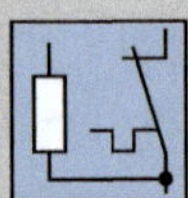	Spannungsregler 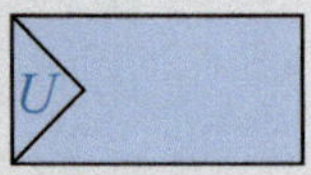	Wischermotor (eine/zwei Wischgeschwindigkeiten) 
Drosselklappenschalter 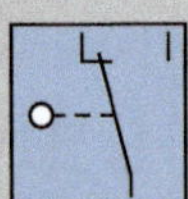	Drehstromgenerator mit Regler (ohne/mit Innenschaltung) 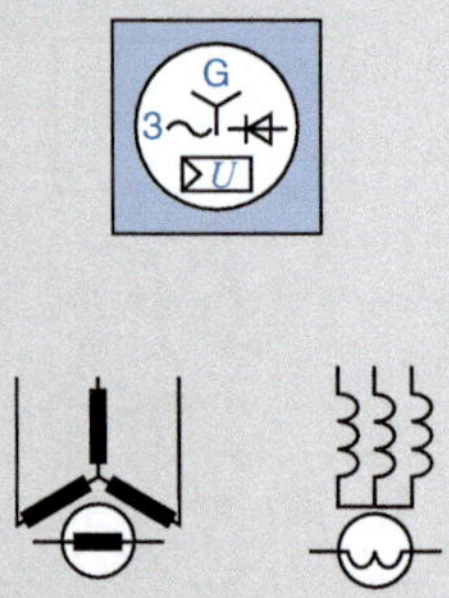	
Drehsteller 		Wischintervallrelais 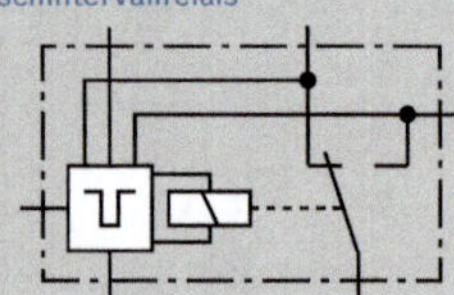
Zusatzluftventil mit elektrothermischem Antrieb 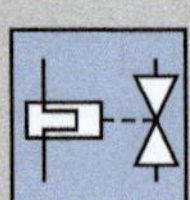	Elektrokraftstoffpumpe, Motorantrieb für Hydraulikpumpe 	Autoradiogerät 

UAS1233-1D

Tabelle1
(Fortsetzung)

1 Auswahl von Schaltzeichen (Fortsetzung)

Geräte im Kraftfahrzeug		
Lautsprecher 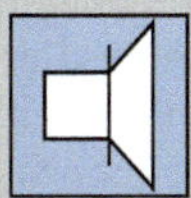	Piezoelektrischer Sensor 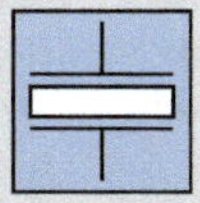	Geschwindigkeitssensor 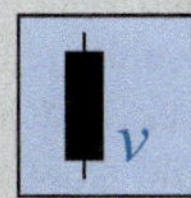
Spannungskonstanthalter, Stabilisator 	Widerstandsstellungsgeber 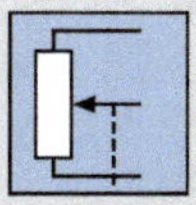	ABS-Drehzahlsensor 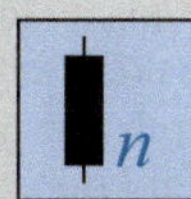
Induktiver Sensor, mit Bezugsmarke gesteuert 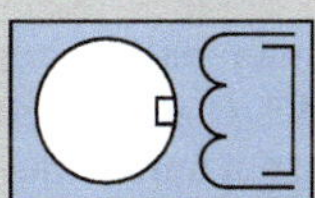	Luftmengenmesser 	Hallgeber 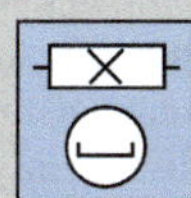
Blink-, Impulsgeber, Intervallrelais 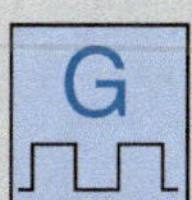	Luftmassenmesser 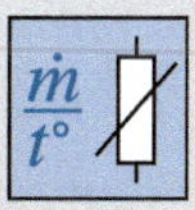	Umsetzer, Umformer (Menge, Spannung) 
Lambda-Sonde (nicht beheizt/beheizt) 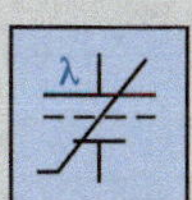 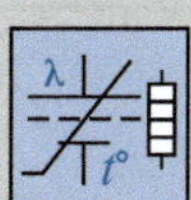	Mengensensor, Kraftstoffstandsensor  Temperaturschalter, Temperatursensor 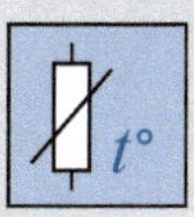	Induktiver Sensor 
Kombi-Gerät (Armaturenbrett) 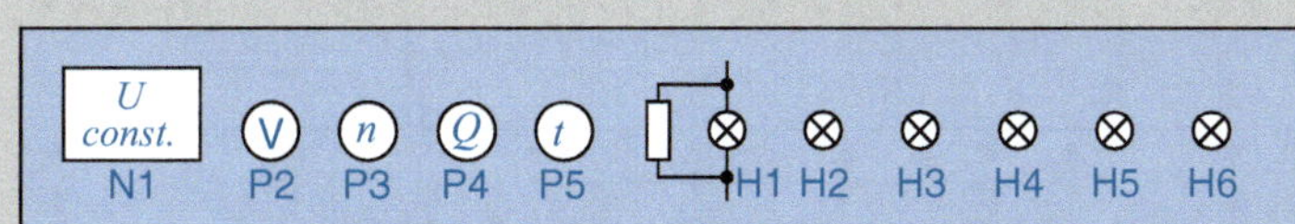		

UAS1234-1D

Tabelle 1
(Fortsetzung)

Schaltpläne

Der Schaltplan ist die zeichnerische Darstellung elektrischer Geräte durch Schaltzeichen, gegebenenfalls durch Abbildungen oder vereinfachte Konstruktionszeichnungen (Bild 7). Er zeigt die Art, in der verschiedene elektrische Geräte zueinander in Beziehung stehen und miteinander verbunden sind. Tabellen, Diagramme und Beschreibungen können den Plan ergänzen. Die Art des Schaltplanes wird bestimmt durch seinen Zweck (z. B. Darstellung der Funktion einer Anlage) und durch die Art der Darstellung.

Damit ein Schaltplan „lesbar“ ist, muss er folgende Forderungen erfüllen:

- Er muss normgerecht dargestellt sein, Abweichungen sind zu erläutern.
- Die Stromwege müssen vorzugsweise so angeordnet sein, dass die Wirkung bzw. der Signalfluss von links nach rechts und/oder von oben nach unten verläuft.

In der Kraftfahrzeugelektrik dienen Übersichtsschaltpläne in meist einpoliger Darstellung ohne gezeichnete Innenschaltung dem schnellen Überblick über die Funktion einer Anlage oder eines Geräts. Der Stromlaufplan in verschiedenen Darstellungsarten (Anordnung der Schaltzeichen) ist die ausführliche Darstellung einer Schaltung zum Erkennen der Funktion und zur Ausführung von Reparaturen. Der Anschlussplan (mit Anschlusspunkten der Geräte) dient dem Kundendienst bei Austausch oder Nachrüstung von Geräten.

Nach Art der Darstellung wird unterschieden zwischen:

- ein- oder mehrpoliger Darstellung und (entsprechend der Anordnung der Schaltzeichen)
- zusammenhängender, halbzusammenhängender, aufgelöster und lagerichtiger Darstellung, die in ein und demselben Schaltplan kombiniert werden können.

7 Einteilung der Schaltpläne

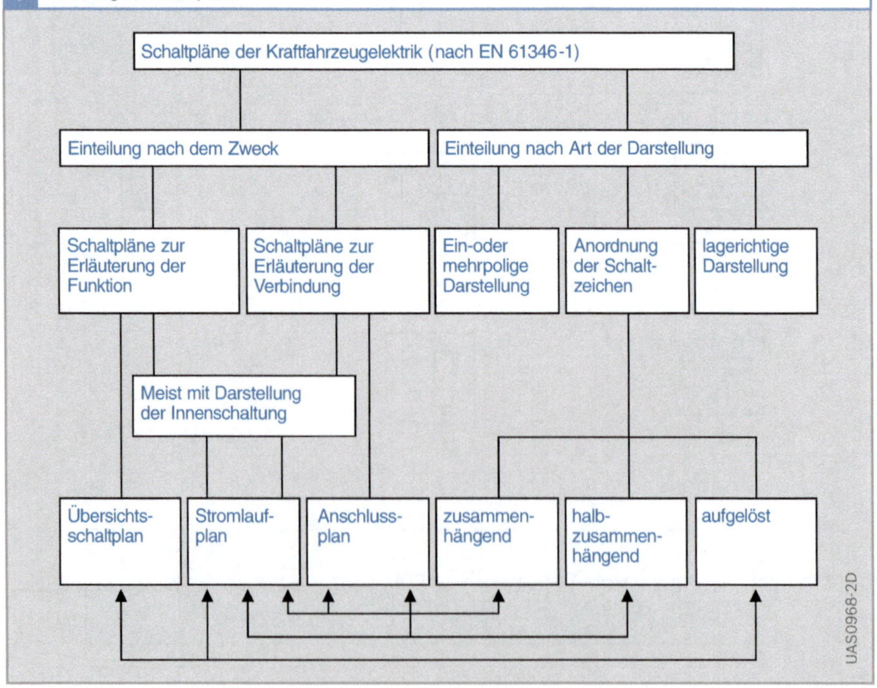

Übersichtsschaltplan

Der Übersichtsschaltplan, früher Blockdiagramm oder Blockschaltplan genannt, ist die vereinfachte Darstellung einer Schaltung, wobei nur die wesentlichen Teile berücksichtigt sind (Bild 8). Er soll einen schnellen Überblick über Aufgabe, Aufbau, Gliederung und Funktion einer elektrischen Anlage oder eines Teiles davon geben und als Wegweiser für ausführlichere Schaltungsunterlagen (Stromlaufplan) dienen.

Die Geräte sind dargestellt durch Quadrate, Rechtecke oder Kreise mit eingezeichneten Kennzeichen ähnlich EN 60 617, Teil 2, die Leitungen sind meist einpolig gezeichnet.

8 Übersichtsschaltplan Motronic-Steuergerät

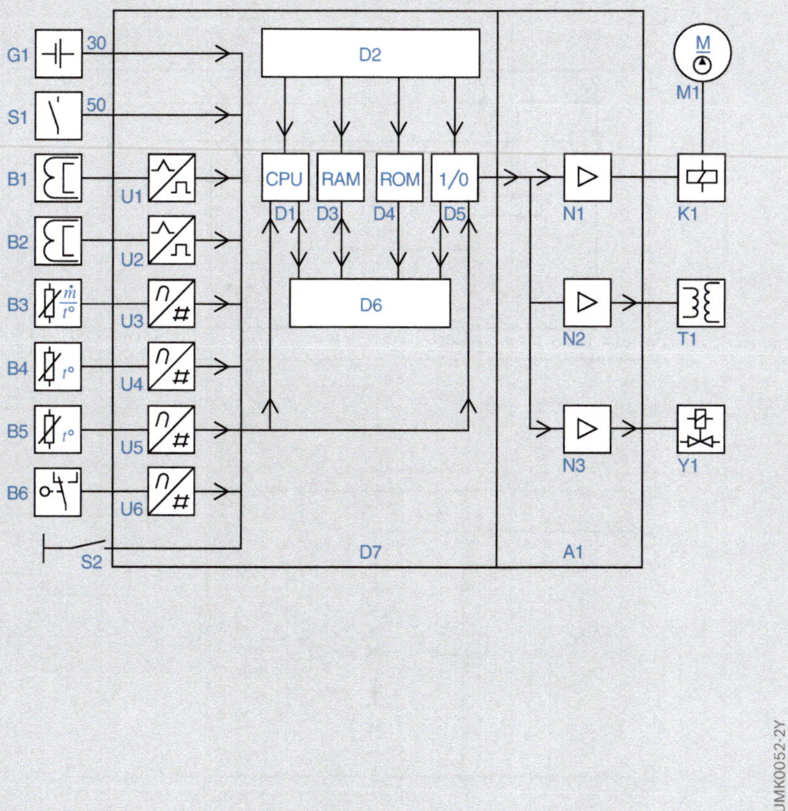

Bild 8

- A1 Steuergerät
- B1 Sensor für Drehzahl
- B2 Sensor für Bezugsmarke
- B3 Sensor für Luftmasse
- B4 Sensor für Ansauglufttemperatur
- B5 Sensor für Motortemperatur
- B6 Drosselklappenschalter
- D1 Recheneinheit (CPU)
- D2 Adressbus
- D3 Arbeitsspeicher (RAM)
- D4 Programmdatenspeicher (ROM)
- D5 Eingang – Ausgang
- D6 Datenbus
- D7 Mikrocomputer
- G1 Batterie
- K1 Pumpenrelais
- M1 Elektrokraftstoffpumpe
- N1...N3 Leistungsendstufen
- S1 Zündstartschalter
- S2 Kennfeldumschalter
- T1 Zündspule
- U1 und U2 Impulsformer
- U3...U6 Analog-digital-Umsetzer
- Y1 Einspritzventil

Stromlaufplan

Der Stromlaufplan ist die ausführliche Darstellung einer Schaltung in ihren Einzelheiten. Er zeigt durch übersichtliche Darstellung der einzelnen Stromwege die Wirkungsweise einer elektrischen Schaltung. Im Stromlaufplan darf die übersichtliche, das Lesen der Schaltung erleichternde Darstellung der Funktion durch die Wiedergabe gerätetechnischer und räumlicher Zusammenhänge nicht beeinträchtigt werden. Bild 9 zeigt den Stromlaufplan eines Startermotors in zusammenhängender und aufgelöster Darstellung.

Der Stromlaufplan muss enthalten:
- Schaltung,
- Gerätekennzeichnung (EN 61 346, Teil 2) und
- Anschlussbezeichnung bzw. Klemmenbezeichnung (DIN 72 552).

Der Stromlaufplan kann enthalten:
- Vollständige Darstellung mit Innenschaltung, um Prüfung, Fehlerortung, Wartung und Austausch (Nachrüstung) zu ermöglichen;
- Hinweisbezeichnungen dienen zum besseren Auffinden von Schaltzeichen und Zielorten, insbesondere bei aufgelöster Darstellung.

9 Stromlaufplan eines Startermotors Typ KB für Parallelbetrieb in zwei Darstellungsarten

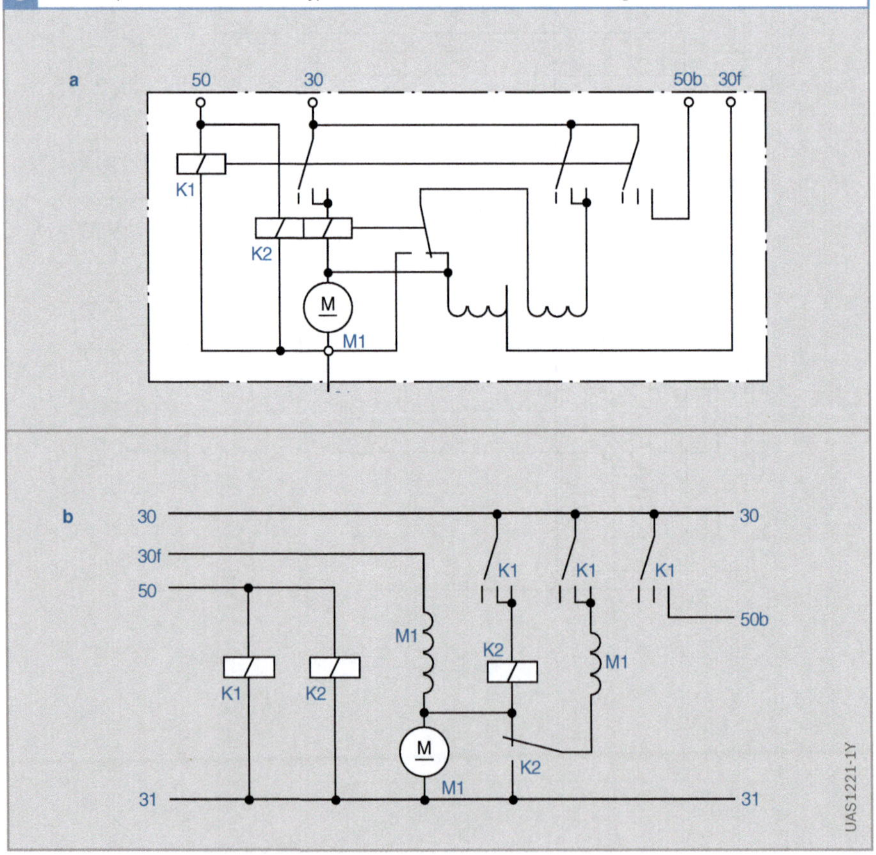

Bild 9
- a Zusammenhängende Darstellung
- b Aufgelöste Darstellung
- K1 Steuerrelais
- K2 Einrückrelais, Haltewicklung und Einzugswicklung
- M1 Startermotor mit Reihenschluss- und Nebenschlusswicklung

Darstellung der Schaltung

Im Stromlaufplan wird meist die mehrpolige Leitungsdarstellung verwendet. Für die Anordnung der Schaltzeichen gibt es nach EN 61 346, Teil 1 folgende Darstellungsarten, die im gleichen Schaltplan kombiniert werden können.

Zusammenhängende Darstellung
Alle Teile eines Geräts sind unmittelbar beieinander zusammenhängend dargestellt und durch Doppelstrich oder unterbrochene Verbindungslinien zur Kennzeichnung der mechanischen Wirkverbindung miteinander verbunden. Diese Darstellung kann für einfache, nicht sehr umfangreiche Schaltungen verwendet werden, ohne dass die Übersichtlichkeit verloren geht (Bild 9a).

10 Massedarstellung

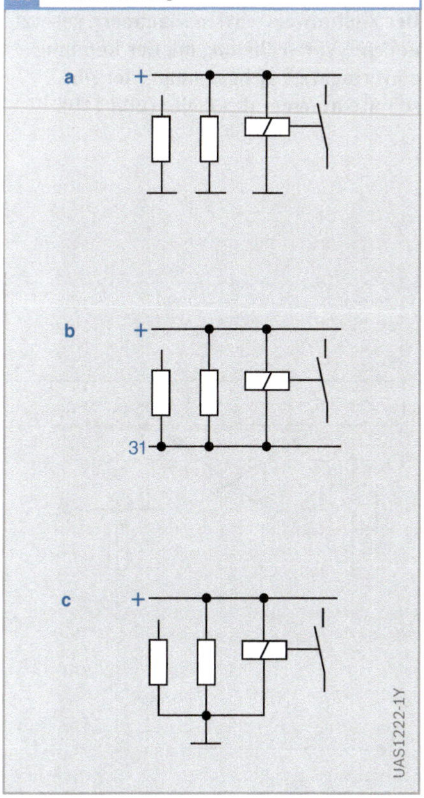

Bild 10
a einzelne Massezeichen
b durchgehende Masseverbindung
c mit Massesammelpunkt

Aufgelöste Darstellung
Schaltzeichen von Teilen elektrischer Geräte sind getrennt dargestellt und so angeordnet, dass jeder Stromweg möglichst leicht zu verfolgen ist. Auf die räumliche Zusammengehörigkeit einzelner Geräte oder deren Teile wird keine Rücksicht genommen. Eine möglichst geradlinige, klare und kreuzungsfreie Anordnung der einzelnen Stromwege hat den Vorrang.

Hauptzweck: Erkennen der Funktion einer Schaltung.

Die Zusammengehörigkeit der einzelnen Teile ist mithilfe eines Kennzeichnungssystems nach EN 61 346, Teil 2 zu erkennen. An jedem einzelnen, getrennt dargestellten Schaltzeichen eines Geräts befindet sich die dem Gerät zugehörige Kennzeichnung. Aufgelöst dargestellte Geräte sind an einer Stelle des Schaltplanes einmal vollständig und zusammenhängend anzugeben (Bild 9b), wenn es zum Verständnis der Schaltung erforderlich ist.

Lagerichtige Darstellung
Bei dieser Darstellung entspricht die Lage des Schaltzeichens ganz oder teilweise der räumlichen Lage innerhalb des Geräts oder Teiles.

Massedarstellung
Im Kraftfahrzeug wird in den meisten Fällen das Einleitersystem, bei dem die Masse (Metallteile des Fahrzeugs) als Rückleitung dient, wegen seiner Einfachheit bevorzugt. Ist die Gewähr für einwandfrei leitende Verbindung der einzelnen Masseteile nicht gegeben oder handelt es sich um Spannungen über 42 V, so verlegt man auch die Rückleitung isoliert von Masse.

Alle in einer Schaltung dargestellten Massezeichen (⊥) sind über die Geräte- oder Fahrzeugmasse elektrisch miteinander verbunden.

Sämtliche Geräte, die ein Massezeichen enthalten, müssen elektrisch leitend auf der Fahrzeugmasse montiert sein.

Bild 10 zeigt verschiedene Möglichkeiten der Massedarstellung.

Stromwege und Leitungen

Die Stromkreise sind so angeordnet, dass sich eine klare und übersichtliche Darstellung ergibt. Die einzelnen Stromwege, mit Wirkrichtung vorzugsweise von links nach rechts und/oder von oben nach unten, sollen möglichst geradlinig, kreuzungsfrei und ohne Richtungsänderung im Allgemeinen parallel zum Schaltplanrand verlaufen.

Bei einer Häufung paralleler Leitungen werden diese gruppiert, jeweils drei Linien zusammen, dann folgt ein Abstand zur nächsten Gruppe usw.

Begrenzungslinien, Umrahmungen

Strichpunktierte Trenn- oder Umrahmungslinien grenzen Teile von Schaltungen ab, um die funktionelle oder konstruktive Zusammengehörigkeit der Geräte oder Teile zu zeigen.

Diese Strich-Punkt-Linie stellt in der Kfz-Elektrik eine nicht leitende Umrahmung von Geräten oder Schaltungsteilen dar; sie entspricht nicht immer dem Schaltungsgehäuse und wird nicht als Gerätemasse verwendet. In der Starkstromelektrik wird diese Umrahmungslinie oft mit dem ebenfalls strichpunktierten Schutzleiter (PE) verbunden.

Abbruchstellen, Kennung, Zielhinweis

Verbindungslinien (Leitungen und mechanische Wirkverbindungen), die über eine größere Strecke des Stromlaufplanes verlaufen, können zur Verbesserung der Übersichtlichkeit unterbrochen werden. Es werden nur Anfang und Ende der Verbindungslinie dargestellt. Die Zusammengehörigkeit dieser Abbruchstellen muss eindeutig erkennbar sein. Hierzu dienen Kennung und / oder Zielhinweis.

Die Kennung an zusammengehörigen Abbruchstellen stimmt überein. Als Kennung dienen:

- Klemmenbezeichnungen (DIN 72 552), Bild 11a,
- Angabe der Wirkungsweise,
- Angaben in Form alphanumerischer Zeichen.

Der Zielhinweis wird in Klammern gesetzt, um eine Verwechslung mit der Kennung zu vermeiden; er besteht aus der Abschnittsnummer des Zieles (Bild 11b).

11 Kennzeichnung der Abbruchstellen

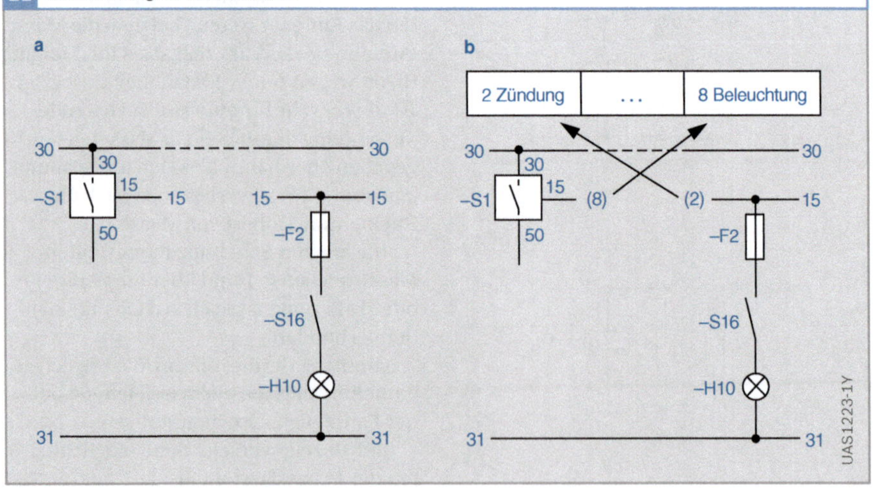

Bild 11

a durch Klemmenbezeichnung, z. B. Kl. 15

b durch Zielhinweis, z. B. in Abschnitt 8 und 2

Abschnittskennzeichnung

Zum Auffinden von Schaltungsteilen dient die am oberen Rand des Planes angegebene Abschnittskennzeichnung (früher Stromweg genannt). Für diese Kennzeichnung gibt es drei Möglichkeiten:

- Fortlaufende Zahlen in gleichen Abständen von links nach rechts (Bild 12a),
- Hinweise auf den Inhalt der Schaltungsabschnitte (Bild 12b),
- oder eine Kombination von beiden (Bild 12c).

Beschriftung

Geräte, Teile oder Schaltzeichen sind in Schaltplänen mit einem Buchstaben und einer Zählnummer nach EN 61 346, Teil 2 gekennzeichnet. Diese Kennzeichnung wird links bzw. unterhalb des Schaltzeichens angebracht.

Die in der Norm angegebenen Vorzeichen für die Art der Geräte kann entfallen, wenn sich dadurch keine Zweideutigkeit ergibt.

Bei geschachtelten Geräten ist ein Gerät Bestandteil eines anderen, z. B. Starter M1 mit eingebautem Einrückrelais K6. Das Gerätekennzeichen ist dann: - M1 - K6.

12 Möglichkeiten der Abschnittskennzeichnung

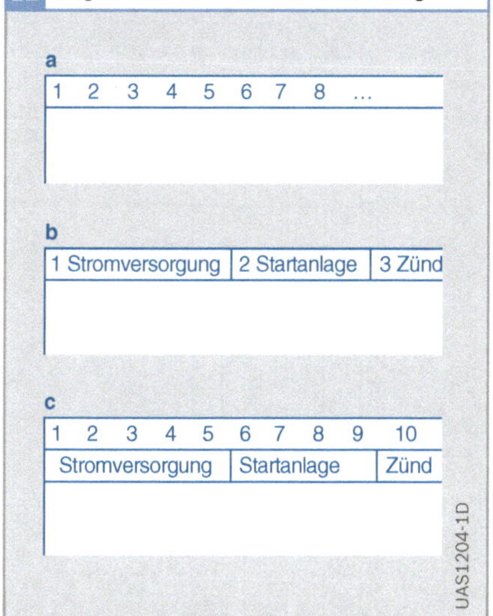

Gerätekennzeichen

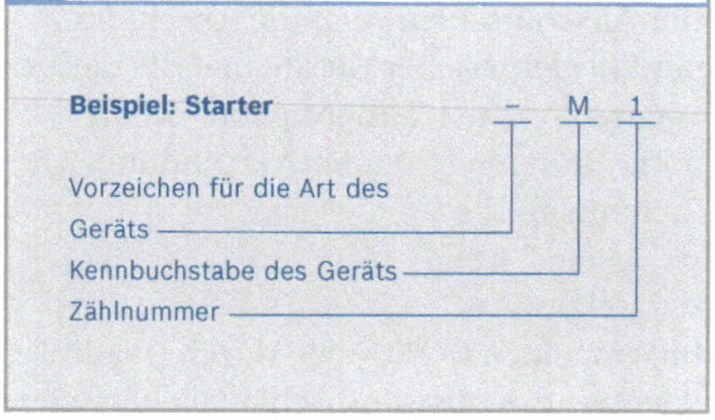

Anschlusskennzeichen

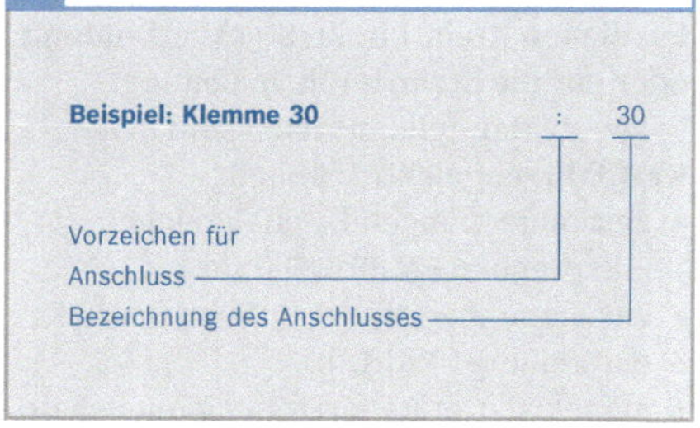

Kennzeichen von zusammengehörigen Schaltzeichen bei aufgelöster Darstellung: Jedes einzelne getrennt dargestellte Schaltzeichen eines Geräts erhält die dem Gerät gemeinsame Kennzeichnung.

Anschlussbezeichnungen (zum Beispiel nach DIN 72 552) sind außerhalb des Schaltzeichens, bei Umrahmungslinien vorzugsweise außerhalb der Umrahmung zu schreiben.

Bei horizontalem Verlauf der Stromwege gilt: Die den einzelnen Schaltzeichen zugeordneten Angaben werden unter die betreffenden Schaltzeichen geschrieben. Die Anschlusskennzeichnung steht unmittelbar außerhalb des eigentlichen Schaltzeichens oberhalb der Verbindungslinie.

Bei vertikalem Verlauf der Stromwege gilt: Die den einzelnen Schaltzeichen zugeordneten Angaben werden links neben die betreffenden Schaltzeichen geschrieben. Die Anschlusskennzeichnung steht unmittelbar außerhalb des eigentlichen Schaltzeichens, bei horizontaler Schreibweise rechts und bei vertikaler Schreibweise links neben der Verbindungslinie.

Bild 12
a mit umlaufenden Zahlen
b mit Hinweisen auf die Abschnitte
c mit einer Kombination aus a und b

Anschlussplan

Der Anschlussplan zeigt die Anschlusspunkte elektrischer Geräte und die daran angeschlossenen äußeren und - wenn nötig - inneren leitenden Verbindungen (Leitungen).

Darstellung

Die einzelnen Geräte sind durch Quadrate, Rechtecke, Kreise und Schaltzeichen oder auch bildlich dargestellt und können lagerichtig angeordnet sein. Als Anschlussstellen dienen Kreis, Punkt, Steckverbindung oder nur die herangeführte Leitung. Folgende Darstellungsarten sind in der Kraftfahrzeugelektrik üblich:

- zusammenhängend, Schaltzeichen entsprechen EN 60 617 (Bild 13a),
- zusammenhängend, bildliche Gerätedarstellung (Bild 13b),
- aufgelöst, Gerätedarstellung mit Schaltzeichen, Anschlüsse mit Zielhinweisen; Farbkennung der Leitungen möglich (Bild 14a bzw. Tabelle 2),
- aufgelöst, bildliche Gerätedarstellung, Anschlüsse mit Zielhinweisen; Farbkennung der Leitungen möglich (Bild 14b).

Beschriftung

Kennzeichnung der Geräte nach EN 61 346, Teil 2. Anschlussklemmen und Steckverbindungen werden mit den am Gerät vorhandenen Klemmenbezeichnungen bezeichnet (Bild 13).

Bei aufgelöster Darstellung entfallen die durchgehenden Verbindungsleitungen von Gerät zu Gerät. Alle von einem Gerät abgehenden Leitungen erhalten einen Zielhinweis (EN 61 346, Teil 2), bestehend aus dem Kennzeichen des Zielgeräts und dessen Anschlussbezeichnung und - wenn notwendig - der Angabe der Leitungsfarbe nach DIN 47 002 (Bild 15 bzw. Tabelle 1).

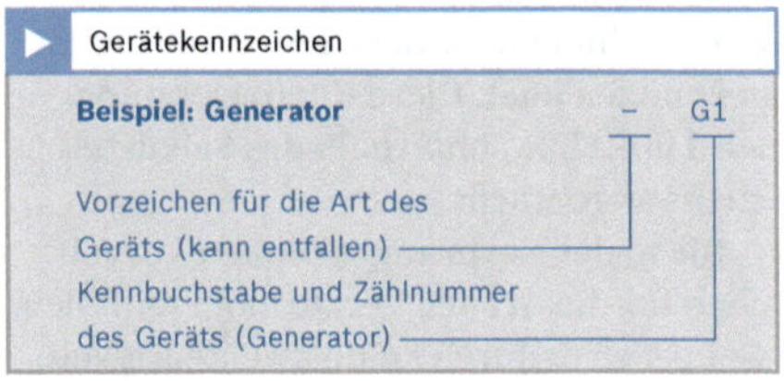

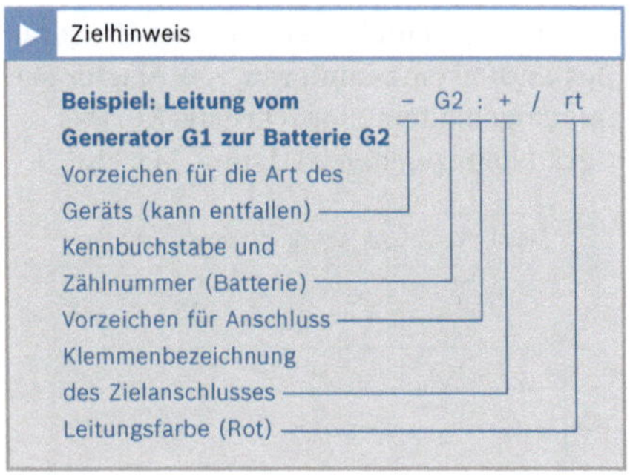

Tabelle 2

2 Farbkennung für elektrische Leitungen (nach DIN 47 002)

bl	blau	gn	grün	sw	schwarz
br	braun	or	orange	tk	türkis
ge	gelb	rs	rosa	vi	violett
gr	grau	rt	rot	ws	weiß

13 Anschlussplan (zusammenhängende Darstellung)

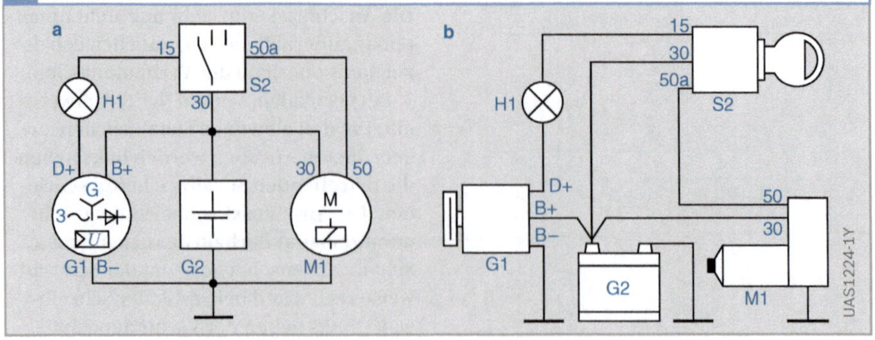

Bild 13
a mit Schaltzeichen
b mit Geräten

14 Anschlussplan (aufgelöste Darstellung)

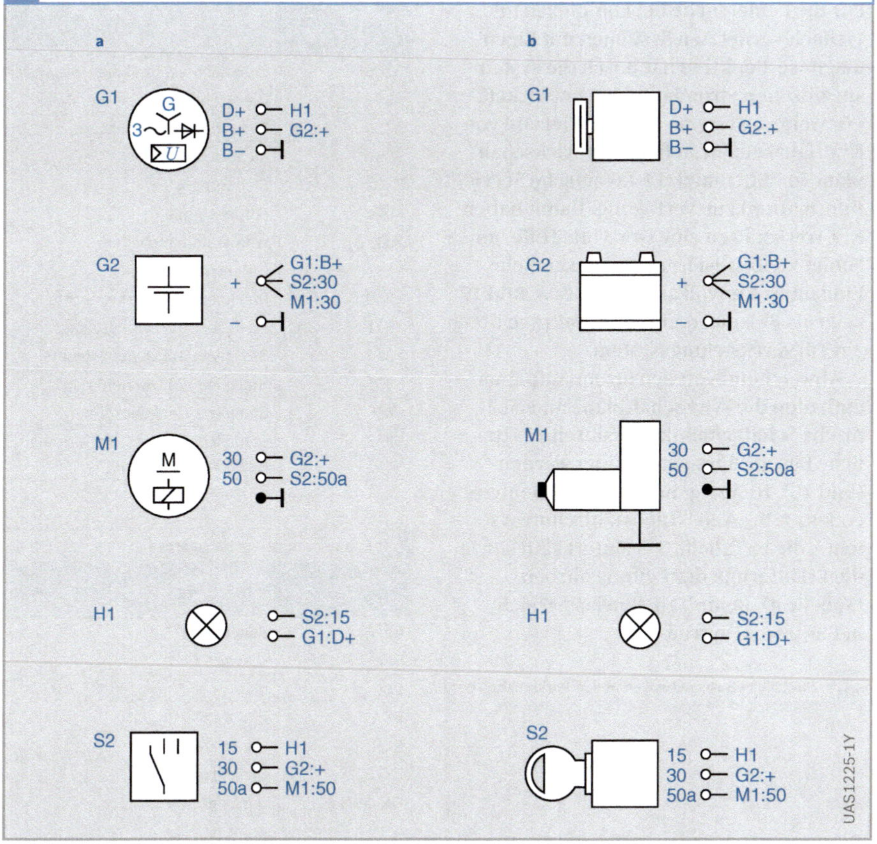

Bild 14

a Mit Schaltzeichen und Zielhinweisen

b mit Geräten und Zielhinweisen

G1 Drehstromgenerator mit Regler

G2 Batterie

H1 Generatorkontrollleuchte

M1 Startermotor

S2 Zündstartschalter

XX Gerätemasse auf Fahrzeugmasse

YY Anschlussklemme für Masseverbindung

:15 Leitungspotenzial, z. B. Klemme 15

15 Gerätekennzeichen (Beispiel: Generator)

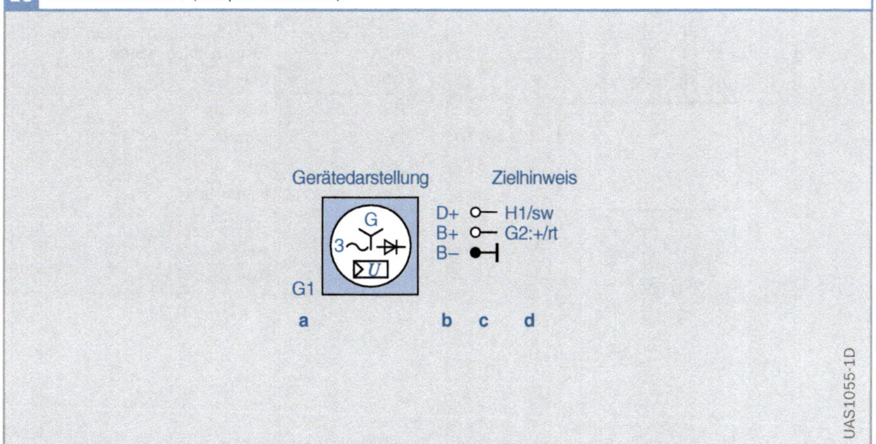

Bild 15

a Gerätekennzeichen (Kennbuchstabe und Zählnummer)

b Klemmenbezeichnung am Gerät

c Gerät an Masse

d Zielhinweis (Kennbuchstabe und Zählnummer/ Klemmenbezeichnung/ Leitungsfarbe)

Wirkschaltplan

Für die Fehlersuche bei komplexen und vielfach vernetzten Systemen mit Eigendiagnose-Funktion hat Bosch die systemspezifischen Stromlaufpläne entwickelt. Für weitere Systeme in einer Vielzahl von Kraftfahrzeugen stellt Bosch Wirkschaltpläne in ESI[tronic] (Elektronische Service Information) zur Verfügung. Damit haben Kfz-Werkstätten eine wertvolle Hilfe, um Fehler zu lokalisieren oder zusätzliche Einbauten sinnvoll anzuschließen. Bild 17 zeigt als Beispiel den Wirkschaltplan für ein Türverriegelungssystem.

Abweichend von den Stromlaufplänen enthalten die Wirkschaltpläne amerikanische Schaltsymbole, die durch zusätzliche Beschreibungen ergänzt werden (Bild 16). Hierzu gehören Komponentencodes - z. B. „A28" (Diebstahlschutzsystem -, die in Tabelle 3 erläutert sind sowie die Erläuterung der Leitungsfarben (Tabelle 4). Beide Tabellen lassen sich in ESI[tronic] aufrufen.

Tabelle 3

3 Erläuterung der Komponentencodes

Position	Benennung
A1865	Elektrisch verstellbares Sitzsystem
A28	Diebstahlschutzsystem
A750	Sicherungs-/Relaiskasten
F53	Sicherung C
F70	Sicherung A
M334	Förderpumpe
S1178	Warnsummerschalter
Y157	Unterdruck-Stellglied
Y360	Stellglied, Tür, vorne, rechts
Y361	Stellglied, Tür, vorne, links
Y364	Stellglied, Tür, hinten, rechts
Y365	Stellglied, Tür, hinten, links
Y366	Stellglied, Tankdeckel
Y367	Stellglied, Schloss, Kofferraum, Heckklappe, Deckel

Tabelle 4

4 Erläuterung der Leitungsfarben

Position	Benennung
Position	Benennung
BLK	schwarz
BLU	blau
BRN	braun
CLR	transparent
DK BLU	dunkelblau
DK GRN	dunkelgrün
GRN	grün
GRY	grau
LT BLU	hellblau
LT GRN	hellgrün
NCA	Farbe nicht bekannt
ORG	orange
PNK	rosa
PPL	purpur
RED	rot
TAN	hautfarben
VIO	violett
WHT	weiß
YEL	gelb

16 Zusätzliche Beschreibungen in den Wirkschaltplänen

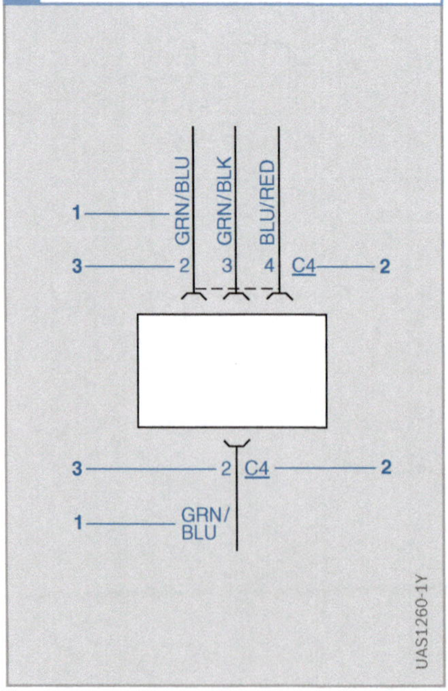

Bild 16
1 Leitungsfarbe
2 Verbindernummer
3 PIN-Nummer (eine gestrichelte Linie zwischen den PINs zeigt, dass alle PINs zu demselben Stecker gehören)

17 Wirkschaltplan eines Türverriegelungssystems (Beispiel)

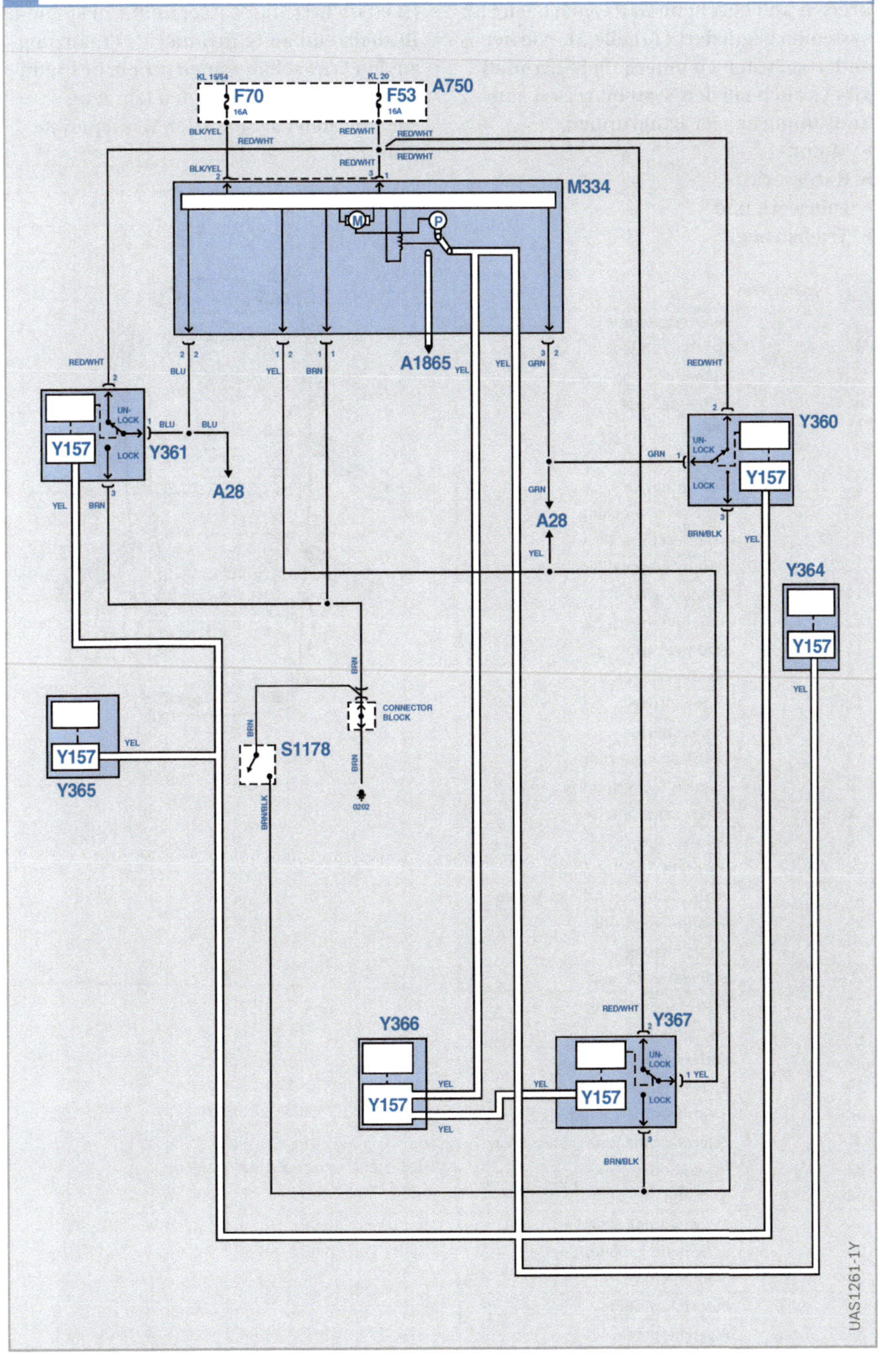

Die Wirkschaltpläne sind nach Systemkreisen und gegebenenfalls auch nach Subsystemen gegliedert (Tabelle 5). Wie bei anderen Systemen innerhalb ESI[tronic] gibt es auch bei den Systemkreisen eine Zuordnung zu vier Baugruppen:
- Motor,
- Karosserie,
- Fahrwerk und
- Triebstrang.

Tabelle 5

5	Systemkreise
1	Motorsteuerung
2	Starten / Laden
3	Klima / Heizung
4	Kühlergebläse
5	ABS
6	Tempomat
7	Fensterheber
8	Zentralverriegelung
9	Armaturenbrett
10	Wisch / Waschanlage
11	Scheinwerfer
12	Außenbeleuchtung
13	Stromversorgung
14	Masseverteilung
15	Datenleitung
16	Schaltsperre
17	Diebstahlsicherung
18	Passive Sicherheitssysteme
19	Elektrische Antenne
20	Warnanlage
21	Heizbare Scheibe / Spiegel
22	Zusätzliche Sicherheitssysteme
23	Innenbeleuchtung
24	Servolenkung
25	Spiegelverstellung
26	Verdeckbetätigung
27	Signalhorn
28	Kofferraum, Heckklappe
29	Sitzverstellung
30	Elektronische Dämpfung
31	Zigarettenanzünder, Steckdose
32	Navigation
33	Getriebe
34	Aktive Karosserieteile
35	Schwingungsdämpfung
36	Mobiltelefon
37	Autoradio / Hi-Fi
38	Wegfahrsperre

Besonders bei zusätzlichen Einbauten ist es wichtig, die Massepunkte zu kennen. Deshalb enthält ESI[tronic] als Ergänzung zu den Wirkschaltplänen für ein bestimmtes Kraftfahrzeug auch den fahrzeugspezifischen Lageplan der Massepunkte (Bild 18).

18 Massepunkte

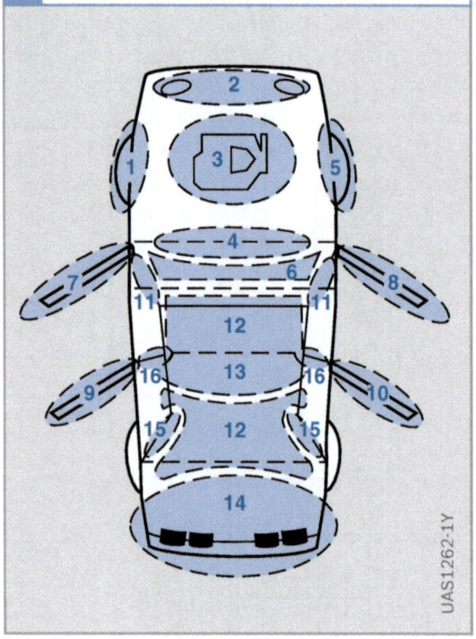

Bild 18
1 Kotflügel vorne links
2 Fahrzeugvorbau
3 Motor
4 Stirnwand
5 Kotflügel vorne rechts
6 Fußraumwand bzw. Armaturenbrett
7 Vordertür links
8 Vordertür rechts
9 Fondtür links
10 Fondtür rechts
11 A-Säulen
12 Fahrgastraum
13 Dach
14 Fahrzeug-Heckteil
15 C-Säulen
16 B-Säulen

Kennzeichnung von elektrischen Geräten

Die Kennzeichnung nach EN 61 346, Teil 2 (Tabelle 6) dient zur eindeutigen, international verständlichen Identifizierung von Anlagen, Teilen usw., die durch Schaltzeichen in einem Schaltplan dargestellt sind. Sie erscheint neben dem Schaltzeichen und besteht aus einer Folge von festgelegten Vorzeichen, Buchstaben und Zahlen.

▶ Gerätekennzeichen

Beispiel: Generator G2, Klemme 15

Kennzeichnung laut Norm: – G 2 : 15

Vorzeichen (kann entfallen, wenn keine Zweideutigkeit entsteht) → –

Kennbuchstabe für Art (hier Generator) aus Tabelle 6 → G

Zählnummer → 2

Anschluss (hier Klemme 15) als genormte oder am Gerät angebrachte Bezeichnung → 15

6 Kennbuchstaben zur Kennzeichnung von elektrischen Geräten

Kennbuchstabe	Art	Beispiele
A	Anlage, Baugruppe, Teilegruppe	ABS-Steuergerät, Autoradio, Autosprechfunk, Autotelefon, Diebstahlalarmanlage, Gerätebaugruppe, Schaltgerät, Steuergerät, Tempomat
B	Umsetzer von nichtelektrischen auf elektrische Größen oder umgekehrt	Bezugsmarkengeber, Druckschalter, Fanfare, Horn, Lambda-Sonde, Lautsprecher, Luftmengenmesser, Mikrofon, Öldruckschalter, Sensoren aller Art, Zündauslöser
C	Kondensator	Kondensatoren aller Art
D	Binäres Element, Speicher	Bordcomputer, digitale Einrichtung, integrierter Schaltkreis, Impulszähler, Magnetbandgerät
E	Verschiedene Geräte und Einrichtungen	Heizeinrichtung, Klimaanlage, Leuchte, Scheinwerfer, Zündkerze, Zündverteiler
F	Schutzeinrichtung	Auslöser (Bimetall), Polaritätsschutzgerät, Sicherung, Stromschutzschaltung
G	Stromversorgung, Generator	Batterie, Generator, Ladegerät
H	Kontrollgerät, Meldegerät, Signalgerät	Akustisches Meldegerät, Anzeigelampe, Blinkkontrolle, Blinkleuchte, Bremsbelagkontrolle, Bremsleuchte, Fernlichtanzeige, Generatorkontrolle, Kontrolllampe, Meldegerät, Öldruckkontrolle, optisches Meldegerät, Signallampe, Warnsummer
K	Relais, Schütz	Batterierelais, Blinkgeber, Blinkrelais, Einrückrelais, Startrelais, Warnblinkgeber
L	Induktivität	Drosselspule, Spule, Wicklung
M	Motor	Gebläsemotor, Lüftermotor, Pumpenmotor für ABS-/ASR-/ESP-Hydroaggregate, Scheibenspüler-/Scheibenwischermotor, Startermotor, Stellmotor
N	Regler, Verstärker	Regler (elektronisch oder elektromechanisch), Spannungskonstanthalter

Tabelle 6

6 Kennbuchstaben zur Kennzeichnung von elektrischen Geräten (Fortsetzung)

Kennbuchstabe	Art	Beispiele
P	Messgerät	Amperemeter, Diagnoseanschluss, Drehzahlmesser, Druckanzeige, Fahrtschreiber, Messpunkt, Prüfpunkt, Tachometer
R	Widerstand	Glühstiftkerze, Flammkerze, Heizwiderstand, Heißleiter, Kaltleiter, Potenziometer, Regelwiderstand, Vorwiderstand
S	Schalter	Schalter und Taster aller Art, Zündunterbrecher
T	Transformator	Zündspule, Zündtransformator
U	Modulator, Umsetzer	Gleichstromwandler
V	Halbleiter, Röhre	Darlington, Diode, Elektronenröhre, Gleichrichter, Halbleiter aller Art, Kapazitätsdiode, Transistor, Thyristor, Z-Diode
W	Übertragungsweg, Leitung, Antenne	Autoantenne, Abschirmteil, geschirmte Leitung, Leitungen aller Art, Leitungsbündel, Masse(sammel)leitung
X	Klemme, Stecker, Steckverbindung	Anschlussbolzen, elektrische Anschlüsse aller Art, Kerzenstecker, Klemme, Klemmenleiste, elektrische Leitungskupplung, Leitungsverbinder, Stecker, Steckdose, Steckerleiste, (Mehrfach-)Steckverbindung, Verteilerstecker
Y	elektrisch betätigte mechanische Einrichtung	Dauermagnet, Einspritz(magnet)ventil, Elektromagnetkupplung, elektromagnetische Bremse, Elektroluftschieber, Elektrokraftstoffpumpe, Elektromagnet, Elektrostartventil, Getriebesteuerung, Hubmagnet, Kick-down-Magnetventil, Leuchtweiteregler, Niveauregelventil, Schaltventil, Startventil, Türverriegelung, Zentralschließeinrichtung, Zusatzluftschieber
Z	elektrisches Filter	Entstörglied, Entstörfilter, Siebkette, Zeituhr

Tabelle 6 (Fortsetzung)

Klemmenbezeichnungen

Das in der Norm (DIN 72 552) für die elektrische Anlage im Kraftfahrzeug festgelegte System der Klemmenbezeichnungen soll ein möglichst fehlerfreies Anschließen aller Leitungen an den Geräten, vor allem bei Reparaturen und Ersatzeinbauten, möglich machen.

Die Klemmenbezeichnungen (Tabelle 7) sind nicht gleichzeitig Leitungsbezeichnungen, da an beiden Enden einer Leitung Geräte mit unterschiedlicher Klemmenbezeichnung angeschlossen sein können. Die Klemmenbezeichnungen brauchen infolgedessen nicht an den Leitungen angebracht zu werden.

Neben den aufgeführten Klemmenbezeichnungen können auch Bezeichnungen nach DIN-VDE-Normen bei elektrischen Maschinen verwendet werden. Mehrfach-Steckverbindungen, bei denen die Klemmenbezeichnungen nach DIN 72 552 nicht mehr ausreichend sind, erhalten fortlaufende Zahlen oder Buchstabenbezeichnungen, die keine durch die Norm festgelegte Funktionszuordnung haben.

7 Klemmenbezeichnungen nach DIN 72552

Klemme	Bedeutung
1	**Zündspule, Zündverteiler** Niederspannung
	Zündverteiler mit zwei getrennten Stromkreisen
1a	zum Zündunterbrecher I
1b	zum Zündunterbrecher II
2	Kurzschließklemme (Magnetzündung)
4	**Zündspule, Zündverteiler** Hochspannung
	Zündverteiler mit zwei getrennten Stromkreisen
4a	von Zündspule I, Klemme 4
4b	von Zündspule II, Klemme 4
15	Geschaltetes Plus hinter Batterie (Ausgang Zünd-[Fahrt]-Schalter)
15a	Ausgang am Vorwiderstand zur Zündspule und zum Starter
	Glühstartschalter
17	Starten
19	Vorglühen
30	Eingang von Batterie Plus (direkt)
	Batterieumschaltrelais 12/24 V
30a	Eingang von Batterie II Plus
31	Rückleitung ab Batterie Minus oder Masse (direkt)
31b	Rückleitung an Batterie Minus oder Masse über Schalter oder Relais (geschaltetes Minus)
	Batterieumschaltrelais 12/24 V
31a	Rückleitung an Batterie II Minus
31c	Rückleitung an Batterie I Minus
	Elektromotoren
32	Rückleitung[1]
33	Hauptanschluss[1]
33a	Endabstellung
33b	Nebenschlussfeld
33f	für zweite kleinere Drehzahlstufe
33g	für dritte kleinere Drehzahlstufe
33h	für vierte kleinere Drehzahlstufe
33L	Drehrichtung links
33R	Drehrichtung rechts
	Starter
45	Getrenntes Startrelais, Ausgang Starter: Eingang (Hauptstrom)
	Zwei-Starter-Parallelbetrieb **Startrelais für Einrückstrom**
45a	Ausgang Starter I Eingang Starter I und II
45b	Ausgang Starter II
48	Klemme am Starter und am Startwiederholrelais Überwachung des Startvorgangs
	Blinkgeber (Impulsgeber)
49	Eingang
49a	Ausgang
49b	Ausgang zweiter Blinkkreis
49c	Ausgang dritter Blinkkreis

Tabelle 7

[1]) Polaritätswechselklemme 32/33 möglich

7 Klemmenbezeichnungen nach DIN 72552 (Fortsetzung)

Klemme	Bedeutung
	Starter
50	Startersteuerung (direkt)
	Batterieumschaltrelais
50a	Ausgang für Startersteuerung
	Startersteuerung
50b	Parallelbetrieb von zwei Startern mit Folgesteuerung
	Startrelais für Folgesteuerung des Einrückstroms bei Parallelbetrieb von zwei Startern
50c	Eingang in Startrelais für Starter I
50d	Eingang in Startrelais für Starter II
	Startsperrrelais
50e	Eingang
50f	Ausgang
	Startwiederholrelais
50g	Eingang
50h	Ausgang
	Wechselstromgenerator
51	Gleichspannung am Gleichrichter
51e	Gleichspannung am Gleichrichter mit Drosselspule für Tagfahrt
	Anhängersignale
52	Weitere Signalgebung vom Anhänger zum Zugwagen
53	Wischermotor, Eingang (+)
53a	Wischer (+), Endabstellung
53b	Wischer (Nebenschlusswicklung)
53c	Elektr. Scheibenspülerpumpe
53e	Wischer (Bremswicklung)
53i	Wischermotor mit Permanentmagnet und dritter Bürste (für höhere Geschwindigkeit)
55	Nebelscheinwerfer
56	Scheinwerferlicht
56a	Fernlicht und Fernlichtkontrolle
56b	Abblendlicht
56d	Lichthupenkontakt
57	Standlicht für Krafträder (im Ausland auch für Pkw, Lkw usw.)
57a	Parklicht
57L	Parklicht links
57R	Parklicht rechts
58	Begrenzungs-, Schluss-, Kennzeichen- und Instrumentenleuchten
58b	Schlusslichtumschaltung bei Einachsschleppern
58c	Anhänger-Steckvorrichtung für einadrig verlegtes und im Anhänger abgesichertes Schlusslicht
58d	Regelbare Instrumentenbeleuchtung, Schluss- und Begrenzungsleuchte
58L	links
58R	rechts, Kennzeichenleuchte
	Wechselstromgenerator (Magnetzünder-Generator)
59	Ausgang Wechselspannung
	Eingang Gleichrichter
59a	Ausgang Ladeanker
59b	Ausgang Schlusslichtanker
59c	Ausgang Bremslichtanker
61	Generatorkontrolle
	Tonfolgeschaltgerät
71	Eingang
71a	Ausgang zu Horn 1 und 2 tief
71b	Ausgang zu Horn 1 und 2 hoch
72	Alarmschalter (Rundumkennleuchte)
75	Radio, Zigarettenanzünder
76	Lautsprecher
77	Türventilsteuerung
	Anhängersignale
54	Anhänger-Steckvorrichtungen und Leuchtenkombinationen Bremslicht
54g	Druckluftventil für Dauerbremse im Anhänger, elektromagnetisch betätigt
	Schalter, Öffner und Wechsler
81	Eingang
81a	erster Ausgang (Öffnerseite)
81b	zweiter Ausgang (Öffnerseite)
	Schließer
82	Eingang
82a	erster Ausgang
82b	zweiter Ausgang
82z	erster Eingang
82y	zweiter Eingang
	Mehrstellenschalter

Tabelle 7
(Fortsetzung)

7 Klemmenbezeichnungen nach DIN 72552 (Fortsetzung)

Klemme	Bedeutung
	Schalter, Öffner und Wechsler (Fortsetzung)
83	Eingang
83a	Ausgang (Stellung 1)
83b	Ausgang (Stellung 2)
83L	Ausgang (Stellung links)
83R	Ausgang (Stellung rechts)
	Stromrelais
84	Eingang Antrieb und Relaiskontakt
84a	Ausgang Antrieb
84b	Ausgang Relaiskontakt
	Schaltrelais
85	Ausgang Antrieb (Wicklungsende Minus oder Masse)
	Eingang Antrieb
86	Wicklungsanfang
86a	Wicklungsanfang oder erste Wicklung
86b	Wicklungsanzapfung oder zweite Wicklung
	Relaiskontakt bei Öffner und Wechsler
87	Eingang
87a	erster Ausgang (Öffnerseite)
87b	zweiter Ausgang
87c	dritter Ausgang
87z	erster Eingang
87y	zweiter Eingang
87x	dritter Eingang
	Relaiskontakt bei Schließer
88	Eingang
	Relaiskontakt bei Schließer und Wechsler (Schließerseite)
88a	erster Ausgang
88b	zweiter Ausgang
88c	dritter Ausgang
	Relaiskontakt bei Schließer
88z	erster Eingang
88y	zweiter Eingang
88x	dritter Eingang
	Generator und Generatorregler
B+	Batterie Plus
B−	Batterie Minus
D+	Dynamo Plus
D−	Dynamo Minus
DF	Dynamo Feld
DF1	Dynamo Feld 1
DF2	Dynamo Feld 2

Klemme	Bedeutung
	Drehstromgenerator
U, V, W	Drehstromklemmen
	Fahrtrichtungsanzeige (Blinkgeber)
C	erste Kontrolllampe
C0	Hauptanschluss für vom Blinkgeber getrennte Kontrolllampe
C2	zweite Kontrolllampe
C3	dritte Kontrolllampe (z. B. beim Zwei-Anhänger-Betrieb)
L	Blinkleuchten links
R	Blinkleuchten rechts

Tabelle 7
(Fortsetzung)

Elektromagnetische Verträglichkeit (EMV) und Funkentstörung

Der Begriff Elektromagnetische Verträglichkeit (EMV) bedeutet, dass ein Gerät zuverlässig funktioniert, auch wenn es elektromagnetischen Feldern ausgesetzt ist. Andererseits dürfen die vom Gerät im Betrieb erzeugten elektromagnetischen Felder nur so stark sein, dass in dessen Umgebung u. a. ein ungestörter Funkempfang möglich ist.

Heutzutage enthält das Fahrzeug eine Vielzahl von Systemen, deren Funktionen von elektrischen oder elektronischen Komponenten ausgeführt werden. Sofern überhaupt vorhanden, wurden früher diese Funktionen ganz oder überwiegend mechanisch ausgeführt. Angesichts der zunehmenden Elektrifizierung im Fahrzeug muss der Elektromagnetischen Verträglichkeit eine immer wichtigere Bedeutung zugemessen werden.

Waren früher die einzigen Funkempfangsgeräte das Autoradio und vielleicht noch Sprechfunkgeräte, werden heute eine große Zahl weiterer Funkempfangsgeräte wie Autotelefone, Navigationssysteme, Diebstahlschutzsysteme mit Funkfernbedienung, Fernsehempfänger, Telefax und PC im Fahrzeug eingebaut und verwendet. Dadurch gewinnt auch die Funkentstörung, also die Sicherstellung des Funkempfangs im Fahrzeug, immer mehr Bedeutung.

EMV-Bereiche

Sender und Empfänger

Das Kraftfahrzeug insgesamt darf nicht durch externe Beeinflussung, z. B. durch die Einstrahlung leistungsstarker Rundfunksender, in seiner Funktion gestört werden. Das heißt, es dürfen keine Funktionsstörungen auftreten, die den sicheren Betrieb des Kraftfahrzeugs beeinträchtigen oder den Fahrer irritieren können. Andererseits darf der ortsfeste Funkempfang durch den Betrieb eines Kraftfahrzeugs nicht gestört werden. Für beide Anforderungen gibt es internationale und nationale Vorschriften (EU-Richtlinie, z. B. StVZO in Deutschland).

Elektrische und elektronische Komponenten

Die elektrischen und elektronischen Komponenten im Kraftfahrzeug, wie z. B. Verstell- und Lüftermotoren, Magnetventile, elektronische Sensoren und Steuergeräte mit Mikroprozessoren, werden in enger räumlicher Nähe zueinander ins Kraftfahrzeug eingebaut und aus einem gemeinsamen Bordnetz versorgt. Dabei muss sichergestellt werden, dass die Rückwirkung der Systeme untereinander nicht zu unzulässigen Fehlfunktionen führen.

Bordelektronik

Die Geräte der mobilen Kommunikation, wie das Autoradio, sind ebenfalls eng mit den Komponenten der Kraftfahrzeugelektronik gekoppelt. Sie werden über dasselbe Bordnetz versorgt, und ihre Empfangsantennen befinden sich unmittelbar in der Umgebung der möglichen Störquellen. Daher muss die Störaussendung der Bordnetzelektronik begrenzt werden. Die gesetzlichen Anforderungen müssen erfüllt werden, und es muss trotz ungünstiger Empfangssituation ein störungsfreier Empfang im Kraftfahrzeug möglich sein.

EMV zwischen verschiedenen Systemen im Kraftfahrzeug

Gemeinsames Bordnetz

Die Spannungsversorgung der verschiedenen elektrischen Systeme im Fahrzeug erfolgt aus einem gemeinsamen Bordnetz, wobei die einzelnen Leitungen der einzelnen Systeme häufig in einem gemeinsamen Kabelbaum geführt werden. Dadurch können Rückwirkungen von einem System unmittelbar an die Ein- bzw. Ausgänge eines anderen Systems gelangen (Bild 1).

Zu solchen Rückwirkungen gehören u. a. impulsförmige Signale (stoßartige steile Strom- und Spannungsanstiege), die beim Ein- und Ausschalten von elektrischen Komponenten wie Elektromotoren, elektromagnetischen Ventilen und Stellern, aber auch bei der Hochspannungszündung entstehen. Diese impulsförmigen Signale können sich ebenso wie andere Störsignale (z. B. Welligkeit der Spannungsversorgung) über den Kabelbaum ausbreiten und entweder leitungsgebunden über gemeinsame Stromleiter wie die Stromversorgung (galvanische Kopplung) oder durch kapazitive und induktive Kopplung zu den Ein- bzw. Ausgängen der benachbarten Systeme gelangen.

Galvanische Kopplung

Fließen die Ströme von zwei unterschiedlichen Stromkreisen (z. B. der Stromkreis zur Ansteuerung eines Magnetventils und der Stromkreis zur Auswertung eines Sensors) über gemeinsame Leiter, z. B. bei gemeinsamer Rückleitung über die Fahrzeugkarosserie, erzeugen beide Ströme in dem stets wirksamen Leitungswiderstand der gemeinsamen Leitung eine Spannung (Bild 2a, nächste Seite). Dadurch wirkt z. B. die von der Spannungsquelle u_1 (Störquelle) hervorgerufene Spannung wie eine zusätzliche Signalspannung im Signalkreis 2 und kann zu einer Fehlauswertung des Sensorsignals führen. Abhilfe kann dadurch erreicht werden, dass für jeden Stromkreis eine eigene Rückleitung vorgesehen wird (Bild 2b, nächste Seite).

1 Gegenseitige Beeinflussung zweier Systeme über das gemeinsame Bordnetz (A) und über den gemeinsamen Kabelbaum (B und C)

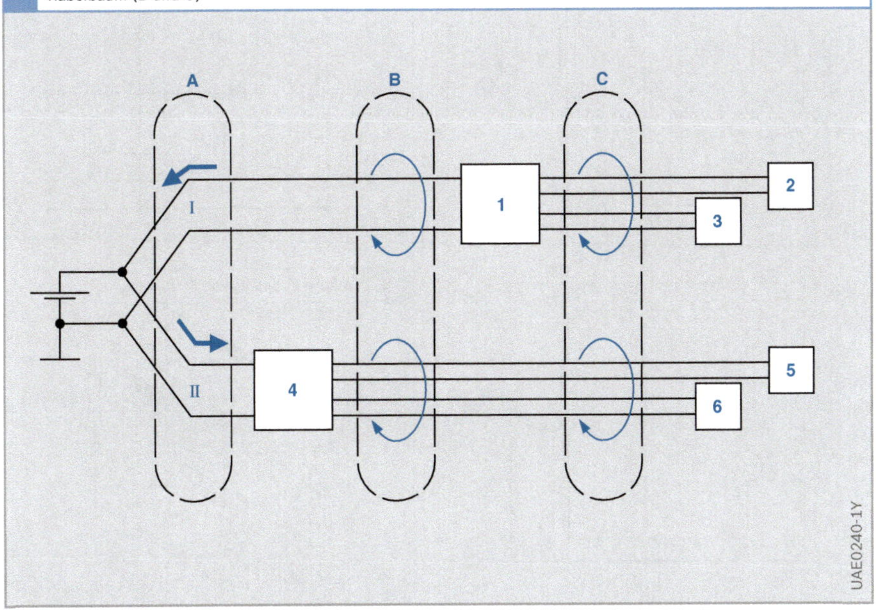

Bild 1
System I:
1 Steuergerät
2 Stellglied
3 Sensor

System II:
4 Steuergerät
5 Stellglied
6 Sensor

Kapazitive Kopplung

Zeitlich veränderliche Signale, wie Impulsspannungen und sinusförmige Wechselspannungen, können wegen der zwischen Leitern wirksamen Kapazitäten auch dann, wenn keine leitfähige Verbindung besteht, auf benachbarte Stromkreise überkoppeln (Bild 3). Je näher die Leiter beieinanderliegen und je steiler die impulsförmigen Spannungsänderungen verlaufen, bzw. je höher die Frequenz der Wechselspannung ist, desto höher ist die übergekoppelte (Stör-)Spannung. Abhilfe bringt daher in erster Linie, die Leiter voneinander zu trennen und die Signalanstiegs- und -abfallzeiten zu vergrößern, bzw. die Frequenzen der Wechselspannungen auf das für die Funktion notwendige Maß zu begrenzen.

Induktive Kopplung

Liegen zwei Stromschleifen nebeneinander, können zeitlich veränderliche Ströme in dem einen Kreis Spannungen im anderen Kreis induzieren. Diese Spannungen erzeugen in diesem Sekundärkreis wiederum Ströme (Bild 4). Nach diesem Prinzip funktioniert der Transformator. Maßgeblich für die Überkopplung sind zum einen – wie auch bei der kapazitiven Kopplung – die Signalanstiegs- und -abfallzeiten bzw. die Frequenz bei Wechselspannungen. Zum anderen spielt die wirksame Gegeninduktivität, die u. a. von der Größe der Schleifen und ihrer Lage zueinander abhängt, eine wichtige Rolle. Zur Abhilfe gegen die induktive Kopplung werden die Stromkreisschleifen klein gehalten, die kritischen Schleifen voneinander getrennt und parallele Schleifenführung vermieden. Die induktive Kopplung ist besonders auch im Bereich niederfrequenter Signale wirksam (z. B. bei der Einkopplung in Lautsprecherleitungen).

Bild 2
a Stromkreis mit gemeinsamen Rückleiter
b Stromkreis mit getrennten Rückleitern

u_1, u_2 Spannungsquelle
Z_i Innenwiderstand
Z_a Abschlusswiderstand

2 Galvanische Kopplung von Störsignalen

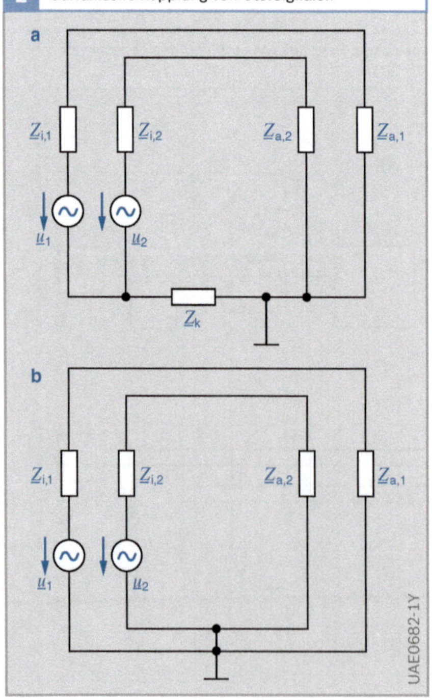

Bild 3
1 Stromkreis 1
2 Stromkreis 2

u_1 Spannungsquelle
Z_i Innenwiderstand
R_E Eingangswiderstand
C_E Eingangskapazität
$C_{1,2}$ Kapazität zwischen beiden Leitern
u_s Störspannung

3 Kapazitive Kopplung von Störsignalen

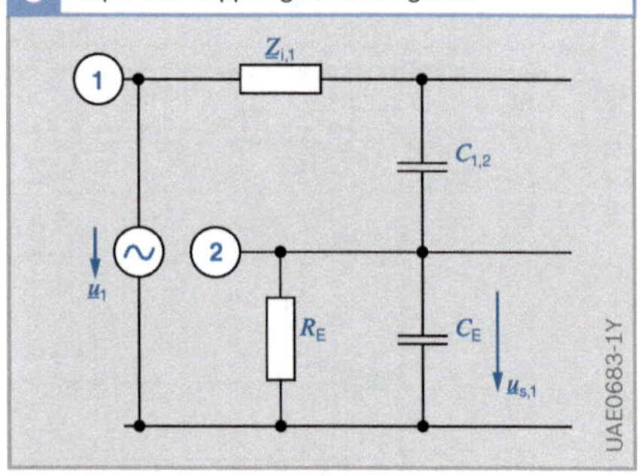

Bild 4
1 Stromkreis 1
2 Stromkreis 2

u_1 Spannungsquelle
u_2 Spannungsquelle
Z_i Innenwiderstand
Z_a Abschlusswiderstand
L_1, L_2 Induktivität der Leiter
$M_{1,2}$ induktive Kopplung
u_s Störspannung

4 Induktive Kopplung von Störsignalen

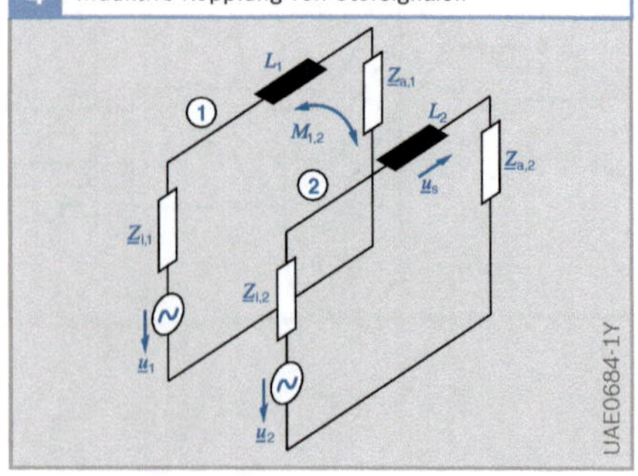

Impulse im Bordnetz

Zur Beherrschung der impulsförmigen Störungen im Bordnetz werden einerseits die von den Störquellen ausgesendeten Störamplituden begrenzt. Andererseits werden die Störsenken – also die elektronischen Komponenten – so ausgelegt, dass sie durch Impulse bestimmter Form und Amplitude nicht gestört werden können. Dazu wurden die im Kraftfahrzeugbordnetz auftretenden Impulse zusammengefasst und klassifiziert (Tabelle 1). Durch spezielle Prüfimpulsgeneratoren können die in Tabelle 1 beschriebenen Impulse erzeugt werden und somit die Störsenken auf ihre Störfestigkeit gegenüber diesen Impulsen überprüft werden. Die Störimpulse und die entsprechende Prüftechnik sind in Normen festgelegt (DIN 40 839, Teil 1; ISO 7637, part 1), in denen auch die Messtechnik für die Beurteilung der Störaussendung der impulsförmigen Störungen beschrieben wird. Die nach den Amplituden der Impulse gestaffelte Klasseneinteilung erlaubt die optimale Abstimmung von Störquellen und Störsenken für jedes Fahrzeug. Die Abstimmung kann beispielsweise so erfolgen, dass für alle Störquellen eines Fahrzeugs die Klasse II vorgeschrieben wird und alle Störsenken (z. B. Steuergeräte) – unter Einbeziehung eines Sicherheitsabstands – für Klasse III ausgelegt werden. Eine Verschiebung zu den Klassen I oder II ist dann angebracht, wenn die Entstörung der Quellen günstiger oder mit geringerem technischen Aufwand möglich ist, als die Verbesserung der Störfestigkeit der Senken. Sind umgekehrt Schutzmaßnahmen bei den Störsenken einfach und kostengünstig zu erreichen, so ist eine Verschiebung zu den Klassen III oder IV sinnvoll.

Wegen der Verlegung der verschiedenen Leitungen in einem gemeinsamen Kabelbaum kommt es zu induktiven und kapazitiven Überkopplungen. Die auf den Versorgungsleitungen auftretenden impulsförmigen Spannungen können dadurch in abgeschwächter Form auch an den Signaleingängen und Steuerausgängen der benachbarten Systeme wirksam werden. In der Prüftechnik (DIN 40 839, Teil 3; ISO 7637, part 3) wird die Überkopplung im Kabelbaum dadurch nachgebildet, dass in einer standardisierten Leitungsersatzanordnung (kapazitive Koppelzange) mit

1 Gegenseitige Beeinflussung der Spannungsversorgung

Prüfimpulse nach DIN 40839, Teil 1				Klassifizierung der zulässigen Impulsamplituden			
Impulsform	Ursache	Innen-widerstand	Impuls-dauer	I	II	III	IY
1 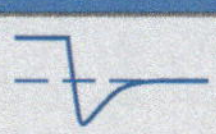	Abschalten induktiver Verbraucher	10 Ω	2 ms	–25 V	–50 V	–75 V	–100 V
2 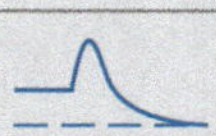	Abschalten motorischer Verbraucher	10 Ω	50 µs	+25 V	+50 V	+75 V	+100 V
3a 	Steile Über-spannungen	50 Ω	0,1 µs	–40 V	–75 V	–110 V	–150 V
3b 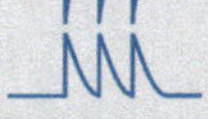				+25 V	+50 V	+75 V	+100 V
4 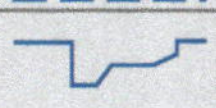	Spannungs-verlauf während Start-vorgangs	10 mΩ	bis 20 s	12 V –3 V	12 V –5 V	12 V –6 V	12 V –7 V
5 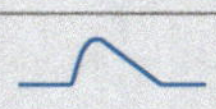	Lastabwurf des Generators [1]	1 Ω	bis 400 ms	+35 V	+50 V	+80 V	+120 V

Tabelle 1

[1] „Lastabwurf“ (engl.: load dump), d. h., der Generator lädt die Batterie mit großem Strom und die Verbindung zur Batterie bricht plötzlich ab.

definierter Leitungskapazität die entsprechenden Prüfimpulse eingekoppelt werden und über den Kabelbaum des Prüflings auf die Signal- und Steuerleitungen überkoppeln. Die Auswirkungen von niederfrequenten Bordnetzwelligkeiten können dadurch simuliert werden, dass die entsprechenden Signale mit Signalgeneratoren erzeugt und über Stromzangen induktiv auf den Kabelbaum eingekoppelt werden. Auch hierbei muss eine Abstimmung zwischen den zulässigen Störaussendungsamplituden und der Störfestigkeit der Störsenken, ähnlich wie zuvor beschrieben, vorgenommen werden.

Rückwirkung hochfrequenter Signale im Bordnetz auf den mobilen Funkempfang

Zu den unerwünschten Rückwirkungen im Bordnetz gehören, neben den Impulsen und anderen Störsignalen, die benachbarte elektronische Systeme stören können, auch hochfrequente Signale. Diese Signale können durch periodisch auftretende Schaltvorgänge, wie die Hochspannungszündung, die Kommutierung in Gleichstrommotoren und besonders auch durch die Taktsignale beim Betrieb eines Steuergeräts mit Mikroprozessoren entstehen. Diese Signale können in den Empfangsgeräten der mobilen Kommunikation

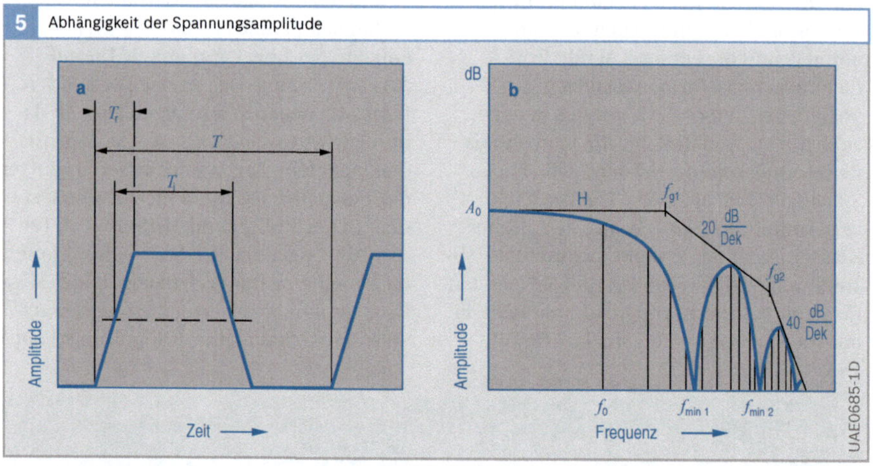

Bild 5
a Abhängigkeit von der Zeit
b Abhängigkeit von der Frequenz

T Periodendauer
T_r Anstiegszeit
T_i Impulsdauer
$f_0 = T^{-1}$ Grundwelle
f_g Eckfrequenzen
f_{min} Periodische Minima
H Hüllkurve

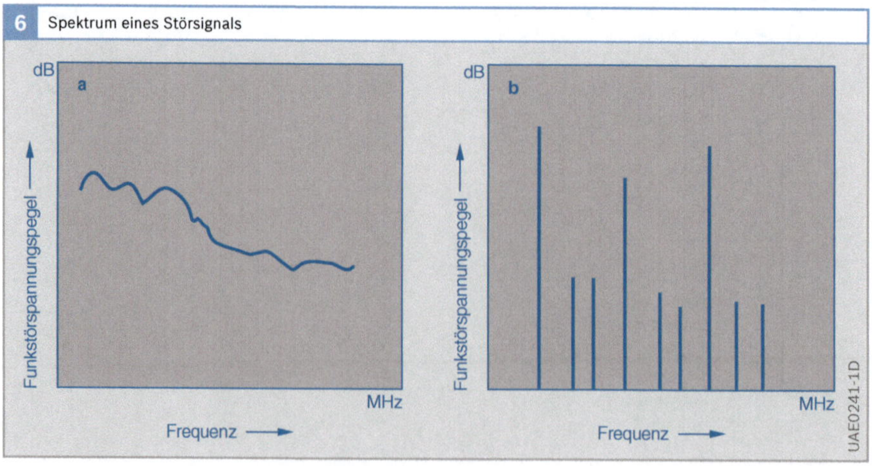

Bild 6
a Breitbandstörung
b Schmalbandstörung

Störungen hervorrufen, die einen Funkempfang stark beeinträchtigen oder gar unmöglich machen.

Spektrum

Bei der Betrachtung der Bordnetzimpulse wird meist das Verhalten von Strom oder Spannung in Abhängigkeit von der Zeit betrachtet (Bild 5a). Bei der Beurteilung der Störsignale in Bezug auf den Funkempfang wird meist die Amplitude des Störsignals bei einer bestimmten Frequenz betrachtet (Bild 5b). Allgemein gilt, dass es sich bei den im Kraftfahrzeug auftretenden Störsignalen meist nicht um einzelne sinusförmige Schwingungen handelt, die durch eine einzige Frequenz mit zugehöriger Amplitude zu beschreiben wären, sondern um die Überlagerung vieler Teilschwingungen unterschiedlicher Frequenz und Amplitude. Das „Spektrum" eines Störsignals ist die Darstellung der Amplitude in Abhängigkeit von der Frequenz und erlaubt die Beurteilung der Störwirkung in den verschiedenen Funkbereichen (Bild 6a und 6b). Die Tabelle 4 (s. Abschnitt „Entstörklassen") enthält die wichtigsten Funkbereiche, die im Fahrzeug Verwendung finden.

Die Störsignale werden in der Störmesstechnik bezüglich ihrer Signalcharakteristik in Breit- und Schmalbandstörungen unterschieden: Weist das Spektrum einen kontinuierlichen Verlauf auf (Bild 6a), spricht man von einer Breitbandstörung und bezeichnet die zugehörige Störquelle als Breitbandstörer. Treten hingegen einzelne Nadeln, also ein „Linienspektrum" auf, bezeichnet man die verursachenden Störquellen als Schmalbandstörer und dessen Störungen als Schmalbandstörungen (Bild 6b).

Die Unterteilung ist zunächst willkürlich. Ob eine Störquelle als Breitbandstörer oder Schmalbandstörer zu betrachten ist, hängt nämlich auch von den Empfangseigenschaften der Störsenken und damit auch von den Empfängereigenschaften des Messgeräts ab, mit dem die Störungen gemessen werden.

Zum Erfassen von Funkstörungen verwendet man einen selektiven Messempfänger oder Spektrumanalysator. Das bedeutet, dass durch das Messgerät in einem bestimmten engen Frequenzband (Bandbreite des Empfängers), ähnlich wie bei einem Rundfunkempfänger oder Funkgerät, die Signalamplitude gemessen wird. Der gesamte interessierende Frequenzbereich wird dadurch erfasst, dass der Messempfänger unter Beibehaltung der Eingangsbandbreite – wiederum ähnlich wie beim Abstimmvorgang (Sendersuchlauf) eines Rundfunkempfängers – entweder kontinuierlich oder Schritt für Schritt die Empfangsfrequenz verändert.

Ist nun die Wiederholfrequenz des Störsignals kleiner als die Messbandbreite, entsteht das kontinuierliche Signal der Breitbandstörung. Ist die Wiederholfrequenz hingegen höher als die Messbandbreite, so trifft der Messempfänger auf Lücken im Spektrum, und es entsteht das typische Linienspektrum eines Schmalbandstörers.

Elektromotoren sind zum Beispiel Breitbandstörer: die Kommutierungsvorgänge treten in Abhängigkeit von der Drehzahl und der Polzahl des Motors mit einer Wiederholfrequenz von wenigen 100 Hz auf. Das ergibt bei einer Messbandbreite von z. B. 120 kHz (Bandbreite entspricht der Empfängerbandbreite eines UKW-Rundfunkempfängers) ein kontinuierliches Spektrum. Ein Taktsignal mit 2 MHz Taktfrequenz, das z. B. in einem Steuergerät mit Mikroprozessor auftreten kann, erzeugt hingegen bei gleicher Messbandbreite das typische Linienspektrum der Schmalbandstörung (Wiederholfrequenz des Störsignals ist größer als Messbandbreite).

Typische Breitbandstörer sind alle Elektromotoren wie Lüftermotor, Scheibenwischermotor, Verstellmotor, Kraftstoffpumpe und der Bordnetzgenerator, aber auch die Hochspannungszündung. Daneben wirken sich aber auch niederfrequente Taktsignale von Schaltnetzteilen u. ä. wie Breitbandstörer aus. Zu den Schmalbandstörquellen gehören die Mikroprozessoren in den Steuergeräten und andere hochfrequent getaktete Signalquellen.

Auch die in den Funkempfängern wirksamen Störsignale können leitungsgebunden (z. B. über den Stromversorgungsanschluss des Empfängers) oder durch kapazitive und induktive Kopplung im Kabelbaum über die Signaleingänge und -ausgänge in das Empfangsteil gelangen. Meist aber erfolgt die Störbeeinflussung direkt über den Antenneneingang, entweder durch Einkopplung in das Antennenkabel oder dadurch, dass über die Antenne das von den Störquellen abgestrahlte elektromagnetische Feld empfangen wird. Als Sendeantenne wirkt besonders der Kabelbaum. Dabei haben auch die Karosseriestruktur sowie Typ und Einbauort der Antenne Einfluss auf die empfangenen Störsignalamplituden.

Messung der Störeinstrahlung

In der Messtechnik (DIN 57 879/VDE 0879 Teil 2 und 3; CISPR 25) werden die ausgesandten Störungen entweder leitungsgebunden oder über Antennen erfasst. Bei der Untersuchung einzelner Komponenten in Laboraufbauten werden diese in einem geeigneten Schirmraum in

7 Prinzipschaltplan der Kfz-Bordnetznachbildung

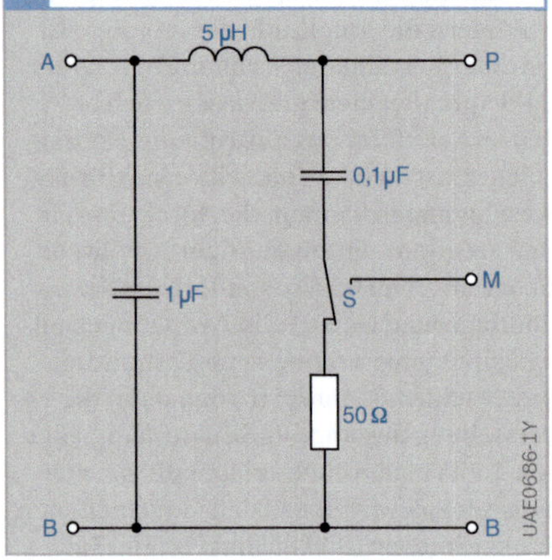

Bild 7
Anschlüsse:
P-B Prüfung
A-B Stromversorgung
M-B Funkstörmessempfänger
S Schalter
B Bezugsmasse (Bleckplatte, Schirmung der Bordnetznachbildung

Tabelle 2

2 Zulässige Funkstörspannung in dBµV der Entstörgrade in den einzelnen Frequenzbereichen nach CISPR 25 bzw. DIN/VDE 0879-2 für Breitbandstörungen (B) und Schmalbandstörungen (S)

Entstörgrade	Funkstörspannungspegel									
	0,15...0,3 MHz (LW)		0,53...2,0 MHz (MW)		5,9...6,2 MHz (KW)		30...54 MHz		70...108 MHz (UKW)	
	B	S	B	S	B	S	B	S	B	S
1	100	90	82	66	64	57	64	52	48	42
2	90	80	74	58	58	51	58	46	42	36
3	80	70	66	50	52	45	52	40	36	30
4	70	60	58	42	46	39	46	34	30	24
5	60	50	50	34	40	33	40	28	24	18

Tabelle 3

3 Zulässige Funkstörfeldstärke in dBµV/m der Entstörgrade in den einzelnen Frequenzbereichen nach DIN/VDE 0879, Teil 2 bzw. CISPR 25 für Breitbandstörer gemessen mit Quasi-Peak-Detektor (B) und Schmalbandstörungen mit Peak-Detektor (S).

Entstörgrade	Funkstörfeldstärkpegel																	
	0,15...0,3 MHz (LW)		0,53...2,0 MHz (MW)		5,9...6,2 MHz (KW)		30...54 MHz		68...87 MHz		76...108 MHz (UKW)		142...175 MHz		380...512 MHz		820...960 MHz	
	B	S	B	S	B	S	B	S	B	S	B	S	B	S	B	S	B	S
1	83	61	70	50	47	46	47	46	36	36	36	42	36	36	43	43	49	49
2	73	51	62	42	41	40	41	40	30	30	30	36	30	30	37	37	43	43
3	63	41	54	34	35	34	35	34	24	24	24	30	24	24	31	31	37	37
4	53	31	46	26	29	28	29	28	18	18	18	24	18	18	25	25	31	31
5	43	21	38	18	23	22	23	22	12	12	12	18	12	12	19	19	25	25

standardisierten Messaufbauten betrieben und die Störungen mit einem Messempfänger gemessen. Um reproduzierbare Messergebnisse zu erhalten, muss die Messanordnung genau definiert werden. Dazu werden Leitungslängen und andere geometrische Abmessungen festgelegt. Die Spannungsversorgung muss aus einem genau definierten Bordnetz erfolgen. Daher wird der Prüfling im Labor über eine Kfz-Bordnetznachbildung (Bild 7) versorgt.

Entstörklassen

Ähnlich wie bei den Bordnetzimpulsen wurde auch für die Schmal- und Breitbandstörungen eine Einteilung in verschiedene Entstörklassen vorgenommen. Diese Einteilung erlaubt eine Abstimmung auf den jeweiligen Anwendungsfall. So werden meist an Störquellen, die nur kurzzeitig und sehr selten betrieben werden, niedrigere Anforderungen gestellt als an dauernd betriebene Komponenten wie den Bordnetzgenerator. Die zulässigen Funkstörspannungspegel nach CISPR 25 bzw. DIN/VDE 0879-2 sind in Tabelle 2 zusammengestellt. Tabelle 3 gib die zulässigen Störfeldstärken für Abstrahlmessungen mit Antennen an.

Besonders unangenehm in Bezug auf den Funkempfang sind die schmalbandigen Störungen, wie sie durch die Taktsignale der Steuergeräte hervorgerufen werden. Diese Störsignale treten dauernd auf (Steuergeräte sind in der Regel ab dem Einschalten der Zündung in Betrieb) und können in einem Funkempfänger nicht von Nutzsignalen, die von Sendern herrühren, unterschieden werden. Sie machen dadurch den Empfang schwächerer Sender unmöglich. Das wurde auch bei der Festlegung der Entstörklassen berücksichtigt. Für Schmalbandstörungen werden für die gleiche Entstörklasse kleinere zulässige Störpegel als für Breitbandstörer angegeben.

Da auch die Fahrzeugkonfiguration einen erheblichen Einfluss auf den Empfang von Sendern im Autoradio und in anderen Funkempfängern hat, muss im Fahrzeug überprüft werden, ob die im Labor erreichte Entstörung im Fahrzeug ausreicht. Dazu wird die Antennenspannung am Ende des Antennenkabels gemessen, also dort, wo nachher der jeweilige Funkempfänger angeschlossen wird.

Auch für die mit dieser Messmethode gemessene Störspannung sind in CISPR 25 Grenzwerte angegeben (Tabelle 4). Die dort angegebenen Spannungspegel berücksichtigen die ungünstige Empfangssituation im Kraftfahrzeug. Die Nutzsignale betragen nur wenige µV und schwanken wegen der Bewegung des Fahrzeugs und wegen des Mehrwege-Empfangs infolge von Reflexionen sehr stark.

4 Grenzwerte für die zulässigen Störspannungen an der Fahrzeugantenne in dBµV

Frequenzband	Frequenz	kontinuierliche Breitbandstörung		kurzzeitige Breitbandstörung		Schmalbandstörung
	MHz	QP-B	B	QP-B	B	S
LW	0,14...0,30	9	22	15	28	6
MW	0,53...2,0	6	19	15	28	0
KW	5,9...6,2	6	19	6	19	0
Funkdienst	30...54	6 (15*)	28	15	28	0
Funkdienst	70...87	6 (15*)	28	15	28	0
UKW	87...108	6 (15*)	28	15	28	6
Funkdienst	144...172	6 (15*)	28	15	28	0
Autotelefon C-Nezt	420...512	6 (15*)	28	15	28	0
Autotelefon D-Netz	800...1000	6 (15*)	28	15	28	0

Tabelle 4
QP-B Quasi-Peak Detektor, gibt hörrichtigen Eindruck einer Störung wieder
B Breitbandstörer mit Peak-Detektor, gibt Maximalpegel an
S Schmalbandstörer mit Peak-Detektor, gibt Maximalpegel an
* Grenzwerte für die Hochspannungszündung

Störungen durch elektrostatische Aufladungen

Elektronische Bauelemente können durch die Entladung elektrostatischer Aufladungen (ESD, Electrostatic Discharge) gestört oder gar zerstört werden. Die bei solchen Entladevorgängen auftretenden Spannungen können einige tausend Volt betragen, wodurch auch sehr hohe impulsförmige Ströme auftreten. Daher müssen entsprechende Maßnahmen getroffen werden, die die zerstörende Auswirkung oder noch besser die Aufladungen verhindern. Besonders gefährdet sind elektronische Komponenten, die im Fahrzeug von Personen berührt werden können.

Zur Überprüfung der Auswirkung elektrostatischer Entladungen sind in der Norm ISO TR 10605 Messverfahren für die Prüfung der Störfestigkeit elektronischer Komponenten im Labor und im Fahrzeug angegeben. Dabei werden jeweils mit einem geeigneten ESD-Prüfimpulsgenerator, meist in Pistolenform, Hochspannungsimpulse erzeugt und auf die zu prüfende Komponente eingekoppelt.

1 Breitband- und Schmalbandgrenzwerte für Fahrzeuge bei einer Messentfernung von 10 m

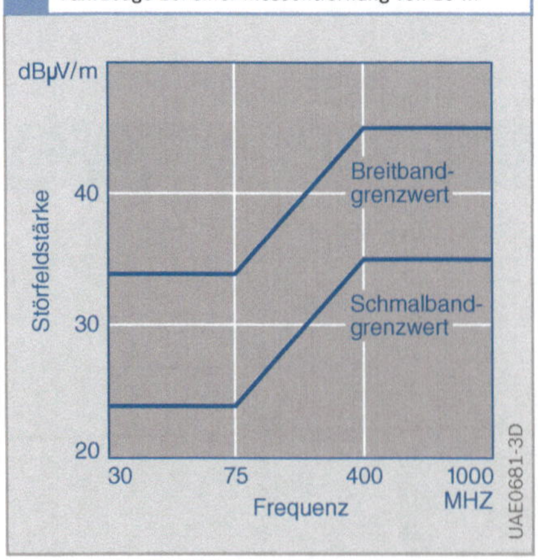

EMV zwischen Fahrzeug und Umgebung

Seit Anfang 1996 gilt eine gesetzliche Vorschrift, die für das Kraftfahrzeug die Anforderungen bezüglich der zulässigen Störaussendung im Hinblick auf den ortsfesten (Rund-)Funkempfang regelt und die erforderliche Störfestigkeit gegenüber externen elektromagnetischen Feldern festlegt. Diese Richtlinie (Europäische Richtlinie 95/54/EG) löste eine frühere Richtlinie ab, in der lediglich die zulässige Störaussendung geregelt war und legt die Vorgehensweise für die Typgenehmigung bezüglich EMV für Kraftfahrzeuge fest.

Störaussendung

Damit das Kraftfahrzeug die Übertragung von Rundfunk, Fernsehen und Funkdiensten nicht beeinträchtigt, darf die von ihm ausgesandte Strahlung (Abstrahlung) die Grenzwerte für schmal- und breitbandige Signale (Bild 1) nicht überschreiten. Die zulässigen Grenzwerte sind in der oben angegebenen Richtlinie 95/54/EG und in den Normen VDE 0879 Teil 1 bzw. CISPR 12 angegeben. Die Messung erfolgt in definierter Entfernung vom Fahrzeug (10 m bzw. 3 m) mit Antennen.

Die Einzelheiten des Messverfahrens sind in den zitierten Vorschriften beschrieben.

In der Praxis ist für die höchste Störabstrahlung meist die Zündanlage maßgeblich. Da jedoch zur Sicherstellung des Funkempfangs im Fahrzeug umfangreiche Maßnahmen getroffen werden, ist die Störaussendung bereits so weit begrenzt, dass die gesetzlich vorgeschriebenen Grenzwerte meist deutlich unterschritten werden.

Einstrahlung

Fährt ein Kraftfahrzeug durch das Nahfeld eines starken Senders, so dringt das Feld durch Schlitze und Öffnungen der Karosserie und wirkt auf die sich darunter befindlichen elektrischen Systeme ein. Die

Stärke dieser Einwirkung (Einstrahlung) hängt maßgeblich vom Einbauort der Komponenten, der Karosserie und dem Kabelbaum ab.

Fahrzeugmessungen

Um nachzuweisen, dass die elektronischen Systeme auch unter solchen Bedingungen störungsfrei funktionieren, musste früher mit dem Kraftfahrzeug die Umgebung verschiedener Sender aufgesucht werden. Jetzt stehen dafür auch speziell für diesen Zweck geeignete Messräume zur Verfügung.

Damit das elektromagnetische Feld, das innerhalb solcher Räume erzeugt wird, nicht nach außen dringt, muss der Raum mit einer metallischen Hülle versehen (geschirmt) sein. Um zu verhindern, dass sich dadurch im Innern stehende Wellen ausbilden, d. h. Schwingungsknoten und Schwingungsbäuche auftreten und dadurch die Feldstärke von Messpunkt zu Messpunkt stark schwankt, müssen die Räume darüber hinaus mit Absorbern ausgekleidet sein.

Das Verhalten der elektrischen Systeme am Kfz in ihrer Gesamtheit unter Praxisbedingungen wird in der Absorberhalle untersucht. In der Bosch-Absorberhalle (Bild 2) können Hochfrequenzfelder im Frequenzbereich von 10 kHz...18 GHz erzeugt werden. Die maximale Feldstärke liegt bei E_{max} = 200 V/m. Solche Feldstärken sind gesundheitsgefährdend; das Testfahrzeug wird daher von einem abgeschirmten Raum aus ferngesteuert und per Videokamera überwacht. Die Halle ist zur Schirmung mit Metallplatten verkleidet. Der Innenausbau der Halle besteht aus nicht leitfähigen Stoffen (Holz und Kunststoff), um die Messungen nicht durch metallische Teile zu beeinflussen. Die pyramidenförmigen Absorber aus grafitgefülltem Polyurethanschaum bedecken zudem Wände und Decke, um die Reflexionen und stehenden Wellen zu unterdrücken.

Das zu testende Fahrzeug wird auf einem Rollenprüfstand betrieben, der die Simulation von Fahrgeschwindigkeiten bis

2 Messungen der Einstrahlfestigkeit elektrischer Systeme am Kraftfahrzeug in der EMV-Absorberhalle

zu 200 km/h zulässt. Ein Gebläse kann bis zu 40 000 m³/h Luft über den Wagen leiten; dies entspricht einer Windgeschwindigkeit von ca. 80 km/h.

Gegenüber Messungen im Freien in der Nähe von Sendern bieten Messungen in der Halle u. a. den Vorteil, dass sich sowohl Frequenz als auch Feldstärke stark variieren lassen. Dadurch kann die Einstrahlfestigkeit eines Kfz nicht nur bei wenigen Frequenzen und Feldstärken beurteilt werden. Durch Aussteuern des Feldes bis an die Funktionsgrenze der Elektronik ist auch Aufschluss über Sicherheitsabstände zu den Grenzwerten zu erhalten.

Die Einzelheiten des Messverfahrens für die Störfestigkeit von gesamten Fahrzeugen werden in DIN 40 839 Teil 4 sowie neben weiteren Sondermessverfahren in ISO 11452 part 1-4 beschrieben.

Labormessungen

So aussagekräftig die Einstrahlmessungen am Fahrzeug auch sind, sie haben den Nachteil, dass sie erst durchgeführt werden können, wenn die Entwicklung des Fahrzeugs und seiner Elektronik sehr weit fortgeschritten ist. Sollte sich dann herausstellen, dass die Einstrahlfestigkeit nicht befriedigend ist, sind die Eingriffsmöglichkeiten stark eingeschränkt.

Deshalb will man schon in einem frühen Entwicklungsstadium eines elektronischen Systems wissen, wie sich dieses System später bei seinem Einsatz im Fahrzeug verhalten wird, um falls notwendig entsprechende Maßnahmen ergreifen zu können. Dafür haben sich verschiedene Testverfahren herauskristallisiert.

Mit den ersten drei im Folgenden beschriebenen Verfahren werden leitungsgeführte Störwellen auf den Kabelbaum eines zu untersuchenden Systems eingekoppelt. Für den Frequenzbereich > 400 MHz können diese Testanordnungen nur noch eingeschränkt verwendet werden. Daher wird für den Frequenzbereich > 400 MHz ein Verfahren eingesetzt, bei dem elektromagnetische Felder direkt über Antennen auf standardisierte Tischaufbauten eingestrahlt werden.

Die Einzelheiten der unten angegebenen Messmethoden sind in DIN 40 839 Teil 4 und in ISO 11 452 part 1-7 festgelegt (zusätzlich werden darin weitere Verfahren mit geringerer Verbreitung beschrieben).

Mit allen diesen Methoden wird ein genaues Bild der Einstrahlfestigkeit des zu beurteilenden Systems gewonnen, wodurch bereits während der Entwicklungsphase eine Verbesserung der Störfestigkeit erreicht werden kann. Wegen diesem Vorteil sind diese Labormessverfahren aus dem Entwicklungsprozess nicht mehr wegzudenken.

Da jedoch neben der Auslegung eines elektrischen Systems auch der Einbau der Komponenten im Fahrzeug und die Verlegung des Kabelbaums erheblichen Einfluss auf die Störfestigkeit haben können, muss abschließend das Ergebnis aus der Labormessung in der Absorberhalle am Serienfahrzeug bestätigt werden.

Stripline-Verfahren (Bilder 3 und 4)

Die Bezeichnung „Stripline" bezieht sich auf den streifenförmigen Leiter. Dieser Leiter hat eine Länge von 4,1 m und eine Breite von 0,74 m. Er ist im Abstand von 0,15 m über einer leitfähigen Platte (Gegenelektrode) angeordnet. Zwischen dem Leiter und der Platte wird eine „transversale elektromagnetische Welle" (transversal: quer verlaufend) erzeugt, die sich ausgehend vom Hochfrequenzgenerator hin zu einem Abschlusswiderstand ausbreitet. Dabei sind die Abmessungen der Streifenleitung so gewählt, dass möglichst keine Reflexionen bei der Wellenausbreitung auftreten und somit über der Frequenz eine konstante Amplitude der Feldstärken herrscht.

Das zu prüfende System, bestehend z. B. aus Steuergerät, Kabelbaum und Peripherie (Sensoren und Stellglieder), wird in halber Höhe zwischen beiden Platten (Grundplatte und Leiterstreifen) angeordnet. Der Kabelbaum zeigt dabei in Ausbreitungsrichtung der Welle.

Bei der Messung wird bei fester Frequenz die Feldstärke zwischen den Platten so lange gesteigert, bis das System Fehlfunktionen zeigt oder bis ein vorgegebener Maximalwert erreicht ist. Verändert man die Frequenz in hinreichend kleinen Schritten und wiederholt den Vorgang, erhält man ein Diagramm der Einstrahlfestigkeit in Abhängigkeit von der Frequenz (Bild 4).

Bulk-Current-Injection-Methode (Bild 5)
Der Begriff „Bulk-Current-Injection“ (BCI) lässt sich mit „Summenstrom-Einkopplung“ übersetzen. Bei diesem Verfahren wird das zu prüfende System, ähnlich wie beim Stripline-Verfahren, über einer leitfähigen Platte (Gegenelektrode) angeordnet. Mithilfe einer Stromzange, die um den Kabelbaum geklipst wird, werden auf den einzelnen Leitern transformatorisch Ströme eingeprägt. Die vektorielle Summe dieser Ströme entspricht dem in die Zange eingespeisten Strom. Im Gegensatz zum Stripline-Verfahren, bei dem die Feldstärke variiert, wird bei diesem Verfahren der eingespeiste Strom gesteigert, bis das System Fehlfunktionen zeigt, oder bis ein vorgegebener Maximalstrom erreicht ist.

TEM-Zelle (Bild 6)
Ähnlich wie beim Stripline-Verfahren wird in der TEM-Zelle zwischen einem streifenförmigen Leiter und einer Gegenelektrode ein Transversales elektromagnetisches Feld (TEM) erzeugt. Die Gegenelektrode ist in diesem Fall jedoch keine Platte, wie beim Stripline-Verfahren, sondern ein geschlossenes Gehäuse. Dadurch ist für diesen Prüfaufbau, anders als bei den anderen Einstrahlmessverfahren, kein geschirmter Messraum notwendig.

3 Stripline-Verfahren

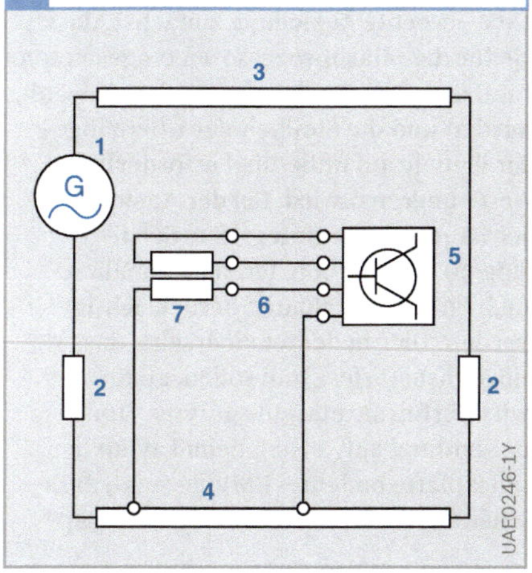

Bild 3
1 Hochfrequenzgenerator
2 Widerstand
3 streifenförmiger Leiter (Stripline)
4 Gegenelektrode (leitfähige Platte oder Zelle)
5 zu prüfendes System
6 Kabelbaum
7 Peripherie (Sensoren, Stellglieder)

4 Einstrahlfestigkeit

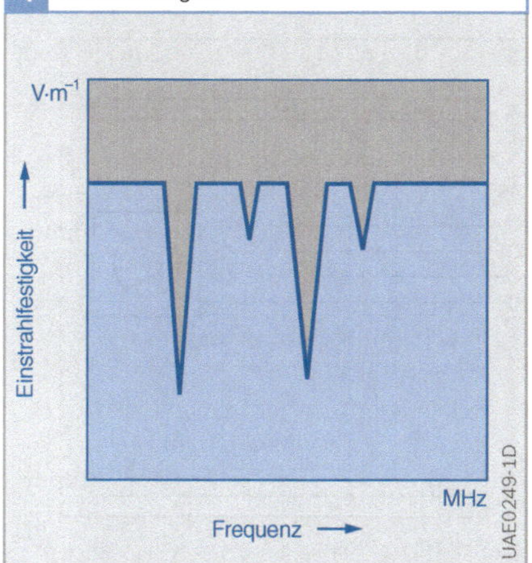

Bild 4
Ermittelt mit Stripline-Verfahren, BCI-Methode oder TEM-Zelle

5 BCI-Methode

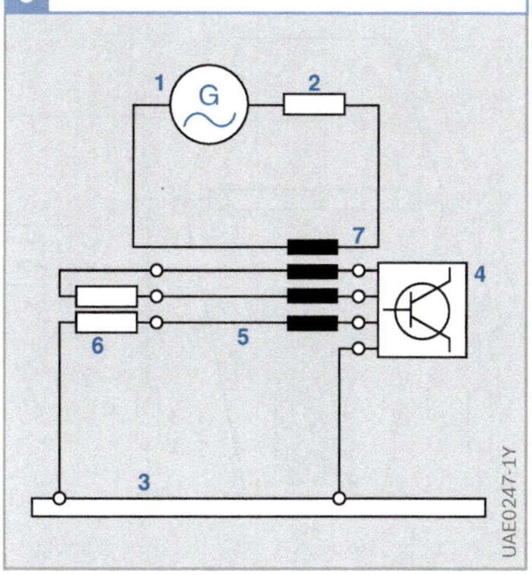

Bild 5
1 Hochfrequenzgenerator
2 Widerstand
3 Gegenelektrode (leitfähige Platte oder Zelle)
4 zu prüfendes System
5 Kabelbaum
6 Peripherie (Sensoren, Stellglieder)
7 Stromzange

Ein weiterer Unterschied zum Stripline-Verfahren besteht darin, dass nur der Prüfling selber, z. B. ein Steuergerät, dem elektromagnetischen Feld ausgesetzt wird. Die Peripherie befindet sich außerhalb der TEM-Zelle. Sie ist mit dem Prüfling über einen kleinen Rumpfkabelbaum verbunden, der quer zur Ausbreitungsrichtung der elektromagnetischen Welle verläuft.

Der Ablauf der Messung stimmt mit dem des Stripline-Verfahrens überein. Die Feldstärke wird auch hier so lange gesteigert, bis das System Fehlfunktionen zeigt, oder bis ein vorgegebener Maximalwert erreicht ist.

Antenneneinstrahlung
Bei diesem Verfahren wird der Prüfling auf einer Grundplatte - wiederum ähnlich wie beim Stripline-Verfahren - mit Steuergerät, Kabelbaum und Peripherie aufgebaut. Der Kabelbaum wird in definiertem Abstand zur Grundplatte geführt. In festgelegtem Abstand wird über eine Antenne ein elektromagnetisches Feld erzeugt und auf den gesamten Aufbau eingestrahlt. Der Ablauf der Messung erfolgt auch hier so, dass die Feldstärke so lange gesteigert wird, bis der Prüfling eine Fehlfunktion zeigt oder ein vorgegebener Maximalwert erreicht wird.

Sicherstellung der Störfestigkeit und Funkentstörung

Bereits in der Planungs- und Konzeptionsphase eines elektronischen Systems oder einer Komponente müssen die EMV-Anforderungen bezüglich der Störfestigkeit und Funkentstörung berücksichtigt werden. Bei der Realisierung der entsprechenden Geräte und Komponenten müssen EMV-Maßnahmen mit entwickelt und in die Geräte integriert werden.

EMV in elektronischen Steuergeräten

Für elektronische Steuergeräte bedeutet EMV-gerechte Auslegung zunächst, dass die für die Mikroprozessoren eingesetzten Taktfrequenzen möglichst niedrig gewählt werden und die Steilheit der Übergänge der Signale auf unbedingt erforderliche Werte begrenzt wird. Bei der Auswahl der Bauelemente (integrierte Schaltungen) muss neben der Funktionalität auch ihr EMV-Verhalten berücksichtigt werden. Dies bedeutet einerseits, dass sie möglichst störfest sein sollen, andererseits dürfen sie nur eine geringe Störaussendung aufweisen. Beim Layout der Leiterplatte bedeutet EMV-gerecht, dass Schaltungsteile, die besonders störemp-

6 Testverfahren mit TEM-Zelle

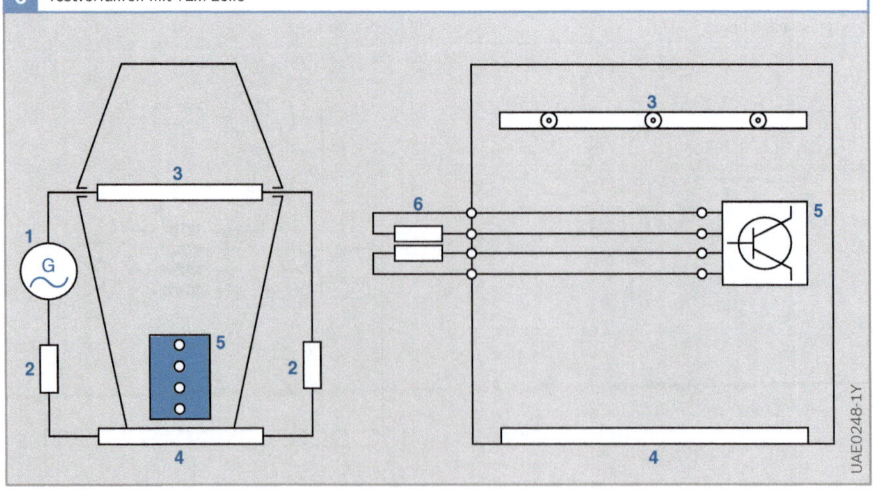

Bild 6
1 Hochfrequenzgenerator
2 Widerstand
3 streifenförmiger Leiter (Stripline)
4 Gegenelektrode (leitfähige Platte oder Zelle)
5 zu prüfendes System
6 Peripherie (Sensoren, Stellglieder)

findlich sind oder potenzielle Störquellen darstellen, vom angeschlossenen Kabelbaum entkoppelt sind. Das erreicht man dadurch, dass diese Bauteile vom Steckerbereich weit entfernt platziert werden.

Entstörbauelemente, meist hochfrequenztaugliche Kondensatoren, begrenzen die Auswirkungen von Störungen auf das notwendige Maß. Diese Entstörkondensatoren werden entweder direkt an den integrierten Schaltungen oder im Steckerbereich platziert. Im Steckerbereich führen die Entstörelemente zusammen mit einem elektrisch möglichst gut leitfähigen Gehäuse (Schirmgehäuse) zu einer hochfrequenzmäßigen Trennung zwischen gestörter Umgebung und dem Geräteinnern. Damit ist sichergestellt, dass durch außerhalb des Geräts auftretende Signale keine Störungen im Gerät entstehen. Andererseits verursachen im Innern des Geräts auftretende hochfrequente Signale keine unerwünschten Störungen in der Umgebung.

Elektromotoren und andere elektromechanische Bauelemente

Ähnlich wie bei den elektronischen Steuergeräten und Sensoren werden auch bereits bei der Entwicklung von Elektromotoren Entstörmaßnahmen vorgesehen. Zum Beispiel treten bei Kommutatormotoren Störungen durch das Bürstenfeuer beim Kommutierungsvorgang auf. Das kann zu einer erheblichen Beeinträchtigung des Funkempfangs führen. Diese Störungen werden durch geeignete Entstörelemente (Kondensatoren und Drosseln) begrenzt. Bei der konstruktiven Gestaltung des Motors wird darauf geachtet, dass die Wirkung dieser Entstörelemente optimal ist.

Beim Einsatz von elektromagnetischen Stellern werden durch geeignete Schaltungsmaßnahmen, z. B. in Form von Löschwiderständen, die beim Schalten auftretenden impulsförmigen Spannungen auf ein zulässiges Maß begrenzt.

Hochspannungszündung

Durch die Hochspannungszündung kön-nen im Funkempfang erhebliche Störungen auftreten. Daher werden in der Praxis meist Zündkerzen mit integriertem Entstörwiderstand eingesetzt. Auch in den Zündkerzensteckern werden Entstörwiderstände eingebaut. Dies geschieht entweder am Ende der Zündkabel oder bei aktuellen Zündsystemen integriert in die Einzelfunkenzündspule, die für jeden Zylinder des Motors direkt auf die jeweilige Zündkerze aufgesteckt wird. Dabei muss ein geeigneter Kompromiss zwischen dem erforderlichen Zündspannungsangebot und der Entstörwirkung gefunden werden.

Nachträgliche Entstörung

Wie beschrieben müssen EMV-Maßnahmen und Funktionsanforderungen aufeinander abgestimmt sein. Eine nachträgliche Entstörung ist meist nur mit großem Aufwand möglich und für den Einsatz in Serienfahrzeugen zu vermeiden.

In einzelnen Fällen (z. B. für Behördenfahrzeuge) können dann, wenn die Entstörmaßnahmen in den elektrischen Komponenten nicht ausreichen, durch zusätzliche Entstörmaßnahmen weitere Verbesserungen erreicht werden. Möglichkeiten hierzu bieten der Einbau von Filtern oder eine zusätzliche Schirmung der Komponenten und Leitungen.

Beim Einsatz solcher zusätzlichen Entstörmaßnahmen muss sehr vorsichtig vorgegangen werden, da nachträgliche Veränderungen der elektronischen Komponenten zu Funktionsstörungen führen können.

Grundlagen der Vernetzung

Mit dem rasanten Fortschritt in der Computertechnik nimmt die Anzahl elektronischer Systeme immer weiter zu. Diese Entwicklung macht auch in der Kfz-Technik nicht halt. Das bedeutet aber auch, dass die Komplexität eines Gesamtsystems - hier das System Fahrzeug - weiter steigt. Die Einzelsysteme, z. B. die Motorsteuerung, wurden dabei in den letzten Jahren in Details weiter verbessert. Innovationen werden aber vor allem durch das Zusammenspiel mehrerer Einzelsysteme erzielt. Damit die Vielzahl an Informationen, die mit den Einzelsystemen verwaltet werden, auch systemübergreifend genutzt werden können, müssen die einzelnen Komponenten untereinander vernetzt werden. Je nachdem, welche Anforderungen (z. B. Übertragungssicherheit, Fehlertoleranz, Kosten) gestellt werden, kommen verschiedene Kommunikationssysteme zum Einsatz.

Netzwerktopologie

Unter einem Netzwerk versteht man ein System, in dem eine Gruppe von Elementen Informationen über ein Transportmedium austauscht. Visualisiert man die Elemente als Knoten und die Kommunikationsbeziehungen als Linien, dann entsteht das Bild eines Netzes, wenn viele Knoten Beziehungen zu mehreren anderen Knoten haben. Oft werden in einem Kommunikationsnetzwerk die Knoten auch als Netzteilnehmer oder Station bezeichnet.

Im Kfz können komplexe Steuergeräte z. B. für das Motormanagement (Motronic bzw. Elektronische Dieselregelung, EDC), das Elektronische Stabilitätsprogramm (ESP), die Getriebesteuerung oder die Türmodule Netzteilnehmer sein (Bild 1). Aber auch ein Sensor mit einer Aufbereitungsschaltung, die nur den Messwert aufbereitet und digitalisiert, kann als Netzteilnehmer wirken und die gemessenen Signale für andere Netzwerkteilnehmer zur Verfü-

1 Vernetzung von Systemen im Kfz

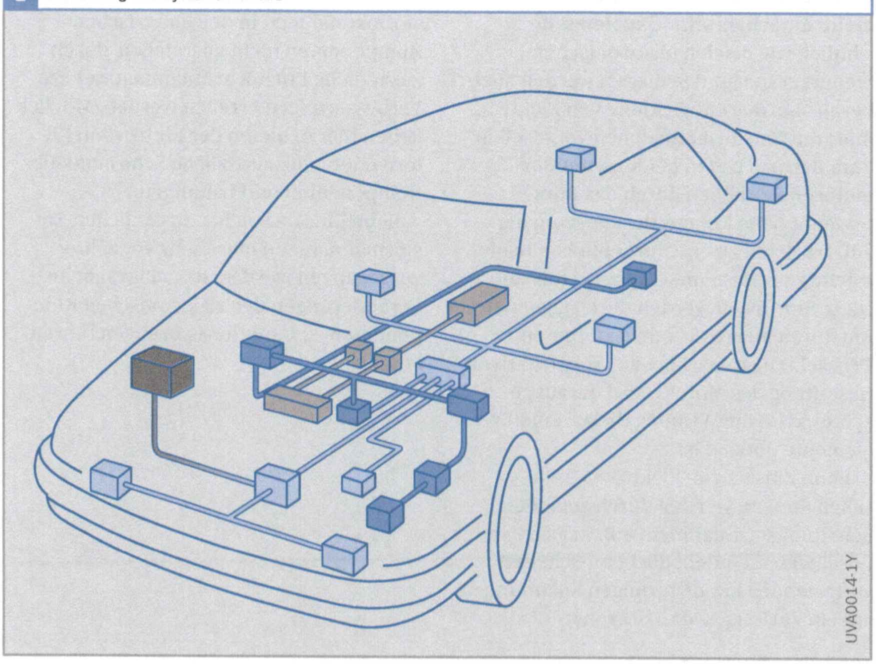

gung stellen. Das Transportmedium, über das die Kommunikation abläuft, wird als Bus bzw. Datenbus bezeichnet.

Unter einer Netzwerktopologie versteht man die Struktur von Netzknoten und Verbindungen. Dabei wird nur dargestellt, welche Knoten miteinander verbunden sind, aber nicht die tieferen Details, wie zum Beispiel die Länge der Verbindung. Jeder Netzteilnehmer muss mindestens eine Verbindung zu einem anderen Netzteilnehmer haben, um an der Kommunikation des Netzwerks teilnehmen zu können. Für verschiedene Anwendungen von Kommunikationsnetzen gibt es unterschiedliche Anforderungen an die eingesetzte Topologie, die einige Eigenschaften des Gesamtnetzwerks bestimmt. Alle Netzwerktopologien basieren auf den vier Grundtopologien

- Bustopologie,
- Sterntopologie,
- Ringtopologie und
- Maschentopologie.

Aus diesen Grundtopologien lassen sich durch Kombinationen weitere Strukturen - die Hybridtopologien - zusammensetzen.

Bustopologie

Diese Netzwerktopologie wird auch als linearer Bus bezeichnet. Kernelement einer Bustopologie ist eine einzige Leitung, an die alle Knoten über kurze Anschlussleitungen angeschlossen sind (Bild 2). Durch diese Topologie ist es sehr leicht, das Netzwerk um zusätzliche Teilnehmer zu erweitern. Nachrichten, auch als Botschaften bezeichnet, werden von den einzelnen Busteilnehmern ausgesendet und auf den gesamten Bus verteilt.

Knoten senden und empfangen Nachrichten. Fällt ein Knoten aus, dann stehen im Netzwerk die von diesem Knoten erwarteten Daten den anderen Knoten nicht zur Verfügung. Die verbleibenden Knoten können aber weiter Nachrichten austauschen. Das Netzwerk mit einer Bustopologie fällt allerdings komplett aus, wenn die zentrale Leitung einen Defekt hat (z. B. Kabelbruch).

Sterntopologie

Die Sterntopologie besteht aus einem zentralen Knoten (Repeater, Hub), an den alle anderen Knoten über eine Einzelverbindung angekoppelt sind (Bild 3). Ein Netzwerk mit dieser Topologie ist deshalb einfach erweiterbar, wenn freie Kapazitäten (Anschlüsse, Leitungen) zur Verfügung stehen.

2 Lineare Bustopologie

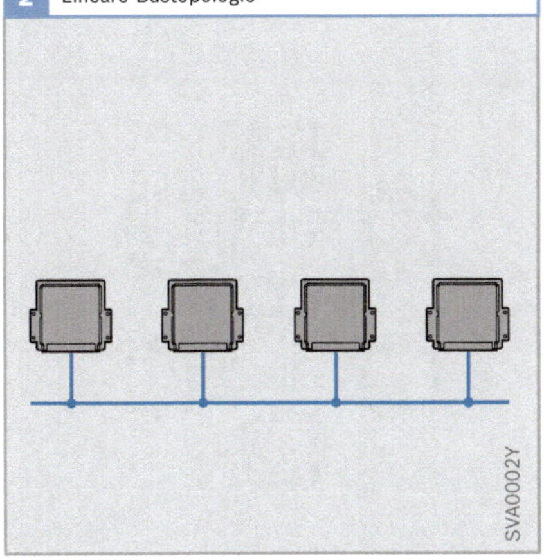

3 Sterntopologie

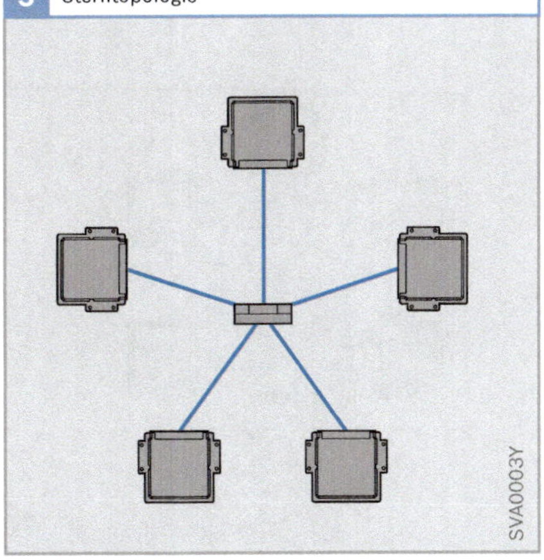

In Sterntopologien werden Daten über die Einzelverbindungen der Knoten mit dem zentralen Knoten ausgetauscht, wobei man zwischen aktiven und passiven Sterntopologien unterscheidet. Bei aktiven Sterntopologien beinhaltet der zentrale Knoten einen Rechner, der die Daten verarbeitet und weiterleitet. Die Leistungsfähigkeit des Netzwerks wird hier im Wesentlichen von der Leistungsfähigkeit dieses Rechners bestimmt. Der zentrale Knoten muss aber nicht zwingend über eine besondere Steuerungsintelligenz verfügen. Bei passiven Sternsystemen führt er nur die Busleitungen der Netzwerkteilnehmer zusammen.

Für aktive und passive Sterne gilt: Fällt ein Netzwerkteilnehmer aus oder ist eine Verbindungsleitung zum zentralen Knoten defekt, bleibt das übrige Netzwerk weiter funktionsfähig. Fällt hingegen der zentrale Knoten aus, ist das gesamte Netzwerk außer Betrieb.

Im Kfz-Bereich sind Sternstrukturen für Sicherheitssysteme wie Bremse und Lenkung in der Diskussion. Hierbei wird die Gefahr eines vollständigen Netzausfalls dadurch aufgefangen, dass der Zentralknoten physikalisch redundant ausgelegt wird. Das heißt, es werden mehrere zentrale Knoten verwendet, an die zwingend die Knoten parallel angeschlossen werden müssen, deren Informationen für einen sicheren Betrieb des Kfz benötigt werden.

Ringtopologie

Bei der Ringtopologie ist jeder Knoten mit seinen beiden Nachbarn verbunden. Damit ergibt sich ein geschlossener Ring (Bild 4). Es kann zwischen Einzel- und Doppelringen unterschieden werden.

In einem Einzelring erfolgt die Datenübertragung nur in einer Richtung (unidirektional) von einer Station zur nächsten. Die Daten werden jeweils nach dem Empfang überprüft. Wenn sie nicht für diese Station bestimmt sind werden sie erneuert (Repeaterfunktion), verstärkt und an die nächste Station weitergesendet. Die zu übertragenden Daten werden im Ring also von einer Station zur nächsten weitergeleitet, bis sie ihren Bestimmungsort erreicht haben oder wieder am Ausgangspunkt ankommen, wo sie verworfen werden.

Sobald in einem Einzelring eine Station ausfällt, ist der Datentransfer unterbrochen und das Netzwerk fällt vollständig aus.

Ringe können auch in Form eines Doppelrings aufgebaut werden (z. B. FTTI), in dem die Datenübertagung in beide Richtungen erfolgt. Bei dieser Topologie

4 Ringtopologie

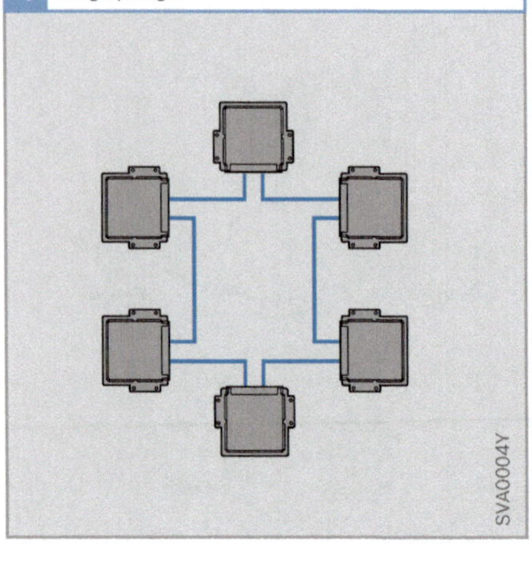

5 Maschentopologie

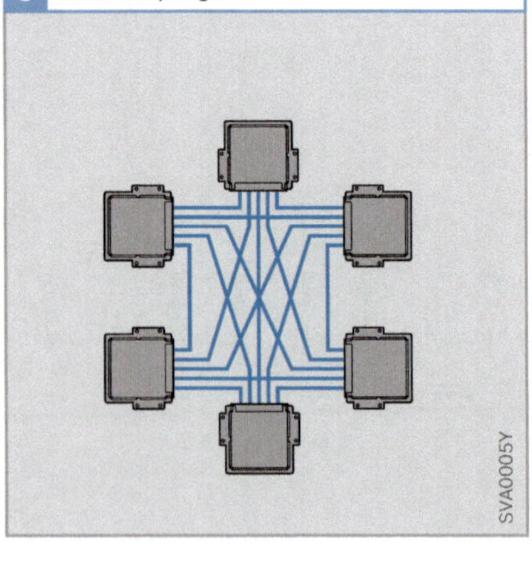

kann der Ausfall einer Station oder einer Verbindung zwischen zwei Stationen verkraftet werden, da alle Daten weiterhin an alle funktionsfähigen Stationen des Rings übertragen werden.

Fallen allerdings mehrere Stationen oder Verbindungen aus, kann eine Störung der Funktion nicht mehr ausgeschlossen werden.

Maschentopologie

In einer Maschentopologie ist jeder Knoten mit einem oder mehreren weiteren Knoten verbunden (Bild 5). Beim vollständig vermaschten Netzwerk ist jeder Knoten mit jedem anderen verbunden.

Bei Ausfall eines Knotens oder einer Verbindung gibt es Umwege, über die die Daten geleitet werden können. Dieses Netzwerk zeichnet sich deshalb durch eine hohe Ausfallsicherheit aus. Der Aufwand für Vernetzung und den Transport der Nachrichten ist allerdings hoch.

Funknetze bilden eine Art der Maschentopologie, da hier die Übertragungen jeder Station von jeder anderen Station in Reichweite empfangen werden.

Eine Maschentopologie besitzt die Eigenschaft eines Busses für den Nachrichtenaustausch und die eines Sterns für die Datenübertragung, da alle Stationen alle Übertragungen der übrigen Stationen empfangen, der Ausfall von Verbindungen zwischen Stationen aber verkraftet werden kann.

Hybridtopologien

Bei Hybridtopologien sind verschiedene Netzwerktopologien gekoppelt. Folgende Kombinationen sind z. B. möglich:

- Stern-Bus-Topologie: Die Hubs mehrerer Stern-Netzwerke sind als linearer Bus miteinander verbunden (Bild 6).
- Stern-Ring-Topologie: Die Hubs mehrerer Stern-Netzwerke sind mit dem Haupt-Hub verbunden (Bild 7). In diesem Haupt-Hub sind die Hubs der Stern-Netzwerke ringförmig gekoppelt.

6 Stern-Bus-Topologie

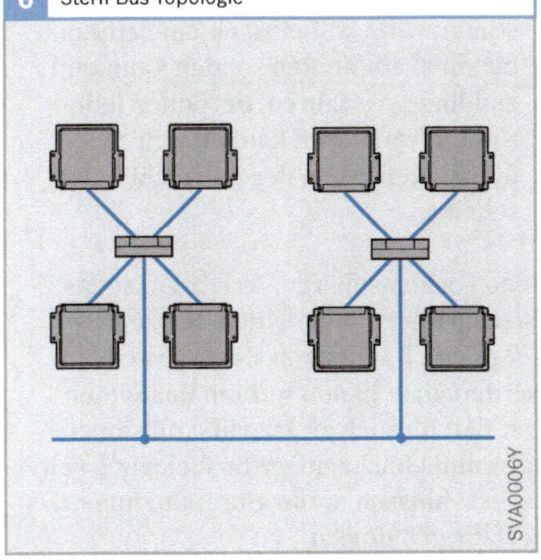

7 Stern-Ring-Topologie

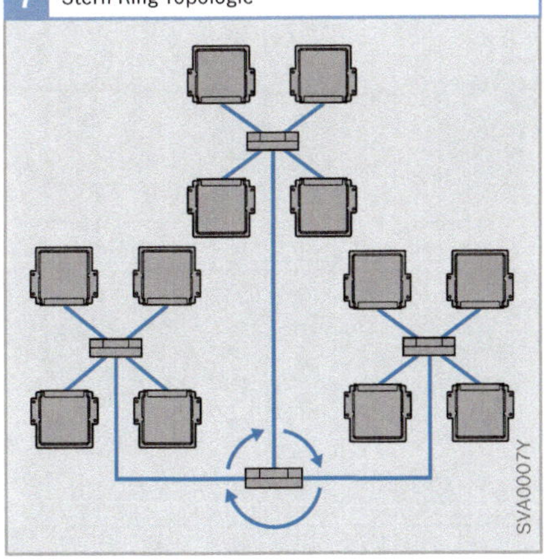

Netzwerkorganisation

Adressierung

Damit Nachrichten über ein Netzwerk übertragen und ihre Informationen ausgewertet werden können, enthalten sie neben den Nutzdaten (Payload) Informationen zur Datenübertragung. Diese können explizit in der Übertragung enthalten oder implizit durch Vorgaben festgelegt sein. Die Adressierung ist eine wichtige Information für die Datenübertragung. Sie wird benötigt, damit eine Nachricht beim richtigen Empfänger ankommt. Hierzu gibt es verschiedene Verfahren.

Teilnehmerorientiertes Verfahren

Der Datenaustausch erfolgt hier auf Basis von Knotenadressen. Die vom Sender abgesetzte Nachricht enthält neben den zu übertragenden Daten die Adresse des Zielknotens (Bild 8a). Alle Empfänger überprüfen die übertragene Empfängeradresse gegen ihre eigene und nur der Empfänger mit der korrekten Adresse wertet die Nachricht aus.

Die meisten konventionellen Kommunikationssysteme (z. B. Ethernet) arbeiten nach dem Prinzip der Teilnehmeradressierung.

8 Adressierungsarten

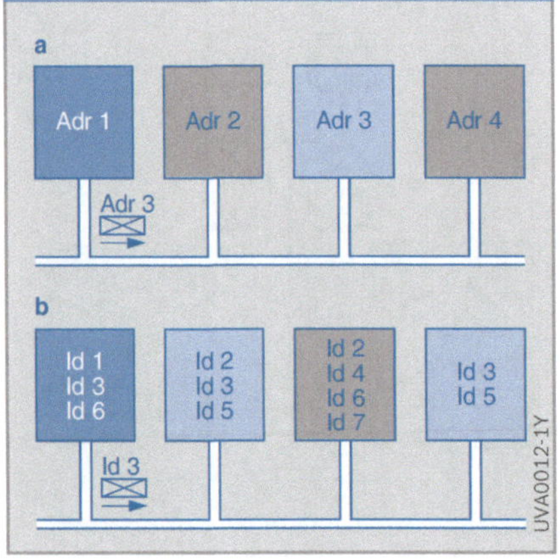

Bild 8
a Teilnehmerorientiertes Verfahren
b Nachrichtenorientiertes Verfahren

Nachrichtenorientiertes Verfahren

Bei diesem Verfahren werden nicht die Empfängerknoten adressiert, sondern die Nachrichten selbst (Bild 8b). Eine Nachricht wird entsprechend ihrem Inhalt durch einen Nachrichten-Identifier gekennzeichnet, der im Voraus für diesen Informationstyp festgelegt wurde. Bei diesem Verfahren benötigt der Absender kein Wissen über das Ziel der Nachricht, da jeder Empfängerknoten selbst entscheidet, ob er die Nachricht verarbeitet. Natürlich können auch mehrere Knoten die Nachricht übernehmen und auswerten.

Übertragungsorientiertes Verfahren

Auch Übertragungsmerkmale können zur Kennzeichnung einer Nachricht herangezogen werden. Wird eine Nachricht immer in einem definierten Zeitfenster gesendet, kann sie anhand dieser Position identifiziert werden. Zur Absicherung wird diese Adressierung in manchen Fällen auch mit einer nachrichten- oder teilnehmerorientierten Adressierung kombiniert.

Buszugriffsverfahren

Zum Senden einer Nachricht muss ein Knoten auf den Bus zugreifen. Bei den Buszugriffsverfahren wird unterschieden zwischen

- vorhersagbaren Verfahren, bei denen der Buszugriff über bestimmte zeitabhängige Eigenschaften des Netzes bestimmt wird, wobei zu einem Zeitpunkt maximal ein Knoten senden kann und
- zufälligen Verfahren, bei denen jeder Knoten versuchen kann, Daten zu übertragen, wenn der Bus nicht belegt scheint.

Beim vorhersagbaren Verfahren ist das Buszugriffsrecht vor einem Buszugriff festgelegt. Damit kann sichergestellt werden, dass immer nur ein Busteilnehmer den Bus belegt. Zugriffskollisionen aufgrund gleichzeitiger Busbelegung sind ausgeschlossen, wenn alle Teilnehmer das Verfahren befolgen.

Beim zufälligen Verfahren können die Knoten jederzeit versuchen, den Bus zu belegen, sobald dieser frei erscheint. Der Zeitpunkt des Buszugriffs ist also zufällig. In diesem Verfahren ist die Gefahr von Kollisionen zwischen Übertragungen gegeben, die behandelt werden muss. Dies kann über die wiederholte Übertragung nach einer erkannten Kollision (z. B. Ethernet), durch die unterschiedliche Kodierung von Übertragungen (CDMA), die Steuerung der Kommunikation über einen Master oder die Priorisierung von Nachrichtentypen oder Absendern erfolgen.

Time Division Multiple Access (TDMA)

TDMA ist ein deterministisches (vorhersagbares) Zugriffsverfahren. Hier sind jedem Knoten im Voraus (a-priori) Zeitfenster zugewiesen, in denen er senden darf. Für das Netzwerk ist deshalb ein fester Ablaufplan erforderlich. Es gibt in der Regel keinen zentralen Kommunikationsteilnehmer, der den Kommunikationsablauf bestimmt. Es gibt allerdings Konzepte, in denen nach Bedarf zwischen verschiedenen Ablaufplänen umgeschaltet werden kann. Voraussetzung für TDMA ist, dass die internen Uhren der unterschiedlichen Stationen sehr synchron laufen, da die Sendefenster sehr präzise eingehalten werden müssen.

Master-Slave

Beim Master-Slave-System agiert ein Knoten des Netzes als Master. Er bestimmt die Kommunikationshäufigkeit durch Abfragen seiner untergeordneten Knoten (Slaves). Ein Slave antwortet nur, wenn er vom Master angesprochen wird (Bild 9). Einige Master-Slave Protokolle erlauben es jedoch, dass ein Slave sich beim Master meldet, um eine Nachricht abzusenden (z. B. Information über die Position der Fensterheber an das Türmodul).

Multimaster

In einem Multimaster-Netzwerk können mehrere Knoten selbstständig und ohne Hilfe eines anderen Knotens auf das Transportmedium zugreifen. Der Buszugriff erfolgt unkontrolliert. Jeder Knoten kann auf den Bus zugreifen und eine Nachricht versenden, wenn der Bus frei erscheint. Dies bedeutet, dass jeder Knoten sein eigener Master ist und alle Knoten gleichberechtigt eine Nachrichtenübertragung starten können. Allerdings bedeutet dies auch, dass Methoden vorhanden sein müssen, um Kollisionen zu erkennen und zu behandeln. Dies kann z. B. durch eine Entscheidungsphase mit Priorisierung oder durch ein verzögertes erneutes Senden geschehen. Der Einsatz einer Prioritätensteuerung verhindert einen Buskonflikt, wenn mehrere Knoten gleichzeitig den Bus belegen wollen, da sich der Netzknoten, der eine hohe Priorität besitzt oder eine hoch priorisierte Nachricht übertragen möchte, im Konfliktfall durchsetzt und seine Nachricht zuerst sendet. Wenn die Leitung wieder frei ist, beginnt ein erneuter Versuch Nachrichten zu senden.

Die Multimaster-Architektur wirkt sich positiv auf die Verfügbarkeit des Systems aus, da kein einzelner Knoten die Kommunikation steuert, dessen Ausfall zu einem Totalausfall der Kommunikation führen würde.

9 Master-Slave-Verfahren

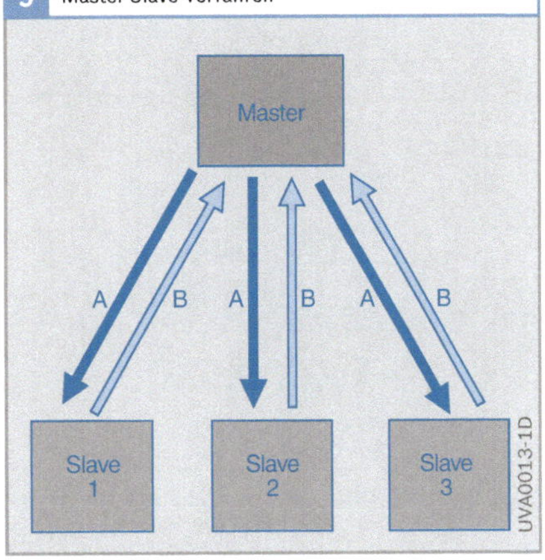

OSI-Referenzmodell

Netzwerkprotokolle werden gewöhnlich in Schichten definiert, die Eigenschaften und Aufgaben bündeln. Die Eigenschaften der tieferliegenden Schichten werden in der nächsthöheren Schicht als gegeben angesehen. Dies hat den Vorteil, dass einzelne Schichten austauschbar sind, solange die angebotenen Schnittstellen zwischen den Schichten unverändert bleiben.

Das ISO-OSI-Referenzmodell (Open Systems Interconnection) bietet eine Basis für die Beschreibung von vielen Kommunikationsprotokollen und deren Vergleich. Es wurde von der ISO (International Standardization Oranization) entwickelt und führte zu der Verabschiedung internationaler Standards durch ISO und IEEE (Institute of Electrical and Electronics Engineers).

Im OSI-Modell werden Datenkommunikationssysteme in verschiedenen Schichten (Ebenen, Layer) dargestellt (Bild 10). Die komplexe Aufgabe der Datenkommunikation wird dadurch in übersichtliche Funktionsbereiche (Schichten) aufgeteilt. Für einfache Kommunikationssystem sind nicht alle Schichten des OSI-Modells erforderlich. Für viele Anwendungen können auch Schichten zusammengefasst werden. Netzwerkprotokolle im Kfz-Bereich werden oft gegliedert in

- Physikalische Schicht,
- Kommunikationsschicht und
- Applikationsschicht (Anwenderschicht).

Physikalische Schicht

In der physikalischen Schicht (physical layer) werden die elektrischen und prozeduralen Parameter der physikalischen Verbindung zwischen der Netzwerkteilnehmern festgelegt.

Signalpegel

Daten werden in der Digitaltechnik durch Aneinanderreihung der beiden binären Zustände 0 und 1 repräsentiert. Zur Über-

10 OSI-Referenzmodell

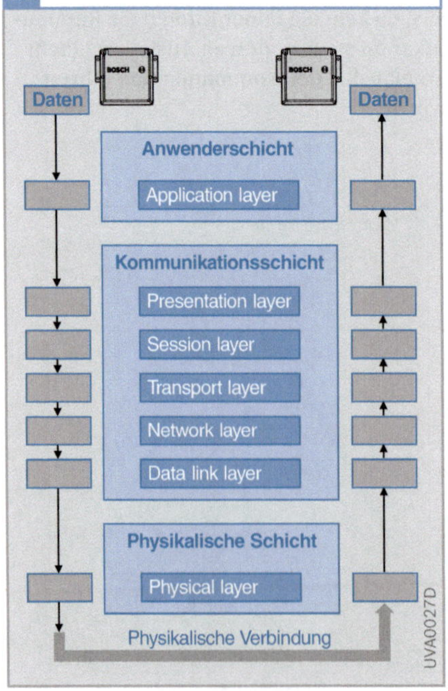

11 Erzeugung von dominanten und rezessiven Pegeln

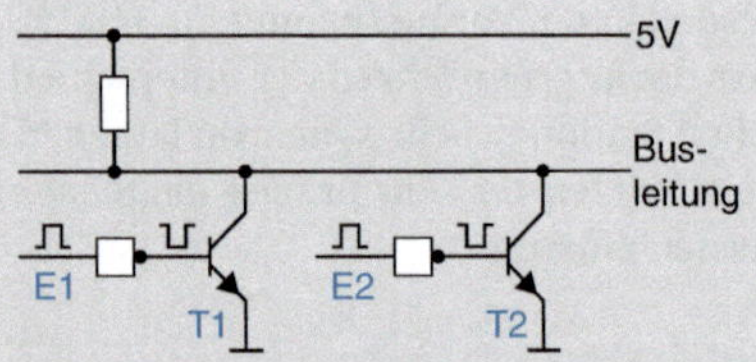

Ansteuerung E	Zustand T	Buspegel
0	leitet	0 V
1	sperrt	5 V

E1	E2	Buspegel	
0	0	0 V	dominant
0	1	0 V	dominant
1	0	0 V	dominant
1	1	5 V	rezessiv

SVA0008Y

tragung der Daten auf einem Bus müssen diese Zustände auf dem Übertragungsmedium dargestellt werden. Besonders wichtig ist hierbei, dass es auf dem Bus nicht zu Kurzschlüssen kommen darf, wenn ein Knoten den Zustand 1, ein anderer den Zustand 0 überträgt.

Die Binärzustände können auf vielfältige Weise dargestellt werden. Die serielle Schnittstelle des PCs z. B. verwendet +12 V und -12 V, CAN-B Spannungen von 0 V und 5 V. Die Spannungen der seriellen Schnittstelle ist für einen Bus ungeeignet, da hier Kurzschlüsse auftreten können, wenn mehrere Teilnehmer gleichzeitig entgegengesetzte Binärzustände übertragen wollen.

Wenn die Kodierung es erlaubt, dass ein Pegel den anderen überschreiben kann, wird der überschreibende Pegel als dominant, der nachgebende als rezessiv bezeichnet.

Es ist auch möglich, dominante und rezessive Pegel mit optischen Medien darzustellen. Der Zustand 1 (rezessiv) entspricht dann beispielsweise dunkel, der Zustand 0 (dominant) hell. In einem Lichtwellenleiter kann ein einzelner Knoten dann alle anderen überstimmen, wenn er Licht in den Leiter einspeist.

Bitstrom

Die Informationen der Anwendung können in der Regel nicht direkt übertragen werden. Um die Übertragung zu ermöglichen, wird die Information zunächst als Payload in den Botschaftsrahmen (Frame) einer Nachricht eingebunden, der Informationen für die Übertragung enthält. Da alle Protokolle im Hinblick auf verschiedene Anforderungen entwickelt wurden, unterscheidet sich das Format der Frame zwischen allen Protokollen.

Für die eigentliche Übertragung der Informationen muss der Frame in einen Bitstrom gewandelt werden, eine Aneinanderreihung von Bits, die als physikalische Zustände über das Transportmedium übertragen werden können.

Beispiel UART Schnittstelle

Mikrocontroller, wie sie in Steuergeräten eingesetzt werden, haben auf dem Chip eine einfache Schnittstelle (UART, Universal Asynchronous Reciver/Transmitter) integriert, über die sie mit der Außenwelt (z. B. einem PC) kommunizieren können. Über diese Schnittstelle können die wesentlichen Merkmale einer Datenübertragung ausgelesen werden.

Wenn keine Daten ausgetauscht werden, liegt der Buspegel auf 5 V (Betriebsspannung des Mikrocontrollers, Bild 11). Mit dem Aussenden des Startbit (dominanter Pegel) erhält die andere am Bus angeschlossene Station - der Empfänger - die Information, dass eine Datenübertragung startet (Bild 12). Die Länge des Startbit beträgt eine Bitzeit, die Zeitbasis für die gesamte Datenübertragung. Jedes folgende Datenbit hat die gleiche Länge. Der Kehrwert dieser Zeit entspricht der Datenübertragungsrate, d. h, die Anzahl der Bit, die bei kontinuierlichem Datenstrom in einer Sekunde übertragen werden. Alle beteiligten Stationen müssen auf die gleiche Datenübertragungsrate eingestellt sein.

Nach dem Startbit beginnt die Übertragung eines 8-Bit-Datenworts (1 Byte) mit dem niederwertigsten Bit (LSB, Low Significant Bit). Der Empfänger, der sich auf das Startbit synchronisiert hat, tastet

12 Übertragungsrahmen der UART-Schnittstelle

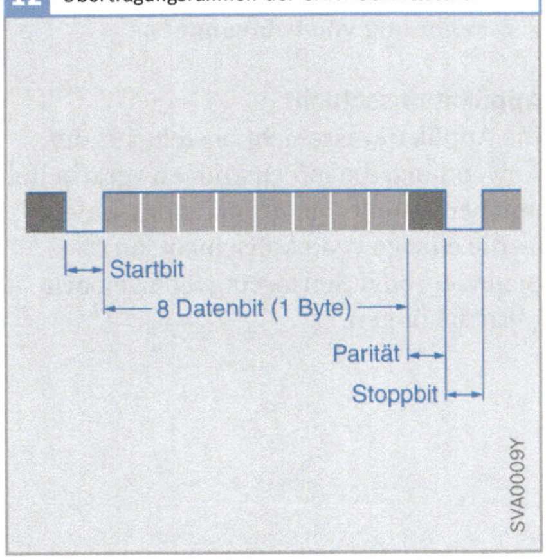

in der Mitte jedes Datenbits den Datenbus ab und setzt so das übertragene Datenbyte zusammen.

Nach den acht Datenbit folgt das Paritätbit. Dieses Bit zeigt an, ob die Anzahl der übertragenen Einsen gerade oder ungerade ist. Es ermöglicht im Empfänger somit eine einfache Prüfung auf mögliche Übertragungsfehler. Die Sequenz schließt mit dem Stoppbit, das mit dominantem Pegel auf den Bus gegeben wird. Anschließend ist eine erneute Datenübertragung möglich.

Kommunikationsschicht

Damit Steuergeräte miteinander in Verbindung treten und Daten austauschen können, müssen sie die gleiche „Sprache" sprechen. Sie bestimmt, nach welchen Regeln Daten zwischen den einzelnen Netzwerkteilnehmern ausgetauscht werden.

Die Kommunikationsschicht nimmt Daten von der Applikationsschicht entgegen, bereitet diese zur Versendung vor und reicht diese an die physikalische Schicht weiter.

Wesentliche Merkmale dieser Protokollschicht sind:

- Format des Nachrichtenframes,
- Steuerung des Buszugriffs,
- Adressierung der Nachrichten,
- Erkennung und Behandlung von Kollisionen,
- Synchronisation der Netzknoten,
- Berechnung von Prüfsummen.

Applikationsschicht

Die Applikationsschicht besteht aus der Anwendung, die Informationen verarbeitet und bereitstellt. Die Applikationsschicht ist die einzige Protokollschicht, an die Benutzer- oder Sensoreingaben gemacht werden können.

Steuerungsmechanismen

Ereignissteuerung

In einem ereignisgesteuerten Bussystem werden Nachrichten übertragen, sobald ein Ereignis, das zu einer Nachrichtenübertragung führen soll, eingetreten ist (Bild 13a). Beispiele für solche Ereignisse sind:

- Tastendruck auf das Bedienfeld der Klimaanlage,
- Betätigen des Warnlichtschalters,
- eingehende Nachricht, auf die reagiert werden soll (z. B. Information vom Geschwindigkeitssensor an den Motor der Tachonadel),
- Ablauf einer festgelegten Zeitspanne (Zeitraster, z. B. 100 ms), nach der zyklisch Nachrichten ausgesendet werden.

Da die Stationen nicht miteinander synchronisiert sind, ist es unvermeidbar, dass mehrere Stationen gleichzeitig auf den Bus zugreifen wollen. Damit eine Nachricht

13 Ereignissteuerung

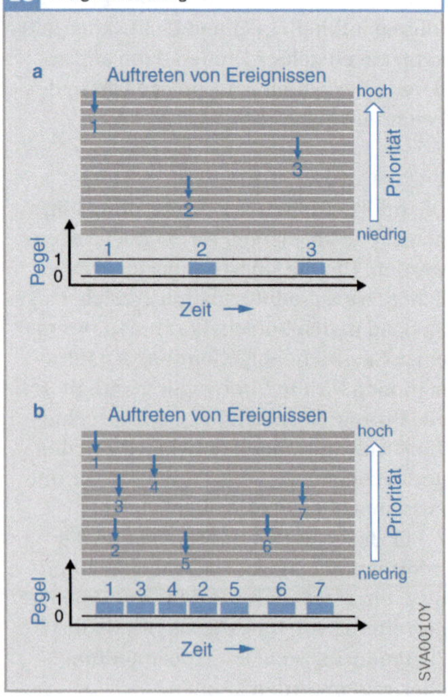

Bild 13
Übertragung von Nachrichten auf dem Bus
a Ohne zeitliche Verzögerung
b mit zeitlicher Verzögerung

unverfälscht übertragen werden kann, darf aber immer nur eine Station Daten auf dem Bus versenden. Um diese Konflikte aufzulösen existieren Mechanismen zur Kollisionsvermeidung, die Buskonflikte verhindern oder lösen.

Möchte ein Knoten eine Nachricht übertragen während der Bus belegt ist, tritt eine Verzögerung der Übertragung ein (Bild 13b). Eine sendebereite Station muss dann warten, bis die laufende Übertragung beendet ist.

Da anschließend der Buszugriff erneut ausgehandelt wird, kann es zu einer erneuten Verzögerung der Übertragung kommen. Diese Verzögerungen werden gravierend, wenn der Bus durch sehr viele Netzwerkteilnehmer, die Nachrichten senden wollen, überlastet ist. Unter Umständen gehen Nachrichten verloren, wenn der Sender wegen zu langer Wartezeit die Übertragung aufgibt.

Ereignisgesteuerte Bussysteme sind geeignet, um möglichst schnell auf asynchrone, d. h. nicht vorhersehbare Ereignisse reagieren zu können. Im Idealfall führen sie im Vergleich zum zeitgesteuerten System zu geringerer Verzögerung zwischen Eintreten des Ereignisses und Übertragung der Nachricht (Latenzzeit). Allerdings kann die Latenzzeit je nach Netzauslastung sehr stark variieren.

Vorteile

- Hohe Flexibilität und Nachrüstbarkeit für neue Knoten im Netzwerk,
- große Reaktionsfähigkeit auf asynchrone externe Ereignisse,
- anforderungsgerechte Busnutzung in Abhängigkeit der Ereignishäufigkeit,
- keine Netzbelastung durch ungenutzte Ereignisse, da nur eingetretene Ereignisse eine Übertragung auslösen.

Nachteile

- Statistische Busbelegung, nicht deterministisch (d. h., Nachweisbarkeit der zeitrichtigen Übermittlung einer Nachricht nicht möglich).

Zeitsteuerung

In aktuellen Entwicklungen fahrdynamischer Systeme, wie Bremse und Lenkung, werden mechanische und hydraulische Komponenten zunehmend durch elektronische Systeme (X-by-Wire) abgelöst. Mechanische Verbindungen - wie z. B. die Lenksäule - werden überflüssig, ihre Funktionen übernehmen Sensoren und Aktoren. Die Anforderungen an Zuverlässigkeit, Sicherheit und Fehlertoleranz sind für solche Systeme sehr hoch. Das heißt:

- Nachrichten müssen zeitrichtig eingehen,
- die Latenzzeit für kritische Nachrichten muss sehr niedrig sein,
- das System sollte redundant ausgelegt sein,
- der Ausfall eines Knotens muss möglichst geringe Auswirkungen auf das Restsystem haben und
- ein sicherer Betriebszustand sollte aus allen Fehlersituationen erreichbar sein.

X-by-Wire-Systeme erfordern eine enge Vernetzung der verschiedenen Komponenten. Der extreme Anstieg der Komplexität stellt neue Anforderungen an Sicherheit, Fehlertoleranz und Verfügbarkeit des Kommunikationssystems. Damit steigen auch die Anforderungen an die Elektronik- und Netzwerkarchitektur. Eine sichere und fehlertolerante Netzwerkarchitektur ist erforderlich, damit Daten mit garantierten Übertragungseigenschaften gesendet und Fehlfunktionen der Elektronik weitestmöglich behandelt werden.

Systemarchitekturen für Echtzeitanwendungen erfüllen diese Anforderungen, da sie konstruktionsbedingt ein zeitlich vorhersagbares und nachweisbares Verhalten aufweisen. Bei diesen Protokollen werden den im Kommunikationsnetz teilnehmenden Steuergeräten (Knoten) bei der Netzwerkplanung Zeitfenster in einer Kommunikationsmatrix zugewiesen (Bild 14), zu denen ein Knoten senden darf. Um diese Zeitfenster einhalten zu können, müssen die Knoten möglichst exakt synchronisiert werden.

Alle Übertragungen werden entsprechend der Netzwerkplanung nacheinander, ohne Kollisionen, abgearbeitet. Nachdem jeder Knoten seine Nachricht gesendet hat, beginnt der Zyklus erneut mit dem ersten Sender. Dadurch ist die zeitliche Aktualität der Daten jederzeit bestimmbar. Da das Ausbleiben einer Nachricht unmittelbar erkannt werden kann, ermöglichen zeitgesteuerte (time triggered) Konzepte eine höhere Zuverlässigkeit gegenüber ereignisgesteuerten Systemen.

Wird in einem zeitgesteuerten System eine hohe Datenrate verwendet, kann die Zeitverzögerung zwischen Eintreten eines Ereignisses und Aussenden der Daten so gering werden, dass das System harten Echtzeitanforderungen genügt.

Durch Buswächter (Bus Guardian) kann der Bus vor nicht autorisierten Zugriffen geschützt werden. Der Bus Guardian verhindert, dass ein fehlerhafter Knoten die Kommunikation im Netzwerk stört, in dem er Nachrichten außerhalb seiner Sendefenster überträgt.

Diese Eigenschaften ermöglichen den Aufbau redundanter und fehlertoleranter Systeme, bei denen Fehler in der Übertragung aufgelöst werden können und Störungen im Netzwerk durch Netzknoten aufgefangen werden, die die Funktion fehlerlos anbieten können.

14 Zeitsteuerung

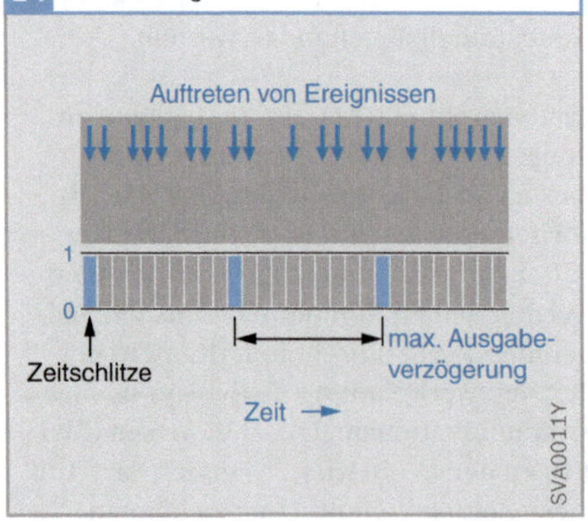

Vorteile
- Deterministisches System,
- zeitrichtige Übertragung der Daten,
- zuverlässige Erkennung und Isolierung fehlerhafter Netzknoten möglich.

Nachteile
- Planung des Gesamtsystems bei verteilten Entwicklungen erforderlich,
- Kapazitäten für Erweiterungen des Kommunikationssystems müssen eingeplant werden,
- geringere Reaktionsfähigkeit auf asynchrone externe Ereignisse.

Zusammensetzbarkeit

Ermöglicht ein Kommunikationssystem die Integration von unabhängig entwickelten Teilsystemen zu einem Gesamtsystem, unterstützt es die Eigenschaft der Zusammensetzbarkeit (Composability). Ein wichtiges Kriterium hierbei ist es, dass die Eigenschaften, die für die Funktion eines Teilsystems zugesichert wurde, nicht durch das Hinzufügen von weiteren Teilsystemen beeinträchtigt wird. Ist dies sichergestellt, beschränkt sich die Überprüfung einer Systemfunktion auf die Überprüfung eines Teilsystems, die vom Konstrukteur des Teilsystems durchgeführt werden kann.

Unterstützt ein Kommunikationssystem die Zusammensetzbarkeit, können Änderungen an einem Steuergerät vorgenommen werden, ohne dass die Funktion anderer Steuergeräte beeinflusst wird. Deshalb ist es nicht erforderlich, nach der Integration eines modifizierten Steuergeräts das komplette System erneut zu prüfen, die verlässliche Prüfung der einzelnen Teilsysteme ist ausreichend. Die Zusammensetzbarkeit führt damit zu einer Reduzierung des Zeitaufwands und der Kosten bei der Integration neuer Teilsysteme. Erst hierdurch ist eine weitere Erhöhung der Komplexität der Elektronik im Kraftfahrzeug möglich.

Übersicht über die im Kfz eingesetzten Busse

	CAN-C High-Speed-CAN	CAN-B Low-Speed-CAN	LIN	TTP
Bedeutung	Controller Area Network	Controller Area Network	Lokal Interconect Network	Time-Triggered Protocol
Art des Busses	konventioneller Bus	konventioneller Bus	konventioneller Bus	konventioneller und optischer Bus
Domäne	Antriebsstrang	Komfort	Komfort	sicherheitsrelevante Vernetzung
Anwendung	Vernetzung von Motormanagement, Getriebesteuerung und ABS/ESP	Vernetzung von Karosserie- und Komfortelektronik	kostengünstige Erweiterung des CAN-Bus für einfache Anwendungen im Bereich Komfortelektronik	Vernetzung in sicherheitsrelevanten Umgebungen, wie Bremsen, Lenkung, Bahnstellwerken oder Flugzeugfahrwerk
meist angewandte Topologie	Linearer Bus	Linearer Bus	Linearer Bus	Stern-Topologie
Datenübertragungsrate	10 kbit/s bis 1Mbit/s	max. 125 kbit/s	max. 20 kbit/s	nicht spezifiziert, typ. 10 Mbit/s
max. Anzahl der Knoten	10	24	16	nicht spezifiziert
Steuerungsmechanismus	ereignisgesteuert	ereignisgesteuert	zeitgesteuert	zeitgesteuert
Busleitungen	Kupferleitungen (twisted pair)	Kupferleitungen (twisted pair)	Kupferleitung (single wire)	Kupferleitungen (twisted pair)
Einsatz	in allen Fahrzeugen	in allen Fahrzeugen	in allen Fahrzeugen	Oberklasse-Fz., Flugzeuge, Bahnleitsysteme
Norm	ISO 1198	ISO 11519-2	LIN-Konsortium	TTAgroup
SAE-Klassifizierung	Klasse C	Klasse B	Klasse A	Drive-By-Wire

	MOST-Bus	Bluetooth	Flexray
Bedeutung	Media Oriented Systems Transport	Kunstname (Dänischer König)	Kunstname
Art des Busses	optischer Bus	drahtlos	konventioneller und optischer Bus
Domäne	Multimedia und Infotainment	Multimedia und Infotainment	domänenübergreifender Einsatz
Anwendung	Übertragung von Steuer-, Audio- und Videodaten	Datenübertragung über geringe Distanzen, z.B. Integration des Mobiltelefons in das Infotainmentsystem	ein Netzwerksystem zum Einsatz in sicherheitsrelevanten und einfacheren Anwendungen.
meist angewandte Topologie	Ring-Topologie	Netztopologie (Funk)	Stern-Topologie
Datenübertragungsrate	max. 22,5 Mbit/s	max. 3 Mbit/s (v2.0) max. 723 kbit/s (v1.2)	typ. 10 Mbit/s max. 20 Mbit/s
max. Anzahl der Knoten	64	8 aktiv (bis zu 256 passiv)	theoretisch bis zu 2048 max. 22 pro passiven Bus/Stern
Steuerungsmechanismus	zeit- und ereignisgesteuert	ereignisgesteuert	zeit- und ereignisgesteuert
Busleitungen	Lichtleiter aus Kunststoff oder Glas	elektromagnetische Radiowellen	Kupferleitungen (twisted pair)
Einsatz	Oberklasse-Fz. europäischer Hersteller	in allen Fahrzeugen, Verbindung von Multimediageräten mit dem Infotainmentsystem	Pilotanwendung
Norm	MOST Kooperation	Bluetooth SIG	Flexray-Konsortium
SAE-Klassifizierung	Mobile Media	Wireless	Drive-By-Wire

Tabelle 1

Vernetzung im Kfz

Elektrische und elektronische Systeme im Kfz sind vielfach nicht voneinander unabhängig, sondern beeinflussen und ergänzen sich gegenseitig. Deshalb wurden schon bei den frühen Einspritz- und Zündsystemen Signalleitungen eingesetzt, um eine einfache Kommunikation zwischen diesen beiden Systemen zu ermöglichen. Die zunehmende Anzahl elektronischer Systeme erhöhte jedoch rasch den Bedarf und die Vielfalt an auszutauschenden Informationen. Die Anzahl der hierzu erforderlichen Signalleitungen und Steckeranschlüsse stiegen gleichermaßen, so dass die bis dahin angewandte Technik an ihre Grenzen stieß.

Die Lösung brachte die Entwicklung serieller Bussysteme, mit denen große Datenmengen aus unterschiedlichen Quellen übertragen werden können. 1991 wurde im Mercedes-Benz 500E mit dem CAN-Bus zum ersten Mal in einem Fahrzeug ein serielles Bussystem eingesetzt.

Der Wunsch nach mehr Fahrsicherheit, Komfort, Wirtschaftlichkeit und die steigenden gesetzlichen Anforderungen an die Umweltverträglichkeit der Kraftfahrzeuge können nur mit Hilfe zusätzlicher Elektronik realisiert werden. Dadurch steigt die Anzahl der elektronischen Systeme im Fahrzeug stetig an (Bild 2).

Systemübergreifende Funktionen

Betrachtet man die in den einzelnen Systemen verarbeiteten Signale, so zeigt sich, dass viele Signale in mehreren Steuergeräten benötigt werden. So wird beispielsweise die Fahrgeschwindigkeit im Elektronischen Stabilitätsprogramm (ESP) für die Fahrdynamikregelung, im Motormanagement für die automatische Geschwindigkeitsregelung (Tempomat) und im Autoradio für die geschwindigkeitsabhängige Lautstärkeanpassung ausgewertet.

Die Aufbereitung dieser Größen aus Sensorsignalen erfordert Rechenleistung und damit Ressourcen in Hardware und Software. Daher ist es sinnvoll, diese Größen nur in einem Steuergerät zu berechnen und über ein Kommunikationsnetz an andere Steuergeräte zu übermitteln.

Zur Realisierung systemübergreifender Funktionen können elektronische Systeme aber auch Informationen austauschen und sich dadurch gegenseitig beeinflussen. Als elektronisches System sind hierbei auch intelligente Sensoren zu verstehen, die das Sensorsignal in einer Auswerteschaltung aufbereiten und die Information über eine Busschnittstelle auf den Datenbus legen. Precrash-Sensoren erkennen z. B. eine

1 Vernetzung im Kfz

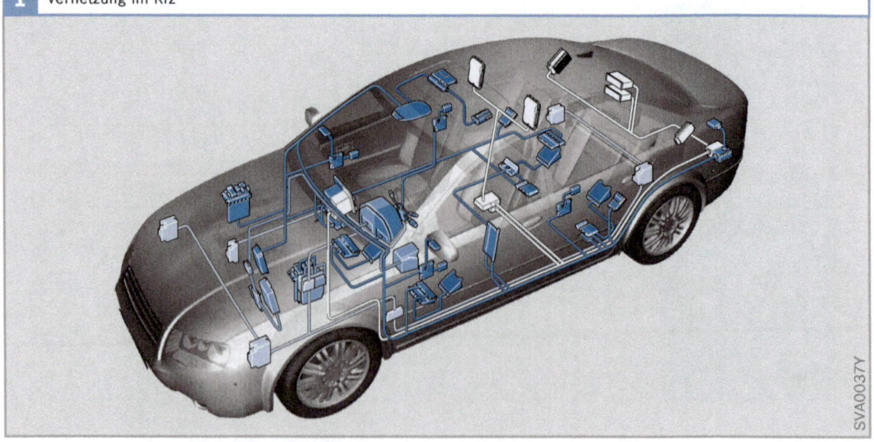

drohende Kollision; das Airbag-Steuergerät fordert daraufhin die Türmodule und die Dachbedieneinheit auf, Fenster und Schiebedach zu schließen. So werden die Insassen vor eindringenden Gegenständen geschützt.

Ein weiteres Beispiel für eine systemübergreifende Funktion ist der Abstandsregeltempomat (ACC, Adaptive Cruise Control), bei dem Radarsensor, Motormanagement, Elektronisches Stabilitätsprogramm (ESP) und Getriebesteuerung miteinander kommunizieren. Hierdurch wird mittels Einstellen des Motormoments, automatischen Bremseingriffen und Gangwahl eine an den Verkehrsfluss angepasste Abstandsregelung zu einem vorausfahrenden Fahrzeug ermöglicht.

Für systemübergreifende Funktionen ist also eine Koordination zwischen den einzelnen Systemen erforderlich. Dazu sind große Datenmengen auszutauschen. Das erfordert neben leistungsfähigen Komponenten auch ein leistungsfähiges Kommunikationssystem mit einem automobilgerechten und kostengünstigen Netzwerk. Hierzu wurden spezielle serielle Datenbusse entwickelt.

Gegenüber einer Lösung mit konventioneller Verdrahtung ergeben sich durch den Einsatz von Bussystemen folgende Vorteile:

- Einsparung von Kosten, Gewicht und Bauraum bedingt durch weniger Kabel im Kabelbaum.
- Höhere Zuverlässigkeit und Funktionssicherheit bedingt durch eine geringere Anzahl von Steckverbindungen.
- Vereinfachung der Fahrzeugmontage in der Produktion.
- Mehrfachnutzung von Sensorsignalen.
- Einfache Ankopplung von Systemkomponenten an einen Bus,
- Einfachere Handhabung der Ausstattungs- und Sonderausstattungsvarianten eines Fahrzeugs

Anforderungen an Bussysteme

Für die Auswahl eines Bussystems müssen wirtschaftliche (z. B. Leitungskosten, Komponentenkosten) und technische Randbedingungen berücksichtigt werden. Im Folgenden sind die wichtigsten technischen Auswahlkriterien erläutert.

Datenübertragungsrate

Diese Größe gibt die Datenmenge an, die während einer Zeiteinheit übertragen wird. Die kleinste Dateneinheit ist das Bit, die Datenübertragungsrate wird meist in Bit/s angegeben. Andere Bezeichnungen für diesen Begriff sind Übertragungsrate, Datenrate oder Bitrate.

Die erforderliche Datenrate hängt vom Anwendungsfall ab. Für das Ein- oder Ausschalten z. B. des Klimakompressors ist eine geringere Übertragungsrate erforderlich als z. B. für die Übertragung von Audiosignalen.

Störsicherheit

Die Daten sollten im Idealfall störungsfrei übertragen werden. Im Kraftfahrzeug kann dies aufgrund elektromagnetischer Einflüsse nicht garantiert werden. Die an die Störsicherheit gestellten Anforderungen hängen vom Grad der Sicherheits-

2 Anzahl CAN-vernetzter Steuergeräte in der S-Klasse von Mercedes

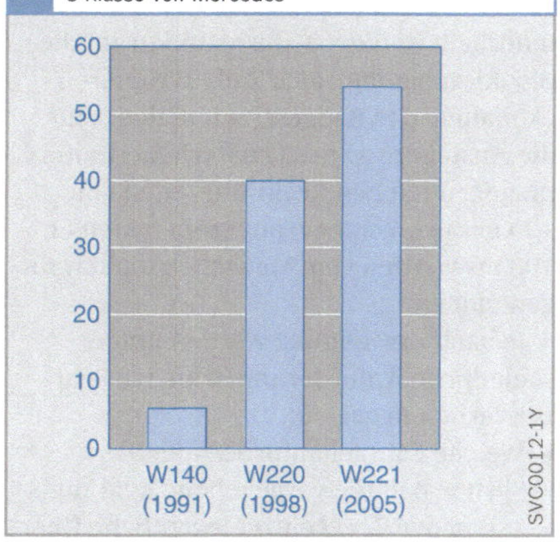

relevanz des betreffenden elektronischen Systems ab. An Komfortsysteme werden geringere Anforderungen gestellt als z. B. an das Antiblockiersystem (ABS).

Um diesen Anforderungen zu genügen, sind in den Netzwerkprotokollen Mechanismen eingebaut, die Übertragungsfehler erkennen. Eine einfache Überprüfung lässt das Paritätbit zu, das im Sender berechnet und mit den Nutzdaten übertragen wird. Es gibt an, ob die Anzahl der 1 im übertragenen Byte gerade oder ungerade ist. Diese Information wird vom Empfänger überprüft. Mit dieser Methode können Einfachfehler erkannt werden.

Eine andere Methode ist die Checksummenprüfung. Bei mehreren zu übertragenen Datenbytes berechnet der Sender nach einem fest vorgegebenen Schema aus den einzelnen Datenbytes eine Prüfsumme und überträgt diesen Wert. Der Empfänger bildet ebenso die Summe aus den empfangenen Datenbytes und vergleicht sie mit dem empfangenen Summenwert. Bei einem erkannten Übertragungsfehler werden die empfangenen Daten nicht verwertet bzw. es wird eine Wiederholung der Datenübertragung veranlasst.

Echtzeitfähigkeit

Ein Echtzeitsystem garantiert die Berechnung seiner Ergebnisse innerhalb eines festgelegten Zeitintervalls. Die Größe des Zeitintervalls hängt von der Anwendung ab. Das Antiblockiersystem (ABS) muss innerhalb weniger Millisekunden auf die Blockierneigung eines Rades reagieren (Abnahme der Radgeschwindigkeit), für die Ansteuerung des Fensterhebermotors hingegen reichen Reaktionszeiten von 100 ms aus. Verzögerungszeiten kleiner 100 ms werden vom Menschen nicht wahrgenommen.

Je nach Anwendung werden unterschiedliche Anforderungen an das Echtzeitverhalten gestellt:

- Weiche Echtzeitanforderung: Das System hält die vorgegebene Reaktionszeit in der Regel ein, gelegentliche Überschreitungen haben keine gravierenden Auswirkungen (z. B. Bildruckeln bei der Bildübertragung).
- Harte Echtzeitanforderung: Die Zeitvorgabe muss strikt eingehalten werden. Eine Überschreitung der vorgegebenen Reaktionszeit würde dazu führen, dass das berechnete Ergebnis nicht mehr verwendet werden kann. Bei sicherheitsrelevanten Systemen kann das zu einem schwerwiegenden Problem führen.

Zum Beispiel kann beim ABS das Überschreiten der Zeitvorgaben dazu führen, dass die Blockierneigung der Räder nicht rechtzeitig erkannt und dadurch der Druck im Hauptzylinder zu spät reduziert wird. Die Folge davon wären blockierte Räder.

Für das Motormanagement müssen für viele Funktionen die Zeitvorgaben ebenso strikt eingehalten werden. Verzögerungen in der Ausgabe von Einspritz- und Zündsignalen können zu Motorruckeln oder sogar zu Aussetzern führen. Solche Reaktionen müssen unbedingt vermieden werden, da sie eine potentielle Gefahr darstellen. Deshalb müssen für diese Systeme harte Echtzeitanforderungen gestellt werden.

Das bedeutet aber nicht zwangsläufig, dass die Übertragung von Daten über ein Bussystem ebenso diesen harten Echtzeitanforderungen unterliegt. Die Einhaltung der weichen Echtzeitanforderungen ist meist ausreichend. Werden für Funktionen Signale von anderen Steuergeräten benötigt (z. B. Anforderung einer Drehmomentreduzierung während eines Schaltvorgangs), dann muss das Bussystem die Daten mit einer hohen Datenübertragungsrate und einer geringen Zeitverzögerung senden, damit das Gesamtsystem den gestellten Echtzeitanforderungen genügt.

Anzahl der Netzknoten

Die Anzahl der maximal einzubindenden Knoten ist für die unterschiedlichen Fahrzeugbereiche verschieden. Bei Komfortsystemen kann durch die Vernetzung von Stellmotoren (z. B. Sitzverstellung) und intelligenten Sensoren (z. B. Regensensor) die Anzahl der Knoten hoch sein. Bei Bedarf werden mehrere gleichartige Busse eingesetzt.

Klassifizierung von Bussystemen

Aufgrund der unterschiedlichen Anforderungen lassen sich Bussysteme in die folgenden Klassen einteilen.

Klasse A	
Übertragungsraten	Geringe Datenraten (bis 10 kBit/s)
Anwendung	Vernetzung von Aktoren und Sensoren
Vertreter	LIN
Klasse B	
Übertragungsraten	Mittlere Datenraten (bis 125 kBit/s)
Anwendung	Komplexe Mechanismen zur Fehlerbehandlung, Vernetzung von Steuergeräten im Komfortbereich
Vertreter	Lowspeed-CAN
Klasse C	
Übertragungsraten	Hohe Datenraten (bis 1 MBit/s)
Anwendung	Echtzeitanforderungen, Vernetzung von Steuergeräten im Antriebs- und Fahrwerksbereich
Vertreter	Highspeed-CAN
Klasse C+	
Übertragungsraten	Sehr hohe Datenraten (bis 10 MBit/s)
Anwendung	Echtzeitanforderungen, Vernetzung von Steuergeräten im Antriebs- und Fahrwerksbereich
Vertreter	FlexRay
Klasse D	
Übertragungsraten	Sehr hohe Datenraten (>10 MBit/s)
Anwendung	Vernetzung von Steuergeräten im Telematik- und Multimediabereich
Vertreter	MOST

Einsatzgebiete im Kfz

Das Gesamtsystem Fahrzeug lässt sich aus Sicht der Elektrik/Elektronik in vier Domänen oder Funktionsbereiche gliedern:

- Antriebstrang,
- Chassis,
- Innenraum und
- Telematik.

In den Domänen Antriebstrang und Chassis stehen primär Echtzeitanwendungen im Vordergrund. In der Domäne Innenraum stehen Multiplexaspekte bei der Vernetzung im Fokus. In der Domäne Telematik werden primär Multimedia- und Infotainmentanwendungen vernetzt.

Echtzeitanwendungen

Die Vernetzung dieser Systeme stellt hohe Anforderungen an die Leistungsfähigkeit des Kommunikationssystems. Typisch sind kurbelwellensynchrone Abläufe oder Abläufe im festen Zeitraster mit Zykluszeiten von wenigen Millisekunden. Wenn die Reaktionszeiten des Systems für die gestellte Aufgabe ausreichend sind, wird es als echtzeitfähig bezeichnet (z. B. zeitnahe Zündwinkelverstellung in der Motronic nach Anforderung der Antriebsschlupfregelung, um das Drehmoment zu ver-

3 Domänen im Gesamtsystem Fahrzeug

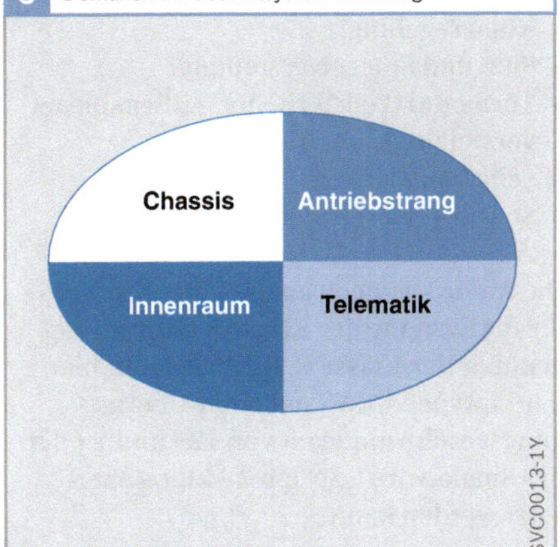

ringern und damit ein Durchdrehen der Räder zu verhindern).

Die Systeme des Antriebsstrangs und des Fahrwerks sind der Klasse C zugeordnet. Sie erfordern hohe Datenraten, um das für diese Anwendungen geforderte Echtzeitverhalten zu garantieren. Gleichzeitig stellen sie hohe Anforderungen an die Fehlertoleranz. Diese Anforderungen werden von dem ereignisgesteuerten CAN-Bus mit einer Datenrate von 500 kBaud (Highspeed-CAN) erfüllt.

Beispiele:

- Motormanagement (Motronic bzw. Elektronische Dieselregelung, EDC),
- Getriebesteuerung,
- Antiblockiersystem, ABS,
- Fahrdynamikregelungen (z. B. Elektronisches Stabilitätsprogramm, ESP).
- Fahrwerksregelungen (z. B. Active Body Control, ABC)
- Assistenzsysteme (z. B. Adaptive Cruise Control, ACC)

Multiplex-Anwendungen

Die Multiplex-Anwendung eignet sich zur Steuerung und Regelung von Komponenten im Bereich der Karosserie- und Komfortelektronik (Klasse B), wie z. B.

- Anzeigen,
- Beleuchtung,
- Zugangsberechtigung mit Diebstahlwarneinrichtung,
- Klimaregelung,
- Sitz- und Spiegelverstellung,
- Türmodul (Fensterheber, Außenspiegelverstellung),
- Scheibenwischer,
- Scheinwerfereinstellung.

Die Anforderungen an die Datenrate sind für die Systeme der Klasse B geringer gegenüber der Klasse C. Deshalb kann hier der Lowspeed-CAN mit einer Übertragungsgeschwindigkeit von 125 kBit/s oder der Single-wire CAN mit 33 kBit/s eingesetzt werden kann.

Sinken die Anforderungen an die Datenrate unterhalb von 20 kBit/s, kommt zunehmend der kostengünstige LIN zum Einsatz. Anwendungen finden sich primär im Bereich der Mechatronik; als Beispiele seien die Übertragung von Schalterinformationen oder die Ansteuerung von Stellern genannt.

Multimedia-Vernetzung

Mobile Kommunikationsanwendungen verbinden Komponenten wie z. B.

- Autoradio,
- CD-Wechsler,
- Navigationssystem,
- Fahrerinformationssysteme,
- Telefon,
- Videoanlage,
- Spracheingabe,
- Internet, E-Mail,
- Rückfahrkamera.

Durch die Vernetzung dieser Komponenten ist eine zentral angeordnete Anzeige- und Bedieneinheit für mehrere Anwendungen möglich. Bedienungsabläufe können auf diese Weise vereinheitlicht, Statusinformationen zusammengefasst werden. Die Ablenkung des Fahrers wird dadurch minimiert.

Bei der Multimedia-Vernetzung muss zwischen Steuerdaten und Audio-/Videodaten unterschieden werden. Für Steuerungsaufgaben (z. B. Steuerung des CD-Wechslers) reichen Datenraten bis 125 kBit/s aus, sodass z. B. der Lowspeed-CAN-Bus eingesetzt werden kann. Die direkte Übertragung von Audio- oder Videodaten erfordert sehr hohe Datenraten oberhalb 10 MBit/s. Hierfür kommt z. B. der MOST-Bus zur Anwendung.

Kopplung von Netzwerken

Für die verschiedenen Anwendungen werden die Netzwerktopologien und Netzwerkprotokolle eingesetzt, die den jeweiligen gestellten Anforderungen am Besten entsprechen. Die unterschiedlichen Netzwerkprotokolle sind allerdings nicht kompatibel, sodass Daten zwischen den Netzwerken nicht einfach ausgetauscht werden können.

Abhilfe schafft hier ein Gateway. Ein Gateway lässt sich mit einem Dolmetscher vergleichen, der die „Daten" des einen Gesprächsteilnehmers entgegen nimmt und sie in übersetzter Weise an den anderen weitergibt. Technisch ist ein Gateway ein Rechner, der die von den Netzwerken ausgesendeten Daten einliest und in das jeweils andere Format übersetzt. Durch den Einsatz von Gateways ist es somit möglich, Informationen zwischen verschiedenen Netzwerken auszutauschen.

Für die Kopplung der Bussysteme kann ein zentrales Gateway (Bild 4a) oder mehrere verteilte Gateways eingesetzt werden (Bild 4b). Dem zentralen Gateway werden sämtliche Busleitungen zugeführt. Im anderen Fall koppelt jeweils ein Gateway zwei oder auch mehrere Busse.

Beispiele vernetzter Fahrzeuge

Topologie

Je nach Ausstattung der Fahrzeuge sehen die Topologien der Kommunikationsnetze sehr unterschiedlich aus. Bild 5 zeigt Beispiele, wie das Netzwerk für verschiedene Fahrzeugklassen aufgebaut sein kann. Verschiedene Automobilhersteller setzen für die Kommunikation z. T. unterschiedliche Bussysteme ein.

Signalübertragung

Art der Signale

Die in einem Kommunikationsnetz im Fahrzeug zu übertragenen Informationen sind vielfältig. Beispiele dafür sind

- Betriebszustände des Motors (z. B. Motortemperatur, Motordrehzahl, Motorlast),
- von Sensoren erfasste physikalische Größen (z. B. Außentemperatur),
- Steuersignale zur Ansteuerung von Stellmotoren (z. B. Fensterheber),
- Schalterstellungen von Bedienelementen (z. B. für Scheibenwischer),
- Multimediadaten (Audio und Video) zur Übertragung von Musik und Sprache (z. B. von Radioprogrammen oder beim Freisprechen mit einem Mobiltelefon) sowie von Bewegtbildern (z. B. beim Ab-

4 Gateway-Strukturen

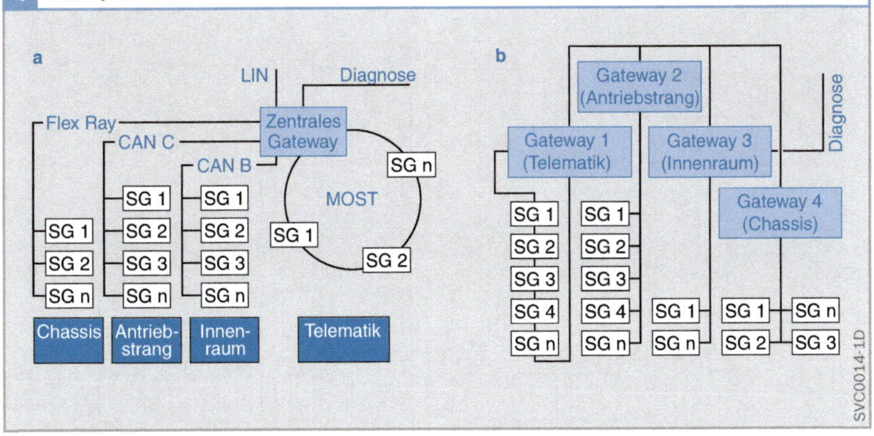

Bild 4
a Netzwerk mit zentralem Gateway
b Netzwerk mit mehreren verteilten Gateways

5 Netzwerktopologien

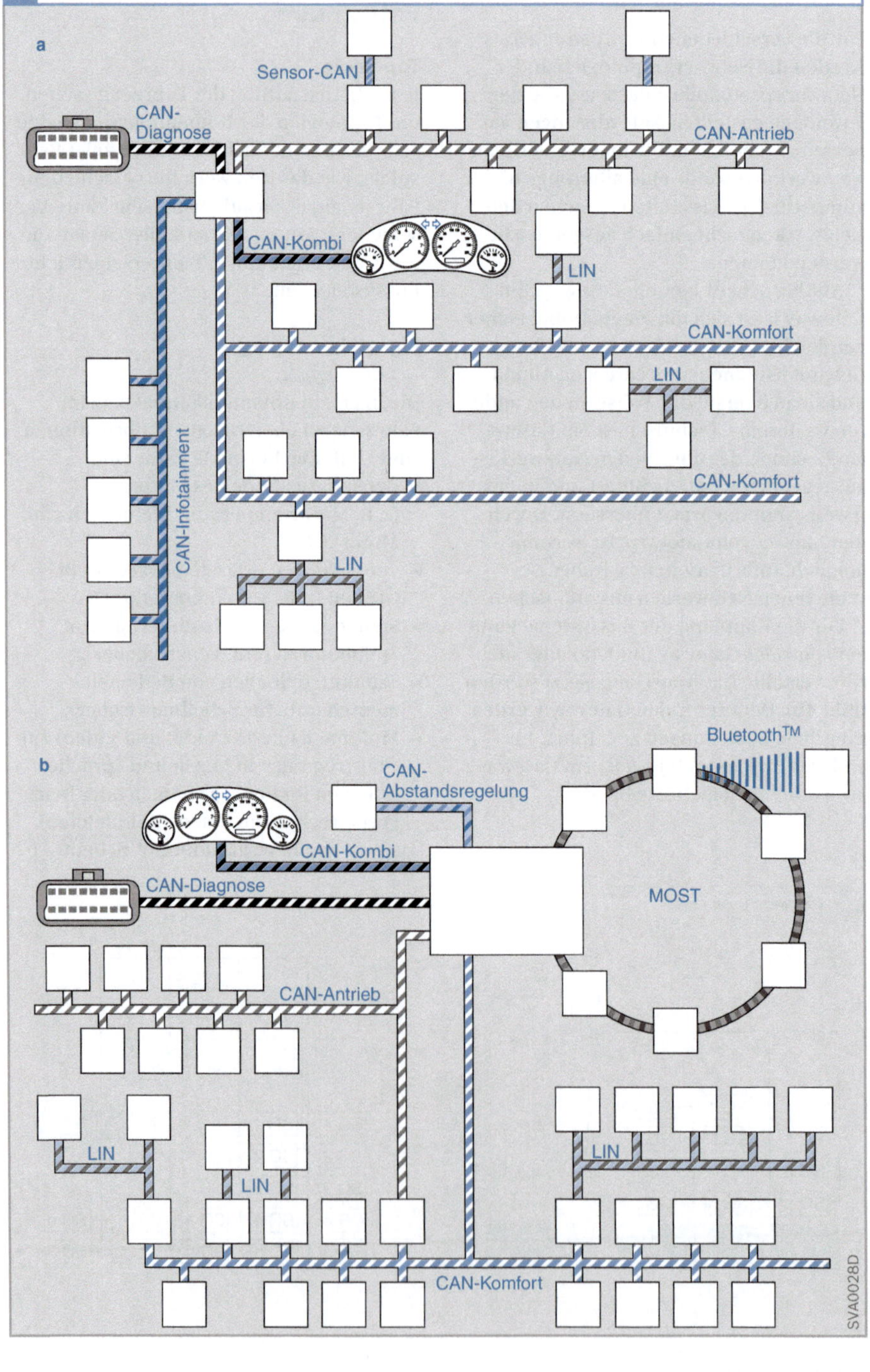

Bild 5
Typische Netzwerktopologien für Fahrzeuge der neuen Generation
a Kompaktklasse
b Oberklasse

spielen einer DVD oder dem Anzeigen einer Rückfahrkamera).

Quantisierung

Die Signale müssen in geeigneter Auflösung zur Verfügung stehen. Schalterstellungen können einfach als 1-Bit-Wert dargestellt werden (0 für Schalter offen, 1 für Schalter geschlossen). Andere Signale - z. B. die digitalisierte Analogspannungen des Motortemperatursensors oder die berechnete Motordrehzahl - werden je nach Anforderung an die Auflösung z. B. als 1-Byte- oder 2-Byte-Größe dargestellt. Mit einem Byte können 256, mit zwei Byte 65 536 Werte (= 256·256) dargestellt werden. Für Sensorsignale mit einem Spannungsbereich von 0...5 V ergibt sich mit der 1-Byte-Darstellung eine Quantisierung von ca. 20 mV (= 5 V/256). Eine Auflösung von 5 mV erfordert eine 10-Bit-Darstellung der Daten.

Damit die übertragenen Signale in allen Systemen den gleichen physikalischen Wert darstellen, muss die Umrechnung zwischen binärem Wert und physikalischem Wert einheitlich sein. Für die Motordrehzahl n z. B. ist eine Auflösung von 30 min^{-1} ausreichend, um auf das Zündwinkelkennfeld zuzugreifen. Mit einem Byte (8 Bit) lässt sich damit der Wertebereich von 0 bis 255·30 min^{-1} (= 7 650 min^{-1}) und somit das gesamte Drehzahlspektrum darstellen. Für die Leerlaufregelung hingegen ist die Inkrementierung von 30 min^{-1} zu gering. Mit einer höheren Auflösung sind für die Darstellung des Signals aber mehr Bit erforderlich, sofern der gleiche Messbereich erfasst werden soll.

Ausgabe

In ereignisgesteuerten Systemen, wie sie derzeit im Kfz-Bereich vorwiegend realisiert sind, können die Signale nach Eintreten eines Ereignisses auf dem Datenbus übertragen werden. Solche Ereignisse sind z. B. das Betätigen von Schaltern, um die Klimaanlage oder den Scheibenwischer einzuschalten.

Signale, die z. B. den Betriebszustand des Motors darstellen, sind nicht zwangsläufig mit einem Ereignis verbunden. Die Motortemperatur, die sich nur langsam ändert, wird zyklisch vom Motorsteuergerät in einem festen Zeitraster gemessen (z. B. 1 s). Die Motordrehzahl hingegen kann sich sehr schnell ändern. Die Zeitpunkte, an denen die Motorsteuerung die Messung und Berechnung ausführt, ist an die Kurbelwellenposition gebunden und wird ein Mal pro Verbrennungstakt vorgenommen. Bei hohen Drehzahlen entspricht das einem zeitlichen Abstand von wenigen Millisekunden; bei einem 6-Zylinder-Motor ca. 3,3 ms bei einer Drehzahl von 6 000 min^{-1}. Aber nicht jedes System, das die Drehzahlinformation für seine Steuer- und Regelungsfunktionen benötigt, ist auf diese Aktualität angewiesen. Es ist deshalb nicht erforderlich, dass das Motorsteuergerät die Drehzahlinformation sofort nach der Berechnung auf dem Datenbus ausgibt. Auch in diesem Fall wird die Datenübertragung an ein zyklisches Zeitraster gebunden. Im Motorregelungsbereich ist ein Zeitraster von 10 ms üblich. Das bedeutet, dass z. B. die Drehzahlinformation 100 mal in der Sekunde auf dem Bus gesendet wird.

Multimediadaten

In Fahrzeugen der Oberklasse wird zur Übertragung von Audiodaten - als Alternative zur Verwendung analoger Kabel - häufig ein multimediafähiges digitales Bussystem eingesetzt. Dieses hat neben der besseren Audioqualität den Vorteil, dass sich mehrere Audioströme und die dazugehörenden Kontrollbefehle parallel übertragen lassen. In der Automobilindustrie hat sich der optische MOST-Bus (Media Oriented Systems Transport) als Multimediabussystem durchgesetzt.

Bei der Übertragung von Audiosignalen sind einerseits eine Synchronisierung der Übertragung zwischen dem Sender und einem oder mehreren Empfängern und andererseits eine hohe Datenrate erforderlich. Da die Datenübertragung beim MOST-Bus synchron mit einer fest eingestellten Taktrate erfolgt, ist die Synchronisierung bereits durch dessen Übertragungsmechanismus gegeben.

Die digitale Übertragung von Audio-Signalen in CD-Qualität, d.h. mit einer Auflösung von 16 Bit und einer Taktrate von 44,1 kHz, erfordert für einen Stereokanal eine konstante Datenrate von 1,35 MBit/s. Mit der aktuellen Version des MOST-Busses (MOST25 mit einer Gesamtübertragungsrate von bis zu 24,8 MBit/s) können bis zu 15 Stereokanäle parallel übertragen werden.

Datentransfer: Beispiele

Folgende Beispiele zeigen, welche Signale in welchen Systemen gemessen und ausgewertet werden.

Fahrgeschwindigkeit

Das ESP-Steuergerät berechnet aus den Signalen der Raddrehzahlsensoren die Fahrgeschwindigkeit. Diese Größe wird auf dem CAN-C-Bus (CAN-Antrieb) übertragen. Das Motormanagement benötigt diesen Wert u.a. für die Fahrgeschwindigkeitsregelung, das Getriebesteuergerät bestimmt u.a. aus der Fahrgeschwindigkeit einen notwendigen Gangwechsel. Die Adaptive Geschwindigkeitsregelung (ACC, Adaptive Cruise Control) benötigt die aktuelle Fahrgeschwindigkeit, um den notwendigen Abstand zum vorausfahrenden Fahrzeug zu berechnen und als Sollwert einzustellen.

Ein Gateway überträgt die Geschwindigkeitsinformation über einen weiteren CAN-Bus (CAN-Kombi) an das Kombiinstrument, das den Wert über ein Zeigerinstrument anzeigt.

Der CAN-B-Bus (CAN-Komfort) ist über das Gateway ebenfalls an das Netz angeschlossen. Manche Oberklasse-Fahrzeuge sind mit fahrdynamischen Sitzen ausgestattet. Dort werden abhängig von Geschwindigkeit und Beschleunigung Polster aufgeblasen, die der aktuellen Fliehkraft des Fahrers entgegenwirken. Dies erhöht den Komfort in Kurvenfahrten deutlich.

Über das Gateway gelangt die Geschwindigkeitsinformation auf den Infotainment-CAN und dort zum Autoradio. Damit ist eine von der Fahrgeschwindigkeit abhängige Lautstärkeanpassung möglich. Das Navigationssystem benötigt die Geschwindigkeit, um bei fehlendem GPS-Signal (z.B. in einem Tunnel) die Position zu berechnen.

Die Diagnoseschnittstelle ist mit dem Motor- und Getriebesteuergerät direkt über die serielle K-Leitung verbunden. Alle anderen Steuergeräte sind an eine virtuelle K-Leitung, die auf dem CAN Bus simuliert wird, an die Diagnoseschnittstelle angeschlossen. Damit kann über den angeschlossenen Diagnosetester in der Werkstatt die Fahrgeschwindigkeit ausgelesen werden (Beispiel: für die ABS-Funktionsprüfung muss die richtige Zuordnung der Raddrehzahlsensoren geprüft werden).

Motordrehzahl

Die Einspritz- und – beim Ottomotor – die Zündzeitpunkte werden mit einer Auflösung von weniger als 1° Kurbelwellenwinkel ausgegeben. Um hier ein Echtzeitverhalten zu garantieren, muss die Erfassung der Kurbelwellenposition im Motorsteuergerät erfolgen. Der Motordrehzahlsensor tastet das Kurbelwellengeberrad ab und führt das Signal dem Steuergerät zu, das daraus neben der Kurbelwellenposition auch die Motordrehzahl berechnet. Aus dieser Größe werden z. B. die Einspritzzeit und der Zündwinkel berechnet.

Die Motordrehzahl ist eine Größe, die auch in sehr vielen anderen Systemen benötigt wird. Das Motorsteuergerät gibt sie deshalb auf dem Datenbus aus. Im Getriebesteuergerät werden drehzahlabhängig die Schaltpunkte festgelegt. Im Elektronischen Stabilitätsprogramm (ESP) wird die Motordrehzahl für die ASR-Funktion (Antriebsschlupfregelung) benötigt – ein ASR-Eingriff (Momentenreduzierung) darf nämlich nicht zum Abwürgen des Motors führen.

Wie beim vorigen Beispiel wird die Drehzahl zur Diagnoseschnittstelle und zum Kombiinstrument (Anzeige am Drehzahlmesser) übertragen.

Richtungsblinken

Der Fahrer betätigt den Blinkerhebel (Bild 6, Pos. 1). Abhängig davon, ob er links oder rechts blinkt, wird ein Signal über eine diskrete Leitung an das Lenksäulensteuergerät (2) geleitet. Hierbei kann es sich z. B. um ein widerstandcodiertes Signal handeln. Das Steuergerät wertet das Signal aus und erkennt z. B. auf Linksblinken.

Der CAN-Komfort leitet diese Information an das Bordnetzsteuergerät (3) weiter. Hier werden anhand der empfangenen Informationen die Blinkart (normale Blinkfrequenz, erhöhte Blinkfrequenz bei Lampenausfall) festgelegt. Über diskrete Leitungen werden dann die Lampen für die Blinklichter vorne links und hinten links angesteuert (4, 5). Zusätzlich sendet das Bordnetzsteuergerät die Information „Richtungsblinken links“ auf den CAN-Komfort. Das Gateway (6) gibt die Information an den CAN-Kombi weiter. Daraufhin blinkt am Kombiinstrument (9) die Kontrollleuchte.

Bei einem Fahrzeug mit Anhängerkupplung geht die Information über den CAN-Komfort zum Steuergerät für die Anhängererkennung (7). Dieses steuert über Kabel die Blinkleuchte am Anhänger (8) an.

Wischen Stufe 1

Der Scheibenwischerschalter (Bild 7, Pos. 1) gibt über eine diskrete Leitung ein Signal an das Lenksäulensteuergerät (2), das die Information auswertet (z. B. Wischen Stufe 1). Das Steuergerät sendet diese Information auf den CAN-Komfort-Bus. Das Bordnetzsteuergerät (3) nimmt die Information auf und gibt sie über den LIN-Bus zum Wischermotor (4). Das Bordnetzsteuergerät arbeitet als Gateway zwischen CAN-Komfort und LIN-Wischer.

Lastmanagement

Bei niedriger Drehzahl (Leerlauf) und hoher Stromaufnahme durch die eingeschalteten elektrischen Verbraucher kann die Batterie- bzw. Generatorspannung auf einen zu niedrigen Wert absinken. Das Bordnetzsteuergerät berechnet aus der aktuellen Batteriespannung, dem DF-Signal des Generators (Generatorauslastung) und der Information über eingeschaltete Hochstromverbraucher mit kurzer Einschaltdauer den aktuellen Bordnetzzustand. Im Leerlauf fordert das Bordnetzsteuergerät

6 Datentransfer beim Richtungsblinken

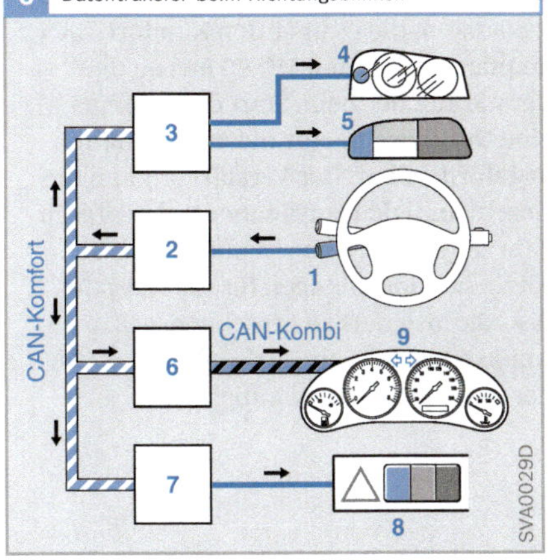

Bild 6
1 Blinkerhebel
2 Lenksäulensteuergerät
3 Bordnetzsteuergerät
4, 5 Blinklichter
6 Gateway
7 Steuergerät für Anhängererkennung
8 Blinklicht am Anhänger
9 Kombiinstrument

7 Datentransfer bei Betätigen des Scheibenwischers

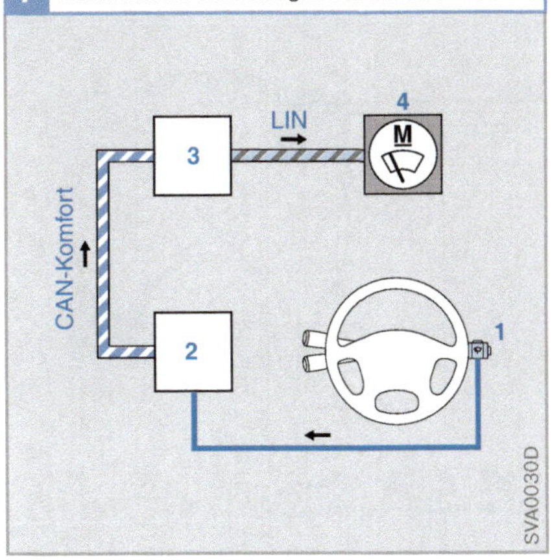

Bild 7
1 Scheibenwischerhebel
2 Lenksäulensteuergerät
3 Bortnetzsteuergerät
4 Wischermotor

bei unzureichendem Bordnetzzustand über den CAN-Bus eine Leerlaufdrehzahlanhebung an. Das Motorsteuergerät setzt diese Anforderung um. Reicht diese Maßnahme nicht aus, schaltet das Bordnetzsteuergerät gezielt Verbraucher wie z. B. die heizbare Heckscheibe, die Sitzheizung oder die Außenspiegelheizung ab. Diese Verbraucher sind über diskrete Leitungen am Bordnetzsteuergerät angeschlossen.

Multimedia-Anwendung

Als Beispiel für die Übertragung von Signalen und Multimediadaten in einem Fahrzeuginfotainmentsystem der Oberklasse mit MOST-Bus (Bild 5b) sind im Folgenden die Signalabläufe bei der Ausgabe eines Radiosignals auf dem Verstärker beschrieben.

Die Funktionen des Fahrzeuginfotainmentsystems werden über die Zentrale Bedieneinheit, die Headunit, gesteuert (Bild 8, Pos. 1). In aktuellen Systemen hat diese meist einen abgesetzten Bildschirm im Armaturenbrett und einen Drehdrücksteller in der Mittelkonsole, über die der Benutzer mit dem System interagiert.

Für die Ausgabe eines Radiosenders baut die Headunit, die in den meisten Systemen für die Verwaltung der Audiokanäle des Infotainmentsystems zuständig ist,

8 Multimedia-Vernetzung

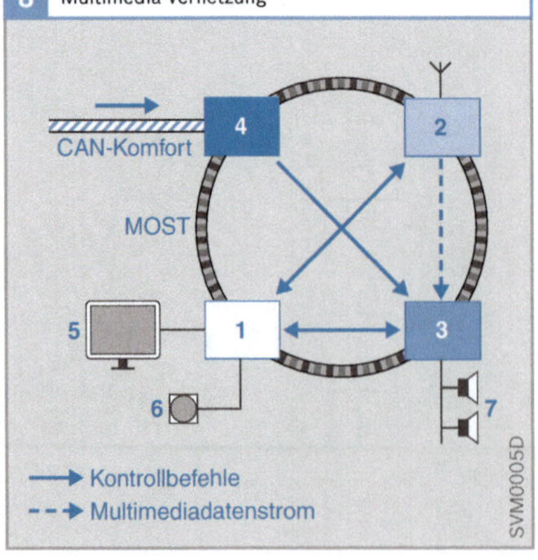

Bild 8
1 Headunit
2 Radio-Tuner
3 Verstärker
4 CAN/MOST-Gateway
5 Bildschirm
6 Bedienelement
7 Lautsprecher

auf dem MOST-Bus einen Stereokanal mit der erforderlichen Audioqualität zwischen dem Radio-Tuner (2) und dem Verstärker (3) auf. Sie stellt nun beim Radio-Tuner über entsprechende Kontrollbefehle den geforderten Sender ein und setzt gegebenenfalls weitere Einstellungen. Schließlich verbindet die Headunit den Ausgang des Tuners mit dem zuvor erstellten Stereokanal. Für die auf der Bedienoberfläche anzuzeigenden Informationen empfängt die Headunit vom Radio-Tuner entsprechende Daten über dessen aktuellen Empfangszustand, beispielsweise den aktuellen Sendernamen, die bei Bedarf aktualisiert werden.

Beim Verstärker verbindet die Headunit den Stereokanal mit einem ausgewählten Eingang und setzt über entsprechende Kontrollbefehle die Eigenschaften für die Ausgabe des Audiosignals, z. B. die eingestellte Lautstärke. Wenn alle Einstellungen gesetzt sind, weist Sie den Verstärker an, das Audiosignal des Radiosignals einzublenden, das dann über die Lautsprecher des Infotainmentsystems ausgegeben wird.

Davor hat die Headunit gegebenenfalls dafür gesorgt, dass die Ausgabe eines vorher ausgegebenen Audiosignals ausgeblendet, die Ausgabe des dazu gehörenden Geräts gestoppt sowie der dazugehörende Audiokanal abgebaut wurde.

Parallel dazu sendet das CAN/MOST-Gateway (4) ständig die Fahrgeschwindigkeitsdaten, die es über den Komfort-CAN empfängt, über den MOST-Bus an den Verstärker, der beim Start des Systems eine Notifizierung für diese Information angefordert hat. Der Verstärker kann die Geschwindigkeit zusammen mit weiteren Fahrzeuginformationen nutzen, um zusätzliche Einstellungen für die Ausgabe des Audiosignals zu errechnen, z. B. eine Anpassung der Lautstärke abhängig von der aktuellen Geschwindigkeit.

Steuerung eines automatischen Stahlfaltdaches

Aktuell liegen Fahrzeuge mit automatischen Stahlfaltdächern sehr stark im Trend. Das Dach wird automatisch geöffner und geschlossen. Die technische Realisierung dieser scheinbar einfachen mechanischen Funktion stellt für die Elektronik- und Steuergerätevernetzung jedoch eine sehr große Herausforderung dar.

Die in Bild 9 dargestellte Vernetzung zeigt ein typisches aktuelles Mittelklassefahrzeug mit der zusätzlichen Funktion eines automatischen Stahlfaltdaches. Dieses Fahrzeug verfügt in der maximalen Ausstattungsvariante über 35 elektronische Steuergeräte, die über vier CAN-Busse und weitere vier LIN-Subbusse miteinander kommunizieren. An der Steuerung des automatischen Stahlfaltdaches sind in diesem Beispiel insgesamt 13 Steuergeräte beteiligt. Nachfolgend ist beschrieben, welche Funktionalitäten die einzelnen Steuergeräte für die Bewegung des Daches leisten.

Dachsteuergerät

Aus diesem Steuergerät heraus erfolgt die Leistungsansteuerung der Motoren für das Stahlfaltdach. Zusätzlich übernimmt dieses Steuergerät die komplette Überwachung des Bewegungsvorganges. Hierzu

9 Steuerung eines automatischen Stahlfaltdaches

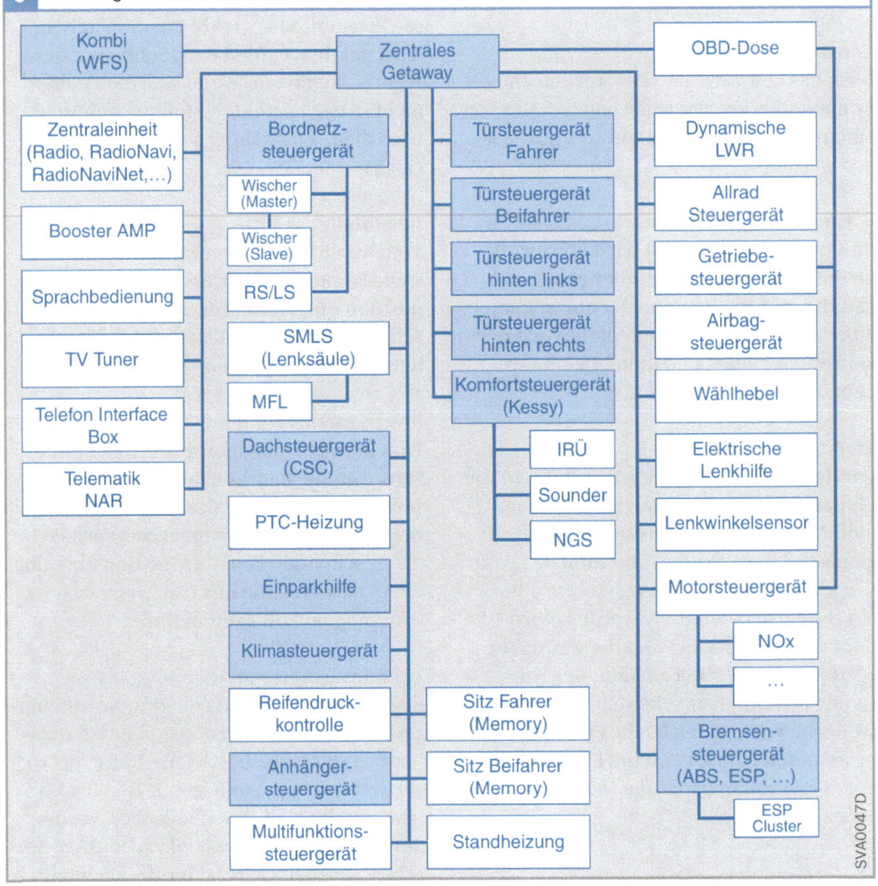

Bild 9
Blau unterlegte Systeme sind an der Steuerung des Stahlfaltdaches beteiligt

werden berührungslose Sensoren, die die Dachbewegung kontrollieren, erfasst und ausgewertet. Um den Fahrer während des Öffnens und Schließens des Daches über den aktuellen Stand zu informieren und keine Beschädigungen am Fahrzeug oder Umfeld zu verursachen, empfängt das Dachsteuergerät zahlreiche weitere Parameter von anderen Steuergeräten im Fahrzeug.

Kombi
Das Kombiinstrument empfängt über das Gateway den aktuellen Stand vom Dachsteuergerät sowie von anderen beteiligten Steuergeräten und informiert den Fahrer entsprechend. Beispiel: „Hindernis hinter dem Fahrzeug! Dachbewegung gestoppt“.

Gateway
Über das zentrale Gateway werden alle Kommunikationswünsche geleitet, die von einem Bussystem in ein anderes übertragen werden.

Bordnetzsteuergerät
Im Bordnetzsteuergerät wird überprüft, ob die Fahrzeugbatterie über genügend Ladung verfügt, um eine Dachbewegung zu ermöglichen. Gegebenenfalls wird der Fahrer informiert und keine Dachbewegung ausgeführt.

Einparkhilfe
Vor dem Öffnen des Daches überwacht die Einparkhilfe das rückwärtige Fahrzeugumfeld auf Hindernisse und prüft, ob genügend Platz für das Entfalten des Fahrzeugdaches zur Verfügung steht. Sollte ein Hindernis detektiert werden, wird der Fahrer informiert und die Bewegung gestoppt. In diesem Fall kann der Fahrer eigenständig entscheiden, ob er eine Weiterbewegung des Daches wünscht. In bestimmten Fällen kann die Einparkhilfe etwas erkennen, das keine Gefahr für das Fahrzeug darstellt.

Klimasteuergerät
Bei der Betätigung des Umluftschalters werden automatisch alle Fenster geschlossen. Dies gilt auch für das Schiebedach, das vom Dachsteuergerät angesteuert wird.

Anhängersteuergerät
Das Anhängersteuergerät teilt dem Dachsteuergerät mit, ob ein Anhänger angekuppelt ist. Ist dies der Fall, wird das Öffnen und Schließen des Daches gesperrt.

Türsteuergeräte
Von allen vier Türsteuergeräten wird der Status der Fenster und Türen abgefragt und an das Dachsteuergerät übertragen. Nur wenn alle Türen geschlossen sind und die Fenster die korrekte Position haben, wird mit dem Öffnen bzw. Schließen des Daches begonnen. Wenn sich die Fenster nicht in der korrekten Stellung befinden, wird diese Einstellung selbstständig korrigiert.

Komfortsteuergerät
Vom Komfortsteuergerät wird dem Dachsteuergerät unter anderem die Schlüsselposition mitgeteilt. Nur wenn der richtige Schlüssel eingesteckt ist, wird die Dachbewegung freigegeben.

Bremsensteuergerät
Vom Bremsensteuergerät werden über Sensoren die Raddrehzahlen erfasst und somit festgestellt, ob das Fahrzeug in Bewegung ist. Das Dachsteuergerät erhält die Geschwindigkeitsinformation und gibt die Dachbewegung nur frei, wenn sich das Fahrzeug im Stillstand befindet.

Zukünftige Einsatzfelder von FlexRay
Bislang wird für die Vernetzung von Steuergeräten im Antriebstrang und im Chassis-Bereich der Highspeed-CAN-Bus (CAN C) verwendet. In zukünftigen X-by-Wire-Systemen werden die mechanischen Verbindungen z. B. zwischen Lenkrad und Vorderachse (Steer-by-Wire) oder Bremspedal

und Radbremsen (Brake-by-Wire) durch elektrische Kommunikationssysteme in Verbindung mit Fahrdynamikregelungen ersetzt.

Des Weiteren gibt es in bisherigen Fahrzeugarchitekturen oft mehrere CAN-Busse, die über Gateways miteinander verknüpft sind, um das hohe Datenaufkommen zu verteilen. Zukünftige Architekturen werden für eine schnelle, leistungsfähige Verbindung zwischen mehreren Leitrechnern (die z. B. zentrale Aufgaben in den Bereichen Sicherheit und Fahrerassistenz übernehmen) einen Backbone-Bus mit hoher Datenrate verwenden, an den jeweils Subbusse (z. B. Antriebsstrang-CAN und Sensor-CAN im Chassis-Bereich) angeschlossen sind.

Das neue Bussystem FlexRay erfüllt die zukünftig an die Fahrzeugarchitektur gestellten Anforderungen wie z. B.

- hohe Datenraten und garantierte Echtzeitfähigkeiten im Antriebs- und Fahrwerksbereich,
- großes Datenvolumen im Backbone und
- hohe Ausfallsicherheit sicherheitsrelevanter Anwendungen (z. B. X-by-Wire)

durch Eigenschaften wie

- hohe Verfügbarkeit und Redundanz durch zwei physikalisch unabhängige Kanäle,
- hohe Datenrate mit bis zu 10 MBit/s je Kanal,
- Datenübertragung mit garantierter Latenzzeit und
- Synchronität aller Kommunikationsteilnehmer durch eine globale Zeitbasis.

Derzeit befindet sich FlexRay noch in der Entwicklung, wenngleich erste Systeme bereits im Serieneinsatz sind. Folgendes Beispiel ist ein aktueller Ansatz für eine FlexRay-Topologie.

Auszug Chassis Domäne

Um eine möglichst kooperative und damit effektive Regelung zu ermöglichen, werden Konzepte zur globalen Fahrdynamikregelung entwickelt. Komponenten hierfür sind ESP (Elektronisches Stabilitätsprogramm, aktives Bremsen), AFS (Aktive Front Steering, aktive Lenkung) und ARC (Active Roll Control, aktiver Fahrwerkseingriff). Die überlagerte Fahrdynamikregelung steuert die Einzelsysteme, ohne ihre Funktionalität einzuschränken und verhindert negative Wechselwirkungen. Bild 10 zeigt den Verbund dieser Systeme mit Bussystem und Sensorik.

Der Drehratesensor sendet die Beschleunigungswerte und die Gierrate des Fahrzeugs an das ESP. Wird anhand dieser Daten vom ESP eine kritische Fahrsituation erkannt (z. B. Übersteuern des Fahrzeugs), werden situationsbedingte Bremsdrücke und Motormanagementeingriffe berechnet. Durch die überlagerte globale Fahrdynamikregelung wird zusätzlich der Fahrerwunsch-Lenkwinkel vom Lenkwinkelsensor ausgewertet und ein Zusatzlenkwinkel berechnet, der durch das AFS umgesetzt wird. Durch dieses Zusammenwirken der Einzelsysteme kann eine effektivere und komfortsteigernde Regelung erreicht werden. So kann das Fahrzeug beispielsweise durch eine korrigierende Lenkbewegung bereits zu einem sehr frühen Zeitpunkt stabilisiert werden, sodass Bremseingriffe teilweise oder sogar vollständig vermieden werden können.

10 FlexRay

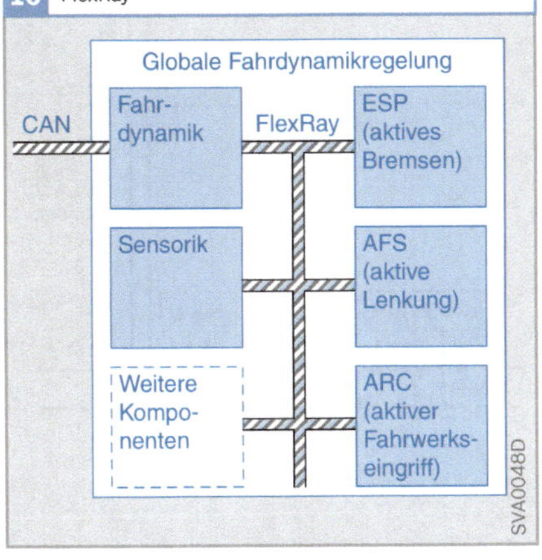

Bussysteme

CAN-Bus

Der CAN-Bus (Controller Area Network) wurde 1991 als erstes Bussystem in einem Kraftfahrzeug in Serie eingeführt. Im Kfz-Bereich hat er sich seitdem als Standard etabliert, aber auch in der allgemeinen Automatisierungstechnik wird der CAN-Bus als Feldbus häufig verwendet. In Anlehnung an die Bezeichnung anderer Netzwerktypen, wie z. B. dem Local Area Network (LAN), dem Wide Area Network (WAN) oder dem Personal Area Network (PAN) erhielt dieses Bussystem den Namen CAN.

Anwendung

Der CAN-Bus wird im Kraftfahrzeug in verschiedenen Domänen eingesetzt, die sich von ihren Anforderungen an das Netzwerk unterscheiden. Aufgrund der schnellen Abläufe im Bereich des Motormanagements werden hier Informationen wesentlich schneller benötigt als im Komfortbereich, wo die gesteuerten Systeme aber weiter voneinander entfernt liegen und die Kabelwege leichter beschädigt werden können. Wegen diesen unterschiedlichen Anforderungen werden Busse mit unterschiedlichen Datenraten eingesetzt, die für den jeweiligen Anwendungsbereich ein optimales Kosten-Nutzen-Verhältnis bieten. Man unterscheidet zwischen Highspeed- und Lowspeed-CAN-Bussen.

1 Vernetzung von Steuergeräten mit CAN

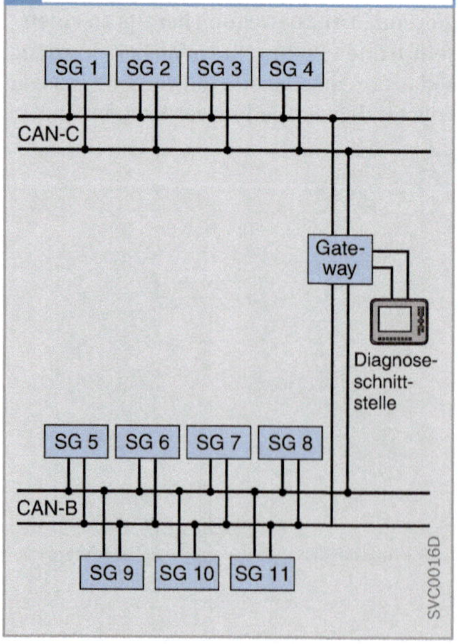

Bild 1
SG Steuergerät
SG1...SG4 am CAN-C Highspeed-Bus
SG5...SG11 am CAN-B Lowspeed-Bus

Highspeed-CAN (CAN-C)

CAN-C ist in der ISO-Norm 11898-2 definiert und arbeitet mit Übertragungsraten von 125 kBit/s bis 1 MBit/s. Damit wird die Datenübertragung den Echtzeitanforderungen des Antriebsstrang gerecht.

CAN-C-Busse werden für die Vernetzung von folgende Systemen eingesetzt:

- Motormanagement (Motronic für Ottomotoren oder EDC für Dieselmotoren),
- Elektronische Getriebesteuerung,
- Fahrstabilisierungssysteme (z. B. ESP),
- Kombiinstrument.

Lowspeed-CAN (CAN-B)

CAN-B ist in der ISO-Norm 11898-3 definiert und arbeitet mit einer Übertragungsrate von 5...125 kBit/s. Für viele Anwendungen im Komfort- und Karosseriebereich genügt diese Geschwindigkeit den für diesen Bereich gestellten Echtzeitanforderungen. Beispiele für solche Anwendungen sind:

- Steuerung der Klimaanlage,
- Sitzverstellung,
- Fensterheber,
- Schiebedachsteuerung,
- Spiegelverstellung,
- Beleuchtungsanlage,
- Steuerung des Navigationssystems.

Eine weitere Anwendung findet der CAN-Bus immer mehr in der Fahrzeugdiagnose. Dabei wird das Steuergerät direkt an den CAN-Bus angeschlossen und empfängt so unmittelbar die zur Diagnose benötigten Informationen. Bisherige Diagnoseschnittstellen (z. B. KWP2000) verlieren an Bedeutung.

Topologie

Bustopologie

Bei der Entwicklung von CAN wurde besonders darauf geachtet, dass kein zentrales Steuerelement zur Kommunikation benötigt wird. Dieser Anspruch wird am effektivsten durch eine Bustopologie unterstützt, bei der alle Netzknoten an einen Bus angeschlossen sind und jeder Knoten alle auf dem Bus übertragenen Informationen empfangen kann. Die Bustopologie wird bei der Konzeption des Kommunikationssystems am häufigsten gewählt.

Die lineare Busstruktur hat neben den günstigen elektrischen Eigenschaften den Vorteil, dass der Ausfall einer Station die Funktionstüchtigkeit des Übertragungssystems nicht beeinträchtigt. Darüber hinaus lassen sich weitere Stationen ohne großen Mehraufwand an das System ankoppeln.

Sterntopologie

Durch die Verwendung eines zentralen Koppelelements ist es möglich, Sterntopologien aufzubauen. Dabei lassen sich sowohl aktive als auch passive Koppelelemente verwenden. Durch die Verwendung einer Sterntopologie wird eine hohe Anpassungsfähigkeit an die gestellte Vernetzungsaufgabe erzielt.

Das Koppelelement, das zum Aufbau einer Sterntopologie verwendet wird, leitet lediglich die Nachrichten an die einzelnen Segmente weiter. Da hierbei die Signallaufzeiten unverändert bleiben, ist die Sterntopologie an die gleichen Leitungslängen gebunden wie eine Bustopologie.

Übertragungssystem

Netzknoten

Ein Netzknoten (Bild 2) besteht aus dem Mikrocontroller für die Anwendersoftware, dem CAN-Controller und CAN-Transceiver (Bustreiber, Kunstwort aus Transmitter und Receiver). Der CAN-Controller ist verantwortlich für den Sende- und Empfangsbetrieb. Er erzeugt aus den zu übertragenden binären Daten den Bitstrom für die Datenkommunikation und leitet ihn über die TxD-Leitung zum Transceiver weiter. Dieser verstärkt die Signale, erzeugt die erforderlichen Spannungspegel für die differenzielle Datenübertragung und überträgt den aufbereiteten Bitstrom seriell auf der Busleitung (CAN_H und CAN_L). Eingehende Nachrichten werden vom Transceiver aufbereitet und über die RxD-Leitung dem CAN-Controller zugeführt.

Der Mikrocontroller, der das Anwenderprogramm abarbeitet (z. B. Motronic), steuert den CAN-Controller, stellt die zu sendenden Daten bereit und liest die empfangenen Daten aus.

Logische Buszustände und Kodierung

CAN verwendet zur Kommunikation zwei Zustände: dominant (übereinstimmend) und rezessiv (nachgebend), mit denen die Informationsbits übertragen werden. Der dominante Zustand repräsentiert eine binäre „0“, der rezessive eine binäre „1“. Als Kodierung kommt bei der Übertragung das NRZ-Verfahren zum Einsatz (Non Return to Zero), bei dem zwischen zwei gleichwertigen Übertragungszuständen nicht zwangsweise auf einen Nullzustand zurückgefallen wird.

Beim Empfang von Nachrichten wandelt der CAN-Transceiver die Signalpegel

2 Netzknoten im CAN

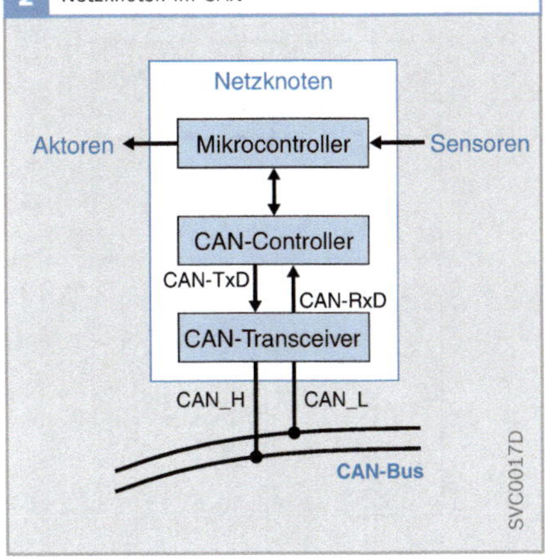

wieder in logische Zustände zurück. Dabei subtrahiert ein Differenzverstärker den CAN_L- vom CAN_H-Pegel (Bild 3). Störimpulse (z. B. von der Zündanlage) wirken sich bei verdrillten Leitungen auf beiden Leitungen gleich aus. Die differenzielle Datenübertragung ermöglicht somit das Ausfiltern von Störungen auf der Leitung.

Einige Transceiver werten zusätzlich die Spannungspegel auf der CAN_H- und CAN_L-Leitung einzeln aus. Damit ist auch ein Eindrahtbetrieb möglich, wenn eine Leitung der beiden Busleitungen infolge von Kurzschluss oder Kabelbruch ausfällt. Voraussetzung dafür ist allerdings eine gemeinsame Masse der Busteilnehmer, die dann die Funktion der ausgefallenen Leitung übernimmt.

Übertragungsmedium und Busankopplung

Zweidrahtleitung

Für CAN kommt jedes Übertragungsmedium in Frage, auf dem dominante und rezessive Zustände übertragen werden können. Meist wird eine Zweidrahtleitung mit – je nach Umgebungsbedingungen – unverdrillten oder verdrillten Adern (Twisted Pair) eingesetzt, die galvanisch entweder ge- oder entkoppelt ist. Die beiden Busleitungen werden mit CAN_H und CAN_L bezeichnet. Die Zweidrahtleitung ermöglicht eine symmetrische Datenübertragung, bei der Bits über beide Busleitungen unter Verwendung unterschiedlicher Spannungen übertragen werden. Hierdurch reduziert sich die Empfindlichkeit gegenüber Gleichtaktstörungen, da sich Störungen auf beide Leitungen auswirken und ausgefiltert werden können. Eine zusätzliche Schirmung der Leitungen verringert das eigene Abstrahlverhalten vor allem bei hohen Baudraten.

Eindrahtleitung

Die Eindrahtleitung stellt eine Möglichkeit dar, durch Einsparung der zweiten Leitung Herstellungskosten zu senken. Hierzu muss allerdings allen Busteilnehmern eine gemeinsame Masse zur Verfügung stehen, die die Funktion der zweiten Leitung übernimmt. Die Eindrahtausführung des CAN-Busses ist deshalb nur für ein Kommunikationssystem mit begrenzter räumlicher Ausdehnung möglich.

Die Datenübertragung auf der Eindrahtleitung ist anfälliger gegenüber Störeinstrahlung, da eine Ausfilterung von Störimpulsen wie bei der Zweidrahtleitung nicht möglich ist. Zur Verbesserung des Störabstands ist deshalb ein höherer Pegelhub auf der Busleitung erforderlich. Das wiederum wirkt sich negativ auf die Störabstrahlung aus. Deshalb muss gegenüber der Zweidrahtleitung die Flankensteilheit der Bussignale verringert werden. Das ist mit einer niedrigeren Datenübertragungsrate verbunden. Deshalb findet die Eindrahtleitung nur für den Lowspeed-CAN im Bereich der Karosserie- und Komfortelektronik Anwendung. Durch diese Eigenschaft ist ein Lowspeed-CAN mit Zweidrahtleitung aber auch bei Ausfall einer Leitung (CAN_H oder CAN_L) funktionsfähig.

3 Ausfiltern von Störungen auf dem CAN-Bus

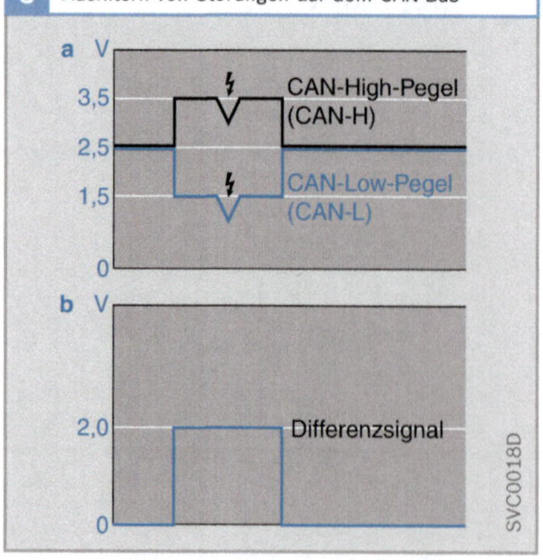

Bild 3
a Signalpegel der CAN-Leitungen (Störung auf beiden Leitungen)
b Differenzsignal

Spannungspegel

Der CAN-Transceiver setzt die vom CAN-Controller empfangenen logischen Zustände 0 und 1 in Spannungspegel um, die auf die Busleitungen CAN_H und CAN_L geschaltet werden.

Highspeed- und Lowspeed-CAN verwenden unterschiedliche Spannungspegel zur Übertragung von dominanten und rezessiven Zuständen. Die Spannungspegel des Lowspeed-CAN sind in Bild 4a, die des Highspeed-CAN in Bild 4b dargestellt.

Das Highspeed-CAN verwendet im rezessiven Zustand auf beiden Leitungen eine Spannung von 2,5 V. Im dominanten Zustand liegt an CAN_H eine Spannung von 3,5 V und an CAN_L von 1,5 V an.

Beim Lowspeed-CAN liegt im rezessiven Zustand an CAN_H eine Spannung von 0 V und an CAN_L von 5 V an. Im dominanten Zustand liegen an CAN_H 3,6 V und an CAN_L 1,4 V an.

Reflexionsfreier Abschluss

Reflexionen der elektrischen Signale an offenen Leitungsenden würden die Kommunikation stören. Um diese Reflexionen zu dämpfen, werden die Busleitungen an beiden Enden mit einem Widerstand von 120 Ω abgeschlossen.

Alternativ können die Abschlusswiderstände auch in den Steuergeräten integriert sein.

Grenzwerte

Zur korrekten Auswertung der gesendeten Bit muss bei jedem Knoten das Signal innerhalb der Bitzeit ungestört vorhanden sein, und zwar immer am jeweiligen Abtastzeitpunkt. Verzögerungen ergeben sich aus der Signallaufzeit auf dem Datenbus. Die maximal zulässige Übertragungsrate hängt somit von der Gesamtlänge des Busses ab. Die ISO 11898 spezifiziert sie für eine definierte Leitungslänge. Für längere Leitungen gibt es folgende Empfehlungen.

- 1 MBit/s bei 40m (spezifiziert),
- 500 kBit/s bis zu 100m (Empfehlung),
- 250 kBit/s bis zu 250m,
- 125 kBit/s bis zu 500m,
- 40 kBit/s bis zu 1000m.

Es können ohne zusätzliche Maßnahmen mindestens 30 Netzknoten an den Bus angeschlossen werden.

4 Spannungspegel

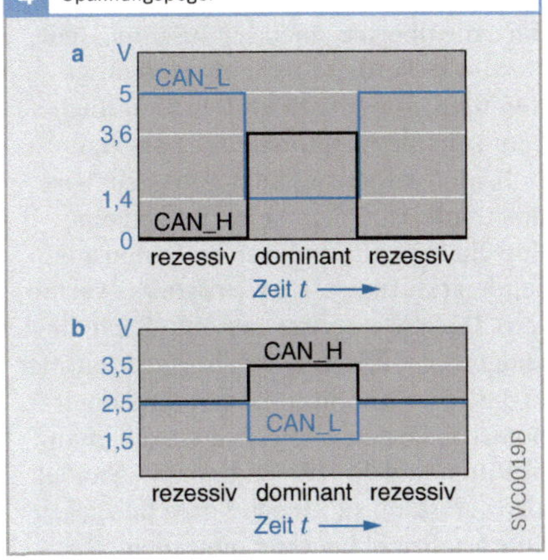

5 Übertragungssystem

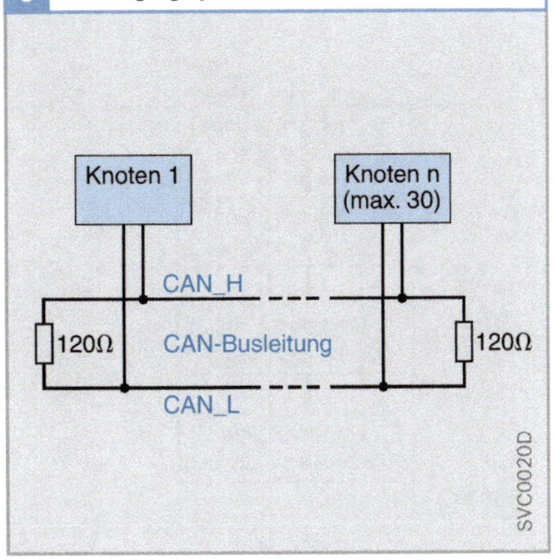

Bild 4
a Spannungspegel des Lowspeed-CAN (CAN-B)
b Spannungspegel des Highspeed-CAN (CAN-C)

CAN-Protokoll

Protokollschichten

Für Kommunikationsprotokolle ist es Standard, thematisch zusammenhängende Aufgaben in Schichten zusammenzufassen, wodurch auch eine große Flexibilität bei der Implementierung eines Bussystems erreichen wird. Bei CAN sind sowohl CAN-Hardware als auch -Software in mehrere Schichten unterteilt (Bild 6).

Application Layer (Anwendungsschicht)
Das „Application Layer" repräsentiert die Informationen in Datenstrukturen, die von der verwendeten Anwendung benutzt wird. Diese zu übertragenden Daten werden zur Übertragung an das Object Layer weitergereicht.

Object Layer (Objektschicht)
Aufgabe des „Object Layers" ist die Verwaltung der Nachrichten. Durch die Funktionen dieses Layers wird entschieden, welche Nachricht zu welchem Zeitpunkt versendet werden soll. Für eingegangene Nachrichten nimmt dieses Layer die Akzeptanzprüfung vor.

Transport Layer (Übertragungsschicht)
Das „Transport Layer" präsentiert dem Object Layer die empfangenen Nachrichten und formt die vom Object Layer zum Versenden bereitgestellten Nachrichten so, dass das Physical Layer diese Informationen übertragen kann. Zur Erfüllung dieser Aufgabe ist das Transport Layer u. a. für Arbitrierung oder Fehlererkennung und -signalisierung zuständig.

6 Protokollschichten

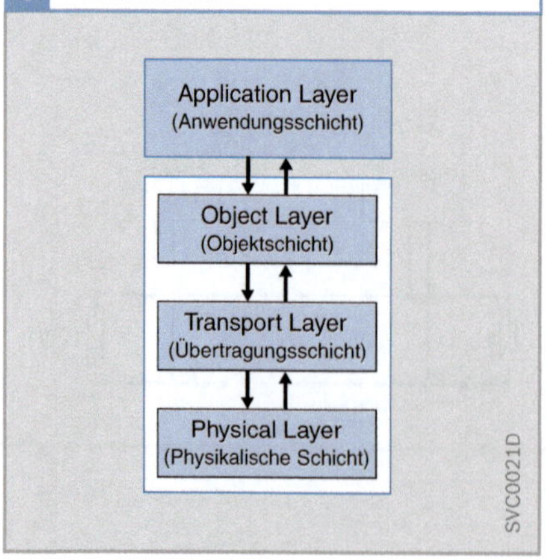

Physical Layer (Physikalische Schicht)
Das „Physical Layer" bildet die tiefste Ebene des Übertragungsstacks. Es besteht aus den physikalischen Komponenten des Netzwerks, wie der Verkabelung und den Spannungen, mit denen die Informationen übertragen werden.

Multimaster-Prinzip

CAN ermöglicht die Kommunikation zwischen Netzknoten ohne eine zentrale Steuerungseinheit zu benötigen. Jeder Knoten kann zu jeder Zeit versuchen Nachrichten zu senden. Ob dieser Versuch erfolgreich ist hängt im Wesentlichen von zwei Faktoren ab:

- Ist der Bus vor Sendebeginn frei?
- Wird die Arbitrierungsphase bestanden?

Dieser Aufbau gewährleistet, dass selbst bei Ausfall beliebig vieler Knoten immer noch bestimmt werden kann, ob ein Knoten sendeberechtigt ist.

Inhaltsbezogene Adressierung

Anders als andere Netzwerke adressiert CAN nicht den einzelnen Netzknoten, sondern die übertragenen Nachrichten. Jede Nachricht verfügt über eine eindeutige Kennung, den Identifier. Der Identifier kennzeichnet den Inhalt der Botschaft (z. B. Motordrehzahl oder Fensterheberposition). Damit kann eine Station eine Botschaft an alle anderen Stationen aussenden (Multicast- bzw. Broadcast-Verfahren). Diese verwerten ausschließlich diejenigen Daten, deren zugehörige Identifier in der Liste der entgegenzunehmenden Botschaften gespeichert sind (Akzeptanzprüfung, Bild 7). Jede Station entscheidet also selbst, ob sie eine auf dem Bus gesendete Nachricht benötigt oder nicht.

Der Identifier besteht aus 11 Bit (Standardformat, CAN 2.0 A) oder 29 Bit (erweitertes oder extended Format, CAN 2.0 B). Mit 11 Bit können im Standard-Format 2 048, im erweiterten Format über 536 Millionen verschiedene CAN-Botschaften unterschieden werden.

Der Vorteil dieser Adressierung liegt darin, dass die Netzknoten keine Informationen über die Systemkonfiguration benötigen und damit vollständig unabhängig voneinander arbeiten können. Das ermöglicht eine hohe Flexibilität des Gesamtsystems, mit dem Ausstattungsvarianten leichter zu beherrschen sind. Benötigt ein Steuergerät neue Informationen, die bereits auf dem Bus vorhanden sind, kann es diese einfach abrufen. Zusätzliche Stationen können – sofern es sich um Empfänger handelt – in das System eingefügt werden, ohne die bestehenden Stationen modifizieren zu müssen.

Steuerung des Buszugriffs

Arbitrierungsphase

Wenn der Bus frei ist (rezessiver Zustand) und Nachrichten zur Übertragung bereitstehen, kann jede Station mit dem Senden ihrer Nachricht beginnen. Die Nachricht beginnt mit einem dominanten Bit (Start-of-Frame Bit), gefolgt vom Identifier. Beginnen mehrere Stationen gleichzeitig zu senden, dann wird zur Auflösung der resultierenden Buszugriffskonflikte ein „Wired And"-Arbitrierungsschema (Arbiter = Schiedsrichter, logische UND-Verknüpfung) verwendet, bei dem sich die Botschaft mit der höchsten Priorität (niedrigstem Binärwert des Identifiers) durchsetzt, ohne dass ein Zeit- oder Datenverlust eintritt (nichtzerstörendes Protokoll).

Das Arbitrierungsschema bewirkt, dass die von einer Station ausgesandten dominanten Bit die rezessiven Bit anderer Stationen überschreiben (Bild 8). Jede Station gibt Bit für Bit – das höchstsignifikante Bit zuerst – den Identifier seiner Nachricht auf den Bus. Während dieser Arbitrierungsphase (Auswahlphase) vergleicht jede sendende Station den aufgeschalteten Buspegel mit dem tatsächlich vorhandenen Pegel. Jede Station, die ein rezessives Bit sendet, jedoch ein dominantes Bit beobachtet, verliert die Arbitrierung. Die Station mit dem niedrigsten Identifier – also der höchsten Priorität – setzt sich am Bus durch, ohne die Botschaft wiederholen zu müssen (zerstörungsfreie Zugriffssteuerung). Sender von Botschaften mit niedrigerer Priorität werden automatisch zu Empfängern der gerade von einer anderen Station gesendeten Nachricht. Sie wiederholen ihren Sendeversuch, sobald der Bus wieder frei ist.

7 Adressierung und Akzeptanzprüfung

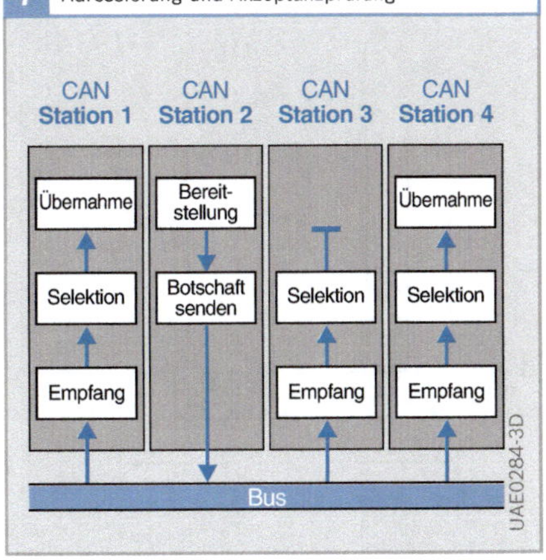

8 Bitweise Arbitrierung

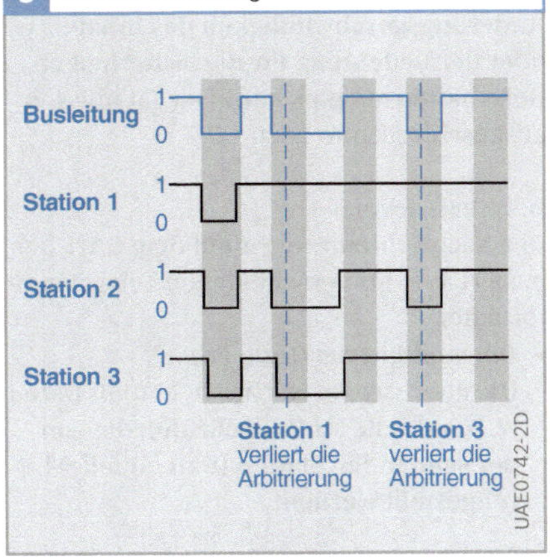

Bild 7
Station 2 sendet
Station 1 und 4 übernehmen die Daten

Bild 8
Station 2 setzt sich durch (Signal auf dem Bus = Signal von Station 2)

0 Dominanter Pegel
1 Rezessiver Pegel

Ohne diese Zugriffssteuerung würden Buskollisionen zu Fehlern führen. Deshalb dürfen nicht mehrere Knoten eine Nachricht mit dem selben Identifier versenden, um eine eindeutige Busvergabe sicher zu stellen.

Nachrichten der höchsten Priorität brauchen durch dieses Zugriffsverfahren nur die Übertragung der aktuell gesendeten Nachricht abwarten und haben damit mit 130 Bitzeiten (CAN 2.0 A) bzw. 150 Bitzeiten (CAN 2.0 B) die niedrigste Latenzzeit. Bei einer Datenübertragungsrate von 500 kBit/s entspricht das 260 µs bzw. 300 µs. Je höher die Auslastung des Busses ist, desto größer wird der zeitliche Versatz des Datentransfers für Nachrichten niedriger Priorität und damit die Unsicherheit, wann eine abzusendende Nachricht beim Empfänger ankommt.

Damit alle Botschaften zum Zuge kommen, muss die Datenübertragungsrate an die Anzahl der Busteilnehmer angepasst sein.

Priorisierung

Direkte Folge des Arbitrierungsvorgangs ist, dass der Identifier neben der Kennzeichnung des Frameinhalts auch die Aufgabe der Priorisierung des Frames beim Senden hat. Ein Identifier, der einer niederen Binärzahl entspricht, besitzt eine hohe Priorität und umgekehrt. Prioritäten für Botschaften leiten sich z. B. aus der Änderungsgeschwindigkeit des Inhalts oder der Bedeutung für die Sicherheit ab. Botschaften mit gleicher Priorität müssen ausgeschlossen werden.

Botschaftsformat

Der Nachrichtentransfer auf dem CAN-Bus basiert auf vier verschiedenen Telegrammformaten:

- *Datentelegramm (Data Frame)*:
  Die übertragene Nachricht enthält Daten (z. B. aktuelle Motordrehzahl), die von der sendenden Station (Datenquelle) bereitgestellt werden.
- *Datenanforderungstelegramm (Remote Frame)*:
  Stationen können Daten, die sie benötigen, von der Datenquelle anfordern (Beispiel: Scheibenwischer fordert vom Regensensor den aktuellen Nässezustand der Windschutzscheibe an). Die Datenquelle reagiert darauf mit Senden des entsprechenden Data Frames.
- *Fehlertelegramm (Error Frame)*:
  Erkennt eine Station einen Fehler, teilt sie dies den anderen Stationen mittels eines Error Frames mit.
- *Überlasttelegramm (Overload Frame)*:
  Hiermit kann eine Verzögerung zwischen einem vorangegangenen und einem nachfolgenden Data Frame oder Remote Frame erzeugt werden. Der sendende Knoten teilt mit, dass er aktuell keine weiteren Frame verarbeiten kann.

Für die Datenübertragung auf dem Datenbus wird ein „Frame" (Botschaftsrahmen) aufgebaut. Er enthält in festgelegter Reihenfolge Informationen zur Übertragung. CAN unterstützt zwei verschiedene Formate von Frames, die in CAN 2.0 A und CAN 2.0 B spezifiziert sind. Wichtigster Unterschied zwischen diesen beiden Frameformaten ist die Länge des Identifiers. Ein CAN 2.0 A-Frame besitzt einen 11-Bit-Identifier, ein CAN 2.0 B-Frame einen 29-

9 CAN-Botschaftsformat

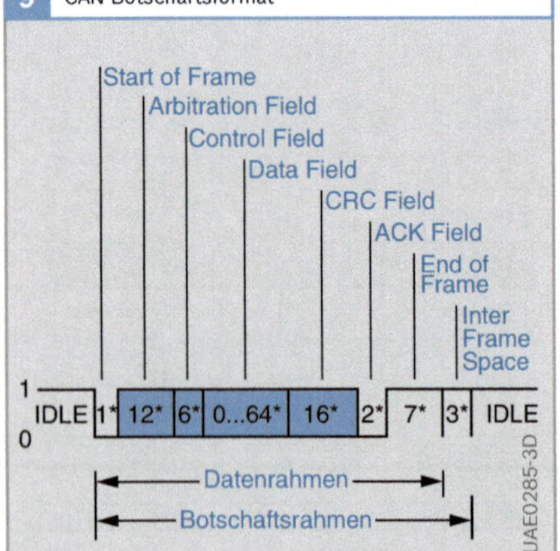

Bild 9
0 Dominanter Pegel
1 Rezessiver Pegel

Bit-Identifier, der in zwei Teile (11 Bit und 18 Bit) geteilt ist.

Beide Formate sind untereinander kompatibel und können in einem Netzwerk gemeinsam zur Anwendung kommen. Die Frames nach CAN 2.0 A und B sind in Bild 9 dargestellt. Sie haben eine maximale Länge von 130 Bit (Standardformat) bzw. 150 Bit (erweitertes Format).

In CAN 2.0 A- und CAN 2.0 B-Data-Frames ist die Folge von übetragenen Information gleich strukturiert. Auf das Start-of-Frame Bit, folgen Arbitration-, Control-, Data- und CRC Field. Abgeschlossen wird ein Frame vom ACK-Field und dem End-of-Frame.

Start of Frame
Im Ruhezustand (IDLE) ist der Bus rezessiv. „Start of Frame" zeigt mit einem dominanten Bit den Beginn einer Übertragung an und dient gemeinsam mit dem Bitstuffing der Synchronisation aller Stationen.

Arbitration Field
Bei einem CAN 2.0 A-Frame besteht das „Arbitration Field" aus dem 11-Bit-Identifier und einem Kontrollbit, dem RTR-Bit (Remote Transmission Request).

Bei einem CAN 2.0 B-Frame besteht das Arbitration Field aus dem 11-Bit-Identifier, gefolgt von dem SRR-Bit (Subsitute Remote Request) und dem IDE (Identifier Extension Bit). Beide Bits werden rezessiv übertragen und gewährleisten damit, dass ein CAN 2.0 A-Frame immer Vorrang vor einem CAN 2.0 B-Frame bei gleichem 11 Bit Identifier, hat. Anschließend folgt der zweite 18 Bit Identifier. Das RTR Bit beendet das Arbitration Field.

Das RTR Bit kennzeichnet, ob das übertragene Frame ein Data oder Remote Frame ist. Im Data Frame ist das RTR-Bit dominant, im Remote Frame rezessiv. Sollte also Station A eine Nachricht mittels Data-Frame senden und Station B diese Nachricht mittels Remote Frame zum gleichen Zeitpunkt anfordern, kann der Arbitrierungskonflikt in diesem Fall nicht über den Nachrichtenidentifier gelöst werden, die Entscheidung über das Zugriffsrecht liegt beim RTR-Bit. Station A gewinnt erst mit dem Senden des dominanten RTR-Bit die Arbitrierung und setzt die Übertragung der Nachricht fort. Station B, die genau diese Nachricht angefordert hat, geht auf Empfang und kann die weiteren von Station A gesendeten Daten lesen.

Control Field (Kontrollfeld)
In einem CAN 2.0 A-Frame besteht das „Control Field" aus dem IDE-Bit (Identifier Extension Bit), das hier immer dominant gesendet wird, gefolgt von einem reservierten Bit für zukünftige Erweiterungen, das rezessiv gesendet wird. Die restlichen vier Bit dieses Feldes beschreiben die Anzahl der Datenbytes im nachfolgenden Datenfeld (Data Field). Dadurch kann der Empfänger feststellen, ob er alle Daten empfangen hat.

In einem CAN 2.0 B Frame ist die Struktur nahezu identisch. Da das IDE Bit aber bereits zum Arbitration Field gezählt wird, tritt an seine Stelle ein weiteres reserviertes Bit für zukünftige Erweiterungen, das rezessiv gesendet wird.

Data Field (Datenfeld)
Das „Data Field" enthält die zwischen 0 und 8 Byte breite Dateninformation. Ein Datenfeld, in dem die Länge der Dateninformation mit 0 angegeben ist, führt zu dem kürzest möglichen Data Frame mit einer Länge von 44 bzw. 64 Bit. So ein Frame kann zur Synchronisation verteilter Prozesse verwendet werden. Es können auch mehrere Signale in einer Botschaft gesendet werden (z. B. Motortemperatur und Motordrehzahl).

CRC Field (Sicherungsfeld)
Das „CRC Field" (Cyclic Redundancy Check, zyklische Redundanzprüfung) enthält eine 15-Bit-Prüfsumme (Rahmensicherungswort) über das vorausgehende Frame vom Startbit bis zum letzten Bit des Datenfelds. Das 16. Bit (CRC-Delimiter) in

diesem Feld ist rezessiv und schließt die Prüfsumme ab. Die Prüfsumme dient zur Erkennung von etwa auftretenden Übertragungsstörungen.

ACK Field (Quittungsfeld)
Anders als alle vorausgehenden Felder wird das „ACK Field" (Acknowledgement, Bestätigung) nicht vom Sender des Frames gesetzt, sondern von einem anderen Knoten, der direkt im Anschluss an das Data Field den Empfang des Frames bestätigen kann. Das Feld umfasst den „ACK-Slot" und den rezessiven „ACK-Delimiter". Der ACK-Slot wird vom Sender ebenfalls rezessiv gesendet und von einem Empfänger bei korrektem Botschaftsempfang dominant überschrieben. Dabei spielt es keine Rolle, ob die Botschaft für den jeweiligen Empfänger im Sinne der Akzeptanzprüfung von Bedeutung ist oder nicht; bestätigt wird der korrekte Empfang. Hierdurch wird dem Sender signalisiert, dass bei der Datenübertragung keine Störung aufgetreten ist.

End of Frame (Ende-Kennung)
Das „End-of-Frame" besteht aus sieben rezessiven Bit und kennzeichnet das Ende der Botschaft. Mit sieben aufeinander folgenden gleichen Bit wird bewusst die Stuffing-Regel verletzt (s. Störungserkennung).

InterFrame Space (Rahmenpause)
Der „InterFrame Space" besteht aus einer Folge von drei rezessiven Bit, die aufeinander folgende Botschaften trennen. Nach diesen insgesamt 10 rezessiven Bit dürfen die Stationen im Netz wieder senden. Bis dahin bleibt der Bus im IDLE-Zustand.

Nur Data und Remote Frames müssen den InterFrame Space beachten. Error und Overload Frames können direkt im Anschluss an das letzte Frame gesendet werden. Hierdurch wird eine direkte Signalisierung von Fehlern und Problemen ermöglicht.

Senderinitiative
In der Regel initiiert der Sender eine Datenübertragung, indem er einen Data Frame abschickt. Es ist aber auch möglich, dass ein Empfänger Daten bei einem Sender abruft, indem er einen Remote Frame absetzt. Der Netzknoten, der die angeforderte Information liefern kann, stellt auf diese Anfrage hin die Information zur Verfügung.

Störungserkennung
Die Busleitung kann z. B. durch elektromagnetische Einflüsse gestört werden. Um Fehlverhalten auszuschließen, müssen die übermittelten Daten auf Korrektheit überprüft werden. Im CAN-Protokoll sind eine Reihe von Kontrollmechanismen zur Störungserkennung integriert.

Zyklische Redundanzprüfung
Für jede übertragene Nachricht berechnet der Sender aus Start-of-Frame, Arbitration-, Control- und Data-Field eine Prüfsequenz. Hierbei wird aus der Bitsequenz mit Hilfe des Generatorpolynoms eine 15-Bit-Prüfsumme bestimmt, über die Fehler in der Datenübertragung festgestellt werden können.

Bei der CRC-Generierung wird mit einem festgelegten Generatorpolynom eine Polynomdivision über einen gegebenen Framebereich durchgeführt. Der übrigbleibende Rest bildet die Prüfsumme.

Nachdem das CRC Field empfangen wurde, kann der Empfänger die korrekte Übertragung des Frames kontrollieren, indem er erneut eine Polynomdivision des empfangenen Framebereichs mit dem Generatorpolynom durchführt und überprüft, ob die empfangene Prüfsumme mit dem errechneten Rest übereinstimmt.

Rahmenformat-Überprüfung (Frame-Check)
Alle Busteilnehmer, sowohl Sender als auch Empfänger, überprüfen den gesendeten/ empfangenen Datenrahmen auf Einhaltung der vorgegebenen Framestruktur (Rahmensicherung). Im CAN-Protokoll sind einige Felder mit festem Format enthalten (Start- und End-of-Frame, Delimiter), die von allen Stationen überprüft werden.

ACK-Check
Beim „ACK-Check" bestätigt ein Empfänger den korrekten Empfang des Frames, indem er ein dominantes Bit im ACK-Slot sendet. Der Sender des Frames kann dadurch überprüfen, ob eine Nachricht korrekt übertragen wurde. Ein Ausbleiben weist auf erkannte Übertragungsfehler hin.

Monitoring
Der Sender eines Frames beobachtet ständig den Buspegel. Übertragungsfehler kann er durch Vergleich von gesendetem und abgetastetem Bit feststellen.

Bitstuffing
Die Einhaltung des „Bitstuffing" wird im Code-Check überprüft. Die Stuffing-Regel besagt, dass in jedem Data oder Remote Frame zwischen Start-of-Frame und Ende des CRC Fields maximal fünf aufeinander folgende Bit im selben Zustand gesendet werden dürfen. Nach jeweils fünf gleichen in Folge übertragenen Zuständen fügt der Sender ein Bit des entgegen gesetzten Zustands ein. Die Empfänger löschen alle diese eingefügten Bit nach dem Botschaftsempfang wieder (Destuffing).

Mit dieser Maßnahme können Leitungsstörungen, wie z. B. ein Kurzschluss oder Burstinterference, erkannt werden. Selten auftretende Signalwechsel würden zudem die Möglichkeit zur Synchronisierung in den Knoten einschränken.

Störungsbehandlung
Stellt ein CAN-Controller eine Störung oder einen Formatfehler fest, so unterbricht er die laufende Übertragung durch das Senden eines Error Frame, das aus sechs aufeinander folgenden dominanten Bit besteht. Hierdurch wird die Stuffing-Regel verletzt, die diese Bitfolge verbietet. Stellt der Sender fest, dass seine Nachricht durch ein Error Frame unterbrochen wurde, bricht er den Sendevorgang ab und versucht es später erneut. Dieser Effekt verhindert, dass andere Stationen die fehlerhafte Nachricht annehmen und sorgt so für eine systemweite Datenkonsistenz.

Fehlereingrenzung bei Ausfällen
Defekte Stationen können den Busverkehr erheblich belasten, indem sie häufig fehlerhafte Botschaften senden oder die Übertragung korrekter Botschaften durch Senden eines Error Frames wiederholt unterbrechen. Das CAN-Protokoll lokalisiert Stationsausfälle mithilfe des statistischen Fehlerauswertung. Eine Station erkennt die Wahrscheinlichkeit ihrer eigenen Fehlfunktion daran, dass sie häufig Botschaften abbricht, bevor andere Stationen ein Error Frame senden. Als erste Maßnahme verhindert das Protokoll, dass eine solche Station weiterhin Übertragungen abbricht. Im Notfall schaltet sich die Station selbsttätig ab.

Hardware

CAN-Controller eines Teilnehmers

Der CAN-Controller eines Teilnehmers erzeugt aus den zu übertragenden Daten ein Frame mit allen für das CAN-Protokoll erforderlichen Feldern. Das Frame setzt er anschließend in einen Bitstrom um.

CAN spezifiziert nur die Ebenen von Physical-, Transportation- und Object-Layer. Die Schnittstellen, die auf Anwendungsebene bereitgestellt werden, lassen sich dagegen unterschiedlich gestalten, um sie dem Einsatzgebiet anzupassen. Um hinsichtlich der CPU-Unterstützung (Mikrocontroller des Steuergeräts für Anwendersoftware) den unterschiedlichen Anforderungen gerecht zu werden, sind von Halbleiterherstellern unterschiedlich leistungsfähige Implementierungen auf dem Markt gebracht worden. Sie unterscheiden sich nicht hinsichtlich des erzeugten Frameformats und der Fehlerbehandlung, sondern nur bezüglich der CPU-Unterstützung, die für die Nachrichtenverwaltung erforderlich ist.

Werden auf dem Bus Nachrichten im erweiterten Format (29-Bit-Identifier) verwaltet, dann müssen die CAN-Controller zur Spezifikation CAN 2.0 B kompatibel sein. Es gibt Controller, die nur CAN 2.0 A unterstützen und Nachrichten im Standard-Format senden und empfangen, bei Nachrichten im erweiterten Format aber Fehler erzeugen. Andere Controller tolerieren das erweiterte Format, ohne einen Fehler zu erzeugen. Diese Bausteine können in einem CAN-Netz zusammen mit Controllern eingesetzt werden, die das Senden und Empfangen von Nachrichten im erweiterten Format beherrschen.

Basic-CAN

In Bausteinen mit Basic-CAN-Implementierung ist nur die Grundfunktion des CAN-Protokolls zur Erzeugung des Bitstroms in Hardware realisiert. Für die Verwaltung der zu sendenden und

10 Basic-CAN-Baustein

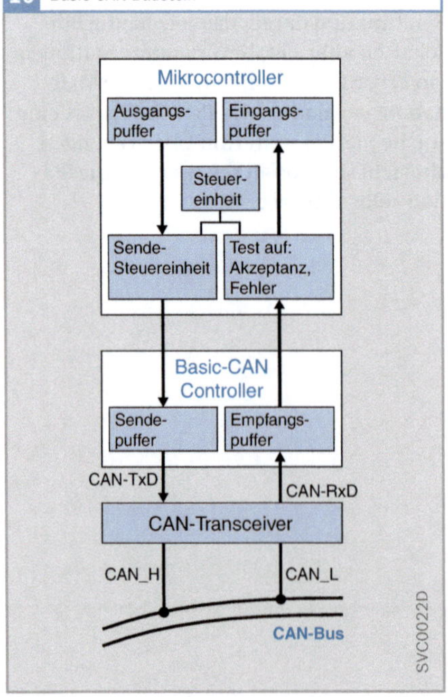

11 Full-CAN-Baustein

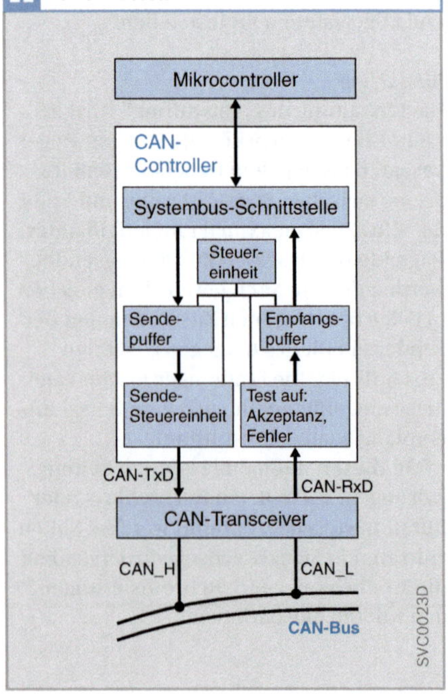

empfangenen Botschaften steht ein Zwischenpuffer zur Verfügung, auf den der lokale Rechner (Mikrocontroller der Anwendersoftware) zugreift (Bild 10). Da der Puffer begrenzt ist, muss der Rechner die empfangene Daten auslesen, bevor neue Botschaften empfangen werden. Auch die Akzeptanzprüfung wird in diesem Rechner durchgeführt. Ein Teil der Rechenkapazität wird somit für die CAN-Verwaltung beansprucht. Da die Rechner meistens keine ausreichenden Verarbeitungskapazitäten haben, sind Bausteine mit Basic-CAN in erster Linie für niedrige Übertragungsraten geeignet, oder für die Übertragung weniger Nachrichten bei höheren Übertragungsraten.

Der Vorteil dieser Bausteine liegt - gegenüber den Bausteinen mit Full-CAN - in der kleineren Chipfläche und den geringeren Herstellungskosten.

Full-CAN
Wenn bei hohen Übertragungsraten eine Station mehrere Botschaften verwalten muss und der lokale Rechner keine freie Kapazität für Kommunikationsaufgaben hat, kommen vorzugsweise Bausteine mit Full-CAN-Implementierung zum Einsatz. Sie enthalten mehrere „Kommunikationsobjekte", von denen jedes den Identifier und die Daten einer bestimmten Nachricht enthält. Bei der Initialisierung des CAN-Baustein durch den lokalen Rechner wird festgelegt, welche Nachrichten der CAN-Controller senden und welche empfangenen Nachrichten er weiterverarbeiten soll. Empfangene Nachrichten werden nur dann akzeptiert (Akzeptanzprüfung), wenn der Identifier zu einem der Kommunikationsobjekte passt.

CAN-Controller mit Full-CAN-Implementierung verringern die Belastung des lokalen Rechners, indem sie die gesamte Kommunikation einschließlich der Akzeptanzprüfung im Controller durchführen (Bild 11).

Der CAN-Controller kann als Stand-Alone Baustein über den Adress-/Datenbus an den Mikrocontroller im Steuergerät angekoppelt werden. Leistungsfähige Mikrocontroller haben den CAN-Controller „on chip" integriert. Diese Art der Busankopplung ist die kosteneffektivere und somit immer häufiger eingesetzte Lösung.

Bausteine ohne lokale Rechner
Eine weitere Klasse von CAN-Bausteinen kommt ohne lokalen Rechner aus. Diese SLIO (Serial Linked Input/Output) können Daten über Ports aus- und einlesen. Sie sind daher geeignet, Sensoren und Aktoren zu geringen Kosten busfähig zu machen, benötigen aber einen Master, der sie steuert.

Transceiver
Der Bitstrom, den der CAN-Controller erzeugt, besteht aus binären Signalen. Sie entsprechen noch nicht den geforderten Spannungspegeln des CAN-Busses. Der CAN-Businterfacebaustein, auch als Transceiver bezeichnet, erzeugt aus dem binären Datenstrom die differenziellen Signale CAN_H und CAN_L sowie die Referenzspannung U_{ref}.

Sleep-Mode
Der CAN-Komfort-Bus muss auch bei abgeschalteter Zündung betriebsbereit sein, damit Funktionen wie z. B. Radio, Fensterheber oder Parkleuchte arbeiten können. Die Busteilnehmer müssen deshalb über Klemme 30 (Dauerplus) versorgt werden. Ein CAN-Knoten kann nach Abschalten von Klemme 15 (Zündung aus) in den Sleep-Mode (Standby) versetzt werden, um das Bordnetz möglichst wenig zu belasten. Der Sendeteil des Transceiver-Bausteins ist in diesem Zustand abgeschaltet, sodass der Energiebedarf in dieser Betriebsart gering ist. Der Empfängerteil hingegen ist aktiv und beobachtet, ob auf dem Bus Nachrichten übertragen werden. So kann der CAN-Controller, der sich auch im Standby-Modus betreiben lässt, auf eine Wake-up-Botschaft reagieren und den CAN-Knoten vollständig aktivieren.

Ablauf einer Datenübertragung

Am Beispiel der Übertragung der Motordrehzahl soll der Ablauf einer Datenübertragung über CAN mit einem Full-CAN-Baustein aufgezeigt werden.

Senden

Die Anwender-Software der Motorsteuerung berechnet aus dem Signal des Drehzahlsensors die Motordrehzahl. Diese Berechnung wird einmal pro Verbrennungszyklus durchgeführt. Der Messwert gelangt in den Eingangsspeicher sowie in den Sendespeicher des Mikrocontrollers (Bild 12a).

Über eine parallele Schnittstelle ist der Mikrocontroller der Motorsteuerung mit dem CAN-Controller gekoppelt. Der Inhalt des Sendespeichers gelangt zyklisch (z. B. alle 10 ms) in den Sendepuffer des CAN-Controllers. Über ein Flag (symbolisch: Sende-Flagge) wird dem CAN-Controller angezeigt, dass eine Nachricht abzusenden ist. Mit diesem Sendeauftrag hat die Motorsteuerung ihren Teil der Aufgabe abgeschlossen.

Nach dem Einspeichern der Drehzahlinformation in den Sendepuffer beginnt der CAN-Controller mit der Zusammenstellung des CAN Frames. Über die RxD-Leitung beobachtet der CAN-Controller nun den Bus. Bei freiem Bus startet er sofort mit der Erzeugung des Bitstroms und leitet ihn über die TxD-Leitung zum Transceiver, bei besetztem Bus wartet er. Der Transceiver bildet aus dem Bitstrom ein Signal mit den erforderlichen Spannungspegel.

Empfangen

Alle am Bus angeschlossenen Stationen empfangen über den Transceiver die von der Motorsteuerung übertragene Nachricht (Bild 12b). Diese gelangt jeweils über die RxD-Leitungen als Bitstrom zum CAN-Controller.

Im ersten Schritt (Überwachungsebene) überprüft der CAN-Controller die eingegangene Nachricht mithilfe der CRC-

12 Ablauf einer Datenübertragung

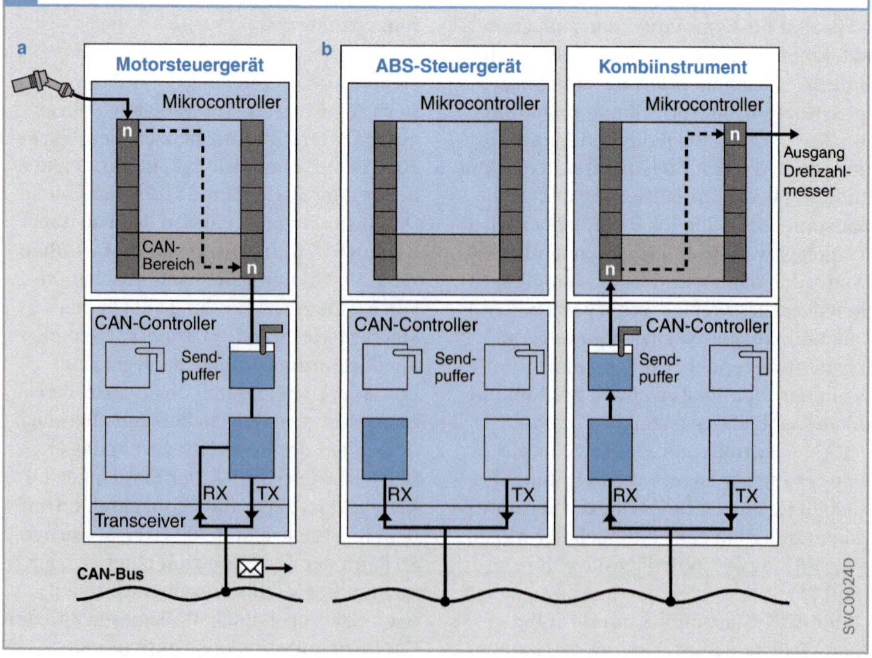

Prüfsumme auf Fehlerfreiheit. Bei Fehlerfreiheit antwortet jede Station sofort mit einem Acknowledge (ACK-Check).

Im zweiten Schritt erfolgt in der Akzeptanzebene die Akzeptanzprüfung. Jede Station prüft, ob der empfangene Identifier für die Station relevant ist und die zugehörige Nachricht in der Anwendersoftware benötigt wird. Ist dies nicht der Fall, dann wird die Nachricht verworfen. Anderenfalls gelangt sie in den Empfangspuffer. Ein Flag (symbolisch: Empfangs-Flagge) zeigt der Anwender-Software an, dass eine aktuelle Nachricht zur Verarbeitung bereitsteht.

Das Kombiinstrument z. B. ruft die bereitstehende Nachricht ab, verarbeitet die Drehzahlinformation und berechnet Ansteuersignale für den Aktor des Anzeigeinstruments.

Standardisierung

CAN wurde sowohl von der ISO (International Organisation for Standardization) als auch von der SAE (Society of Automotive Engineers) für den Datenaustausch im Kraftfahrzeug standardisiert:

- Für Lowspeed-Applikationen bis 125 kBit/s als ISO 11 519-2 und 11 898-3.
- Für Highspeed-Applikationen größer 125 kBit/s als ISO 11 898-2 und SAEJ 22 584 (Pkw) bzw. SAEJ 1 939 (Nfz).
- Eine ISO-Norm zur Diagnose über CAN ist als ISO 15 765 publiziert.

Die Standardisierung ermöglicht, dass Komponenten verschiedener Hersteller zusammenarbeiten. Es sind keine Anpassungen vorzunehmen.

Auch in der Industrieautomatisierung ist CAN weit verbreitet. Unterstützt werden diese Anwendungen durch einen Zusammenschluss von Unternehmen im Nutzerverein „CAN in Automation" (CiA).

Bosch hat mit seinen Lizenznehmern Verträge abgeschlossen, die garantieren, dass beliebige CAN-Implementierungen miteinander kommunizieren können. Anwender können sich auf das Zusammenspiel beliebiger CAN-Bausteine verlassen.

Eigenschaften

- Normierung nach ISO 11898.
- Prioritätsgesteuerte Kommunikation.
- Datenübertragungsraten: bis 1 MBit/s.
- Datenkapazität: bis 8 Byte pro Nachricht.
- Echtzeitfähigkeit: Das Datenprotokoll genügt den Echtzeitanforderungen im Kraftfahrzeug.
- Zerstörungsfreies Buszugriffsverfahren.
- Geringer Stromverbrauch.
- Flexibilität bei der Konfiguration.
- Einfacher und kostengünstiger Aufbau durch verdrillte Zweidraht-Leitung.
- Sehr hohe Zuverlässigkeit der Datenübertragung.
- Fehlererkennung und -signalisierung.
- Lokalisierung ausgefallener Stationen.
- Behandlung von sporadischen und Dauerfehlern.
- Kurzschlussfestigkeit.
- Anzahl der Knoten ist theoretisch nicht beschränkt. Eine Begrenzung ergibt sich in der Praxis aber durch die kapazitive Belastung des Busses sowie die zunehmenden Latenzzeiten der Nachrichten, wenn viele Nachrichten übertragen werden sollen.

LIN-Bus

Übersicht

Der zunehmende Einsatz mechatronischer Systeme im Kraftfahrzeug führte zu der Idee, ein kostengünstiges Bussystem als Alternative zum Lowspeed-CAN zu konzipieren. Mehrere Automobilhersteller beteiligten sich 1998 an der Einrichtung eines Konsortiums mit dem Ziel, eine Spezifikation für einen seriellen Bus zur Vernetzung von Sensoren und Aktoren im Bereich der Karosserieelektronik zu entwickeln.

Ein Bussystem mit einfachem Busprotokoll und einer einfachen Ablaufsteuerung sollte die Möglichkeit schaffen, auch Mikrocontroller des unteren Leistungsspektrums ohne zusätzliche Hardware für die Kommunikationsschnittstelle einzusetzen.

Bereits im Jahr 2001 wurde der von dieser Arbeitsgruppe spezifizierte LIN-Bus im Mercedes-Benz SL zum ersten Mal in einem Kraftfahrzeug in Serie eingesetzt.

Der Name LIN (Local Interconnect Network) leitet sich aus der Tatsache ab, dass sich alle Steuergeräte innerhalb eines begrenzten Bauraums (z. B. in der Tür) befinden. Beim LIN handelt es sich somit um ein lokales Subsystem zur Unterstützung der Fahrzeugvernetzung mittels übergeordneter CAN-Netze.

Der LIN-Bus ist für geringe Datenraten bis 20 kbit/s geeignet und typischerweise auf maximal 16 Busteilnehmer begrenzt.

Die elektrische Schnittstelle kann in den Netzwerk-Knoten einfach und kostengünstig realisiert werden. Bei den Knoten unterscheidet man zwischen dem Master, der in der Regel ein Steuergerät mit Anbindung an ein übergeordnetes Bussystem darstellt und den Slaves. Dies sind intelligente Aktoren, intelligente Sensoren oder ganz einfach nur Schalter mit zusätzlicher Hardware für die LIN-Bus-Schnittstelle.

Die Busteilnehmer werden meist in einer linearen Busstruktur angeordnet und über eine Eindrahtleitung miteinander verbunden. Diese Topologie ist jedoch nicht explizit vorgeschrieben.

Die Kommunikation auf dem LIN-Bus erfolgt zeitsynchron, wobei der Master das Zeitraster vorgibt. Dadurch ergibt sich ein streng deterministisches Übertragungsverhalten des LIN-Busses.

Bild 1 zeigt beispielhaft ein LIN-Netzwerk als Subbus im Dach-/Wischer-Bereich des Kraftfahrzeugs. Der Bus besteht hier aus einem Zentral-Steuergerät als Master und den vier Slaves: Spiegel, Garagentoröffner, Regen-/Lichtsensor und Wischer-Aktor. Der Master fungiert gleichzeitig als Gateway zum Chassis-CAN, zum Body-CAN und zum Diagnostics-CAN.

1 LIN-Bus mit Master- und Slave-Knoten

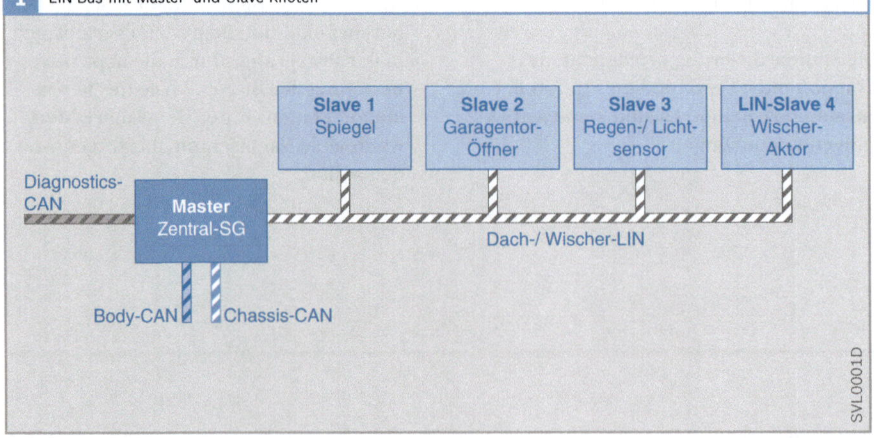

Anwendungen

Der LIN-Bus für die Vernetzung von mechatronischen Systemen kann im Kfz für viele Anwendungen, bei denen die Übertragungsrate und Variabilität des CAN-Busses nicht erforderlich sind, eingesetzt werden. Beispiele für Anwendungen der LIN-Vernetzung sind:

- Türmodul mit Türverriegelung, Fensterheberantrieb und Außenspiegelverstellung,
- Steuerung des Schiebedachantriebs,
- Ansteuern des Wischermotors für den Scheibenwischer,
- Sensor für Regen- und Lichterkennung,
- Klimaanlage (Übertragung der Signale vom Bedienelement, Ansteuerung des Frischluftgebläses),
- Scheinwerferelektronik,
- Ansteuern der Motoren für die Sitzverstellung,
- Diebstahlsicherung,
- Garagentoröffner.

2 Toleranzbänder bei Sender und Empfänger

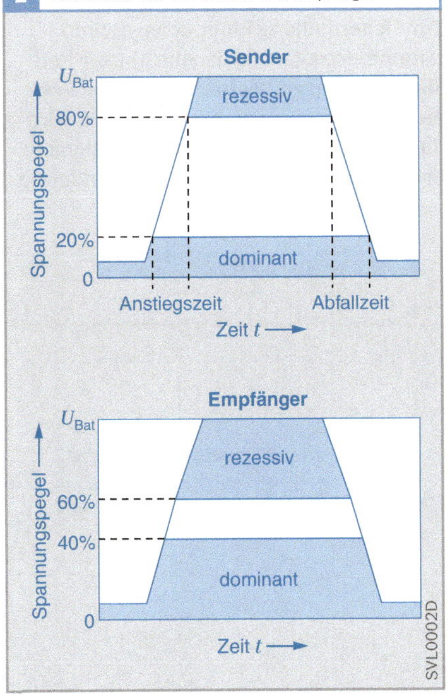

Übertragungssystem

Der LIN-Bus ist als ungeschirmte Eindrahtleitung ausgebildet. Der Bus kann zwei logische Zustände annehmen:

- Der dominante Pegel entspricht der elektrischen Spannung von ca. 0 V und repräsentiert logisch 0.
- Der rezessive Pegel entspricht der Batteriespannung U_{Bat} und stellt den Zustand logisch 1 dar.

Der rezessive Pegel wird am Master-Knoten mit einem 1kΩ-Widerstand, an den Slave-Knoten mit einem 30kΩ-Widerstand gegen die Batteriespannung eingestellt.

Aufgrund unterschiedlicher Ausführungen der Beschaltung können sich bei den Pegeln Unterschiede ergeben. Die Festlegung von Toleranzen beim Senden und Empfangen im Bereich der rezessiven und dominanten Pegels gewährleistet eine stabile Datenübertragung. Damit auch trotz Störeinstrahlung gültige Signale empfangen werden können, sind die Toleranzbereiche empfangsseitig breiter ausgelegt (Bild 2).

Die Datenrate des LIN-Bus ist auf maximal 20 kBit/s begrenzt. Das ist ein Kompromiss zwischen der Forderung nach hoher Flankensteilheit zur leichten Synchronisation der Slaves einerseits, und der Forderung nach geringerer Flankensteilheit zur Verbesserung des EMV-Verhaltens andererseits. Empfohlen werden die Standard-Übertragungsraten 2 400 Bit/s, 9 600 Bit/s und 19 200 Bit/s. Der minimal zulässige Wert der Übertragungsrate beträgt 1 kBit/s, um Time-out-Konflikte zu vermeiden. Die Flankensteilheit selbst ist in der LIN-Spezifikation auf 1...3 V/µs festgelegt.

Die maximale Anzahl der Knoten ist in der LIN-Spezifikation nicht vorgegeben. Theoretisch ist sie durch die Anzahl der verfügbaren Identifier beschränkt. Praktisch ergibt sich eine Beschränkung auf 16 Teilnehmer durch die maximal zulässige Gesamtkapazität des Bussystems.

Buszugriff

Beim LIN-Bus erfolgt der Buszugriff mittels des Master-Slave-Verfahrens. Jede Nachricht wird vom Master initiiert. Der Slave hat die Möglichkeit, zu antworten. Die Nachrichten werden zwischen dem Master und einem, mehreren oder allen Slaves ausgetauscht (Point-to-Point, Multicast, Broadcast).

Bei der Kommunikation zwischen Master und Slave sind folgende Beziehungen möglich:

- Botschaft mit Slave-Antwort: Der Master sendet eine Nachricht an einen oder mehrere Slaves und fragt nach Daten (z. B. Schalterzustände oder Messwerte).
- Botschaft mit Master-Anweisung: Der Master gibt Steueranweisungen an einen Slave (z. B. Einschalten eines Verstellmotors).
- Der Master initiiert eine Kommunikation zwischen zwei Slaves.

Ein Arbitrierungs- und Kollisionmanagement ist nicht erforderlich, da bei der Master-Slave-Zugriffsteuerung alleine der Master den Zugriff auf der Datenleitung steuert.

LIN-Protokoll

Frame

Die Informationen, die auf dem LIN-Bus übertragen werden, sind in einem definierten Rahmen eingebettet (Bild 3). Eine vom Master eingeleitete Nachricht beginnt immer mit einem Header (Botschaftskopf). Das Nachrichtenfeld (Response) enthält je nach Botschaftsart unterschiedliche Informationen. Für den Fall, dass der Master Steueranweisungen für einen Slave überträgt, beschreibt er das Nachrichtenfeld mit den vom Slave zu verwertenden Daten. Im Fall einer Datenanforderung beschreibt der angesprochene Slave das Nachrichtenfeld mit den vom Master angeforderten Daten.

Header

Der Header setzt sich aus den folgenden Teilen zusammen:

- der Synchronisationspause,
- dem Synchronisationsfeld und
- dem Identifier-Feld.

Synchronisation

Zur Sicherstellung einer konsistenten Datenübertragung zwischen Master und Slaves erfolgt zu Beginn eines jeden Frames eine Synchronisation. Zunächst wird durch die Synchronisationspause (Synch-Break) der Beginn eines Frames eindeutig

3 LIN-Botschaftsformat

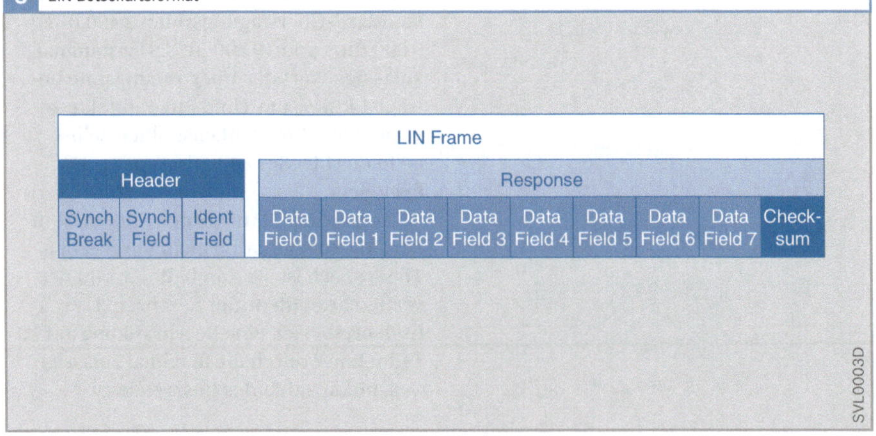

gekennzeichnet. Das SynchBreak besteht aus mindestens 13 aufeinander folgenden dominanten und einem rezessiven Pegel.

Nach der Synchronisationspause sendet der Master das Synchronisationsfeld (SynchField) bestehend aus der Bitfolge 01010101. Die Slaves haben damit die Möglichkeit, sich auf die Zeitbasis des Masters abzugleichen und sich damit zu synchronisieren.

Die beschriebene Synchronisation erlaubt eine großzügige Spezifikation des Timings der Busteilnehmer. Der Takt des Masters soll nicht mehr als ±0,5 % vom Nominalwert abweichen. Der Takt der Slaves darf vor der Synchronisation um bis zu 15 % abweichen, wenn durch die Synchronisation eine Abweichung von maximal 2 % bis zum Ende der Botschaft erreicht wird.

Damit können die Slaves kostengünstig ohne aufwändigen Quarzoszillator, beispielsweise mit einer einfachen RC-Beschaltung, aufgebaut werden.

Identifier

Das dritte Byte im Header wird als LIN-Identifier verwendet. Analog zum CAN-Bus wird eine inhaltsbasierte Adressierung verwendet – der Identifier gibt also Aufschluss über den Inhalt einer Botschaft (z. B. Motordrehzahl). Auf Basis dieser Informationen entscheiden alle am Bus angeschlossenen Knoten, ob sie die Botschaft empfangen und weiterverarbeiten oder ignorieren wollen. Dies bezeichnet man als Akzeptanzfilterung.

Sechs der acht Bit des Identifier-Felds bestimmen den Identifier selbst, aus ihnen ergeben sich damit 64 mögliche Identifier (ID). Sie haben folgende Bedeutung:

- ID = 0...59: Übertragung von Signalen.
- ID = 60: Master-Anforderung für die Kommandos und Diagnose.
- ID = 61: Slave-Antwort auf ID 60.
- ID = 62: Reserviert für herstellerspezifische Kommunikation.
- ID = 63: Reserviert für zukünftige Erweiterungen des Protokolls.

Von den 64 möglichen Botschaften dürfen 32 nur je zwei Datenbyte, 16 jeweils vier Datenbyte und die übrigen 16 je acht Datenbyte enthalten.

Die letzten beiden Bit im Identifier-Feld enthalten zwei Prüfsummen (Checksumme), mit denen der Identifier gegen Übertragungsfehler und daraus resultierenden fehlerhaften Botschaftszuordnungen gesichert wird.

Datenfeld

Nach der Übertragung des vom Master-Knoten gesendeten Headers beginnt die Übertragung der eigentlichen Daten. Die Slaves erkennen aus dem übertragenen Identifier, ob sie angesprochen sind und senden gegebenenfalls daraufhin im Datenfeld die Antwort zurück.

Mehrere Signale können in einen Frame gepackt werden. Hierbei hat jedes Signal genau einen Erzeuger, d. h., es wird immer vom gleichen Knoten des Netzes beschrieben.

Bei der Datenübertragung der Bytes wird immer zuerst das niederwertige Bit (LSB) ausgegeben. Jedes Byte (8 Bit) wird durch ein Startbit eingeleitet und mit einem Stoppbit abgeschlossen, sodass sich pro Byte insgesamt zehn zu übertragende Bit ergeben. Start- und Stoppbit dienen zur Neusynchronisation der Knoten und damit zur Vermeidung von Übertragungsfehlern.

Die Daten-Antwort des Slaves wird durch eine Prüfsumme abgesichert.

LIN Description-File

Die Konfiguration des LIN-Busses, also die Spezifikation von Netzwerteilnehmern, Signalen und Frames erfolgt im LIN-Description File – auch als ldf-File bezeichnet. Hierzu sieht die LIN-Spezifikation eine geeignete Konfigurationssprache vor.

Aus dem ldf-File wird mit geeigneten Tools automatisch ein Satz von C-Codes bzw. Header-Dateien generiert, die zur Implementierung der Master- und Slave-Funktionen in den am Bus befindlichen Steuergeräten herangezogen werden.

Das ldf-File dient somit zur Konfiguration des gesamten LIN-Netzwerks. Es stellt eine gemeinsame Schnittstelle zwischen dem Fahrzeughersteller und den Lieferanten der Master- bzw. Slave-Module dar.

Message Scheduling

Die Scheduling-Tabelle im LDF legt fest, in welcher Reihenfolge und in welchem Zeitraster die Nachrichten gesendet werden. Häufig benötigte Informationen werden öfters übertragen. Ist die Tabelle abgearbeitet, beginnt der Master wieder mit der ersten Nachricht. Die Reihenfolge der Abarbeitung kann abhängig vom Betriebszustand (z. B. Diagnose aktiv/inaktiv, Zündung Ein/Aus) geändert werden,.

Somit ist das Übertragungsraster jeder Nachricht bekannt. Dieses deterministische Verhalten ist dadurch gewährleistet, dass bei der Master-Slave-Zugriffsteuerung alle Übertragungen vom Master initiiert werden.

Netzwerk-Management

Die Knoten eines LIN-Netzwerks können in den Sleep-Modus versetzt werden, um den Ruhestrom des gesamtem E/E-Systems im Fahrzeug zu minimieren. Der Sleep-Modus kann auf zwei Arten erreicht werden:

- Der Master sendet mit dem reservierten Identifier 60 das Goto-Sleep-Kommando.
- Die Slaves gehen selbstständig in den Sleep-Modus, wenn für längere Zeit (4 Sekunden) keine Datenübertragung auf dem Bus mehr stattgefunden hat.

Sowohl der Master als auch die Slaves können das Netzwerk wieder aufwecken. Hierzu muss das Wake-up-Signal übertragen werden. Dieses besteht aus dem Datenbyte 128. Nach einer Pause von 4...64 Bitzeiten (Wake-up-Delimiter) müssen alle Knoten initialisiert sein und auf den Master reagieren können.

Beispiel: Klimasteuerung

Eine typische Anwendung des LIN-Busses ist die Steuerung der Klimaanlage. Die Bedien- und Anzeigeeinheit arbeitet als Bus-Master, hier ist die Software für die Steuer- und Regelalgorithmen abgelegt.

Eine Aufgabe ist, die Drehzahl des Frischluftgebläses einzustellen. Steuergröße hierzu ist die in der Fahrgastzelle herrschende Temperatur sowie die vom Fahrer vorgegebene Wunsch-Temperatur. Die Innenraumtemperatur erhält das Steuergerät über einen Temperatursensor, der an geeigneter Stelle im Innenraum angebracht ist. Die Wunsch-Temperatur wird z. B. über ein Impulsrad an der Bedieneinheit eingestellt.

Aufgrund der Eingangsgrößen berechnet das Steuergerät, dass die Gebläsedrehzahl auf einen Wert von z. B. 200 min^{-1} erhöht werden muss. Das Steuergerät überträgt in einem festgelegten Zeittakt eine Botschaft mit Master-Anweisung auf dem LIN-Bus. Der Identifier lautet in diesem Fall „Setze die Gebläsedrehzahl". In diesem Subbus entspricht diese Anweisung z. B. dem Identifier 25. Im Anschluss an den Header mit diesem Identifier überträgt der Master im Datenfeld einen Zahlenwert, der dem physikalischen Wert 200 min^{-1} entspricht. In jedem Slave ist eine Liste mit den für diesen Knoten relevanten Identifiern abgelegt. Das Frischluftgebläse ist der einzige Slave, der auf den Identifier „Setze die Gebläsedrehzahl" reagiert und setzt die Master-Anforderung um.

Bei Drehzahlen unterhalb Leerlauf muss das Frischluftgebläse abgeschaltet werden. Die große Last könnte den Motor bei dieser niedrigen Drehzahl abwürgen. Über das Gateway ist der LIN-Bus mit dem CAN-Bus gekoppelt und erhält somit ständig die aktuelle Motordrehzahl. Bei Unterschreiten einer festgelegten Motordrehzahlschwelle sendet der LIN-Master die Botschaft mit dem Identifier „Setze die Gebläsedrehzahl", wobei das Datenfeld

4 LIN-Vernetzung (Beispiel)

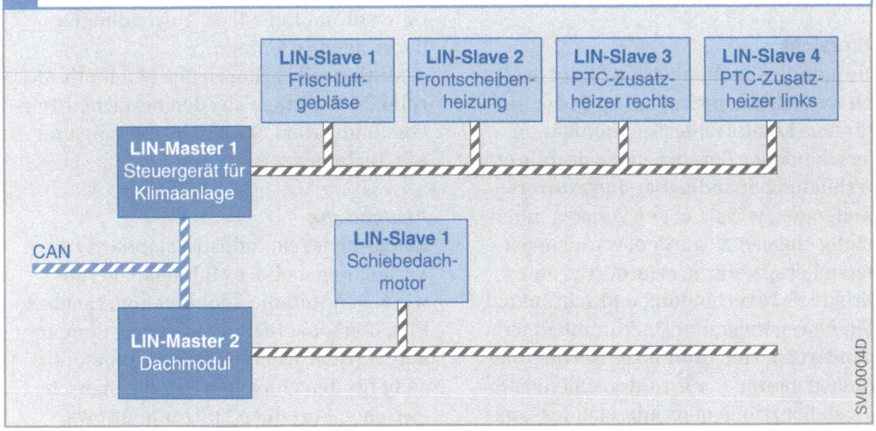

den Wert 0 enthält. Das Frischluftgebläse schaltet daraufhin ab.

Intelligente Aktoren können aktuelle Informationen über den Betriebszustand an die Steuereinheit zurücksenden. So kann das Frischluftgebläse über einen Sensor die Drehzahl erfassen und über den LIN-Bus als Zahlenwert zurückschicken. Wegen des Master-Slave-Zugriffverfahrens geht das allerdings nur in einer vom Master initiierten Botschaft mit Slave-Antwort. Mit Rückmeldung der aktuellen Drehzahl ist eine Regelung und somit eine genaue Einhaltung der Sollvorgabe möglich.

Zusammenfassung

Die wesentlichen Merkmale des LIN-Busses sind:

- Single-Master/Multiple-Slave-Konzept.
- Master/Slave-Zugriffsteuerung.
- Selbstsynchronisation der Slaves auch ohne Quarz möglich.
- Deterministische Signalübertragung.
- Kommunikation erfolgt in Form von sehr kurzen Nachrichten.
- Zeichen-basierte Übertragung (UART).
- Übertragungsrate max. 20 kBit/s.
- Datenübertragung über eine ungeschirmte Eindrahtleitung.
- Bezugspotential der Datenleitung sind Batteriespannung und Masse.
- Maximale Buslänge 40 m.
- Maximale Knotenzahl 16, typisch weniger als 12.

Bluetooth

Übersicht

Die mobile Kommunikation findet in allen Bereichen zunehmend an Bedeutung. Für eine komfortable Kommunikation verschiedener Geräte ist eine drahtlose Verbindung unabdingbar. Infrarotverbindungen, wie sie in der Vergangenheit häufig eingesetzt wurden, waren meist herstellerspezifisch, erforderten eine direkte Sichtverbindung und schränkten den Bewegungsraum ein. Nur mit einer standardisierten drahtlosen Verbindung können mobile Geräte unterschiedlicher Hersteller problemlos miteinander kommunizieren.

Die Entwicklung des Bluetooth-Standards begann 1994 beim Telekommunikationsunternehmen Ericsson. In einer initialen Studie untersuchte Ericsson die Möglichkeiten, die Kabelverbindungen zwischen Mobiltelefon und Zusatzgeräten vollständig zu ersetzen. Mit weiteren Industriepartnern entstand 1998 die Bluetooth-SIG (Special Interest Group), um einen einheitlichen, weltweit akzeptierten Standard zu schaffen. Die SIG setzte sich zum Ziel, eine drahtlose Technologie mit geringen Herstellungskosten, niedrigem Energieverbrauch und Robustheit gegenüber Störungen zu spezifizieren. Die drahtlose Schnittstelle sollte geeignet sein, Daten für multimediale Anwendungen übertragen zu können.

Mittlerweile gehören der Bluetooth-SIG rund 2 000 Firmen aus den Bereichen Telekommunikation, Datenverarbeitung und Kfz-Technik an.

Anwendung

Bluetooth ist ein Industriestandard zur Vernetzung mobiler Multimediageräte wie z. B. Autoradio, Mobiltelefon, Headset, PDA (Personal Digital Assistant), Computer und Peripheriegeräte (Bild 1). Bluetooth steht für den einfachen Datenaustausch zwischen portablen Endgeräten sowie dem drahtlosen Transport von Audio- und Videosignalen für Unterhaltung und Information.

Mit dem Kurzstreckenfunk Bluetooth entfallen die Verbindungskabel zwischen dem Mobiltelefon und der Freisprecheinrichtung. Kein Kabel verheddert sich wie bisher üblich beim telefonieren. In diesem Bereich findet Bluetooth derzeit seine größte Verbreitung.

Eine Vielzahl von Geräten aus dem Bereich der Konsumelektronik wartet mittlerweile mit einer Adressbuchfunktion auf, egal ob Handy, PDA, Notebook oder Autotelefon. Mit Bluetooth können die in den verschiedenen Adressbüchern gespei-

1 Bluetooth-Vernetzung mobiler Multimediageräte (Beispiel)

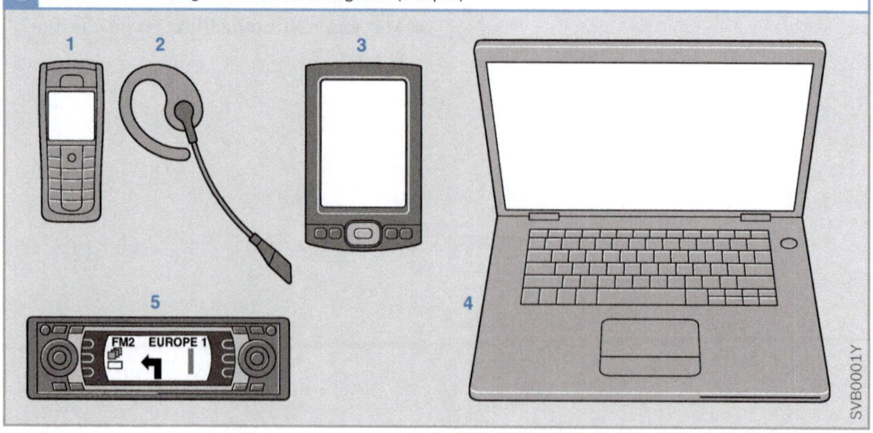

Bild 1
1 Mobiltelefon
2 Headset
3 Personal Digital Assistant (PDA)
4 Laptop
5 Autoradio mit Navigationsgerät

cherten Einträge komfortabel abgeglichen werden. Der Autofahrer muss nicht mehr die im Mobiltelefon oder PDA gespeicherte Telefonnummer mühsam in seinem Autotelefon oder die Adresse in das Navigationssystem eintippen.

Mit Bluetooth wird es auch möglich sein, vom Fond des Autos aus über ein Headset Radio zu hören und mit einem PDA das Autoradio zu steuern.

Bluetooth wird vorwiegend für die Datenübertragung im Multimediabereich eingesetzt. Denkbar ist allerdings auch, diese Technik für Diagnose- und Servicezwecke zu nutzen. Werkstatt oder Pannendienst können so bei der Fehlerdiagnose auf komfortable Weise Fahrzeuginformationen auslesen und den Zustand des Fahrzeugs erfassen.

Bluetooth-Versionen

Die erste Spezifikation (Bluetooth 1.0) des Bluetooth-Standards wurde im Juli 1999 verabschiedet. Im Dezember 1999 wurde sie von der Spezifikation Bluetooth 1.0b abgelöst, die Verbesserungen und Klarstellungen für die Interoperabilität beinhaltet. Im Februar 2001 wurde die Spezifikation Bluetooth 1.1 vorgestellt, die wesentliche Interoperabilitätsprobleme zwischen den ersten Geräten und Chips behebt und heute in den meisten Bluetooth-Geräten zum Einsatz kommt. Drei Jahre später, im November 2003, wurde die Version 1.2 der Spezifikation veröffentlicht, die die IEEE-Sprachdefinition (Institute of Electrical and Electronics Engineers) für technische Dokumentationen benutzt und als technische Erweiterung des Standards das Adaptive Frequency Hopping (AFH) einführt, das die Robustheit gegenüber Störungen im Frequenzband verbessert. Die größte Änderung brachte die Version 2.0 der Spezifikation vom November 2004. Mit Enhanced Data Rate (EDR) kann die Übertragungsrate von 1 MBit/s auf bis zu 3 MBit/s verdreifacht und der Stromverbrauch gesenkt werden. Bei jeder neuen Version der Spezifikation wurde großer Wert auf die Abwärtskompatibilität zu den vorherigen Versionen gelegt.

Übertragungstechnik

Frequenzband

Bluetooth verwendet das weltweit lizenzfrei verfügbare 2.4-GHz-ISM-Band (Industrial Scientific Medicine). Dieses ist mit gewissen nationalen Einschränkungen praktisch weltweit zulassungsfrei verfügbar und für industrielle, wissenschaftliche und medizinische Zwecke reserviert. Deshalb müssen Störungen z. B. durch Garagentoröffner, Mikrowellenöfen oder andere Geräte, die im gleichen Frequenzband arbeiten, in Kauf genommen werden. Um Störungen zu minimieren, soll das Frequenzspektrum möglichst optimal ausgenutzt werden. Deshalb setzen Geräte, die das ISM-Band nutzen, Streuspektrumtechniken ein (Spread Spectrum).

Frequenzsprungverfahren

Bluetooth teilt das 2.4-GHz-Band in 79 Kanäle mit einem Abstand von je 1 MHz auf ($f = 2\,402 + \mathrm{k}$, $\mathrm{k} = 0...78$). Am oberen und unteren Ende wird das Band von je zwei Schutzbändern mit einer Breite von 3.5 MHz (Upper Guard Band) bzw. 2 MHz (Lower Guard Band) abgeschlossen. Die Übertragung erfolgt mit einem kombi-

2 Frequenzsprungverfahren

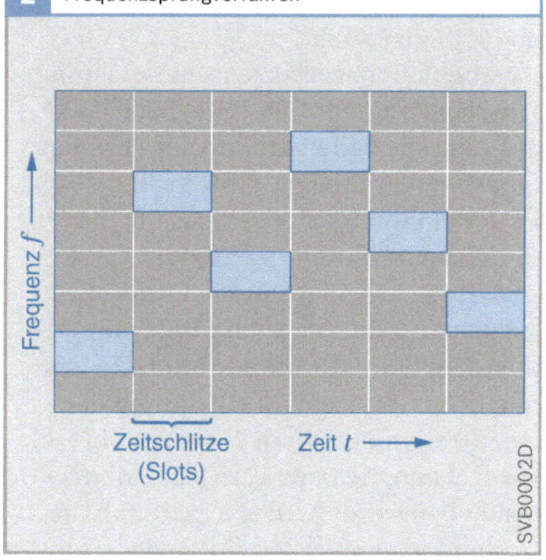

nierten Frequenzsprung-/Zeitduplexverfahren (Frequency Hop/Time Division Duplex, FH/TDD), dem Frequency Hopping Spread Spectrum (FHSS, Bild 2). Die Kanäle werden 1 600 mal pro Sekunde gewechselt (d. h. in 625 µs-Slots). Die Zuordnung der Slots erfolgt nach dem TDD-Verfahren, d. h., Sender und Empfänger haben abwechselnd eine Sendeberechtigung. Das Frequenzsprungverfahren garantiert eine optimale und gleichmäßige Auslastung des ISM-Bandes und macht Bluetooth robust gegen Störungen von anderen Sendern im gleichen Frequenzband (wie z. B. WLAN). Daneben bietet es auch ein Minimum an Sicherheit, da ein Eindringling nicht weiß, zu welcher Frequenz gewechselt wird und auch nicht die Zeitspanne kennt, für die eine Frequenz gültig ist. Das Abhören einer Verbindung wird dadurch erschwert.

Mit der Einführung des Adaptive Frequency Hopping (AFH) in der Spezifikation Bluetooth 1.2 wird die Robustheit von Bluetooth gegenüber Störungen weiter erhöht und der Einfluss von Bluetooth als Störquelle für andere Geräte im 2.4-GHz-ISM-Band verringert. Die Anzahl benutzter Kanäle kann dynamisch an die Gegebenheiten im Frequenzband angepasst werden. Frequenzen, die von anderen Sendern genutzt werden, werden dann aus der Liste der möglichen 79 Kanäle entfernt.

Modulationsverfahren

Als Modulationsverfahren setzt Bluetooth Gaussian Frequency Shift Keying (GFSK) ein - eine spezielle Variante der Frequenzumtastung (Frequency Shift Keying, FSK), bei der ein Gauß'scher Tiefpassfilter der Frequenzumtastung zugefügt ist. GFSK variiert die Frequenz und befördert pro Umtastung 1 Bit. Die Symbolrate von Bluetooth beträgt 1 MBit/s. Mit Hilfe von Enhanced Data Rate (EDR), das mit der Spezifikation Bluetooth 2.0 eingeführt wurde, kann die Datenrate auf 3 Mbit/s angehoben werden. Dies wird durch die Verwendung zweier Varianten der Phasenumtastung (Phase Shift Keying, PSK) möglich: dem $\pi/4$ Differential Quaternary Phase Shift Keying ($\pi/4$DQPSK) und dem 8 Differential Phase Shift Keying (8DPSK), die die Phase des Trägers modulieren.

$\pi/4$DQPSK stellt jeweils eine von vier Kombinationen eines Bit-Paars dar (00, 01, 10 und 11), überträgt also maximal zwei Bit; 8DPSK kann alle Kombinationen dreier Bits darstellen. Damit steigt die Übertragungsrate von 1 MBit/s (netto 727 kBit/s) mit GFSK auf 2 MBit/s (netto 1 446 kBit/s) bzw. 3 MBit/s (netto 2 169 kBit/s) mit EDR.

Leistungsklassen

Bluetooth-Geräte sind in verschiedene Leistungsklassen eingeteilt. Den Herstellern ist es freigestellt, welche Leistungsklasse sie implementieren. Die aktuellen Spezifikationen definieren drei Leistungsklassen:

- Klasse 1 mit 100 mW (20 dBm) Sendeleistung für 100...150 m Reichweite.
- Klasse 2 mit 2.5 mW (4 dBm) Sendeleistung für 10...25 m Reichweite.
- Klasse 3 mit 1 mW (0 dBm) Sendeleistung für 10 m Reichweite.

Topologie

Bluetooth ermöglicht die automatische Konfiguration von Ad-hoc-Netzwerken. Das bedeutet, dass zwei oder mehr Geräte ohne vorherige Kenntnis voneinander spontan ein Netzwerk bilden können. Bluetooth basiert auf dem Master-Slave-Prinzip. Jedes Bluetooth-Gerät kann prinzipiell Master oder Slave sein. Der Master ist ein ausgezeichnetes Gerät, das die Kommunikation zwischen den Geräten koordiniert.

Piconetz

Ein Netz aus Bluetooth-Geräten wird als Piconetz bezeichnet (Bild 3). Für Geräte innerhalb eines Piconetzes gibt es zwei Rollen: Master oder Slave. Erst während des Kommunikationsaufbaus entscheidet sich, welches Gerät welche Rolle einnehmen wird. Ein Gerät richtet ein Piconetz ein und sendet seine Gerätekennung und den Wert seiner internen Uhr. Dieses Gerät wird zum Master.

Jedes Gerät, das nicht an einem Piconetzt teilnimmt und nicht abgeschaltet ist, befindet sich im Bereitschaftszustand (Standby), der sich durch eine geringe Stromaufnahme auszeichnet.

Der erste Schritt zur Bildung eines Piconetzes besteht darin, dass ein potenzieller Master nach anderen Geräten in seiner Reichweite sucht (Inquiry Scan). Hierzu stehen spezielle Frequenzsprungsequenzen zur Verfügung (Inquiry Sequence). Geräte, die mit anderen Geräten eine Kommunikation eingehen wollen, antworten mit einer Inquiry Response Message. Nach dem Inquiry-Vorgang liegen die Informationen über alle kommunikationswilligen Geräte vor. Jetzt kann der potenzielle Master durch gezieltes Paging (Paging Sequence) ein bestimmtes Gerät ansprechen. Paging bezeichnet den Vorgang, eine feste Verbindung zwischen einem Master und einem Slave aufzubauen. Der Slave erhält dabei alle Informationen, die er braucht, um sich auf den Master zu synchronisieren.

Das Piconetz ist durch die Frequenzsprungfolge, d.h. die Abfolge der Kanalwechsel zwischen den möglichen 79 Kanälen, definiert. Die Hopping Sequence wird dabei vom Master vorgegeben und errechnet sich aus dessen Geräteadresse (einer weltweit eindeutigen 48-Bit-Kennung) und seiner internen Uhr. Die Slaves synchronisieren sich auf die Uhr des Masters und dessen Sprungfolge.

Ein Master ist in der Lage, bis zu sieben aktive Slaves zu verwalten. Jeder aktive Slave erhält eine 3 Bit große Active Member Adress (AMA).

Geräte im aktiven Zustand können Daten übertragen oder auch einfach nur verbunden sein. Über eine Abmeldeprozedur kann ein Gerät wieder in den Bereitschaftszustand wechseln. Daneben kann ein Bluetooth-Gerät drei verschiedene Energiesparzustände wechseln: den Hold-Mode, den Sniff-Mode und den Park-Mode. Die Geräte sind dabei weiterhin auf die Sprungsequenz des Piconetzes synchronisiert. Der niedrigste Energiesparmodus ist der Park-Mode, in dem das Gerät seine AMA abgibt und statt dessen eine 8 Bit große Parked Member Adress (PMA) erhält. Mit der PMA ist das Gerät noch Teilnehmer im Pikonetz, macht jedoch Platz für ein anderes aktives Gerät. Geparkte Geräte sind weiterhin auf die Sprungsequenz des Piconetzes synchronisiert und können vom Master über die PMA angesprochen und reaktiviert werden.

3 Piconetz

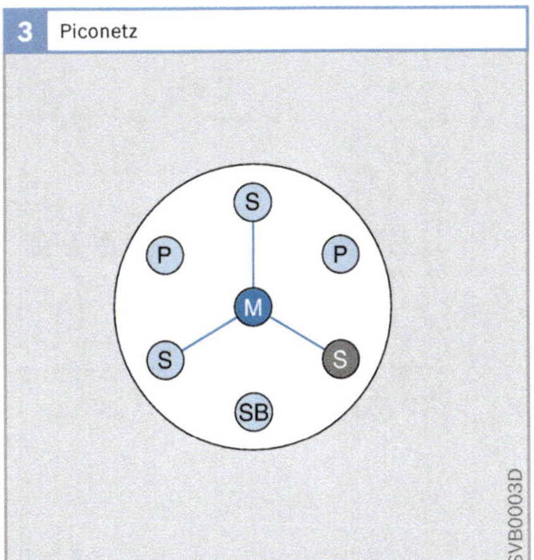

Bild 3
M Master
S Slave
P Park-Mode
SB Standby

Scatternetz

In einem Piconetz kann immer nur ein Slave gleichzeitig mit dem Master kommunizieren. Treten immer mehr Slaves dem Netz bei, sinkt der Datendurchsatz pro Gerät sehr schnell. Abhilfe schaffen hier Scatternetze (Streunetze). Ein Scatternetz besteht aus bis zu zehn Piconetzen, in dem sich die einzelnen Piconetze teilweise überlagern. So lassen sich auch größere Netze aufbauen, in dem alle Netzteilnehmer miteinander in Verbindung treten können. Das Scatternetz in Bild 4 besteht aus zwei Piconetzen. Eines der Bluetooth-Geräte nimmt an beiden Piconetzen teil. Über dieses Gerät können die beiden

Netze Daten austauschen. Dieses Gerät, das mehreren Piconetzen zugeordnet ist, kann allerdings nur in einem dieser Netze als Master fungieren.

Ein Gerät, das in einem Scatternetz zwei Piconetzen zugeordnet ist, muss sich jeweils auf das Netz synchronisieren, mit dem es kommunizieren will. Es kann nicht gleichzeitig mit beiden Netzen in Verbindung stehen. Bevor das Gerät das alte Piconetz verlässt, muss es dessen Master darüber informieren, dass es für eine Zeit nicht erreichbar ist. Die verbleibenden Netzteilnehmer können weiter kommunizieren.

Auch ein Master kann sein Piconetz verlassen und in einem anderen Piconetz zum Slave werden. Die Kommunikation im alten Netz wird allerdings unterbrochen, bis er zurückkehrt und die Masterfunktion wieder übernimmt.

Ein Master kann nicht in einem zweiten Piconetz Master werden. Damit würden sich beide Piconetze identisch verhalten und zu einem einzigen Netz werden.

Physikalischer Datenkanal

Ein Datenkanal ist dargestellt durch eine Sprungsequenz zwischen den 79 möglichen Frequenzen im ISM-Band. Jedes Gerät, das aktiv an einem Piconetz teilnimmt, muss zur gleichen Zeit auf die gleiche Trägerfrequenz springen (die Frequenz f_i). Sobald ein Master Daten auf der Frequenz f_k gesendet hat, kann ein Slave auf der Frequenz f_{k+1} antworten. Dieses Schema ist in Bild 5 dargestellt.

Üblicherweise beginnen die Übertragungen des Masters in den geraden Zeitschlitzen und die der Slaves in den ungeraden. Diese Eigenschaft entspricht dem normalen Zeitmultiplex-Verfahren (hier TDD), bei dem der Master eine Hälfte der Zeitschlitze verwendet und die Slaves die andere Hälfte.

Bluetooth beschreibt neben Paketen, die einen Zeitschlitz belegen können, Pakete, die drei oder fünf Zeitschlitze belegen können (Multi-Slot Packets). Sobald ein Master oder Slave Pakete sendet, das drei oder fünf Zeitschlitze lang ist, bleibt der Sender auf der gleichen Frequenz. Innerhalb eines Paketes findet kein Frequenzwechsel statt (Bild 6).

Nach der Übertragung des Pakets folgt der Wechsel auf die Frequenz, die durch die Sprungfolge (unabhängig vom Sendevorgang) vorgegeben ist (im Bild folgt z. B. der Sprung nach dem Senden eines 3-Slot Paketes von der Frequenz f_k auf die Frequenz f_{k+3}). Grund für dieses Verhalten ist, dass eventuell nicht jede Station die Übertragung mitbekommen hat und deshalb nicht speziell auf die Übertragung von

4 Scatternetz

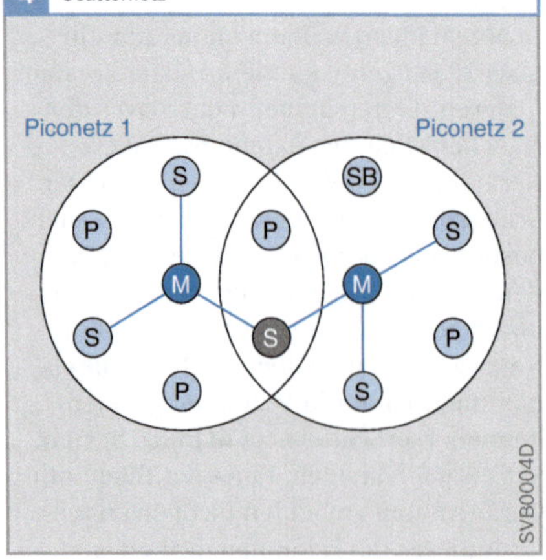

Bild 4
M Master
S Slave
P Park-Mode
SB Standby

5 Timing der Datenübertragung

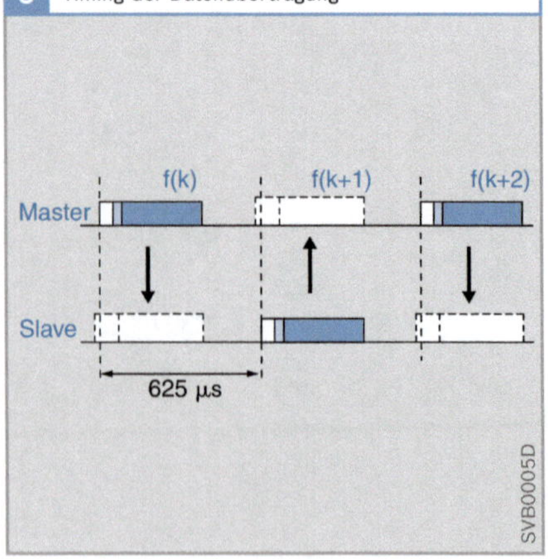

Daten in mehreren Zeitschlitzen reagieren kann. Alle Stationen, die nicht an der Übertragung beteiligt sind, fahren deshalb immer mit der durch den Master vorgegebenen Sprungfolge fort.

Physikalische Verbindungen

Bluetooth unterstützt sowohl leitungs- als auch paketvermittelte Datenkanäle. Für die leitungsvermittelte synchrone Kommunikation bietet Bluetooth die SCO-Verbindung (Synchronous Connection Oriented Link), für die paketvermittelte asynchrone Kommunikation die ACL-Verbindung (Asynchronous ConnectionLess Link). Zwischen zwei Bluetooth-Geräten kann es immer nur eine ACL-Verbindung, aber bis zu drei SCO-Verbindungen geben. Die ACL-Verbindungen bilden die Grundlage für die Datenübertragung. die SCO-Verbindungen sind reine Sprachkanäle mit einer Datenrate von 64 kBit/s. Die Sprache wird dabei mit Continuous Variable Slope Delta Modulation (CVSD) oder mit der Pulse Code Modulation (PCM) übertragen. Ein Bluetooth-Master kann auch gleichzeitig mehrere unterschiedliche Datenkanäle zu seinen Slaves aufrecht erhalten.

Logische Datenkanäle

Logische Kanäle beziehen sich auf verschiedene Typen von Kanälen, die über eine physikalische Verbindung laufen. Die Daten, die über einen physikalischen Kanal übertragen werden, haben unterschiedliche logische Bedeutungen. Bluetooth unterscheidet zwischen den zwei Kategorien Link-Kanäle, die zum Austausch von Kontrollinformationen zwischen Master und Slave genutzt werden, und Nutzer-Kanälen, die der Übertragung von Daten aus der Benutzerebene - den Anwendungen - dienen.

Datenpakete

Ein Bluetooth-Datenpaket besteht in der Regel aus den drei Feldern:

- Zugriffscode (Access Code),
- Paketkopf (Header) und den
- Nutzdaten (Payload).

Ein Paket kann aus lediglich dem Zugriffscode bestehen, aus dem Zugriffscode und einem Paketkopf, sowie aus Zugriffscode, Paketkopf und Nutzdaten (Bild 7).

Ein Paket beginnt mit einem Zugriffscode (Access Code). Folgt ein Paketkopf, ist der Zugriffscode 72 Bit. andernfalls 68 Bit lang. Der Zugriffscode wird zur Synchronisation und Identifizierung eines Pikonetzes, zur Geräteabfrage und zum Geräteruf genutzt. Es gibt drei verschiedene Zugriffscodetypen:

6 Frequenssprung bei Multislot-Paketen

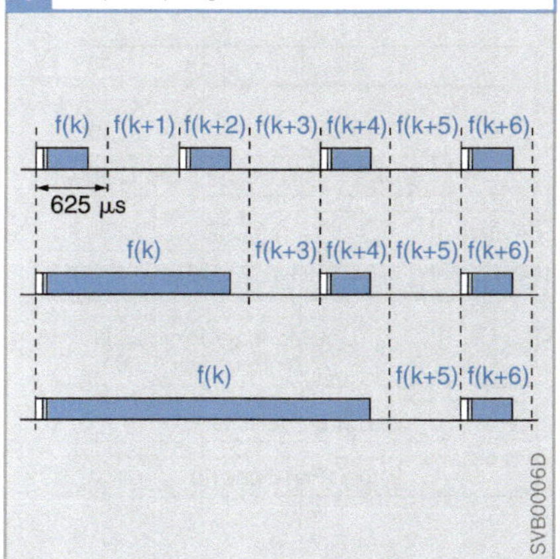

7 Aufbau eines Pakets

Zugriffscode 72 (68) Bit	Paketkopf 54 Bit	Nutzdaten 0... 2745 Bit
4 Präambel	3 AMA	
64 Synchronisation	4 Typ	
(4) Anhang	1 Fluss	
	1 ARQN	
	1 SEQN	
	8 Prüfsumme	

SVB0007D

- Channel Acces Code (CAC) dient zur Synchronisation und Erkennung eines Pikonetzes. Der CAC wird mit jedem Paket, das über das Pikonetz versendet wird, geschickt.
- Device Access Code (DAC) wird zum Übertragen bestimmter Kennungen während des Geräterufs genutzt (z. B. beim Paging).
- Inquiry Access Code (IAC) wird zur Geräteabfrage verwendet.

Der Paketkopf (Header) eines Bluetooth-Pakets ist 54 Bit lang und enthält Informationen über die Verbindung (Link Control Information). Er besteht aus den Feldern Adresse, Pakettyp, Flusssteuerung, Fehlerüberwachung und Prüfsumme. Die eigentliche Länge des Paketkopfes (d. h. die Summe der Bits im Header) beträgt 18 Bit. Der Header wird durch einen Vorwärtsfehler-Korrekturmechanismus (Forward Error Correction, FEC) geschützt. Die Bits des Paketkopfes werden dreifach gesendet (1/3 FEC), dies führt zur Headerlänge von 54 Bit. Ein Empfänger kann dann einfach eine Mehrheitsentscheidung treffen; jedes Tripel eines Bits wird auf den Wert abgebildet, der die Mehrheit im Tripel hat.

Die Nutzdaten (Payload) eines Bluetooth-Pakets können bis zu 341 Byte groß sein (1 023 Byte bei EDR). Das Datenfeld der Nutzdaten besteht aus bis zu drei Segmenten: dem Nutzdaten-Header, den eigentlichen Nutzdaten und unter Umständen einer Prüfsumme.

Bluetooth verwendet 16 unterschiedliche Pakettypen. Allen gemeinsam ist der Zugangscode und der Header. Der Aufbau der Nutzdaten ist vom jeweiligen Pakettyp abhängig. Neben Paketen für ACL-Verbindungen und SCO-Verbindungen gibt es auch Pakettypen zur Abfrage von Slaves, zur Synchronisation der Sprungfolge und zur Bestätigung von Datenübertragungen.

Bluetooth-Geräteadressen

Jedem Bluetooth-Gerät ist eine weltweit eindeutige Bluetooth-Geräteadresse (Bluetooth Device Address) zugeordnet. Die Adresse ist vom IEEE-802-Standard abgeleitet und wird vom Hersteller in das Gerät eingefügt. Die 48-Bit großen Adressen sind in drei Teile untergliedert

- LAP (Lower Address Part, mit 24 Bit),
- UAP (Upper Address Part, mit 8 Bit),
- NAP (Nonsignificant Address Part, mit 16 Bit).

Die Felder LAP und UAP bilden den signifikanten Teil (Significant Part) einer Bluetooth-Geräteadresse.

Bluetooth-Architektur

Die Bluetooth-Architektur ist komplex. Dies ist durch die Idee des allgemeinen Kabelersatzes bedingt. Die Architektur ist darauf ausgelegt, neue Protokolle und Anwendungen für den Einsatz von Bluetooth zu adaptieren. Entsprechend ist auch der Bluetooth-Protokollstapel sehr umfangreich (Bild 8 zeigt eine vereinfachte Version des Protokollstapels).

Die Bluetooth-Technologie kann in drei logische Abschnitte unterteilt werden:

- Hardware,
- Host-Stack,
- Applikationen.

8 Protokollstack

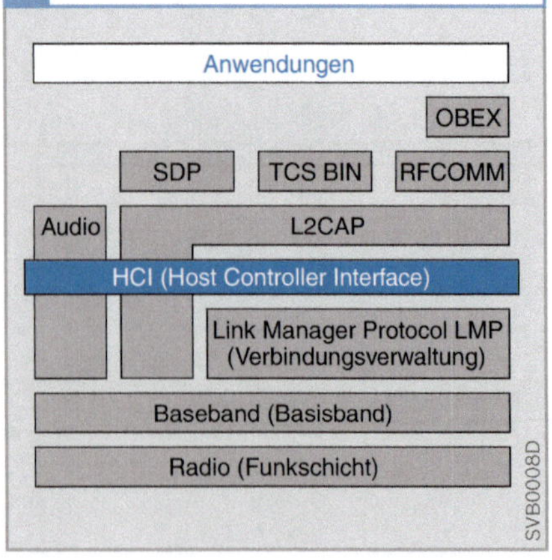

Die Hardware-Schicht und der Host-Stack werden in der Bluetooth Core Specification definiert; die Applikationen sind Teil der Bluetooth Profile Specification.

Hardwarenahe Protokolle

Die Hardware wird durch den Bluetooth-Chip repräsentiert. Hier sind die Funkschicht (Radio), das Basisband (Baseband) und die Verbindungsverwaltung enthalten. Die Funkschicht behandelt die Funkübertragung, genutzte Frequenzen, Modulationen und Sendeleistung. Das Basisband beschreibt die Mechanismen zum Verbindungsaufbau, die Paketstruktur sowie das Zeitverhalten. Die Verbindungsverwaltung realisiert den Verbindungsaufbau und die Verbindungsverwaltung zwischen zwei Geräten, inklusive Sicherheits- und Authentifikationsfunktionen.

Das Host Controller Interface (HCI) bildet die Schnittstelle zwischen der Hardware eines Bluetooth-Moduls und den Host-seitigen Protokollen. Das HCI ist hierbei eine Hardwareabstraktion und realisiert verschiedene Schnittstellen zur Steuerung der Bluetooth-Hardware und um Daten zu übertragen (z. B. über USB oder UART).

Host-Stack

Der Host-Stack nutzt das HCI, um die Bluetooth-Hardware zu steuern und um Daten zu übertragen. Das Format dieser Daten wird von den höheren Protokollschichten bestimmt. Das Logical Link Control and Adaptation Protocol (L2CAP) realisiert die Abstraktion von den Eigenschaften der Hardware, passt die höheren Schichten des Protokollstapels an die Fähigkeiten des Basisbands an und verbirgt Übertragungsdetails wie die verbindungslose oder verbindungsorientierte Übertragung. Die L2CAP-Schicht hat im Wesentlichen drei Hauptfunktionen:

- Sie kann Pakete mit einer Länge von bis zu 64 kByte von den oberen Schichten empfangen und zerlegt sie ggf. zur Verarbeitung in den unteren Schichten in kleinere Datenpakete (Segmente). Am anderen Ende werden die Segmente wieder zu Paketen zusammengestellt.
- Sie verwaltet das Multiplexen und Demultiplexen von mehreren Paketquellen. Wird ein Paket wieder zusammengesetzt, bestimmt die L2CAP-Schicht, an welches Protokoll der höheren Schichten das Paket weitergeleitet wird.
- L2CAP bietet Funktionen zur Aushandlung von Dienstgüte (Quality of Service) und Konfigurationsparametern. So kann u. a. die maximale Größe der Nutzdaten ausgehandelt werden, damit ein Gerät mit eingeschränkten Ressourcen nicht von zu großen Paketen überschwemmt wird. Mit dem Konfigurationsparameter für die Dienstgüte können die Eigenschaften der Übertragung festgelegt werden: best-effort (nach bestem bemühen, es werden keinerlei Garantien für die Datenübertragung ausgesprochen) oder garantiert.

Neben dem L2CAP gibt es noch die Audio- und Steuerungsprotokolle, die die Behandlung von Audio-Daten und Steuerungsdaten regeln. Audio-Anwendungen können z. B. direkt die Basisbandschicht nutzen, nachdem die Audiosignale entsprechend kodiert wurden.

Das Service Discovery Protocol (SDP) ist ein weiteres wichtiges Host-seitiges Protokoll. Es dient zur Erkennung und Suche nach Diensten mit bestimmten Eigenschaften und der Beschreibung von Diensten innerhalb der Funkreichweite eines Bluetooth-Gerätes. Bluetooth-Geräte sollen in der Lage sein, in verschiedenen Umgebungen spontan mit anderen Geräten zusammenzuarbeiten. Daher ist es notwendig zu wissen, welche Dienste von welchen Geräten in Funkreichweite zur Verfügung gestellt werden. Alle Geräte, die Dienste anbieten möchten, müssen einen SDP-Server verwenden, für alle anderen Geräte reicht ein SDP-Client aus. SDP stellt in einer Service-Datenbank die auf einem

Gerät verfügbaren Dienste bereit. Die Informationen über den Dienst, die der SDP-Server besitzt, werden in einem Service Record abgelegt. Der Service Record besteht aus einer Liste mit Dienstattributen, die die Eigenschaften des Dienstes genauer beschreiben, und wird durch einen 32-bit Service Record Handle identifiziert.

Zwei weitere Protokolle im Protokollstapel bilden eine wesentliche Grundlage für die Interoperabilität der Bluetooth-Geräte.

Das Kabelersatzprotokoll RFCOMM (Radio Frequency Communication) simuliert oberhalb der L2CAP-Schicht bis zu 60 virtuelle serielle Schnittstellen, abgeleitet nach dem ETSI 07.10 Standard. Hierdurch kann nahezu jede Software mit Bluetooth zusammenarbeiten, die bisher eine serielle Schnittstelle erwartete.

Zur Steuerung von Telefon- bzw. Telefoniefunktionen dient TCS BIN (Telephony Control Protocol Specification - Binary), das ein Bit-orientiertes Protokoll für die Sprach- und Datenverbindung zwischen Bluetooth-Geräten ist. Durch die Verwendung einschlägiger Normen ist auch hier eine weitreichende Kompatibilität zu bisherigen Anwendungen sichergestellt.

Applikationen

Viele weitere Protokolle wurden für den Bluetooth-Standard adaptiert (Adopted Protocols) und finden sich im Protokollstapel wieder. Internet-Anwendungen können z. B. weiterhin TCP/IP über das Point-to-Point Protocol (PPP) oder das Bluetooth Network Encapsulation Protocol (BNEP) verwenden. Zum Austausch von Kalenderinformationen und Visitenkarten (vCalender und vCard) kann das vom IrDA-Standard her bekannte Object Exchange Protocol (OBEX) verwendet werden.

Profile

Auf der obersten Schicht befinden sich die Anwendungen und Profile. Profile stellen „Standardlösungen" für ein bestimmtes Nutzungsszenario dar. Die Bluetooth-Spezifikation fasst momentan 13 verschiedene Anwendungen, die als Profile bezeichnet werden, zusammen. Jedes Profil nutzt eine gewisse Auswahl an Protokollen, Anwendungsprofile stellen im Prinzip für jeden Anwendungsfall einen anderen Protokollstapel bereit. Profile beschreiben vertikale Schnitte durch den Bluetooth-Protokollstapel, die Protokolle stellen horizontale Schichten dar (Bild 9). Innerhalb der Profile werden die notwendigen und optionalen Funktionen der Schichten definiert. Mit diesen standardisierten Profilen kann die Interoperabilität zwischen verschiedenen Geräten sichergestellt werden.

Die vier grundlegenden Profile der Bluetooth-Spezifikation sind:

- das Generic Access Profile (GAP),
- das Service Discovery Application Profile (SDAP),
- das Serial Port Profile (SPP) und
- das Generic Object Exchange Profile (GOEP).

Die Bluetooth-Profile bilden die Hierarchie (Bild 10). Das GAP bildet die Basis und beschreibt alle wesentlichen Funktionen, die ein Bluetooth-Gerät auf der untersten Ebene erfüllen muss. Dazu gehören z. B. die Funktionen zum Verbindungsaufbau und zur Verbindungsverwaltung, die un-

9 Profile und Protokolle

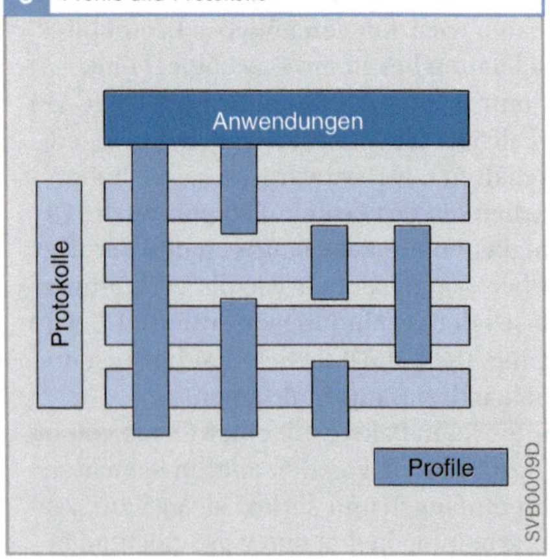

10 Profilhierarchie

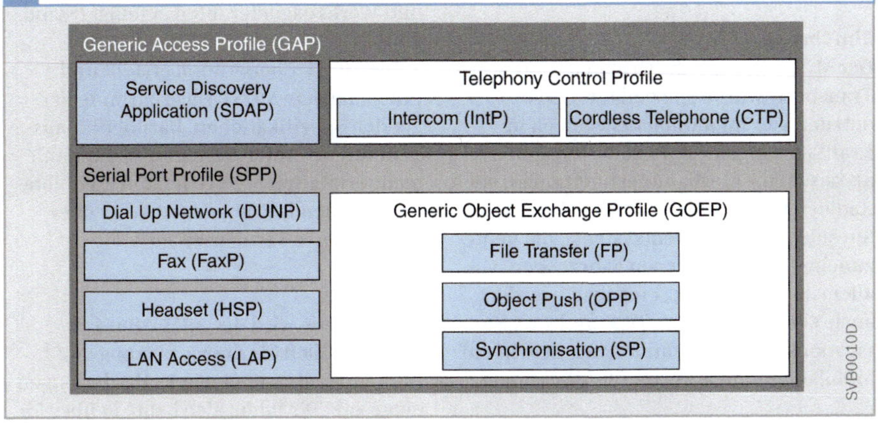

terstützten Betriebsmodi und die Sicherheit einer Verbindung.

Das Diensterkennungsprofil SDAP definiert die Zugriffsschnittstelle für das Service Discovery Protocol (SDP), mit dem Geräte die von anderen Geräten angebotenen Dienste erkennen bzw. abfragen können. SDP baut auf dem GAP auf. Alle Bluetooth-Geräte müssen diese beiden Profile implementieren.

Das SPP wird von den meisten anderen Bluetooth-Profilen genutzt. Eine Ausnahme bilden die Telephony Control Profile. Es kommt immer dann zum Einsatz, wenn Bluetooth als Kabelersatz verwendet wird bzw. wenn eine serielle Datenverbindung genutzt werden soll. Das SPP baut auf dem GAP auf und nutzt das RFCOMM-Protokoll.

Das GOEP definiert die grundlegenden Funktionen, die zum „Austausch komplexer Objekte“ notwendig sind. Es definiert eine Client-Server-Beziehung zum Austausch von Daten. Das GOEP bildet wie das SPP die Grundlage für weitere Profile.

Ursprung der Bezeichnung Bluetooth (Blauzahn)

Der Name Bluetooth stammt vom dänischen Wikinger-König Harald Gormsen. Harald hatte den Beinamen Blatand. Bla bedeutete im Mittelalter eigentlich dunkel, Blatand wies demnach auf die dunkle Gestalt Harald Gormsens hin. Blauzahn ist also nicht die direkte Übersetzung von Blatand,

Harald Gormsen vereinte im 10. Jh. weite Teile von Dänemark und Norwegen. Das 1000 Jahre später entwickelte Funksystem Bluetooth verknüpft die unterschiedlichsten Informations-, Datenverarbeitungs- und Mobilfunkgeräte. Deshalb wurde es nach König Harald benannt.

MOST-Bus

Einführung

Der MOST-Bus (Media Oriented Systems Transport) wurde speziell für die Vernetzung von Infotainmentsystemen in Kraftfahrzeugen entwickelt. Neben den klassischen Unterhaltungsfunktionen, wie Radioempfängern oder CD-Spielern, bieten solche Infotainmentsysteme, die heute zunehmend in modernen Fahrzeugen, vor allem der Oberklasse, eingebaut werden, auch Videofunktionen (DVD und TV), Navigationsfunktionalität und den Zugriff auf Mobilkommunikation und Informationen.

Anforderungen

Die Funktionen eines Infotainmentsystems stellen hohe Anforderungen an ein Bus-System. Für die Übertragung von Multimediadaten - sowohl Audio als auch Video - muss eine hohe Datenrate zur Verfügung stehen. Die Übertragung von Multimediadaten erfordert weiterhin eine Synchronisierung der Datenübertragung zwischen Quelle und Senke sowie zwischen mehreren Senken.

Für die Übertragung von Informationsdaten, z. B. Detailinformationen zu den Musiktiteln auf einem MP3-Spieler oder bei der Durchführung eines Software-Updates, ist eine flexible Datenübertragung mit unterschiedlichen und zeitweilig ebenfalls sehr hohen Datenraten notwendig.

Darüber hinaus müssen natürlich auch die Anforderungen für den Einsatz in einem Kraftfahrzeug, wie die entsprechenden Anforderungen an die elektromagnetische Verträglichkeit (EMV), erfüllt werden.

MOST-Cooperation

Vor dem Hintergrund dieser Anforderungen wurde der MOST-Bus von der MOST-Cooperation entwickelt. Diese wurde 1998 von BMW, DaimlerChrysler, Harman/Becker und Oasis SiliconSystems (jetzt ein Teil der Firma SMSC) gegründet. Aktuell sind an der MOST-Cooperation 16 Automobilhersteller sowie 67 Zulieferer und Werkzeuglieferanten beteiligt (Stand 2006).

Die MOST-Cooperation erstellt und pflegt die dem MOST-Bus zugrunde liegenden Spezifikationen. Darüber hinaus definiert sie Anforderungen an die Implementierung von MOST-Geräten und bietet entsprechende Compliance-Tests über akkreditierte Testhäuser an.

Einsatzgebiet

Gegenwärtig wird der MOST-Bus fast ausschließlich für die Vernetzung von Infotainmentsystemen in Kraftfahrzeugen eingesetzt. Er findet sich heute in über 35 Fahrzeugtypen verschiedener Hersteller hauptsächlich der Ober- und Mittelklasse wieder (Stand 2006).

Eigenschaften des MOST-Busses

Der MOST-Bus unterstützt die logische Vernetzung von bis zu 64 Geräten, wobei es zu Einschränkungen durch die verwendeten Chipsätze kommen kann.

In der aktuell gängigen Version bietet der MOST-Bus eine Datenrate von 24,8 MBit/s (MOST 25). Versionen mit höheren Datenraten von 50 MBit/s (MOST 50) und 150 MBit/s (MOST 150) sind bereits als Entwicklungsmuster verfügbar.

Übertragungskanäle

Der MOST-Bus unterstützt zur Datenübertragung die folgenden Kanäle, die unterschiedliche Eigenschaften besitzen:

- Der Kontrollkanal wird für die einfache Übertragung von Steuerkommandos, für die Signalisierung von Gerätezuständen und für die zur Systemverwaltung notwendigen Nachrichten eingesetzt. Bei MOST 25 hat der Kontrollkanal eine Bruttobandbreite von 705,6 kBit/s.
- Für die Übertragung von Multimediadaten bietet der MOST-Bus eine flexible Anzahl von synchronen Kanälen, über die sowohl Audio- als auch Videodaten übertragen werden können. Im MOST 25

stehen maximal 15 Audiokanäle in Stereoqualität zur Verfügung.

- Auf dem asynchronen Kanal werden Daten paketweise übertragen. Er ist daher für die Übertragung von Informationen geeignet, die keine feste Datenrate haben, aber kurzfristig hohe Datenraten benötigen. Beispiele sind die Übertragung der Titelinformationen eines MP3-Spielers oder ein Software-Update. Bei MOST 25 hat der asynchrone Kanal eine Bruttobandbreite von bis zu 12,7 MBit/s.

Die verfügbare Bandbreite kann flexibel über den „Boundary Descriptor", der mit entsprechenden Vorbedingungen auch zur Laufzeit verschoben werden kann, zwischen dem asynchronen Kanal und den synchronen Kanälen aufgeteilt werden.

Topologie

Ein MOST-System ist in einer Ringstruktur organisiert, wobei ein Gerät jeweils mit seinem Vorgänger bzw. Nachfolger im Ring über einen entsprechenden Eingang bzw. Ausgang verbunden ist (Bild 1). Ein bestimmtes Gerät agiert dabei als „Timing Master" und generiert die zur Datenübertragung verwendeten Daten-Frames, auf die sich die anderen Geräte synchronisieren.

Jedes Gerät besitzt einen Bypass. Wenn dieser geschlossen ist, leitet das Gerät das Signal direkt weiter und ist daher für das MOST-System unsichtbar. Dieser Mechanismus wird z. B. beim Start des Systems genutzt, wenn ein Gerät mehr Zeit für die Initiierung benötigt, oder bei einer temperaturbedingten Abschaltung.

Es sind auch andere Strukturen für ein MOST-System möglich, wie z. B. eine Sterntopologie. Diese müssen aber intern immer auf einen (logischen) Ring abgebildet werden. Bei einer Sternstruktur kann dies z. B. durch den Einsatz eines zentralen Hubs geschehen.

Gerätemodell

Der MOST-Standard definiert das in Bild 2 gezeigte Modell für ein MOST-Gerät, für das die folgenden Elemente gefordert sind:

Auf unterster Ebene stellt die physikalische Schicht (MOST Physical Layer) den Zugriff auf das Übertragungsmedium sicher. Ausgehend von der ursprünglichen Definition einer optischen Übertragung über POF-Kabel (Plastic Optical Fiber) sind heute verschiedene physikalische Schichten mit optischer und elektrischer Übertragung sowie verschiedene Geschwindigkeiten verfügbar.

Der MOST Network Interface Controller (NIC) ist ein Hardware-Controller, der für

1 Ringstruktur des MOST-Systems

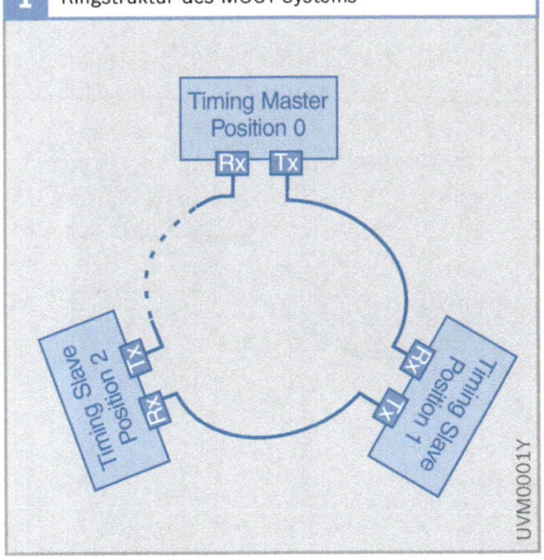

2 Modell für ein MOST-Gerät

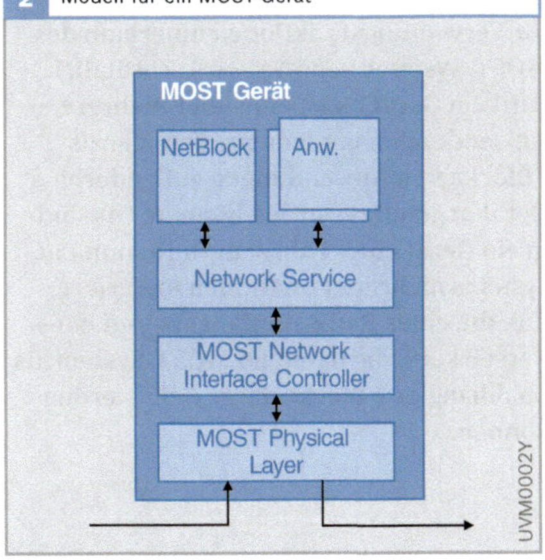

die Steuerung der physikalischen Schicht zuständig ist und grundlegende Übertragungsmechanismen implementiert. Während in der ursprünglichen Version des NIC viele Steuerungsaufgaben durch den Hauptprozessor des Geräts erledigt werden mussten, ist die aktuelle Version (Intelligent Network Interface Controller, INIC) in der Lage, weitgehend autonom zu handeln und implementiert bereits große Teile des Network Service. Typische Controller für den MOST sind der OS8104 (NIC) und der OS81050 (INIC) der Firma SMSC.

Der MOST Network Service stellt die Treiberschicht dar, über die Anwendungen und Systemdienste auf den NIC zugreifen. Die untere Schicht des Network Service (Schicht 1) bietet grundlegende Kommunikations- und Verwaltungsfunktionen, während die darüber liegende Schicht (Schicht 2) Funktionen zur Unterstützung für die Entwicklung von Anwendungen bietet - wie beispielsweise einen Interpreter für das Anwendungsprotokoll oder eine Unterstützung für den Notifizierungsmechanismus.

Aufbauend auf dem Network Service sind die Anwendungen des Geräts implementiert. Die Schnittstelle einer Anwendung wird in einem MOST-System als Funktionsblock (FBlock) abgebildet. Jedes Gerät muss zumindest einen speziellen FBlock, den NetBlock implementieren, der für Verwaltungsfunktionen innerhalb des MOST-Systems benötigt wird. Zusätzlich wird ein Gerät meist eine oder mehrere Anwendungen implementieren, die als FBlöcke von Anwendungen auf anderen Geräten genutzt werden können. Oft sind in ein Gerät eines Fahrzeug-Infotainmentsystems mehrere Funktionen integriert, z. B. die eines Radioempfängers und eines Verstärkers, die damit im MOST-System als unabhängige FBlöcke dargestellt werden können.

Übertragungsmedium

Der MOST-Bus wurde ursprünglich für die optische Übertragung mittels polymeroptischer Fasern (Plastical Optical Fiber, POF) definiert. Das hierbei verwendete optische Signal mit einer Wellenlänge von 650 nm (im roten Wellenlängenbereich) wird auf der Sendeseite, die als Tx-FOT (FOT = Fiber Optic Transceiver) bezeichnet wird, durch eine LED erzeugt. Auf der Empfangsseite, Rx-FOT, wird das optische Signal mittels einer PIN-Fotodiode in ein elektrisches Signal zurück gewandelt.

Die beim Einsatz im Kraftfahrzeug verwendeten POF-Kabel (Bild 3) bestehen aus einem 980 µm dicken optischen Kern, der mit einem 20 µm dicken optischen Mantel mit geringerer Brechzahl umschlossen ist. Insgesamt hat der optische Leiter damit einen Durchmesser von 1 mm. Die optische Faser ist mit einem schwarzen Buffer umschlossen, der wiederum von einem schützenden Kabelmantel umgeben ist. Insgesamt ergibt sich für die Kabel ein Durchmesser von 2,3 mm.

Insgesamt haben POF-Leitungen die folgenden Vorteile beim Einsatz in einem Kraftfahrzeug:

- Keine elektromagnetische Störabstrahlung.
- Unempfindlichkeit gegenüber Störeinstrahlung.

3 POF-Kabel

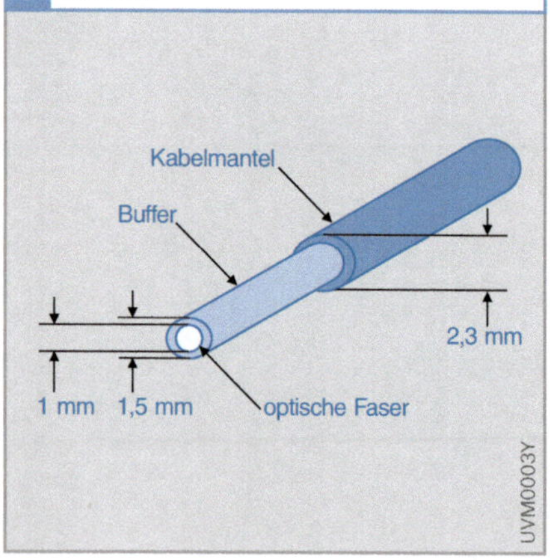

- Geringeres Gewicht als entsprechende geschirmte elektrische Leitungen.
- Flexibel verlegbar im Vergleich zu entsprechenden geschirmten elektrischen Leitungen.

In aktuellen Fahrzeugen wird bisher, bis auf geräteinterne Verbindungen, ausschließlich MOST 25 mit einer Übertragung über POF eingesetzt. Daneben wurden aber für den MOST auch weitere Übertragungstechniken definiert:
- Die optische Übertragung über Glasfaserkabel (PCS) mit Laser-Dioden (VCSEL), die eine größere Dämpfungsreserve bietet, höhere Geschwindigkeiten ermöglicht und unempfindlicher gegenüber hohen Temperaturen ist.
- Die elektrische Übertragung über Kupferkabel, die ebenfalls temperaturunempfindlicher und vergleichsweise kostengünstig ist, aber bei höheren Bandbreiten zusätzliche Schirmmaßnahmen erforderlich macht. Das hat Auswirkungen auf die Kosten und die Verkabelung.

Datenübertragung

Die Datenübertragung ist beim MOST-Bus in Daten-Frames organisiert, die vom Timing-Master mit einer festen Datenrate erzeugt und von den nachfolgenden Geräten im Ring weitergereicht werden.

Daten-Frames

Der Timing-Master erzeugt Daten-Frames mit einer Taktrate von meist 44,1 kHz, seltener auch 48 kHz. Die Taktrate wird durch den Systemhersteller (d. h. den Fahrzeughersteller im Verbund mit seinen Gerätelieferanten) abhängig von den im System vorherrschenden Medienformaten vorgegeben. Die Größe der Daten-Frames bestimmt damit die Busgeschwindigkeit eines MOST-Systems. Bei MOST 25 hat ein Daten-Frame eine Größe von 512 Bit.

Ein Daten-Frame setzt sich aus folgenden Bereichen zusammen (Bild 4):
- Bereiche für administrative Informationen am Anfang und am Ende des Daten-Frames, die unter anderem zur Synchronisierung der Datenübertragung, für die Bestimmung der Ringpositionen der Geräte und die Übertragung des Boundary Descriptors benötigt werden.
- Einem Bereich für den Kontrollkanal (bei MOST 25 zwei Bytes pro Daten-Frame).
- Einem Bereich für die synchronen Kanäle, wobei immer ein oder mehrere Bytes einem bestimmten synchronen Kanal zugeordnet sind.
- Einem Bereich für den asynchronen Kanal.

Bei MOST 25 nehmen synchroner und asynchroner Bereich gemeinsam 60 Bytes des Daten-Frames in Anspruch. Die Aufteilung zwischen den synchronen Kanälen und dem asynchronen Kanal wird durch den Wert des Boundary Descriptors mit einer Auflösung von 4 Byte bestimmt. Der synchrone Bereich muss dabei mindestens 24 Bytes haben (6 Stereokanäle). Das heißt, für den synchronen Bereich sind zwischen 24 und 60 Bytes, für den asynchronen Bereich zwischen 0 und 36 Bytes zulässig.

4 Daten-Frame

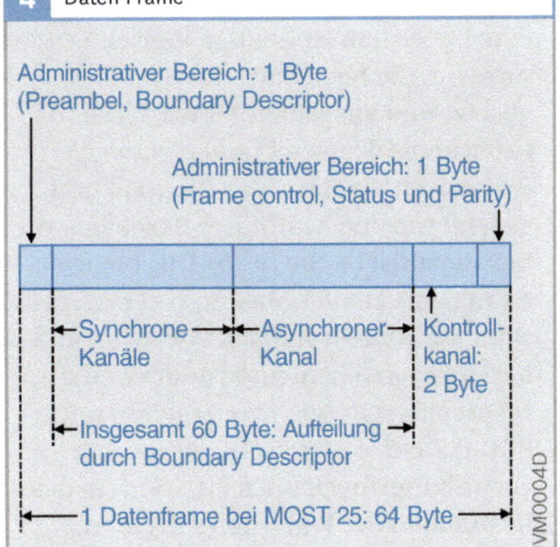

Systemereignisse

Der aktuelle Status der Datenübertragung in einem MOST-System wird durch die im Folgenden beschriebenen grundlegenden Systemereignisse angezeigt. Diese werden vom NIC überwacht und vom Network Service an die Anwendungen weitergereicht, die geeignet darauf reagieren müssen.

- Lock, Stable-Lock: Ein Lock kommt zustande, sobald die Kommunikation im Ring hergestellt ist, d.h., das betreffende Gerät korrekte Daten-Frames empfängt. Ein stabiler Lock (Stable-Lock) ist erreicht, wenn das System eine bestimmte Zeit lang im Zustand Lock war.
- Unlock, Critical-Unlock: Ein Unlock kennzeichnet den Verlust des Lock, d.h., dass keine korrekten Daten-Frames empfangen werden. Falls eine Zeit lang der Zustand Unlock besteht, wird in den Zustand Critical-Unlock übergegangen.
- Network-Change-Event: Falls sich die Anzahl der Geräte in einem MOST-System ändert, weil ein Gerät seinen Bypass geöffnet oder geschlossen hat, wird dies durch einen Network-Change-Event signalisiert.

Adressierung

Geräte werden auf dem MOST-Bus über eine 16-Bit-Adresse angesprochen. Dabei werden die folgenden unterschiedlichen Adressierungsarten unterstützt:

- Logische Adressen: Jedes Gerät besitzt eine im System eindeutige logische Adresse, die beim Start des Systems gesetzt und ausgehandelt wird. Die logischen Adressen können entweder dynamisch auf Basis der Ringposition gesetzt werden, wofür der Bereich von hexadezimal 0x100 bis 0x13F, beginnend beim Timing-Master, reserviert ist. Oder sie können statisch vom Systemhersteller in einem nicht anderweitig reservierten Bereich vorgegeben sein.
- Physikalische Adressen: Für Systemverwaltungsmechanismen, wie z. B. das Bestimmen der logischen Adressen, hat jedes Gerät zusätzlich eine physikalische Adresse, die sich aus seiner aktuellen Ringposition ableitet. Den physikalischen Adressen ist der Bereich von 0x400 bis 0x43F zugeordnet.
- Gruppenadressen: Jedem Gerät kann darüber hinaus eine Gruppenadresse im Bereich von 0x300 bis 0x3FF zugeordnet werden, um alle Geräte der angegebenen Gruppe gleichzeitig adressieren zu können.
- Broadcast-Adresse: Weiterhin unterstützt der MOST eine spezielle Broadcast-Adresse, hexadezimal 0x3C8, über die alle Geräte des MOST-Systems adressiert werden.

Übertragung von Steuerbefehlen

Der Kontrollkanal ermöglicht das Versenden von Kontrollnachrichten mit einer Länge von maximal 32 Byte. Diese werden dazu auf mehrere aufeinander folgende Daten-Frames verteilt. Bei MOST25 werden die dazu notwendigen 16 Daten-Frames auch als Block bezeichnet. Das Format der Kontrollnachrichten wird durch das im nachfolgenden Kapitel beschriebene Protokoll vorgegeben.

Das Versenden von Nachrichten auf dem Kontrollkanal wird durch den NIC unterstützt. Er bietet dazu entsprechende Mechanismen zur Datensicherung und zur Kanalarbitrierung, d.h., dem Bestimmen der nächsten Möglichkeit zum Senden einer Nachricht. Die sichere Übertragung von Kontrollnachrichten wird durch den Einsatz eines Cyclic Redundancy Codes (CRC) und einer automatische Übertragungswiederholung sichergestellt.

Aus der Bruttobandbreite des Kontrollkanals von 705,6 kBit/s ergibt sich abzüglich von etwa 3 % Overhead für die Systemverwaltung (zwei von jeweils 64 Kontrollnachrichten) und abzüglich des zusätzlichen Overheads für Arbitrierung und Datensicherung eine Nettodatenrate von insgesamt 406 kBit/s. Da die Arbitrierung weiterhin vorsieht, dass ein Gerät nur maximal jede dritte mögliche Kontrollnachricht belegen kann, steht einem einzelnen Gerät zum Senden eine maximale Datenrate von jeweils 135 kBit/s zur Verfügung.

Um Nachrichten mit mehr als 32 Bytes zu versenden, unterstützt der Network Service die Segmentierung und Desegmentierung von bis zu 65 556 Bytes großen Anwendungsnachrichten auf dem Kontrollkanal. Der entsprechende Mechanismus wird auch als Application Message Service (AMS) bezeichnet, im Gegensatz zum Control Message Service (CMS), der nur das Versenden der 32-Byte Kontrollnachrichten erlaubt.

Übertragung von Multimediadaten

Für die Übertragung von Multimediadaten sind bei MOST die synchronen Kanäle vorgesehen, wobei die Steuerung der Datenübertragung über entsprechende Steuerkommandos auf dem Kontrollkanal stattfindet. Einem synchronen Kanal kann jeweils eine bestimmte Bandbreite zugewiesen werden, was mit einer Auflösung von einem Byte eines Daten-Frames geschieht. Ein Stereo-Audiokanal mit einer Auflösung von 16 Bit benötigt beispielsweise vier Bytes. Bei MOST 25 sind je nach Wert des Boundary Descriptors maximal 60 Bytes für synchrone Kanäle verfügbar, das entspricht 15 Stereo-Audiokanälen.

Die Senken und Quellen für Multimediadaten sind jeweils einem FBlock zugeordnet, der entsprechende Funktionen für deren Verwaltung zur Verfügung stellt. Ein FBlock kann so mehrere Quellen und Senken besitzen, die über eine Quellen- und Senkennummer durchnummeriert sind.

Ein FBlock besitzt Funktionen, die Informationen über die Anzahl sowie die Art der Quellen und Senke liefern, die er zur Verfügung stellt (SyncDataInfo, SourceInfo und SinkInfo). Darüber hinaus besitzt jeder FBlock mit einer Quelle eine Funktion Allocate mit denen er einen synchronen Kanal anfordert und die Quelle damit verbindet. Des Weiteren hat er eine Funktion DeAllocate; um den Kanal wieder freizugeben. Ein FBlock mit einer Senke hat entsprechend eine Funktion Connect, um diese mit einem bestimmten synchronen Kanal zu verbinden und eine Funktion DisConnect, um diese Verbindung wieder zu trennen. Mit einem bestimmten Kanal können auch mehrere Senken gleichzeitig verbunden sein.

Bei MOST 25 wird die Kanalbelegung für synchrone Kanäle durch den Timing-Master verwaltet. Eine Quelle, die einen synchronen Kanal belegen will, schickt dazu eine entsprechende Anforderung über eine Systembotschaft (Ressource-Allocate) an den Timing-Master. Zum Freigeben des Kanals wird entsprechend (RessourceDeallocate) verwendet.

Übertragung von Paketdaten

Auf dem asynchronen Kanal werden Daten als Pakete übertragen. Der asynchrone Kanal unterstützt dabei zurzeit zwei Modi: Einen langsameren 48-Byte-Modus, bei dem in jedem Paket 48 Byte für die Nettodatenübertragung zur Verfügung stehen, der aber weniger hohe Anforderungen an die Geräteimplementierung stellt, sowie einen aufwändiger zu implementierenden 1 014-Byte-Modus.

Beim MOST 25 können dem asynchronen Kanal zwischen 0 und maximal 36 Bytes eines Daten-Frames zugeordnet werden, was einer maximalen Bruttodatenrate von 12,7 MBit/s entspricht. Für den 1 014-Byte-Modus ergibt sich daraus eine maximale Nettodatenrate von fast 11 MBit/s, für den 48-Byte-Modus eine Datenrate von fast 3 MBit/s. In der Praxis werden aber meist aufgrund von Engpässen in den Geräteimplementierungen deutlich niedrigere Datenraten erreicht.

Auch die Übertragung von Datenpaketen auf dem asynchronen Kanal wird vom NIC direkt unterstützt. Ein Paket auf dem asynchronen Kanal enthält ebenfalls eine CRC, so dass einfache Übertragungsfehler erkannt werden können. Anders als beim Kontrollkanal findet aber keine Übertragungswiederholung auf der Sicherungsschicht statt.

Um eine sichere Übertragung und eine Flusskontrolle bei den für den asynchronen Kanal typischen großen Datenmengen sicherzustellen, wird üblicherweise noch ein zusätzliches Transportprotokoll eingesetzt, das in einer darüber liegenden Treiberschicht implementiert ist. Dies ist entweder das speziell für den MOST entwickelte MOST High Protokoll (MHP) oder das gängige TCP/IP-Protokoll, das auf eine entsprechende Anpassungsschicht, MOST Asynchronous Medium Access Control (MAMAC) genannt, aufgesetzt wird.

Verwaltungsfunktionen

Der MOST-Standard definiert die im Folgenden beschriebenen Verwaltungsmechanismen, die für den Betrieb eines MOST-Systems notwendig sind.

Konfigurationsstatus

Ein gültiger Konfigurationsstatus im MOST-System ist die Voraussetzung für eine Kommunikation auf Anwendungsebene. Die Konfiguration des MOST-Systems wird von einem bestimmten Gerät verwaltet, dem Network-Master. Eine applikative Kommunikation ist erst erlaubt, falls dieser einen konfliktfreien Konfigurationsstatus signalisiert hat.

- Configuration Status OK: Sobald eine konfliktfreie Konfiguration erreicht ist, versendet der Network-Master den Konfigurationsstatus OK.
- Configuration Status NotOK: Falls ein Konflikt auftritt, z. B. weil zwei Geräte die gleiche Adresse haben, versendet der Network-Master einen Konfigurationsstatus NotOK. Daraufhin initialisieren alle Geräte ihre Adressen und Kommunikationseinstellungen.
- Configuration Status New und Invalid: Diese Konfigurationsstati zeigen an, dass eine neue Anwendung (FBlock) im System angemeldet wurde, bzw. dass eine bisher angemeldete Anwendung weggefallen ist.

NetBlock

Jedes Gerät muss zumindest einen FBlock, den NetBlock implementieren, der verschiedene Verwaltungsfunktionen umfasst (z. B. zur Adressinitialisierung) und Informationen über das Gerät und die von ihm implementierten FBlöcke zur Verfügung stellt.

Network-Master

Der Network-Master wird von einem ausgezeichneten Gerät in einem MOST-System implementiert und ist für die Konfiguration des Systems zuständig. In aktuellen Systemen wird der Network-Master meist durch die Headunit (d. h., das Bedienteil) des Infotainmentsystems realisiert. Dieses Gerät ist oft gleichzeitig auch Timing-Master, was aber nicht notwendigerweise erforderlich ist. Die anderen Geräte des MOST-Systems werden in diesem Zusammenhang als Network-Slaves bezeichnet.

Der Network-Master verwaltet ein Abbild der aktuellen Konfiguration eines MOST-Systems in der Central Registry. Diese enthält neben den Adressen aller Geräte auch die aller FBlöcke, die von ihnen implementiert werden (bis auf System-FBlöcke wie den NetBlock). Ein Network-Slave, der die Geräteadresse zu einem bestimmten FBlock sucht, kann diese beim Network-Master abfragen.

Falls ein Network-Slave häufig auf andere Geräte zugreift, kann er für einen schnelleren Zugriff auch eine lokale Kopie der Central Registry ablegen, eine Decentral Registry, die er bei einer Änderung der Konfiguration entsprechend aktualisieren muss.

Um die Central Registry aufzubauen, führt der Network-Master bei Start des Systems und sobald ein Network Change Event aufgetreten ist einen Network-Scan durch, bei dem er von den NetBlöcken aller Geräte die von diesem Gerät implementierten FBlöcke abfragt. Falls er dabei einen Konflikt erkennt, z. B. eine doppelte Geräteadresse oder eine doppelte Instanz eines FBlocks, ist er für die Auflösung des

Konflikts zuständig. Der Network-Master kann dazu je nachdem die Neuberechnung der Adressen anstoßen, die InstId eines FBlocks umsetzen oder ein Gerät gegebenenfalls ignorieren.

Connection-Master

Der Connection-Master verwaltet die zu einem Zeitpunkt in einem MOST-System bestehenden synchronen Verbindungen. Er stellt dazu eine Tabelle mit Informationen zu allen im MOST-System aktuell vorhanden Verbindungen zur Verfügung (SyncConnectionTable). Außerdem kann die verbleibende Bandbreite für weitere synchrone Verbindungen abgefragt werden (AvailableChannels).

Auf Anfrage baut der Connection-Master Verbindungen zwischen einer bestimmten Quelle und Senke auf (BuildSyncConnection) bzw. ab (RemoveSyncConnection), wobei er die dazu notwendigen Befehle an die dazugehörigen FBlöcke sendet.

Falls eine zentrale Instanz in einem MOST-System, z. B. die Headunit, für die Verwaltung der synchronen Kanäle zuständig ist, kann auf den Connection-Master auch verzichtet werden.

MOST-Anwendungsschicht

Für die Übertragung von Kontrollbefehlen, Statusinformationen und Ereignissen, definiert der MOST-Standard ein entsprechendes Protokoll auf Anwendungsebene. Dieses Protokoll ermöglicht das Ansprechen einer bestimmten Funktion einer Anwendungsschnittstelle (d. h. eines FBlock), die von einem beliebigen Gerät innerhalb des MOST-Systems bereitgestellt wird. Beispielsweise kann das Abspielen einer CD auf einem separaten CD-Spieler gestartet oder die Nummer des dort aktuell abgespielten Titels abgefragt werden. Das MOST-Protokoll wird zwar hauptsächlich auf dem Kontrollkanal eingesetzt, es kann jedoch bei Bedarf auch über den asynchronen Kanal übertragen werden.

Überblick

Das Protokoll für MOST-Kontrollnachrichten sieht folgende Elemente für eine Kontrollnachricht vor (Tabelle 1):

- Die Adresse eines Gerätes im MOST-System (DeviceID).
- Ein Bezeichner für einen von diesem Gerät implementierten FBlock (FBlockID) und dessen Instanz im MOST-System (InstID).
- Den Bezeichner für die aufgerufene Funktion innerhalb des FBlocks (FktID).
- Den Typ einer Operation (OpType), die auf diese Funktion angewendet werden soll, z. B. das Setzen oder Abfragen einer Eigenschaft des FBlocks.
- Ein Datenbereich mit den Parametern des Funktionsaufrufs (Data) und eine entsprechende Längeninformation (Length).

1 Elemente einer Kontrollnachricht

Feld	Größe	Beschreibung
DeviceID	16 Bit	Geräteadresse
FBlockID	8 Bit	FBlock-Bezeichner
InstID	8 Bit	Instanz des FBlocks
FktID	12 Bit	Funktionsbezeichner
OPType	4 Bit	Typ der Operation
Length	16 Bit	Länge des Datenfelds
Data	0...65535 Byte	Datenfeld

Tabelle 1

Funktionsblock (FBlock)

Ein Funktionsblock (FBlock) definiert die Schnittstelle einer bestimmten Anwendung oder eines Systemdienstes. Ein FBlock wird über eine 8 Bit große FBlockID, die den Typ des FBlocks angibt, und eine zusätzliche 8-Bit InstID adressiert. Mit letzterer wird zwischen mehreren Instanzen von FBlöcken desselben Typs in einem MOST-System unterschieden.

Ein FBlock, der von einer entsprechenden Anwendung gesteuert wird, und das Gerät, das diesen implementiert, werden in diesem Zusammenhang als Slave bezeichnet (z. B. im Fall einer Anwendung, die einen externen CD-Spieler über den entsprechenden FBlock anspricht). Die

Anwendung, die den FBlock steuert, wird als Controller bezeichnet.

Welche Funktionen ein FBlock hat, wird durch den Funktionskatalog vorgegeben. Für Systemdienste sind entsprechende Funktionskataloge durch den MOST-Standard vorgegeben. Auch für gängige Anwendungen aus dem Bereich der Fahrzeug-Infotainmentsysteme werden die Schnittstellen durch den MOST-Standard vorgegeben (z. B. für einen Verstärker oder einen CD-Spieler/-Wechsler), die allerdings meist durch den Systemhersteller entsprechend erweitert werden. Andere proprietäre FBlöcke werden vollständig durch den System- oder den Gerätehersteller definiert.

Funktionen und Operationen

Ein Funktionsblock setzt sich aus mehreren Funktionen zusammen, die über eine 12-Bit FktID angesprochen werden. Je nach Typ der Funktion können unterschiedlich vordefinierte Operationen auf diese angewendet werden, die durch einen 4-Bit OpType-Bezeichner beschrieben werden. Bei Funktionen wird weiter zwischen Methoden und Properties unterschieden.

Eine Methode beschreibt eine Aktion, die ein FBlock ausführen kann, wie z. B. das Starten des Suchlaufs eines Radioempfängers. Eine Methode kann vom Controller durch eine Start- oder StartResult-Operation angestoßen werden. Der Slave liefert daraufhin gegebenenfalls (bei StartResult) ein entsprechendes Ergebnis mit einer Result-Nachricht zurück. Falls dieses Ergebnis nicht innerhalb einer bestimmten Zeit vorliegt, wird der Controller mit einer Processing-Nachricht über das Andauern der Methode informiert. Schließlich kann eine Methode auch durch das Versenden einer Abort-Nachricht abgebrochen werden.

Eine Property beschreibt eine bestimmte Eigenschaft des FBlocks, wie die Nummer des aktuell abgespielten Titels. Eine solche Property kann vom Controller abgefragt (durch die Operationen Get) oder gesetzt werden (durch die Operationen Set oder SetGet). Als Ergebnis einer entsprechenden Anfrage antwortet der Slave gegebenenfalls (bei Get und SetGet) mit einer Status-Nachricht, die den aktuellen Inhalt der Property enthält.

Der MOST-Standard sieht darüber hinaus einen Notifizierungsmechanismus vor, mit dem sich ein Controller bei einem Slave für bestimmte Properties registrieren kann. Falls sich der Wert einer dieser Properties ändert, werden alle Controller, die eine entsprechende Notifizierung gesetzt haben, mittels einer Status-Nachricht informiert.

Datenfeld

Das Datenfeld der Kontrollnachricht enthält die Parameterwerte für einen Funktionsaufruf oder dessen Ergebnisse. Das Datenfeld wird dabei wie in der Definition der entsprechenden Funktion festgelegt interpretiert und kann einen oder mehrere Parameterwerte enthalten.

Der MOST-Standard definiert hierfür die folgenden Parametertypen:

- Boolean und BitField für einzelne boolesche Werte (1 Byte) oder Folgen einzelner Bits (1, 2 und 4 Byte).
- Enum für Aufzählungen.
- Unsigned und Signed Byte, Word und Long für Ganzzahlwerte mit oder ohne Vorzeichen und einer Größe von 1, 2 oder 4 Byte.
- String für Zeichenketten. Diese sind nullterminert und enthalten im ersten Byte eine Beschreibung der Zeichenkodierung.
- Stream, ClassifiedStream und ShortStream für verschiedene Arten von Byte-Folgen beliebiger Länge.

Ein Parametertyp für reelle Zahlen existiert nicht. Der MOST-Standard sieht vor, dass reelle Zahlen als Festkommawerte über die Ganzzahlparametertypen abgebildet werden. Komplexere Datentypen sind ebenfalls nicht vorgesehen, sondern müssen über Funktionsklassen realisiert werden.

Funktionsklassen

Um die Definition von Funktionen zu vereinheitlichen, gibt der MOST-Standard eine Reihe von Funktionsklassen für Properties vor. Diese legen fest, welche Eigenschaften die entsprechende Funktion hat und welche Operationen darauf zulässig sind.

Neben einfachen Funktionsklassen (mit einem einzelnen Parameter für Zahlenwerte oder Texte) existieren auch komplexe zusammengesetzte Funktionsklassen. Diese werden dazu verwendet, um zusammengesetzte Datenstrukturen, wie Records und Arrays darzustellen. Sie können auch in einer Schachtelungstiefe geschachtelt werden, was z. B. zweidimensionale Arrays oder Arrays von Records ermöglicht. Solche geschachtelten Datenstrukturen werden z. B. verwendet, um das Telefonbuch eines Mobiltelefons abzubilden.

Bei mehrdimensionalen Funktionsklassen wird über die beiden Parameter PosX und PosY jeweils eine bestimmte Position in der ersten bzw. der zweiten Dimension adressiert, wobei 0 immer für alle Elemente dieser Dimension steht. Damit kann sowohl auf ein bestimmtes Element aber auch auf eine ganze Zeile eines zweidimensionalen Arrays zugegriffen werden.

Anwendungen

Neben den zur Datenübertragung notwendigen unteren Schichten definiert der MOST-Standard die Schnittstellen für typische Anwendungen aus dem Bereich der Fahrzeug-Infotainmentsysteme, wie z. B. einen CD-Wechsler, einen Verstärker oder einen Radioempfänger.

Die von der MOST-Cooperation definierten FBlöcke sind in einem Funktionskatalog zusammengefasst und werden mit ihren aktuellen Versionen im nächsten Abschnitt aufgezählt. Der Funktionskatalog definiert im Detail alle Funktionen für die darin enthalten FBlöcke sowie die zulässigen Operationen und deren Parameter.

Für den Funktionskatalog ist eine maschinenlesbare Beschreibung im XML-Format verfügbar, über die dieser in verschiedene MOST-Tools importiert werden kann.

Zusätzlich zu der im Funktionskatalog enthaltenen Beschreibung aller Funktionen eines FBlocks wurde auch begonnen, das dynamische Verhalten für die Nutzung eines FBlocks zu spezifizieren. Dazu werden Message Sequence Charts (MSC) nach dem MSC 2000-Standard mit kleinen MOST-spezifischen Erweiterungen eingesetzt.

Funktionen, die von verschiedenen Anwendungen benötigt werden, z. B. die zuvor erwähnten Funktionen zur Verwaltung von Quellen für Multimediadaten, sind im GeneralFBlock definiert. Dieser wird als Funktionssammlung verwendet, d. h., bei der Definition eines neuen FBlocks werden alle benötigten Funktionen aus dem GeneralFBlock in den neuen FBlock kopiert.

Standardisierung

Der MOST-Standard wird durch die MOST- Cooperation gepflegt, die auch die entsprechenden Spezifikationen herausgibt. Die Spezifikationen sind über die Homepage der MOST-Cooperation (www.mostcooperation.com) verfügbar.

Aktuell sind die folgenden Versionen der MOST-Spezifikationen gültig (Stand 2006):

- MOST Specification, Version 2.4.
- MOST Dynamic Specification, Version 1.2.
- MOST Specification of Optical Physical Layer, Version 1.1.
- MOST Specification of Advanced Optical Physical Layer, Version 1.0.
- MOST Specification of Electrical Physical Layer, Version 1V1.
- MOST High Protocol Specification, Version 2.2.
- MAMAC Specification, Version 1.1.

Im Rahmen des Compliance-Prozesses definiert die MOST-Cooperation Anforderungen an MOST-Geräte, die zukünftig von allen Geräten erfüllt werden müssen, um das MOST-Logo zu tragen. Die MOST-Compliance wird von Testhäusern, die von der MOST-Cooperation eine entsprechende Akkreditierung erhalten haben, getestet und vergeben. Für die Compliance-Anforderungen gelten die folgenden Spezifikationen, die den Compliance-Prozess selbst sowie die Compliance-Tests für die physikalische Schicht, für Systemmechanismen (Core) und für Anwendungsschnittstellen (Profile) beschreiben:

- MOST Compliance Requirements, Version 2.0.
- MOST Compliance Test of Physical Layer Specification, Version 1.0.
- MOST Core Compliance Test Specification, Version 1.1.1.
- MOST Profile Compliance Test Specification, Version 1.0.

Die folgenden Anwendungsschnittstellen werden durch die MOST-Cooperation standardisiert. Aktuell sind die folgenden Versionen gültig:

- AudioAmplifier (FBlockID: 0x22), Version 2.4.2: ein einfacher Verstärker.
- AuxIn (FBlockID: 0x24), Version 2.4: eine Schnittstelle für die Anbindung von MP3-Spielern oder Datenträgern mit Musikstücken.
- MicrophoneInput (FBlockID: 0x26), Version 2.3.1: ein Mikrofoneingang.
- AudioTapePlayer (FBlockID: 0x30), Version 2.3.1: ein Kassetten-Spieler.
- AudioDiskPlayer (FBlockID: 0x31), Version 2.4: ein CD-Spieler oder CD-Wechsler.
- DVDVideoPlayer (FBlockID: 0x34), Version 2.4.1: ein DVD-Spieler oder DVD-Wechsler.
- AmFmTuner (FBlockID: 0x40), Version 2.4.2: ein Radioempfänger für FM/AM.
- TMCTuner (FBlockID: 0x41), Version 2.3.1: ein spezieller Empfänger für Verkehrsnachrichtensignale (TMC).
- TVTuner (FBlockID: 0x42), Version 2.3.2: ein Fernsehempfänger.
- DABTuner (FBlockID: 0x42), Version 4.0: ein Empfänger für Digitalradio (DAB).
- SDARS (FBlockID: 0x44), Version 2.4: ein Empfänger für Satellitenradio.
- Telephone (FBlockID: 0x50), Version 2.3.2: ein Telefonmodul oder eine Anbindung an ein Mobiltelefon.
- GeneralPhonebook (FBlockID: 0x51), Version 2.3.1: Zugriff auf ein Telefonbuch, z. B. das eines Mobiltelefons.
- NavigationSystem (FBlockID: 0x52), Version 1.11: eine Schnittstelle für ein Navigationssystem; allerdings nur inoffiziell durch die MOST-Cooperation freigegeben.
- GraphicDisplay (FBlockID: 0x60), Version 2.3: ein eigenständiger Bildschirm.

TTP/C

Übersicht

Das Time-Triggered Protocol für SAE Klasse-C-Netzwerke (TTP/C) ist ein zeitgesteuertes Protokoll, bei dem die Netzteilnehmer Daten in speziellen, im Voraus festgelegten Zeitspannen übertragen. Dies bedeutet, dass alle Netzteilnehmer über eine globale Zeitdefinition verfügen, die über ein Zeitsynchronisationsprotokoll bestimmt wird.

TTP/C wurde speziell für die Erfüllung von Echtzeitanforderungen in verteilten, fehlertoleranten Systemen entwickelt. Hierbei orientierte sich die Entwicklung an dem Einsatz im automobilen Bereich, inzwischen wird TTP/C aber auch in anderen Bereichen, wie der Luftfahrt oder dem Bahnwesen, eingesetzt.

Gemäß den Anforderungen der Society of Automotive Engineers (SAE) für Klasse-C-Protokolle ist TTP/C ein Protokoll für Hochgeschwindigkeitsnetzwerke (>125 kBit/s Übertragungsgeschwindigkeit), das für die Echtzeitkommunikation in Kontrollsystemen verwendet werden kann. Daher wurde bei der Entwicklung besondere Aufmerksamkeit den Bereichen Fehlererkennung und -toleranz, Robustheit gegenüber Störungen, Zusammensetzbarkeit (Composability) und garantierten Latenzzeiten gelegt.

Grundlage für TTP/C bildet die Time Triggered Architecture (TTA), ein Framework zur Entwicklung hochzuverlässiger, verteilter Echtzeitsysteme und der darauf laufenden Applikationen.

Die Entwicklung von TTP/C geht auf das Projekt MARS (Maintainable Real-Time System) zurück, das 1979 an der TU Berlin durchgeführt wurde. Die Weiterentwicklung erfolgte im Rahmen weiterer Projekte, wie TTA (Time-Triggered Architecture) oder dem Brite-EuRam III Projekt „Safety Related Fault Tolerant Systems in Vehicles (X-by-Wire)“, in dem Systeme zur Ansteuerung von sicherheitsrelevanten Kfz-Komponenten, wie Bremsen oder Lenkung, über elektronische Netzwerke ohne mechanische Rückfallebene untersucht wurden.

Einsatzgebiete

Ursprünglich wurde TTP/C für den Einsatz in sicherheitsrelevanten Systemen des Automobilbereichs entwickelt. Da die Kernfunktionen von TTP/C formal verifiziert wurden und ein TTP/C-Netzwerk im Vergleich zu anderen Protokollen mit ähnlichen Zuverlässigkeitseigenschaften kostengünstig zusammengestellt werden kann, wird TTP/C inzwischen auch in Flugzeugen eingesetzt, wo sehr hohe Anforderungen an die Sicherstellung der Funktionalität gestellt werden. TTP/C kommt auch in Eisenbahnleitsystemen zum Einsatz.

Fehlertoleranzstrategie

Mit der Fehlertoleranzstrategie wird beschrieben, welche Störungen erkannt und behandelt werden können. TTP/C kann jeden einzeln auftretenden Fehler erkennen und behandeln (Single Fault Hypothese). Darüber hinaus werden auch eine Reihe multipler Fehlerszenarien behandelt.

Einige wichtige multiple Fehlerszenarien, wie beispielsweise ein vollständiger temporärer Zusammenbruch der Kommunikation, kann aber nicht auf der Ebene der Knoten erkannt werden. Hierfür werden zusätzliche Methoden zur Fehlererkennung und -behandlung auf Applikationsebene benötigt.

Für die Sicherstellung, dass alle Single Faults erkannt werden, muss das TTP/C-Netzwerk aus mindestens vier echten Mitgliedsknoten bestehen.

Es ist auf der Architekturebene sichergestellt, dass ein fehlerhafter Netzknoten keinen ordentlich funktionierenden Netzknoten daran hindern kann, seine Nachricht zu übertragen. Dies geschieht durch Bus Guardians, die den Buszugriff nur zu definierten Zeitpunkten erlauben.

Time Triggered Architecture
Die Time Triggered Architektur (TTA) bildet die Grundlage, auf der das TTP/C Protokoll spezifiziert wurde (Bild 1). Kernelement der TTA ist der Netzknoten, der aus einem Hostprozessor und einem TTP/C-Controller, im folgenden Controller genannt, besteht. Der Netzknoten ist die kleinste auswechselbare Einheit in einem TTP/C-System. Darum werden Netzknoten auch als „Smallest Replacable Unit" (SRU) bezeichnet. Der Hostprozessor verarbeitet Eingaben von Sensoren und steuert Aktoren an. Das Communication Network Interface (CNI) bildet die Schnittstelle zwischen Hostprozessor und Controller und stellt Speicherbereiche bereit, über die Hostprozessor und Controller Informationen austauschen.

Der Controller ist schließlich an den TTP/C-Bus angeschlossen, über den er den Knoten mit anderen Knoten verbindet. Die Gruppe aller an einen TTP/C-Bus angeschlossenen Knoten und dem Bus bildet einen Cluster.

Hostprozessor
Der Hostprozessor führt die Applikation aus, die eigentliche Funktion des Netzknotens. Um die Applikation zu unterstützen, laufen auf dem Hostprozessor neben der Applikation ein Betriebssystem, das meist auch das FT-COM Layer bereitstellt. Das FT-COM Layer führt eine weitere Abstraktionsebene von der technischen Realisierung der Kommunikation ein. Die Applikation kann über die Schnittstellen des FT-COM Layers Daten zur Übertragung bereitstellen, wodurch der Applikationsentwickler sich nicht mit tieferliegenden Konzepten, wie den Speicherbereichen im CNI, befassen muss.

Communication Network Interface (CNI)
Das CNI fungiert als temporäre Firewall, da es einen Speicherbereich zur Verfügung stellt, über den empfangene und zu sendende Daten zwischen Hostprozessor und Controller ausgetauscht werden. Diese Schnittstelle ist die einzige Möglichkeit für den Hostprozessor, Informationen über das Netzwerk zu übertragen. Daher ist es für den Hostprozessor nicht möglich, den Kommunikationsablauf zu beeinflussen. Insbesondere hat der Zeitpunkt, zu dem Informationen vom Hostprozessor bereitgestellt werden, keinen Einfluss auf den Kommunikationsablauf des Netzwerks.

TTP/C-Controller
Der Controller (Bild 2) arbeitet vollständig unabhängig vom Hostprozessor. Seine wichtigsten Komponenten sind der Pro-

1 TTA-Netzwerk

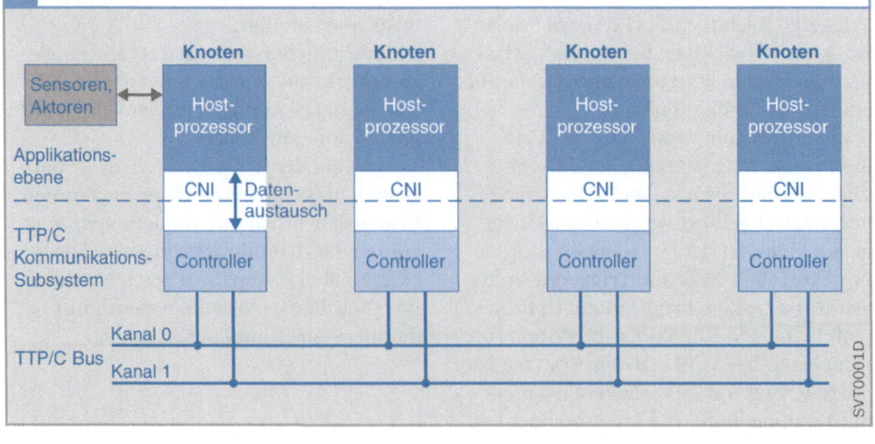

tokollprozessor, ein lokaler Bus Guardian und die Message Descriptor List (MEDL).

Die Aufgabe des Protokollprozessors ist es, die vom Hostprozessor in der CNI bereitgestellten Informationen so aufzubereiten, dass sie als TTP/C-Rahmen (Frames) übertragen werden können.

Der Controller steht über zwei Schnittstellen mit den restlichen Komponenten des Netzknotens in Verbindung. Über das CNI wird die Verbindung zum Hostprozessor, über das Logical Line Interface die Verbindung zu den Tranceivern (Driver) hergestellt.

Message Descriptor List (MEDL)

Die MEDL enthält alle Kontrollinformationen, die der Controller benötigt, um Daten zu senden und zu empfangen. Sie ist eine für jeden Controller angepasste Liste, die beispielsweise Informationen zur Position und Größe von Sende- und Empfangsslots enthält.

2 TTP/C-Knoten

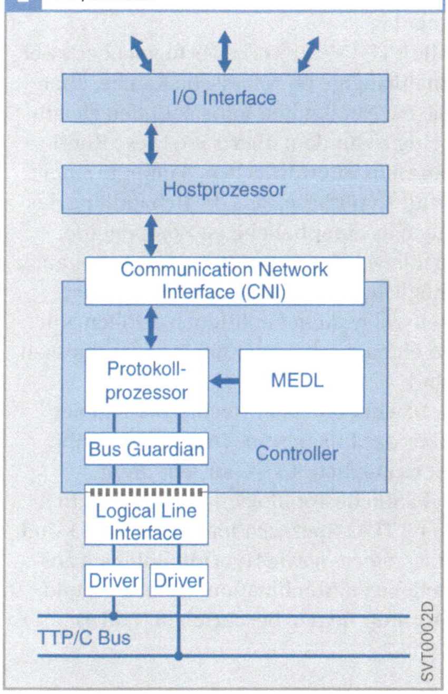

Zu den in der MEDL hinterlegten Informationen gehören die Zeitpunkte, zu denen der Controller Frames übertragen darf und zu denen Frames anderer Controller erwartet werden, die der Hostprozessor verarbeitet.

Außerdem sind in der MEDL CNI-Speicherpositionen festgelegt, in denen Informationen vom Hostprozessor zur Übertragung bereitgestellt werden und in denen empfangene Informationen vom Controller abgelegt werden sollen.

Die MEDL enthält auch weitere Informationen, die zur Operation benötigt werden. Zum Beispiel die Kennzeichnung von Frames, die zur Synchronisation der internen Uhren verwendet werden und die Synchronisationszeitpunkte.

Streng genommen ist die Bezeichnung Message Descriptor List falsch. Als Messages werden in TTP/C Informationsblöcke innerhalb eines Frames bezeichnet (Bild 3). Diese Struktur existiert aber nur aus Sicht des Hostprozessors, nicht aus Sicht des Controllers, der ausschließlich Frames verarbeitet. Da die Bezeichnung in früheren Spezifikationen eingeführt wurde, blieb sie aber unverändert.

Lokaler und Zentraler Bus Guardian

Primäre Aufgabe des Bus Guardian ist es, Übertragungen eines Knotens auf die

3 Nachrichtenkomponenten

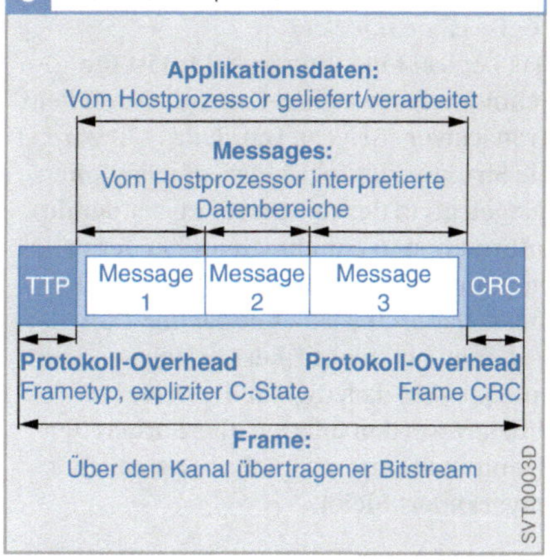

festgelegten Zeitfenster zu beschränken. Hierzu greift er auf die Informationen der MEDL zu, in der die Sendeslots des Knotens hinterlegt sind.

Es existieren zwei unterschiedliche Typen von Bus Guardians. Lokale Bus Guardians sind zwischen Controller und den TTP/C-Bus geschaltet und verhindern den Buszugriff außerhalb definierter Sendeslots. Zentrale Bus Guardians arbeiten in einem zentralen Koppelelement. Werden ausschließlich zentrale Bus Guardians eingesetzt, lassen sich aber nur Störungen für die Knoten ausschließen, die direkt an die Koppelelemente angeschlossen sind. Angeschlossene Bustopologien hingegen lassen sich nicht vollständig schützen.

Neben der Überwachung des Buszugriffs kann der Zentrale Bus Guardian auch die Aufgabe übernehmen, SOS-Fehler (Slightly-Off Specification) zu erkennen und einzudämmen. Dies sind Fehler, in denen ein Knoten ständig leicht gegen einen oder mehrere Kommunikationsparameter, wie die verwendeten Spannungen oder das Timing der Sendeslots, verstößt. Dies führt dazu, dass einige Netzknoten, die mit größeren Toleranzen konstruiert wurden, diese Nachrichten verarbeiten, andere sie aber als fehlerhaft verwerfen. Durch SOS-Fehler wird es problematisch festzustellen, ob Daten korrekt übertragen wurden oder ob sie fehlerhaft empfangen wurden.

Logical Line Interface

Das Logical Line Interface (LLI) ist die Schnittstelle zwischen Controller und dem Transceiver (Driver). Durch das LLI wird die Struktur der logischen Informationen festgelegt, in der der Driver zu sendende Informationen annehmen und in der er empfangene Informationen bereitstellen muss. Dadurch wird es einfacher, Controller an ein neues Übertragungsmedium anzupassen, da lediglich die Driver modifiziert werden müssen, das Format der Schnittstelle zum restlichen System aber unverändert bleibt.

Driver

Der Driver ist der Transceiver für das Übertraungsmedium. Er wandelt die physikalischen Zustände des TTP/C-Busses in logische Zustände, die vom Controller verarbeitet werden können.

Netzwerk

Netzwerkgröße

TTP/C ist für Netzwerke von bis zu 64 Knoten konzipiert. Minimal kann ein TTP/C-Netzwerk aus zwei Knoten bestehen, allerdings werden mindestens vier Knoten benötigt, um die Single Fault Hypothese zu erfüllen. Ein Problem bei der Datenübertragung besteht in der Gefahr, dass eine Übertragung nicht einheitlich von allen Knoten des Netzwerks empfangen wird. Sind mindesten vier echte Mitgliedsknoten (Knoten mit alleinigem Zugriff auf einen Sendeslot) in einem TTP/C-Netzwerk vorhanden, erkennt TTP/C sicher, ob die Nachrichtenübertragung erfolgreich war oder Fehler beim Senden oder Empfangen aufgetreteten sind.

Topologie

Alle TTP/C-Netzwerke verfügen über zwei unabhängige physikalische Kanäle, über die ein Netzknoten Informationen gleichzeitig redundant überträgt. Diese Konfiguration ist erforderlich, damit die Single Fault Hypothese, also die Behandlung des Ausfalls einer beliebigen Komponente, erfüllt werden kann. Dabei ist es aber auch möglich, dass Knoten, die keine sicherheitsrelevanten Funktionen erfüllen, nur an einen der beiden Kanäle angeschlossen sind.

Da ein Controller Nachrichten immer über das LLI an seine Driver weitergibt, ist es möglich, TTP/C an sehr unterschiedliche Topologien anzupassen. In der TTP/C-Spezifikation (Version 1.1) sind Bus-, Stern- sowie Hybridtopologien aus beliebigen Kombinationen von Bus- und Sterntopologien beschrieben (Bild 4).

Bus-Topologie
In einem Bus sind alle Netzknoten in Reihe an zentrale Leitungen angeschlossen. Wird eine Bus-Topologie verwendet, lassen sich strukturbedingt keine zentralen Bus Guardians einsetzten. Dafür kann die Gesamtlänge der Verkabelung aber auf ein Minimum reduziert werden.

4 Netzwerktopologien

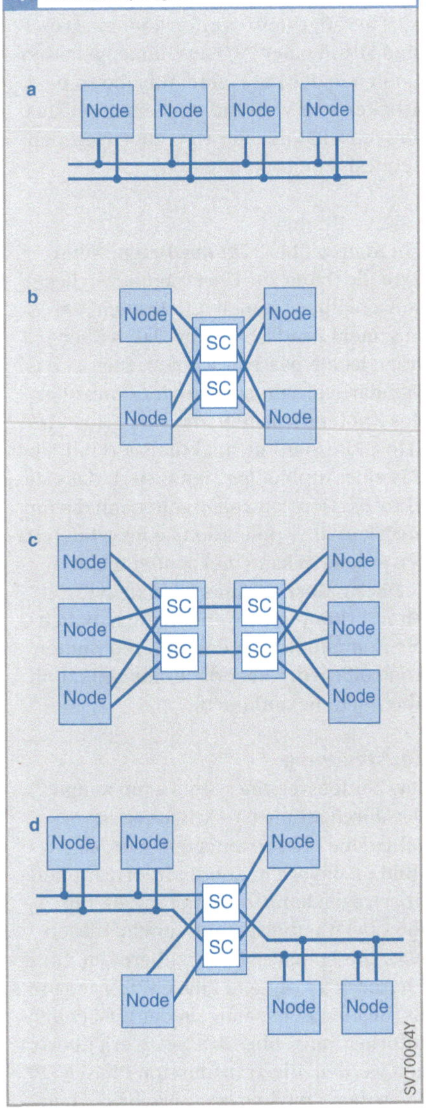

Bild 4
a Bus
b Stern
c Multi-Stern
d Stern/Bus-Kombination

Node Knoten
SC Koppelelement

Sterntopologie
Wird eine Sterntopologie verwendet, sind die Netzknoten über zentrale Koppelelemente miteinander verbunden. Dabei wird jeder TTP/C-Kanal in einem eigenen Koppelelement zusammengeführt.

Sterntopologien ermöglichen auch den Einsatz von zentralen Bus Guardians, die in der Lage sind, zusätzlichen Schutz gegenüber Fehlern zu realisieren.

Hybridtopologien aus Bus und Stern
Auch Hybridtechnologien, die aus Bus- und Sterntopologie zusammengesetzt sind, können aufgebaut werden. Beispielsweise ist es möglich, mehrere Sterntopologien zu einem Multi-Star zu kaskadieren, oder einen Subbus an eine Sterntopologie anzuschließen.

Übertragungsmedien

Innerhalb eines TTP/C-Netzwerks läuft die Kommunikation über zwei Kanäle ab. Die Kanäle werden als Channel 0 (Ch0) und Channel 1 (Ch1), bzw. Channel A (ChA) und Channel B (ChB) bezeichnet.

Da die TTP/C-Spezifikation in Bezug auf das Übertragungsmedium sehr offen formuliert ist, können TTP/C-Netzwerke unter Verwendung sehr unterschiedlicher Medien aufgebaut werden. Dabei können sowohl elektrische als auch optische Medien zum Einsatz kommen. Insbesondere ist es auch möglich, einen Kanal optisch und den anderen elektrisch auszulegen. Unterschiede in den Latenzzeiten der verschiedenen Medien können über die Konfiguration in der MEDL ausgeglichen werden.

Gemeinsam mit dieser Flexibilität variiert auch die erzielbare Übertragungsrate, die selbst aber während des Betriebs innerhalb eines Netzwerks feststeht und nicht verändert werden kann.

Bei asynchroner Datenübertragung, während des Systemstarts, lassen sich mit aktuellen Implementationen Übertragungsraten von bis zu 5 MBit/s und bei synchroner Datenübertragung während der normalen Operation von bis zu 25 MBit/s erzielen. Prototypen in Laborumgebung haben Übertragungsraten von bis zu 1 GBit/s erreicht.

Kommunikationszyklus

TTP/C steuert den Buszugriff über ein TDMA-Verfahren (Time Division Multiple Access, Bild 5). Die verfügbare Bandbreite ist dabei in Zeitfenster (Slot) geteilt, in denen jeweils ein festgelegter Netzknoten die vollständige Bandbreite des Netzwerks verwenden kann.

TTP/C unterscheidet bei der Abfolge von Slots zwischen Runden (rounds) und Zyklen (cycle). Alle Runden beinhalten die gleiche Abfolge an Slots, deren Größe unabhängig festgelegt werden kann. Ein Zyklus ist eine festgelegte Abfolge von Runden, in denen sich die einzelnen Runden nur in dem Inhalt der einzelnen Slots unterscheiden, aber nicht in Abfolge oder Größe der Slots.

In einer Runde überträgt jeder Mitgliedsknoten des Clusters genau in einem Slot einen Frame. Dabei wird zwischen zwei Arten von Mitgliedsknoten unterschieden: echten und virtuellen. Echte Mitgliedsknoten (real member nodes) sind Knoten, die über einen eigenen Sendeslot verfügen, auf den nur dieser Knoten zugreifen kann. Virtuelle Mitgliedsknoten (virtual member nodes) bestehen aus einer Gruppe von Knoten, die einen gemeinsamen Sendeslot verwenden. Über diese Struktur werden redundante Strukturen (Fault Tolerant Unit, FTU) aufgebaut, die den Ausfall von Knoten tolerierbar machen.

5 Buszugriffsschema

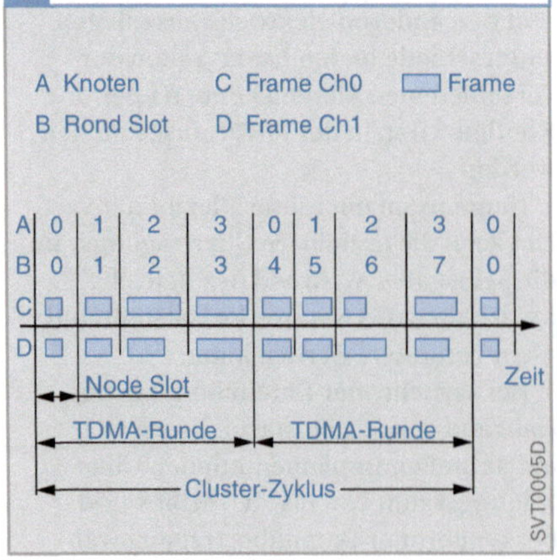

FTUs werden verwendet, damit sicherheitsrelevante Informationen auch im Falle des Ausfalls eines oder mehrerer Netzknotens bereitgestellt werden können. Dabei sind alle in einer FTU zusammengefassten Knoten in der Lage, eine Aufgabe zu bearbeiten und verwenden in einem Zyklus abwechselnd den der FTU zugewiesenen Sendeslot einer Runde.

Passive Knoten

Ein Knoten überträgt nur Daten, wenn aktuelle Daten zur Übertragung vorliegen, sonst bleibt er stumm. Ein Knoten, der in seinem Sendeslot keine Daten überträgt, ist ein passiver Knoten. Dies ist das Standardverhalten, wenn der Controller des Knotens feststellt, dass sein Host das „Host Life Sign" nicht aktualisiert hat, über das eine Applikation signalisiert, dass sie aktiv ist. Der Controller geht dann davon aus, dass die Applikation keine validen Daten erzeugen kann und sendet nicht.

Dieser Mechanismus wird auch für Monitorknoten verwendet, die lediglich die Kommunikation der anderen Knoten kontrollieren, selber die Kommunikation aber nicht beeinflussen.

Zeitsteuerung

Das Zeitfenster eines Slots kann anhand der durchgeführten Aktivitäten in verschiedene Phasen unterteilt werden (Bild 6). Bevor ein Knoten Informationen übertragen kann, benötigt er Zeit, um die Übertragungsparameter einzulesen oder die Transceiver vorzubereiten. Diese Phase wird Pre-Send Phase (PSP) genannt. Es folgt die Zeitspanne, in der tatsächlich Informationen über das Netzwerk übertragen werden, die Transmission Phase (TP). Nach dem Empfang einer Nachricht benötigt ein Knoten Zeit, um die Informationen aufzubereiten. Dies erfolgt in der Post-Receive Phase (PRP). Da die für PSP und PRP benötigte Zeit nicht fest ist, folgt auf die PRP noch die Idle Phase, eine Phase, durch die die Länge eines Node Slots auf die in der MEDL definierte Zeitspanne gestreckt wird.

Ein TDMA-Slot wird an Zeitpunkten festgemacht, die anhand der Übertragung beobachtet werden können. Da dies aber nicht für alle Aktivitäten eines Controllers während eines Slots gilt, wird zwischen Node Slot und TDMA-Slot unterschieden.

Für einen Node beginnt der Slot mit der PSP. Da in dieser Phase aber kein Signal übertragen wird, fehlt externen Beobachtern ein präziser Zeitpunkt, an dem der Node Slot beginnt.

Der erste präzise Zeitpunkt, der von außen beobachtet werden kann, ist der Anfang der TP. Dieser Zeitpunkt wird auch Action Time (AT) genannt. Ein TDMA-Slot umfasst daher die Zeitspanne, die zwischen zwei ATs verstreicht. In einem TDMA-Slot existieren daher nur die TP und die Interframe Gap (IFG), in der PRP, Idle Phase und PSP zusammengefasst werden.

Ein Node Slot dagegen beginnt mit der PSP, auf die die TP, die PRP und die Idle Phase folgen.

TTP/C-Protokoll

TTP/C-Systeme verwenden das TTA-Framework (Time Triggered Architecture) als Grundlage, für die – mit Ausnahme der Applikation – fertige Lösungen verwendet werden können.

Der TTA-Protokollstack (Bild 7) kann hierarchisch in drei Bereiche geteilt werden. Die oberste Schicht bildet das Host Layer, die ausgeführte Applikation. Darunter liegt das FT-COM Layer, ebenfalls eine Applikation, die auf dem Hostprozessor abgearbeitet wird.

Die tieferliegenden Schichten werden im Controller realisiert, wobei der Datenaustausch zwischen Hostprozessor und Controller über die CNI-Schnittstelle abläuft.

Im Controller ist die oberste Schicht das Protocol Service Layer, darunter liegt das Data Link Layer und auf der niedrigsten Stufe das Physical Layer.

Physikalische Schicht (Physical Layer)

Das Physical Layer umfasst die Anforderungen (Requirements), die an die physikalische Übertragung der Informationen gestellt werden. Oft werden hierzu in einer Protokollspezifikation die zu verwendenden Anschlüsse, Kabeltypen oder Spannungspegel festgelegt.

Zwar existieren Bestrebungen, eine Spezifikation für ein TTP/C-Physical Layer

6 Slottiming

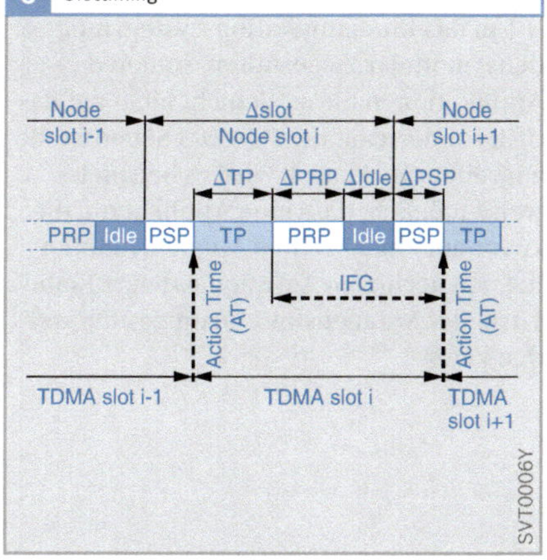

7 Protokollstack

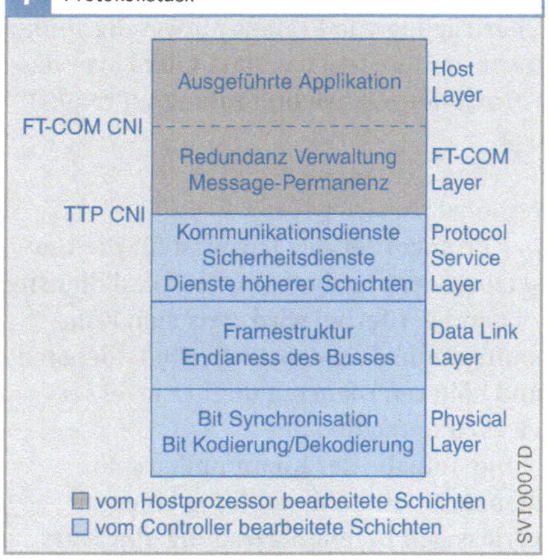

zu formulieren, die TTP/C-Protokollspezifikation schreibt aber lediglich Requirements fest, die vom eingesetzten Physical Layer erfüllt werden müssen. Dies hat den Vorteil, dass das Protokoll sehr flexibel in Bezug auf die Vernetzung und Übertragungsgeschwindigkeit ist. So lassen sich beispielsweise für die Vernetzung sowohl optische als auch elektrische Medien verwenden, die auch miteinander kombiniert verwendet werden können.

Für den Systementwickler stellt sich allerdings das Problem, dass zunächst mögliche Lösungen identifiziert und evaluiert werden müssen.

Hauptsächlich werden drei Requirements an das Physical Layer gestellt:

- Zwei unabhängige physikalische Übertragungskanäle müssen existieren.
- Der Übertragungskanal muss verteilte Broadcast-Übertragungen erlauben, also Übertragungen, die von allen Netzteilnehmern empfangen werden.
- Die Verzögerung, die bei der Übertragung von Informationen über ein Medium entstehen (Propagation Delay), muss bekannt sein.

Data Link Layer

Das Data Link Layer beinhaltet die Funktionen, die zur Übertragung von Frames zwischen Knoten benötigt werden. Dazu gehören die Strukturen, die für den Zugriff auf die Übertragungskanäle und die Übertragung von Frames notwendig sind. Insbesondere legt das Data Link Layer das Format der Nachrichtenrahmen (Frames) fest.

Protocol Service Layer

Das Protocol Service Layer ist für die Umsetzung der angebotenen Protokolldienste zuständig. Hierbei wird zwischen Kommunikationsdiensten, Sicherheitsdiensten und höheren Diensten (higher level services) unterschieden.

Die Aufgabe der Kommunikationsdienste ist die Sicherstellung einer zuverlässigen Datenübertragung, der Start eines Clusters, die Reintegration von Mitgliedsknoten in den Cluster, die Übertragungsbestätigung und die fehlertolerante Uhrensynchronisation.

Zu den Sicherheitsdiensten gehören die Verwaltung der Knotenmitgliedschaft, die Vermeidung von Cliquen und der unabhängige Bus Guardian.

Zu den höheren Diensten gehören Funktionen für verzögerte Mode-Wechsel, der verteilte Alarm, die externe Uhrensynchronisation oder die Rekonfiguration eines Knotens.

FT-COM Layer

Das FT-COM Layer bietet Funktionen zur Realisierung von replizierten, verteilten Applikationen. Dazu gehören die Redundanzsteuerung und die Entscheidung, ob replizierte Nachrichten anderer Knoten korrekt sind.

Um Applikationen einen einheitlichen Zugriff auf Kommunikationsdaten zu ermöglichen, bietet das FT-COM Layer eine CNI-ähnliche Schnittstelle an, in der die Daten für die Applikationen des Host Layers bereitgestellt werden.

Host Layer

Das Host Layer umfasst die Applikationen, die auf dem Hostprozessor laufen. Dazu gehören neben der eigentlichen Applikationen auch das Betriebssystem und die Kontrollstrukturen (control loops).

Um das Kommunikationssystem möglichst modular zu gestalten, sollten die Applikationen dieser Schicht nicht auf das CNI, sondern auf die FT-COM Schnittstelle zugreifen. Hierdurch wird es beispielsweise möglich, dass eine Applikation, die zuvor auf einem echten Mitgliedsknoten lief, mit geringem Aufwand auf eine Reihe virtueller Mitgliedsknoten umgestellt werden kann.

Protokolldienste

Clusterstart (Cluster Startup)

Während des Clusterstarts agieren alle Knoten eines Clusters unsynchronisiert, der Buszugriff wird also noch nicht über TDMA geregelt. Da es bei der Verbreitung von Nachrichten in einem Netzwerk immer zu einer Übertragungsverzögerung durch das verwendete Medium kommt, können zwei unsynchronisierte Knoten eines Clusters gleichzeitig mit der Nachrichtenübertragung beginnen, wenn die Übertragungsverzögerung größer als die Dauer des Startframes ist. Dies kann während des Systemstarts geschehen, wenn mehrere Knoten zum Einleiten der Synchronisation befugt sind (Coldstart Nodes).

Es kann also dazu kommen, dass innerhalb eines Clusters verschiedene Teilbereiche (Cliquen) entstehen, von denen nur die Knoten einer Clique untereinander synchronisiert sind, nicht aber alle Knoten des Clusters.

Um dies zu vermeiden, verwerfen alle Knoten den ersten korrekt empfangenen Coldstart Frame. Die Coldstart Nodes warten eine Zeitspanne (Startup Timeout), bis sie erneut versuchen, einen Coldstart Frame zu übertragen. Da die Größe des Startup Timeouts für alle Codestart Nodes im Cluster unterschiedlich sein muss und sich mindestens um die Größe der Übertragungsverzögerung unterscheiden, können beim zweiten Cluster Startup keine Kollisionen mehr auftreten. Dieses Verfahren wird auch „Big Bang“ genannt.

Synchronisation

In einem Kommunikationssystem, das den Buszugriff mittels TDMA steuert, ist es wichtig, dass die einzelnen Teilnehmer eine möglichst präzise Vorstellung von einer globalen Zeit haben.

Die Synchronisation in einem TTP/C-System setzt zur Laufzeit nur die Offset-Korrektur ein, durch die das Eintreten eines Zeitpunkts auf allen internen Uhren der Knoten eines Clusters synchronisiert wird. Hierzu verwendet TTP/C eine Variante des Welch-Lynch Algorithmus [1], der von Kopetz und Ochsenreiter [2] beschrieben wurde.

Die internen Uhren der Netzknoten eines Clusters können unterschiedlich präzise laufen. Nur Knoten, die über präzise Uhren verfügen, sollten zur Zeitsynchronisierung verwendet werden. Diese Knoten erhalten in der MEDL die Markierung als „Master Clock“, indem bei ihren Frames das SYF (Synchronization Frame Flag) gesetzt wird. Knoten mit unpräziseren internen Uhren agieren als „Slave Clock“ und verwenden die Taktinformationen der Master Clocks. Damit die Uhrensynchronisation gegenüber einem byzantinischen Fehler tolerant ist, müssen mindestens vier Master Clocks in einem Cluster vorhanden sein. Byzantinische Fehler sind Fehler, bei denen unterschiedliche Knoten die gleiche Übertragung unterschiedlich interpretieren.

Die Synchronisierung der Knoten eines Clusters erfolgt über die Messung der Action Time (AT) in jedem übertragenen Slot. Wenn das SYF-Flag eines Frames gesetzt ist und der empfangene Frame fehlerfrei empfangen wurde, wird die AT des Frames in einen Stack gespeichert, der eine Tiefe von vier besitzt. In dem Stack werden also die vier zuletzt bestimmten Korrekturwerte gespeichert.

Die eigentliche Uhrensynchronisation findet in Frames statt, für die in der MEDL das ClkSyn Flag (Clock Synchronization) gesetzt ist. Ist dies der Fall, wird der Mittelwert aus den Werten des Stacks gebildet, wobei der höchste und niedrigste Wert ignoriert werden. Die interne Uhr wird nun um den berechneten Mittelwert korrigiert.

TTP/C unterstützt auch die Einbeziehung von externen Referenzuhren (z. B. GPS) in das System. Time Gateway Hosts sind solche Knoten, die eine externe Zeitreferenz anbieten. Diese Knoten übertragen den externen Korrekturwert als Applikationsdaten in einem Frame. Die übrigen Knoten des Clusters speichern diesen Wert

[1] Jennifer Lundelius-Welch, Nancy A. Lynch

[2] Hermann Kopetz, Wilhelm Ochsenreiter: „Clock Synchronization in Distributed Real-Time Systems“, IEEE Transactions on Computers, 36(8): 933-940, August 1987.

in der CNI und beziehen ihn in die Berechnung der AT-Korrekturwerte mit ein.

Membership Service

Über den Membership Service garantiert TTP/C, dass alle Knoten eines Clusters zu jedem Zeitpunkt die gleiche konsistente Sicht besitzen, welche Knoten im Netzwerk vorhanden sind und welche nicht. Dazu führt jeder Knoten einen Mitgliedsvektor, in dem er notiert, ob die letzte empfangene Übertragung eines Knotens korrekt verlaufen ist. Empfängt ein Knoten eine Nachricht fehlerhaft, ändert er den Eintrag des Nachrichtensenders auf „fehlerhaft".

Durch Vergleich der Mitgliedsvektoren folgender Frames findet ein Abgleich mit den restlichen Knoten des Clusters statt.

Clique Avoidance

Um Übereinstimmung innerhalb des Clusters über den aktuellen Zustand des Clusters zu erreichen, muss verhindert werden, dass innerhalb des Clusters Untergruppen oder Cliquen entstehen, deren Sicht auf den aktuellen Zustand sich von dem wirklichen Zustand des Clusters unterscheidet.

Um die Entstehung von Cliquen zu verhindern, protokolliert jeder Knoten, wie viele Übertragungen erfolgreich und wie viele fehlerhaft empfangen wurden.

Bevor er selber einen Frame übertragen kann, kommt der Clique Avoidance Algorithmus zum Einsatz. Der Controller überprüft, ob mehr erfolgreiche Übertragungen empfangen wurden als fehlerhafte. Nur wenn dies der Fall ist, setzt der Knoten beide Zähler auf Null und überträgt seinen Frame. Ist dies nicht der Fall, wechselt der Controller in den „Freeze"-Zustand, in dem der Controller ausgeschaltet ist und keine Daten überträgt. Aus diesem Zustand kann er vom Hostprozessor erneut in den Initialisierungsmodus versetzt werden.

Übertragungsbestätigung

TTP/C bietet eine implizite Übertragungsbestätigung (Acknowledgement) an. Da der Mitgliedsvektor des nächsten Senders in der Runde als Teil des Frames mit übertragen wird, kann der ursprüngliche Sender überprüfen, ob seine Übertragung korrekt empfangen wurde.

Da es aber möglich ist, dass der Nachfolger fehlerhaft ist, beobachtet der Sender auch die Übertragung des zweiten Nachfolgers. Kennzeichnet dieser in seinem Mitgliedsvektor, dass er die Übertragung ebenfalls fehlerhaft empfangen hat, bedeutet dies für den Sender, dass ein Sendefehler auf seiner Seite vorgelegen hat. Sollte der zweite Nachfolger die Nachricht korrekt empfangen haben, erkennt der erste Nachfolger, dass ein Empfangsfehler vorgelegen hat.

Zur Behandlung beider Fehlertypen können nun Maßnahmen ergriffen werden.

Controller-Zustand (C-State)

Damit die auf den Hostprozessoren ausgeführten Applikationen konsistente Ergebnisse liefern können, ist es notwendig, dass alle Knoten eines Clusters ein gemeinsames Wissen über den Zustand des Clusters besitzen. Dieses Wissen wird im C-State zusammengefasst.

Zwar bestimmt jeder Knoten seinen C-State selbstständig, durch Abgleich mit den übrigen Knoten einigt sich der Cluster aber auf die Auffassung der Mehrheit der Teilnehmer.

In den Controller-Zustand fließen die Werte für globale Zeit, aktuelle Position in der TDMA Runde (MEDL Position), aktuellen Clustermode, angefragtem Modewechsel (DMC) und der Mitgliedsvektor ein.

Cluster Mode

In vielen Echtzeitsystemen können Betrieb und Kontrollfunktionen in Phasen eingeteilt werden, die sich gegenseitig ausschließen. Beispielsweise könnte der Betrieb eines Kfz in die Phasen „Fahren" und „Stehen" unterteilt werden. Um den unterschiedlichen Anforderungen an den Austausch von Informationen in den unterschiedlichen Phasen zu unterstützen, können in einem TTP/C-Netzwerk Modes definiert werden, in denen die übertragenen Informationen in einem Frame variieren können. Die Folge des Slots in einer TDMA-Runde ist aber in allen Modes gleich.

Für die korrekte Interpretation ist es bei der Verwendung von Modes daher notwendig, dass alle Knoten eines Clusters sich im selben Mode befinden.

Deferred Pending Mode Change (DMC)
Der Wechsel des Cluster Modes kann von Applikationen ausgelöst werden, wenn es dem Controller in der MEDL erlaubt ist, in den angeforderten neuen Mode zu wechseln.

Da der Wechsel des Cluster Modes erst zu Beginn des folgenden Zyklus in Kraft tritt, wird in den C-State die Information für den bevorstehenden verzögerten Modewechsel aufgenommen.

Wird später im Clusterzyklus von einer anderen Applikation ein anderer Wechsel des Cluster Modes angefordert, überschreibt diese Anforderung die vorhergehende. Ein Spezialfall ist die CPM (Clear Pending Mode change), in dem eine Applikation den angeforderten Wechsel des Cluster Modes verhindert.

Reintegration eines Knotens
Ist ein Knoten durch eine fehlerhafte Übertragung aus dem Mitgliedsvektor herausgefallen oder wurde er neu initialisiert, muss er sich mit dem Cluster synchronisieren. Hierzu wartet er auf einen Frame, in dem ein expliziter C-State übertragen wurde, z. B. einen Initialization Frame. Der Controller übernimmt diesen C-State und verwendet ihn für seine Übertragung.

Damit dieses funktionieren kann, wird verlangt, dass mindestens alle zwei Runden ein Frame mit explizitem C-State übertragen wird. Ist dies nicht der Fall, geht der Controller von einem Kommunikationsfehler aus und beginnt mit einem Cluster Start.

Frame Format
Da TTP/C den Buszugriff über TDMA regelt, alle Nachrichten im Broadcast Modus übertragen werden und a priori Wissen über den Kommunikationsablauf und seine Inhalte in der MEDL vorhanden ist, ist es möglich, den Overhead des Protokolls, also die Menge an Informationen, die zur Verarbeitung des Frames benötigt werden, sehr gering zu halten.

Im Betrieb eines Clusters kommen zwei verschiedene Frametypen zum Einsatz (Bild 8). Coldstart Frames, auch als Initialization Frames oder I-Frames bezeichnet, treten ausschließlich während des Systemstarts auf. Normale Frames, die auch als N-Frames bezeichnet werden, werden für die Kommunikation während des normalen Betriebs verwendet.

8 Frame Format

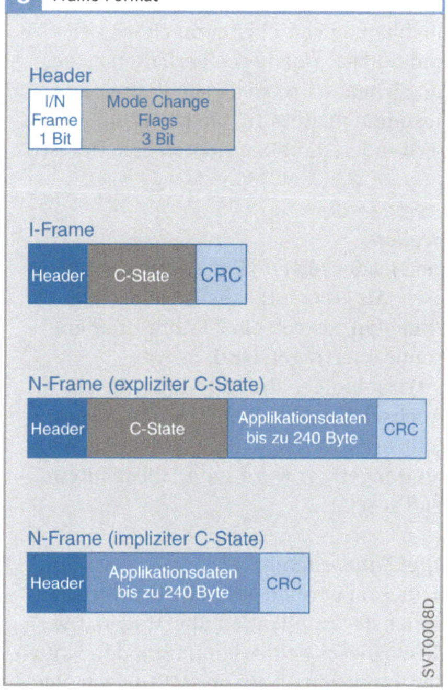

I-Frame

Ein I-Frame beginnt mit dem TTP/C-Header. Darauf folgt der aktuelle C-State des Controllers und abschließend der CRC-Wert des Frames.

N-Frame

Damit der Membership Service funktionieren kann, ist es notwendig, dass der C-State in die Struktur des Frames mit eingeht. Dies kann bei N-Frames explizit oder implizit geschehen.

Wird der C-State explizit übertragen, folgt auf den Header der aktuelle C-State des Controllers. Anschließend folgen Applikationsdaten und abschließend der CRC-Wert des Frames.

Geht der C-State implizit in den Frame mit ein, besteht der Frame aus Header, Applikationsdaten und abschließend dem CRC-Wert des Frames, dessen Bestimmung mit dem aktuellen C-State initialisiert wurde.

Eine Spezialform des N-Frames sind Downloadframes, die von allen empfangenden Knoten akzeptiert werden, unabhängig von Clusterzugehörigkeit und C-State. Um dieses Verhalten zu ermöglichen, wird bei diesen Frames zur Bestimmung der CRC ein konstanter Wert verwendet, der allen Knoten bekannt ist.

Frame Felder

Header

Der Header aller TTP/C-Frames ist identisch. Als erstes signalisiert ein Bit den Frametyp, also ob ein I-Frame oder ein N-Frame übertragen wird.

Darauf folgen drei Bits, über die ein Wechsel des aktuellen Cluster Modes angefordert werden kann. Wenn keine Änderung angefragt wurde, sind diese Bits auf Null gesetzt.

Applikationsdaten

In diesem Bereich werden die Informationen der Applikation übertragen. Die Größe dieses Feldes kann für jeden Slot einer Runde einzeln in der MEDL festgelegt werden und kann maximal 240 Byte pro Slot betragen.

C-State

Der C-State besteht aus der globalen Zeit, Informationen zur MEDL und dem Mitgliedsvektor des Clusters. Als Informationen zur MEDL werden die MEDL-Position übertragen, die der Round Slot Position im aktuellen Cluster Mode entspricht, der aktuelle Cluster Mode und der angefragte Cluster Mode Wechsel (DMC).

Ein expliziter C-State hat eine Größe von 96 Bit (sechs Wörter à zwei Byte).

CRC Prüfsumme

TTP/C verwendet die CRC-Prüfsumme nur zur Identifizierung von Übertragungsfehlern. Eine Korrektur von Übertragungsfehlern findet nicht statt. Übertragungsfehler werden dadurch erkannt, dass jeder Knoten für die empfangene Nachricht eine CRC-Prüfsumme bestimmt und diese mit der übertragenen Prüfsumme vergleicht.

Zur Bestimmung der Prüfsumme wird ein Polynom verwendet. Die TTP/C-Spezifikation schreibt dabei kein bestimmtes Polynom vor, sie fordert stattdessen, dass das Polynom einen Hamming-Abstand von mindestens 6 ermöglicht. Das heißt, dass innerhalb einer Übertragung mindestens fünf falsch übertragene Bits erkannt werden können.

Die CRC Berechnung wird durch die Schedule-ID initialisiert, wobei die ID in zwei Teile gespalten wird. Ein Teil wird zur Initialisierung für Kanal 0 und der andere für Kanal 1 verwendet. Hierdurch wird verhindert, dass ein Knoten, der nicht über die richtige MEDL verfügt, oder der über Kreuz an die Kanäle angeschlossen wurde, erfolgreich sendet oder empfängt.

Bei der Übertragung von Frames mit impliziten C-State wird zusätzlich der C-State zur Initialisierung der CRC Berechnung herangezogen. Hierdurch werden nur die Frames als gültig akzeptiert, deren CRC-Prüfsumme mit dem gleichen C-State bestimmt wurde.

Der berechnete CRC Wert wird am Ende eines Frames in einem 3-Byte-Feld übertragen.

Zusammensetzbarkeit

Die Vernetzungstechnik hat sich im Laufe der Zeit sehr stark gewandelt. Wurden zunächst alleinstehende Systeme (z. B. Ansteuerung eines Blinkers über Schalter und Relais) verwendet, ging man schnell zu föderativen Systemen über, in denen einzelne Komponenten Informationen untereinander austauschen.

Die Interaktion von Komponenten untereinander erschwert es aber zunehmend, die korrekte Erfüllung einer Funktion zu gewährleisten. Daher wird der Aspekt der Zusammensetzbarkeit (Composability), also der Möglichkeit, separat entwickelte Teilsysteme zu einem Gesamtsystem zusammenzufügen ohne die Funktion des Gesamtsystems erneut verifizieren zu müssen, immer wichtiger.

Damit dies funktioniert, muss garantiert werden, dass ein Teilsystem alleinstehend seine Funktionen erfüllt, dass dies aber auch der Fall ist, wenn das Teilsystem in ein Gesamtsystem integriert wird.

Durch die Kommunikationsparameter, die in der MEDL abgelegt sind, ermöglicht TTP/C die Umsetzung der Composability.

Verifikation der Spezifikation

Die Funktionalität von TTP/C wurde gründlich untersucht. Die Kernalgorithmen der Protokollspezifikation wurden im Hinblick auf bestimmte Aspekte der Konsistenz, Stabilität und Sicherheit formal verifiziert.

Desweiteren wurde die Funktion von TTP/C-Systemen durch Failure-Injection-Experimente getestet. Dabei wurden sowohl physikalische als auch Softwarefehler verwendet, um die Fehlertoleranz und Fehlererkennungseigenschaften zu überprüfen.

Standardisierung

TTA geht auf über 20 Jahre Entwicklung zurück. Die Spezifikationsentwicklung wird heute von der TTAgroup koordiniert, einem industrieübergreifenden Konsortium, das von den Firmen Airbus, Audi, Delphi, Honeywell, PSA Peugeot Citroën, Renault und TTTech gegründet wurde.

Besonderen Einfluss auf die Spezifikation von TTP/C hat Prof. Hermann Kopetz, der von 1979 bis 1982 an der TU Berlin Professor für Computer Process Control war und seit 1982 das Institut für Technische Informatik an der TU Wien leitet. Er leitete auch das MARS Projekt und war an jeder Weiterentwicklung des Protokolls maßgeblich beteiligt.

Eigenschaften

- Unterstützung von Kommunikation für sicherheitsrelevante Funktionen.
- Garantierte Übertragungseigenschaften.
- Garantierte Erkennung aller Single Faults.
- Fehlertolerante Kommunikationseinheiten (FTU) zum fehlertoleranten Bereitstellen von Daten.
- Lokaler und zentraler Bus Guardian möglich.
- Geringer Protokoll-Overhead.
- Dateneffizienz von 85 % für Übertragung.
- Unterstützt Composability in Hinblick auf Zeitverhalten und Wertebereiche.
- Funktionen zu großen Teilen formal verifiziert.
- Konsistente Sicht aller Knoten auf den Clusterzustand durch Membership Service und Clique Avoidance Algorithmus.
- Klare Strukturierung der Protokollschnittstellen.
- Keine Beschränkung der Übertragungsrate aus der Spezifikation heraus. TTP/C Komponenten mit bis zu 1 Gbit/s Übertragungsrate wurden getestet.
- Erfahrung aus Produkteinsatz vorhanden.

FlexRay

Übersicht

FlexRay ist ein Feldbus, der für die Steuerungs- und Regelungstechnik im Automobilbereich konzipiert wurde. Insbesondere wurde bei der Entwicklung auf die Eignung für den Einsatz in aktiven Sicherheitssystemen geachtet. Daher ermöglicht FlexRay Übertragungen mit garantierter Einhaltung von Übertragungseigenschaften, hohen Übertragungsraten sowie fehlertolerantes Design.

Die Entwicklung von FlexRay, die vom FlexRay-Konsortium gesteuert wird, geht auf eine Kooperation zwischen den Automobilherstellern BMW und DaimlerChrysler zurück. 1999 begannen diese, Anforderungen für ein neues Kommunikationssystem zu sammeln. In die Entwicklung flossen dabei die Erfahrungen aus dem byteflight-System von BMW und der Prototypentwicklung von DaimlerChrysler ein.

Ziel von FlexRay ist es, ein System mit hohen Übertragungsraten anzubieten, das deterministisch und fehlertolerant arbeitet und dabei möglichst flexibel in Anwendung und Erweiterung ist. Anwendungsbereiche von FlexRay liegen insbesondere im Einsatz in Powertrain-Systemen (Antrieb) und aktiven Sicherheitssystemen ohne mechanische Rückfallebene (X-By-Wire). Aber auch die Bereiche der passiven Sicherheitssysteme sowie Komfort- und Karosserieelektronik werden unterstützt.

Damit diese sehr unterschiedlichen Bereiche unterstützt werden können, verwendet FlexRay zwei unterschiedliche Arten des Buszugriffs. Für deterministische Übertragungseigenschaften bietet sich ein zeitgesteuerter Buszugriff an. Für Anwendungen, deren Übertragungen weniger hohe Anforderungen an die Übertragungseigenschaften stellen, ist eine möglichst effektive Ausnutzung der Übertragungskapazität erwünscht. Um diese beiden Verfahren zu kombinieren, erfolgt die Kommunikation in Zyklen. In jedem Zyklus existiert zuerst ein statischer Übertragungsteil, in dem der Buszugriff durch TDMA (Time Division Multiple Access) geregelt wird. Danach folgt ein dynamischer Übertragungsteil, in dem der Buszugriff unter Verwendung von Minislots geregelt wurd. Minislots sind kleine Zeitfenster, in denen eine definierte Nachricht übertragen werden kann. Dieses Zugriffsverfahren wird auch FTDMA (Flexible Time Division Multiple Access) genannt.

Für Nachrichten die im statischen Teil des Zyklus übertragen werden, können die Übertragungseigenschaften nach bekannten Verfahren zugesichert werden. Im dynamischen Teil werden Nachrichten nach Bedarf übertragen. Hier findet eine Priorisierung anhand der Nachrichten-ID statt. Die Aufteilung zwischen statischem und dynamischem Teil ist frei konfigurierbar, kann aber im Systembetrieb nachträglich nicht verändert werden. Gleiches gilt für die Slotlängen im statischen Bereich, die konfigurierbar sind, im laufenden Betrieb aber konstant bleiben müssen.

FlexRay-Systeme können mit zwei Übertragungskanälen ausgestattet sein, wobei jeder Kanal über separate Leitungen verfügt. Dadurch ist es möglich, eine redundante Datenübertragung zu realisieren oder für bestimmte Anwendungen die verfügbare Bandbreite zu vergrößern. Letzteres lässt sich sowohl für die parallele Übertragung von Informationen zweier Netzknoten, als auch für die schnellere Übertragung von Informationen eines Knotens nutzen.

FlexRay arbeitet mit einer Übertragungsrate von maximal 10 MBit/s, die bei optimalen Umgebungsverhältnissen erreicht wird. Bei Verwendung von zwei Kanälen im nicht redundanten Zugriff lassen sich bis zu 20 MBit/s übertragen. Neben der Übertragungsrate von 10 MBit/s, die in der Spezifikation 2.1 vom 15. Dezember 2005 die einzig definierte Übertragungsrate ist, gibt es auch Bestrebungen, niedrigere Übertragungsraten von 2,5 oder 5 MBit/s zu unterstützen.

Einsatzgebiete

Die Einsatzgebiete von FlexRay sind sehr weit gestreut. Durch das Angebot von redundanten, zeitgesteuerten und fehlertoleranten Übertragungen ist FlexRay für den Einsatz in aktiven Sicherheissystemen ohne mechanische Rückfallebene und im Bereich des Powertrains geeignet, aber auch ein Einsatz im Bereich der passiven Sicherheitssysteme sowie der Vernetzung im Karosserie- und Komfortbereich wird über den optionalen dynamischen Übertragungsbereich unterstützt.

Prinzipiell ist durch die hohe Bandbreite von bis zu 20 MBit/s für nicht redundante Übertragungen auch ein Einsatz im Bereich der Audioübertragung oder für stark komprimierten Videoübertragung denkbar.

Topologie

Point-To-Point

Die einfachste Konfiguration eines FlexRay-Systems besteht in der direkten Verbindung zweier Netzknoten untereinander. Der maximale Abstand der beiden Knoten beträgt bei dieser Konfiguration 24 m.

Bustopologie

An eine Bustopologie können 4...22 Knoten angeschlossen sein. Dabei darf der größte Abstand zwischen zwei beliebigen Knoten in einer Bustopologie höchstens 24 m betragen.

Sterntopologie

Eine weitere Variante der FlexRay-Netzwerke liegt im Aufbau als Sterntopologie. Dabei werden sowohl aktive als auch passive Koppelelemente unterstützt.

Passive Sterntopologie

An einen passiven Stern können 3...22 Knoten angeschlossen sein. Auch hier darf der größte Abstand zwischen zwei beliebigen Knoten nicht größer als 24 m sein.

Aktive Sterntopologie

Eine aktive Sterntopologie kann als Point-To-Point Verbindung zwischen einer Anzahl an Knoten und einem aktiven Koppelelement angesehen werden. Bei dieser Topologie ist daher nur der Abstand von einem Knoten zum Koppelelement von Bedeutung. Er darf maximal 24 m betragen.

Neben der Anschlusslänge und der Anzahl der anschließbaren Knoten liegt der wichtigste Unterschied zwischen aktiver und passiver Sterntopologie in der erzielbaren Übertragungsrate. Bei Verwendung von passiven Koppelelementen liegt die erzielbare Datenrate (ca. 1 Mbit/s) unter der, die mit aktiven Koppelelementen (bis zu 10 Mbit/s) erzielt werden kann.

Kaskadierte Sterntopologien

Durch die Verknüpfung mehrerer aktiver Sterntopologien lassen sich kaskadierte Sterntopologien aufbauen. Eine solche Topologie ist in einem FlexRay-System auf maximal drei kaskadierte Sterntopologien beschränkt.

Hybridtopologien

Hybridtopologien sind gemischte Topologien, die sich aus Bus- und Sterntopologien zusammensetzen, wie zum Beispiel der Anschluss mehrerer Bustopologien an eine Sterntopologie anstelle von Einzelknoten.

Zwei-Kanal-Topologien

Da beide Kanäle eines FlexRay-Systems unabhängig voneinander realisiert werden können, ist es möglich, dass für beide Kanäle unterschiedliche Topologien zum Einsatz kommen. Als Beispiel kann ein Kanal als aktive Sterntopologie, der andere als Bustopologie realisiert sein.

Hardware

FlexRay-Controller eines Teilnehmers

Ein FlexRay-Knoten (Bild 1) besteht aus den Host-Prozessor, einem Communication-Controller (CC) und jeweils einem Bus-Driver (BD) für jeden Kanal, an den der Knoten angeschlossen ist. Optional kann in einem Knoten zur Überwachung jedes Bus-Drivers ein Bus-Guardian (BG) enthalten sein, der Informationen über einen zusätzlichen Host-Prozessor erhalten kann.

Es ist freigestellt, ob ein Netzknoten an einen oder beide Kanäle angeschlossen wird, hier greifen höchstens Anforderungen aus dem Einsatzgebiet des Netzknotens.

Übertragungsmedien

Als Übertragungsmedium kommt in einem FlexRay-System Twisted-Pair-Verkabelung zum Einsatz, wobei sowohl abgeschirmte (STP) wie auch nicht geschirmte (UTP) Verkabelung verwendet werden kann.

Jeder der beiden FlexRay-Kanäle besteht aus zwei Adern, die Bus-Plus (BP) und Bus-Minus (BM) bezeichnet werden.

Host-Prozessor

Der Host-Prozessor entnimmt den Sensoren Informationen, die zur Übertragung an den Communication-Controller weitergegeben werden. Die vom Communication-Controller empfangene Informationen werden an die für die Verarbeitung zuständigen Aktoren weitergegeben.

Communication-Controller

Der Communication Controller (CC) setzt alle Aspekte des FlexRay-Systems um, die sich auf das Protokoll beziehen. Zu seinen Aufgaben gehört zum Beispiel das Scheduling, die Synchronisation mit anderen Netzknoten, die Erzeugung eines Macrotick-Signals, die Erzeugung eines Bitstreams aus Informationen des Hosts oder die Steuerung des Buszugriffs.

Bus-Driver

Der Bus-Driver (BD) hat die Aufgabe eines Transceivers. Er wandelt die logischen Informationen in physikalische Spannungen um, die über die Kupferadern übertragen werden und umgekehrt. Durch seine Position kommt dem BD auch die Schutzfunktion gegen Elektrostatische Entladungen (ESD) zu.

Desweiteren überwacht der BD die Zustände von BP und BM und kann dadurch erkennen, wenn es zu physikalischen Fehlern auf dem Bus kommt.

Außerdem verarbeitet der BD Wakeup-Signale und kann optional das Powermanagement des Netzknotens steuern, in

1 Netzknoten-Struktur

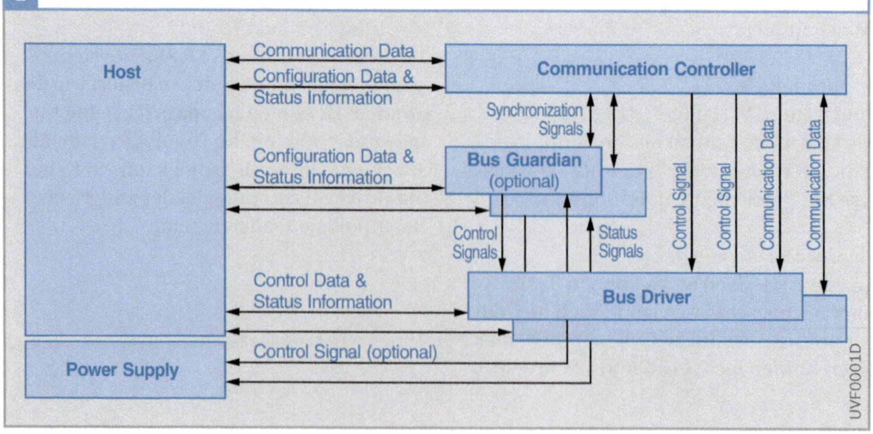

dem Funktionen des Knotens ausgeschaltet werden können.

Bus-Guardian

Der Bus-Guardian (BG) ist eine Einrichtung, die Übertragungen nur dann zulässt, wenn der angeschlossene Netzknoten zum Senden einer Nachricht berechtigt ist. Durch dieses System ist es prinzipiell möglich, dass fehlerhafte Netzknoten im Höchstfall ihre eigene Übertragung stören können, aber nicht die Übertragungen anderer Netzknoten.

FlexRay bietet den Einsatz eines BGs nur an, zwingend ist er nicht vorgeschrieben. In Spezifikation 2.0 wurde nur ein lokaler Bus-Guardian beschrieben, der innerhalb des Netzknotens arbeitete und über den Zugriff auf jeweils einen Kanal wachte. Ein Kritikpunkt an diesem Konzept war, dass durch die Integration des Bus-Guardians in den Knoten sowie die Erlaubnis, dass der Bus-Guardian auf den Oszillator des Netzknotens zugreifen darf, die ordentliche Funktion des Bus-Guardians in einem fehlerhaften Netzknoten nicht garantiert werden kann.

Spezifikation 2.1 enthält ein verfeinertes Konzept des lokalen Bus-Guardians und führt das Konzept eines zentralen Bus-Guardians ein.

Lokaler Bus Guardian

Der lokale Bus Guardian (Node-Local Bus-Guardian) ist als eigenständiger CC innerhalb des Netzknotens realisiert, der die Funktion jeweils eines CCs überwacht (Bild 2). Sein Synchronisationsprozess ist dabei unabhängig von dem des CCs, insbesondere verfügen CC und BG über separate Oszillatoren.

Zusätzlich ist es auch möglich, dass BG und CC über eigene Host-Prozessoren gesteuert werden, die untereinander kommunizieren. Allerdings ist dies nicht zwingend.

Durch direkte Kontrollleitungen (Bus-Guardian Enable, BGE) zwischen BG, CC und BD kann nur dann Information vom CC zum BD übertragen werden, wenn der BG diese Übertragung gestattet.

Zentraler Bus-Guardian

Der zentrale Bus Guardian (CBG, Bild 3) wurde in Spezifikation 2.1 neu eingeführt. Er arbeitet im Koppelelement einer Sterntopologie und wacht über die Funktion aller angeschlossenen Knoten oder Netzwerke. Fehler wie Kurzschlüsse auf Bussen oder Netzknoten, die als „Babbling Idiot“ ohne Beachtung der Sendefenster Informationen übertragen und dadurch die ordentliche Kommunikation stören, können durch einen CBG erkannt werden

2 Lokaler Bus-Guardian

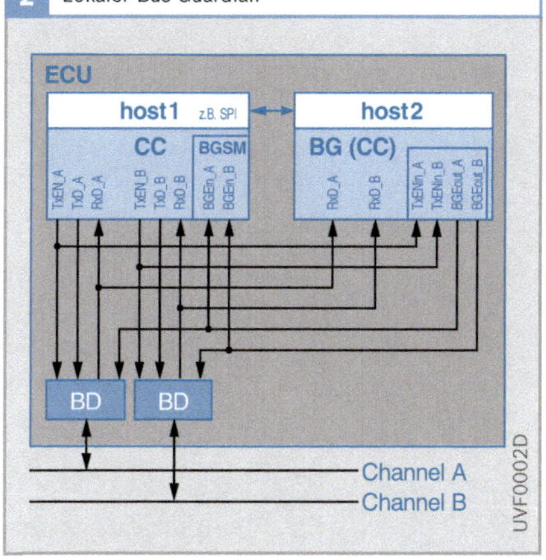

3 Zentraler Bus-Guardian

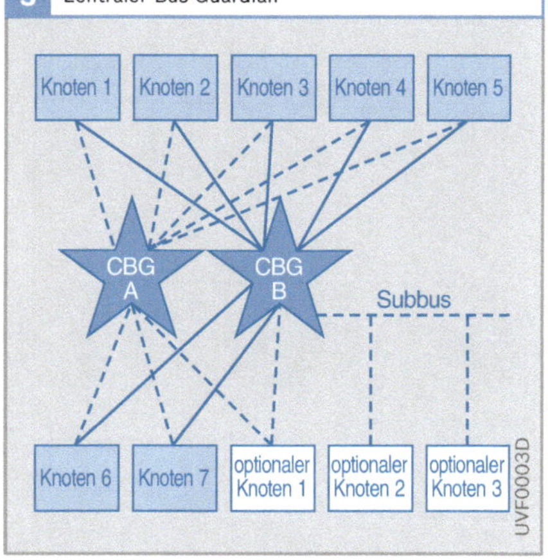

und Gegenmaßnahmen ergriffen werden. Dadurch können die Auswirkungen dieser Fehler auf kleine Bereiche des Netzes begrenzt werden.

Betriebsmodi

Neben dem normalen Betrieb unterstützt ein FlexRay-System auch die komplette Initialisierung des Netzwerkes von einem Schlafzustand, dem Sleep-Modus, bis hin zur Betriebsbereitschaft (Bild 4). Damit dieser Systemstart funktionieren kann, verfügen die BD aller Netzknoten über die Fähigkeit, Wakeup-Signale auf dem Bus zu erkennen und die übrigen Komponenten des eigenen Netzknotens zu starten.

Spezielle Netzknoten, die zum Beispiel an den Starter eines Fahrzeugs angeschlossen sein können, generieren das Wakeup-Signal.

Der Systemstart wird in die Phasen Wakeup und Startup geteilt. Die Wakeup-Phase enthält die Aktivierung der Netzknoten durch das Wakeup-Signal. In der Startup-Phase werden die Netzknoten initialisiert und synchronisiert.

Wird die Funktion eines Knotens aktuell nicht benötigt, kann der Knoten in einen Standby-Modus versetzt werden, in dem alle Operationen des Kodier- und Dekodierprozesses gestoppt sind. Hierdurch wird der Energieverbrauch des Knotens gemindert. Im Sleep-Modus ist der Stromverbrauch eines Netzknotens am geringsten. Hier sind alle Funktionen des Netzknotens deaktiviert, nur der Bus-Driver achtet auf die Übertragung eines Wakeup-Signals, wodurch der Knoten in den Wakeup-Modus versetzt wird.

Senden und Empfangen

Die Verbindung eines FlexRay-Netzknotens mit einem Kanal erfolgt durch einen Bus-Driver je Kanal, der eine Empfangs- und eine Sendeeinheit beinhaltet. Ist ein Controller an beide Kanäle angeschlossen, müssen also zwei Empfangs- und zwei Sendeeinheiten im Netzknoten vorhanden sein.

Protokoll

Protokollschichten

Das FlexRay-Protokoll baut auf fünf Kernmechanismen auf:
- Kodierung und Dekodierung,
- Steuerung des Buszugriffs (Media Access Control, MAC),
- Verarbeitung von Frames und Symbolen (Frame & Symbol Processing),
- Zeitsynchronisation (Clock Synchronisation) und
- Schedule-Überwachung durch den Bus-Guardian.

4 Wakeup-Sequenz

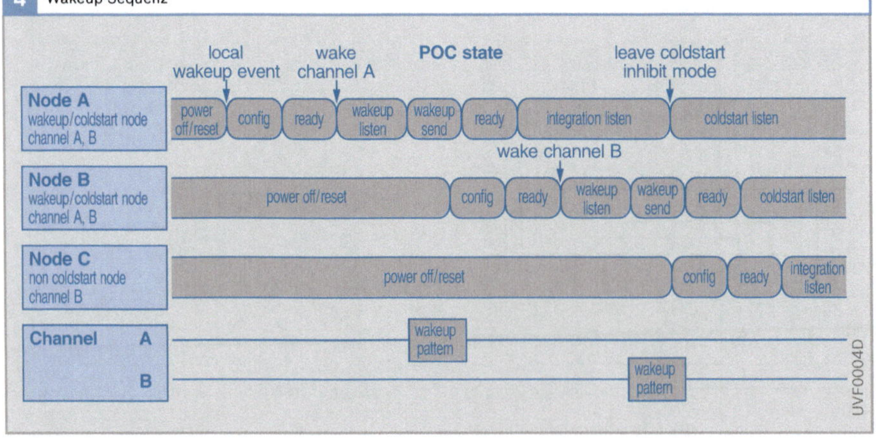

Anders als in anderen Netzwerkprotokollen existieren in FlexRay-Schnittstellen zwichen allen Kernmechanismen, sodass ein Prozess benötigt wird, der Änderungen in den Kernmechanismen koordiniert und synchronisiert. Dies ist die Aufgabe des Protocol-Operation-Control (POC).

FlexRay bietet dem Hostsystem die Möglichkeit, alle fünf Kernmechanismen direkt zu beeinflussen. Um dies zu strukturieren, findet die Kommunikation zwischen Netzknoten und Host über eine Schnittstelle, das Controller-Host-Interface (CHI), statt.

Konzentriert man sich auf die Hauptschnittstellen, können die Aufgabenbereiche als Protokollstack (Bild 5) geordnet werden. Auf der obersten Ebene liegt die Anwendung, die ihre Kommandos an das CHI weitergibt. Unter dem CHI befindet sich das POC, das wiederum auf MAC, Clock Synchronisation und Frame & Symbol Processing zugreift. Auf der nächst tieferen Schicht befinden sich die Prozesse für Kodierung und Dekodierung. Die unterste Schicht bilden die Übertragungscharakteristika der physikalischen Schicht.

Die drei unteren Schichten sind in Knoten, die an beide Kanäle angeschlossen sind, doppelt vorhanden, da diese Funktionen für jeden Kanal separat erfüllt werden müssen. Genauer bedeutet dies, dass für einen an beide FlexRay-Kanäle angeschlossenen Knoten die Synchronisation, MAC, Frame & Symbol Processing, Kodierung und Dekodierung sowie die physikalische Schicht doppelt vorhanden sind.

Kodierung auf der Physikalischen Schicht

FlexRay verwendet zur Kodierung eine NRZ-Methode (Non-Return to Zero), bei der zwei gleiche Übertragungszustände nicht durch einen Bereich getrennt werden, in dem die Spannung auf einen Nullwert zurückfällt. Diese Kodierungsart macht es erforderlich, dass Mechanismen vorhanden sind, mit denen ein Netzknoten die übertragenen Zustände aufteilen kann. FlexRay fügt dazu hinter jedem übertragenen Byte eine Sequenz, die Byte-Start-Sequence (BSS) ein. Jeder Knoten kann anhand dieser Sequenz erkennen, wann ein Byte übertragen wurde und mit dieser Information die einzelnen Bits der Übertragung aufschlüsseln.

Durch Belegung der beiden Adern eines Kanals mit unterschiedlichen Spannungen können vier Buszustände eingenommen werden, die als Idle_LP, Idle, Data_0 und Data_1 bezeichnet werden (Bild 6)

Die Identifikation des Buszustands erfolgt über die Messung der differentiellen Spannung. Hierbei wird die Busspannung (*uBus*) gleich der Differenz von *uBM* zu

5 Protokoll-Stack

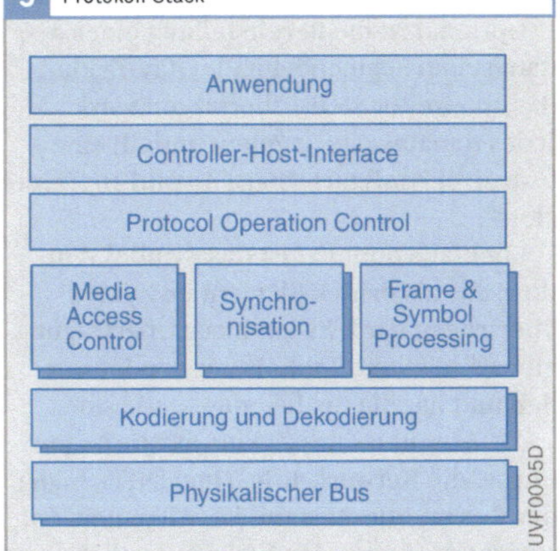

6 Buszustände und Spannungen

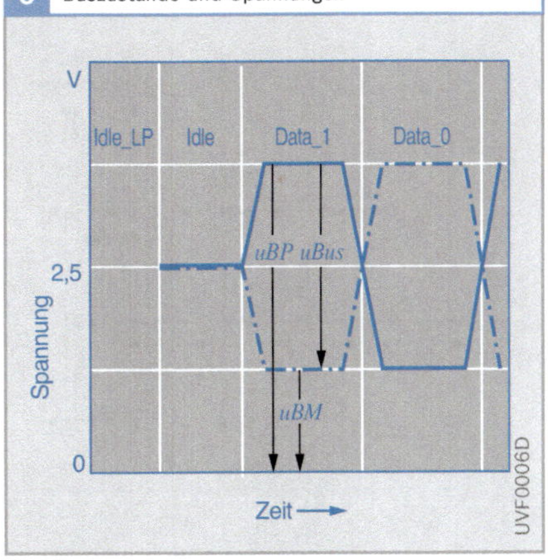

uBP (den Spannungen an BP und BM) gesetzt.

uBus = *uBP* - *uBM*

Durch dieses Verfahren ist die Datenübertragung gegen äußere elektromagnetische Einflüsse geschützt, da sich diese auf beide Adern gleich auswirken und sich in der Differenz aufheben.

Idle_LP (LP für Low Power) ist der Zustand, in dem an BP und BM eine sehr niedrige Spannung zwischen -200 mV und 200 mV anliegt. Dieser Zustand wird zum Beispiel zur Kennzeichnung des Übertragungsanfangs verwendet.

Im Idle Zustand liegt auf BP und BM eine Spannung von 2,5 V mit einer Toleranz von 500 mV an.

Um den Kanal in Zustand Data_0 zu versetzen, muss mindestens ein sendender Knoten eine negative differentielle Spannung von -600 mV an den Kanal anlegen.

Damit der Kanal in Zustand Data_1 gelangen kann, muss mindestens ein sendender Knoten eine positive differentielle Spannung von 600 mV an den Kanal anlegen.

Wird die Übertragung einer Information weder vom Bus-Guardian noch vom Communication-Controller blockiert, wird ein HIGH-Bit über den Kanalzustand Data_1 signalisiert, ein LOW-Bit über Data_0.

7 Bitstream (dynamisches Segment)

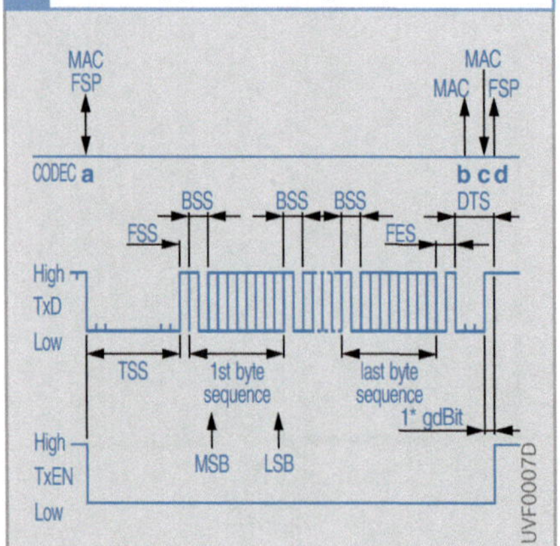

Erzeugung eines Frame-Bitstreams

Bevor ein Knoten einen Frame mit den Daten des Hosts übertragen kann, wird der Frame in einen Bitstream gewandelt. Hierzu wird zunächst der Frame in einzelne Bytes zerlegt. An den Anfang des Frames wird eine Transmission-Start-Sequence (TSS), gefolgt von einer Frame-Start-Sequence (FSS) gestellt (Bild 7). Anschließend wird aus den Bytes des Frames eine erweiterte Byte-Sequenz (extended Byte Sequence, EBS) erzeugt, indem eine Byte-Start-Sequence (BSS) jedem Frame-Byte vorangestellt wird.

Für diese Bitfolge (TSS+FSS+EBS) wird nun die 24-Bit-Prüfsumme (CRC) berechnet, die an die Bitfolge angehängt wird. Um den Bitstream abzuschließen, wird eine Frame-End-Sequence (FES) an den Bitstream angehängt.

Für den Fall, dass es sich um einen Frame im dynamischen Segment handelt, kann dem Bitstream noch eine Dynamic-Trailing-Sequence (DTS) angehängt werden, die verhindert, dass ein anderer Knoten frühzeitig mit seiner Übertragung über den Kanal beginnt.

Kommunikationszyklus

Jeder FlexRay-Zyklus (Bild 8) enthält ein statisches Segment, das als erster Teil im Zyklus übertragen wird. Das statische Segment enthält eine festgelegte Anzahl an Übertragungsbereichen, den „static slots".

Optional ist die Bereitstellung eines dynamischen Segments im FlexRay-Zyklus, das an zweiter Stelle übertragen wird. Jedes dynamische Segment enthält eine feste, frei konfigurierbare Anzahl an „minislots".

Ebenfalls optional ist das Symbol Window, das als drittes Element im Zyklus übertragen wird. Es kann zur Übertragung eines einzelnen Symbols verwendet werden und hat die Größe eines static slots.

Als Abschluss des Zyklus existiert eine Phase, die Network-Idle-Time (NIT), in der der Bus im Idle-Zustand ist. Allgemein entspricht die Länge der NIT den restlichen

Macroticks, die nicht vom statischen und dynamischen Segment sowie dem Symbol Window verwendet wurden. Anders ist dies, wenn bei der Synchronisierung erkannt wurde, dass eine Offset-Korrektur erforderlich ist, durch die die Länge der NIT vergrößert oder verkleinert werden kann.

Statisches Segment

Das statische Segment besteht aus einer festen Anzahl gleich großer Übertragungsfenstern (static-slots), die auf beiden Kanälen zeitgleich übertragen werden. In jedem static-slot kann genau ein Frame übertragen werden. Sowohl die Größe der static-slots als auch ihre Anzahl in einem statischen Segment wird während der Integration konfiguriert.

Die Steuerung des Buszugriffs im statischen Segment erfolgt über ein TDMA-Verfahren, wobei in jedem Slot der Frame mit der zugehörigen Frame-ID übertragen wird. Frame-ID 1 wird also in Slot 1, Frame-ID 2 in Slot 2 oder allgemein Frame-ID n in Slot n übertragen.

Dynamisches Segment

Anders als im statischen Segment ist die Länge von Übertragungen im dynamischen Segment nicht festgelegt. Zur Steuerung des Buszugriffes werden hier „minislots" verwendet, die für alle an das Netzwerk angeschlossenen Knoten die gleiche feste Anzahl an Macroticks umfassen – Bereiche, in denen genau ein Frame übertragen werden kann.

Auf Basis der minislots werden nun „dynamic slots", Übertragungsfenster mit variabler Größe, realisiert. Die maximale Größe eines dynamic-slots wird durch eine während der Konfiguration festgelegte Anzahl an minislots beschränkt.

Um das Ende einer Übertragung zu kennzeichnen, wird nach einem dynamic-slot eine Phase eingefügt, in der der Kanal idle ist – die „dynamic slot idle phase". Die

9 Slot-Counter

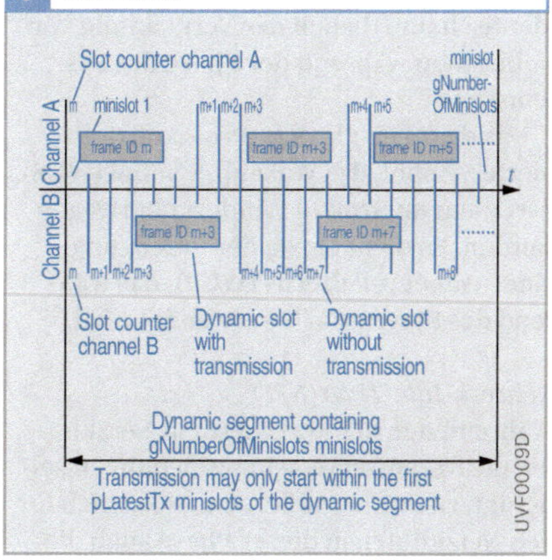

8 Kommunikationszyklus

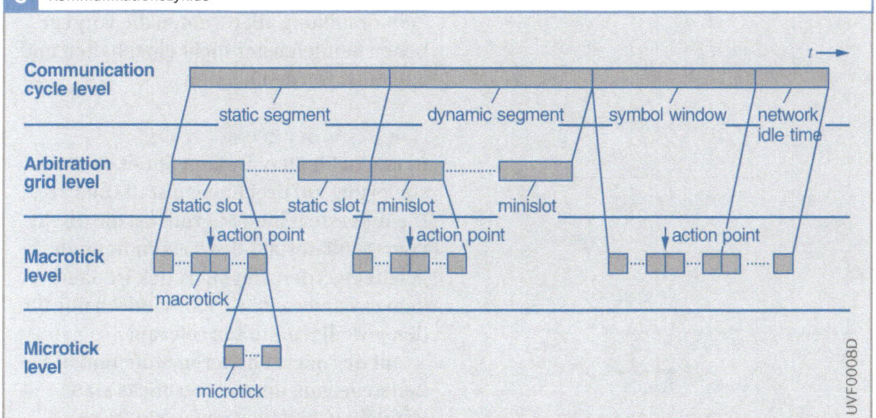

Phase, in der die Übertragung stattfindet, heißt „dynamic slot transmission phase".

Ein weiterer Unterschied zwischen dynamischen und statischen Segment besteht darin, dass im dynamischen Segment die Zähler der aktuell übertragenen Slots auf beiden Kanälen synchron hochgezählt werden. Im dynamischen Segment wird der Zähler beider Kanäle je nach aktueller Übertragung unabhängig hochgezählt. (Bild 9)

Symbol-Window
Das Symbol-Window bietet die Möglichkeit, ein Collision-Avoidance-Symbol (CAS) oder ein Media-Access-Test-Symbol (MTS) zu übertragen. Diese beiden Symbole sind identisch und dienen der Vermeidung von Kollisionen während der Phase des Systemstarts.

Das dritte im FlexRay-Protokoll definierte Symbol, das Wakeup-Symbol (WUS), darf nicht im Symbol Window übertragen werden. Es dient einzig der Erzeugung eines Wakeup-Patterns (WUP), das während des Systemstarts verwendet wird.

Network-Idle-Time (NIT)
Während der NIT korrigiert ein Netzknoten die festgestellte Zeitabweichungen seiner internen Uhr. Außerdem bietet sich für den Netzknoten in dieser Phase auch die

10 Timing

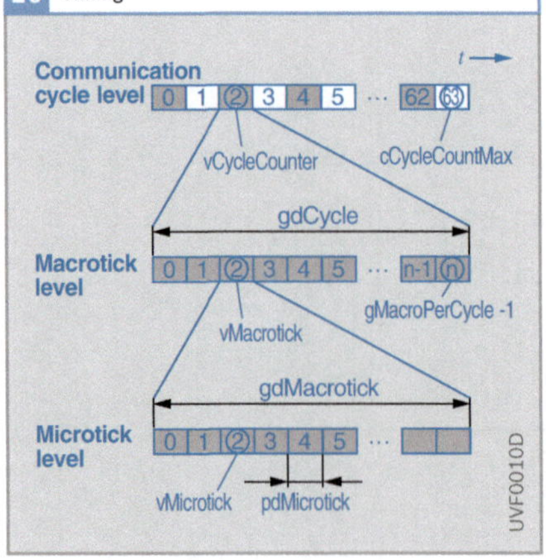

Gelegenheit, implementationsabhängige Anpassungen und Einstellungen vorzunehmen, die mit dem Kommunikationszyklus zusammenhängen.

Zeitsteuerung
FlexRay greift sowohl im statischen als auch im dynamischen Teil des Kommunikationszyklusses auf Kennzeichnungen der Sendefenster zurück, in denen ein Knoten senden darf. Damit dieses Verfahren erfolgreich sein kann, ist es notwendig, dass alle an das Netzwerk angeschlossenen Knoten über synchrone Zeitinformationen verfügen. Hierzu werden ausgewählte Nachrichten aus dem statischen Teil des Zyklusses (Sync-Frames) verwendet, die von Netzknoten übertragen werden, die an beide Kanäle angeschlossen sind.

Generell benötigt in einem verteilten Kommunikationssystem jeder Netzknoten einen eigenen internen Zeitgeber, über den der Takt der Übertragung korrekt eingestellt wird. Durch Temperatur- und Spannungsschwankungen sowie produktionsbedingte Präzisionstoleranzen können diese internen Zeitgeber aber sehr schnell von einer abstrakten, systemweiten globalen Zeit abweichen. Für ein System wie FlexRay, das den Buszugriff über Zeitfenster steuert, kommt der Synchronisierung aller Netzknoten eine besonders wichtige Rolle zu, da ohne eine einheitliche globale Zeitvorstellung aller Knoten die vorgegebenen Sendefenster nicht eingehalten und aufgelöst werden können.

Hierarchie der Zeitsteuerung
In einem FlexRay-System findet die Zeitsteuerung auf drei Ebenen statt (Bild 10). Die unterste bilden Microticks, die direkt vom Oszillatortakt des Netzknotens abgeleitet werden. Ein Microtick ist daher keine systemweite Größe, sondern nur für den jeweiligen Knoten relevant.

Auf der nächst höheren Stufe findet die Zeitsteuerung durch Macroticks statt – Bereichen, in denen genau ein Frame übertragen werden kann. Macroticks bilden innerhalb von festgelegten Toleranzen die unterste systemweite Zeiteinheit. Jeder Netzknoten bestimmt die Dauer eines Macroticks in Microticks. Dabei muss die Anzahl an Microticks pro Macrotick nicht für alle Macroticks gleich sein.

Die oberste Stufe bildet die Zeitsteuerung auf Basis des Kommunikationszyklus, der immer die gleiche, festgelegte Anzahl an Macroticks enthält.

Zeitsynchronisierung

Zur Gewährleistung einer systemweit einheitlichen Zeit ist ein Verfahren zur Synchronisation erforderlich. Basisparameter für die Zeitbestimmung sind die Anzahl der Microticks pro Kommunikationszyklus (*pMicroPerCycle*), die Dauer eines Kommunikationszyklus (*gdCycle*) und die Dauer eines Microticks (*pdMicrotick*), deren Relation über die folgenden Gleichung bestimmt wird:

$$pMicroPerCycle = round\left(\frac{gdCycle}{pdMicrotick}\right)$$

Im Betrieb eines FlexRay-Netzwerks wird der Takt der Oszillatoren der verschiedenen Netzknoten nicht gleich groß oder auch nur konstant sein, sondern durch äußere Einflüsse schwanken. Diese Abweichung wird durch zwei Korrekturmaßnahmen ausgeglichen: der Steigungskorrektur und dem Einfügen eines Offsets in den Kommunikationszyklus.

Fehlertoleranter Mittelwert-Algorithmus

Da ein einzelner Knoten nur die Unterschiede zwischen dem erwarteten Zeitpunkt, an dem eine Übertragung eintreffen sollte und dem real eingetretenen Zeitpunkt beobachten kann, wird in beiden Korrekturmaßnahmen ein fehlertoleranter Mittelwert-Algorithmus verwendet (FTM), der von J. L. Welch und N. A. Lynch beschrieben wurde. Hierbei werden die gemessenen Zeitdifferenzen aller eingetroffenen Sync-Frames nach ihrem Wert sortiert. Wurden mehr als sieben Sync-Frames empfangen, werden die beiden größten und kleinsten Werte aus der Liste entfernt. Wurden zwischen drei und sieben Sync-Frames empfangen, wird der größte und kleinste Wert entfernt. Bei weniger als drei Sync-Frames wird der Mittelwert über alle gemessenen Differenzen gebildet.

Steigungskorrektur

Durch die Steigungskorrektur werden Abweichungen in der Übertragungsfrequenz eines Knotens während des Kommunikationszyklus kontinuierlich korrigiert. Der Knoten beobachtet hierbei die Übertragungsfrequenzen aller übrigen Knoten. Über den FTM-Algorithmus wird aus diesen Werten die eigene Übertragungsfrequenz angepasst.

Offset-Korrektur

Durch die Offset-Korrektur werden Abweichungen in der Phase des Kommunikationszyklus durch Einfügen eines Offsets in der NIT korrigiert. Hierbei bestimmt der Knoten ebenfalls durch den FTM-Algorithmus seine Phasendifferenz zu den übrigen Knoten des Netzes und bestimmt daraus den Offset, der die NIT Phase kürzt oder verlängert. Da alle Knoten dieses Verfahren einsetzen, können so alle Knoten zeitgleich mit der Übertragung eines Zyklus beginnen.

Timing

Das Timing von Übertragungen innerhalb von FlexRay erfolgt über Action-Points, speziell markierte Macrotickgrenzen. Eine Übertragung in einem static-slot beginnt, nachdem ein static-slot-action-point erreicht wurde. Die Position dieses Action-Points innerhalb eines Macroticks ist systemweit definiert.

In einem dynamic-slot beginnt eine Übertragung, nachdem ein minislot-action-point erreicht wurde und endet, nachdem ein weiterer minislot-action-point erreicht wurde. Durch dieses Verfahren wird gewährleistet, dass zwischen

Welch, Lynch, „A New Fault-Tolerant Algorithm for Clock Synchronisation", Information and Computation, vol.77, No.1, April 1988

einzelnen Übertragungen immer eine Leerlaufperiode vorhanden ist.

Frame-Format

FlexRay verwendet sowohl im statischen als auch im dynamischen Teil das gleiche Frameformat, das in drei Teile - Header, Payload-Segment und Trailer-Segment - gegliedert werden kann (Bild 11).

Header Segment

Das Header-Segment umfasst insgesamt fünf Byte, wobei eine Reihe von Indikatoren am Anfang stehen.

Das Reserved-Bit soll für zukünftige Protokolländerungen zur Verfügung stehen und wird als logische „0“ übertragen.

Der Payload-Preamble-Indikator kennzeichnet, ob das Payload-Segment einen Network-Management-Vector (NMVector) enthält. Über einen NMVector ist es möglich, dass der Hostprozessor direkt Daten überträgt, ohne dass diese zunächst vom CC verarbeitet und vorbereitet werden.

Der Null-Frame-Indicator kennzeichnet einen Null-Frame, der keine verwertbaren Informationen enthält.

Der Sync-Frame-Indicator signalisiert, dass dieser Frame für die Synchronisation des Systems verwendet werden soll. Dieser Indikator darf nur von Netzknoten gesetzt werden, die als Sync-Nodes arbeiten.

11 Frame-Format

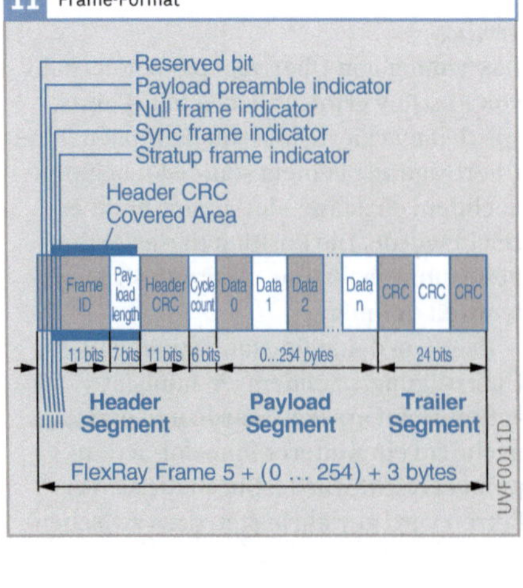

Über den-Startup-Frame-Indicator wird gekennzeichnet, dass dieser Frame ein Startup-Frame ist. Startup-Frames werden in der Startphase des Netzwerks verwendet und dürfen ausschließlich von speziellen Coldstart-Nodes gesendet werden.

Im Anschluss an die Indikatoren folgen Frame-ID, Payload-Length, Header-CRC und Cycle-Count.

Die Frame-ID hat eine Länge von 11 Bit und entspricht der Nummer des Slots, in dem der Frame übertragen wird. In einem Zyklus existiert jede Frame-ID nur einmal auf jedem Kanal.

In der Payload-Length steht die Größe der Informationen, die im Payload-Segment übertragen werden. Da die Nutzdaten in einem FlexRay-Frame immer in 2-Byte-Wörtern übertragen werden, kennzeichnet z. B. eine 62 im Feld Payload-Length, dass 124 Bytes an Nutzdaten im Payload-Segment gesendet werden.

Im statischen Segment enthält das Feld Payload-Length immer den gleichen Wert, da hier die Größe der Information für alle Frames konstant ist. Natürlich gilt diese Eigenschaft nicht für Frames im dynamischen Segment.

Im Feld Header-CRC wird ein 11-Bit CRC-Wert übertragen, der über das Polynom

$$x^{11} + x^9 + x^8 + x^7 + x^2 + 1$$

gebildet wird. Da für alle Frames im statischen Segment die Informationen im Header-Segment konstant sind, kann hier die Berechnung des Header-CRC-Werts offline erfolgen und dem Netzknoten über Konfigurationseinstellungen vorgegeben werden.

Besitzt ein Frame im dynamischen Segment immer die gleiche Größe, kann auch hier der CRC-Wert offline berechnet werden.

Das letzte Feld im Header-Segment ist der Cycle Count. In diesem Feld wird die Nummer des Zyklus übertragen, in dem sich der sendende Netzknoten befindet.

Payload-Segment

Das Payload-Segment hat eine Länge von maximal 254 Byte, die in 2-Byte-Wörtern übertragen werden.

Im Payload Segment werden gewöhnlich die Nutzdaten übertragen, die von den Hostprozessoren weiterverarbeitet werden. Optional kann im Payload-Segment aber auch ein NMVector übertragen werden, oder eine 16-Bit Message-ID.

Mit der Vergabe von Message-IDs ist es möglich, mehrere Datenblöcke in einem Frame zu übertragen. Dazu wird die Message-ID vom Hostprozessor als Anwendungsdaten den weiteren Daten vorangestellt.

Trailer Segment

Das Trailer Segment enthält ein einziges Feld, in dem eine 24-Bit CRC-Prüfsumme (Frame CRC) übertragen wird. Das Polynom, mit dem der Frame-CRC bestimmt wird, ist:

$$x^{24} + x^{22} + x^{19} + x^{18} + x^{16} + x^{15} + x^{14} + x^{13} + x^{11} + x^{10} + x^{8} + x^{7} + x^{6} + x^{3} + x+1$$

Standardisierung

FlexRay Group

FlexRay wird von der FlexRay-Group spezifiziert. Im Jahr 2000 gründeten die Firmen BMW, DaimlerChrysler, Motorola und Philips Semiconductors die FlexRay-Group (www.flexray-group.com).

Die Mitglieder der FlexRay-Group sind hierarchisch strukturiert. In Abhängigkeit ihren eingegangenen Verpflichtungen haben sie auch unterschiedlich starken Einfluss auf die Weiterentwicklung von FlexRay. Die oberste Gruppe bilden die Core-Partner, zu denen zunächst die Gründungsmitglieder zählten. Neben den Core-Partnern gibt es Premium-Associate und Associate-Mitgliedschaften.

Bis 2004 traten außerdem die Firmen General Motors, Bosch und Volkswagen der FlexRay-Group als Core-Partnern bei. Außerdem übernahm 2004 Freescale die Position von Motorola in der Gruppe der Core-Partner.

Eigenschaften

- Deterministische Übertragungen möglich.
- Optionaler Bus-Guardian überwacht Netzwerkzugriffe und schützt vor Fehlern.
- Differentielle Signalübertragung.
- Kollisionsfreie Übertragung im laufenden Betrieb.
- Redundante Übertragung von Informationen über zwei Kanäle.
- Hohe Übertragungsgeschwindigkeit von bis zu 10 Mbit/s, bei paralleler Übertragung über zwei Kanäle bis zu 20 Mbit/s.
- Start- und Initialisierung aus einem inaktiven Schlafzustand werden durch das Protokoll direkt unterstützt.
- Unterstützung vielfältiger Anwendungsbereiche.
- Ereignis- und zeitgesteuerte Übertragung von Informationen möglich.
- Veröffentlichte Standardisierung durch die FlexRay-Group.

Diagnoseschnittstellen

Die Diagnosegesetzgebungen (z. B. CARB, California Air Resources Board) verlangen eine ständige Überwachung der abgasrelevanten Komponenten in den verschiedenen elektronischen Systemen (On-Board-Diagnose, On Board Diagnosis, OBD). Fehler (z. B. elektrische Kurzschlüsse von Sensoren, unplausible Betriebszustände) werden im Steuergerät in einem Fehlerspeicher eingetragen. Mit einem Scan-Tool („Behördentester") oder mit einem Werkstatt-Tester können diese Fehler ausgelesen werden. Hierzu befindet sich im Fußbereich, Armaturenbrett oder in der Mittelkonsole des Fahrzeugs eine Buchse, an die der Tester über einen genormten Stecker (ISO 15031-3) angeschlossen wird (Bild 1).

Mit einem Werkstatt-Tester kann im Kundendienst der gesamte Fehlerspeicher - abgasrelevante Fehler sowie fahrzeugspezifische Fehler - ausgelesen werden (z. B. aus Motronic, ABS). Mit der gespeicherten Information aus dem Fehlerspeicher lässt sich ein Fehler diagnostizieren und gezielt reparieren. Mit dem Tester kann der Fehlerspeicher wieder gelöscht werden. Außerdem können Messwerte und Steuergerät-Identifikationswerte ausgelesen werden. Über den Werkstatt-Tester können auch spezielle Diagnosefunktionen gesteuert werden. Mit der Stellglieddiagnose z. B. lassen sich einzelne Stellglieder (Aktoren) gezielt aktivieren, um deren Funktionsfähigkeit zu überprüfen. Am Bandende (EOL, End of Line) wird die Diagnoseschnittstelle genutzt, um das Steuergerät zu prüfen und Konfigurationen vorzunehmen (z. B. Wegfahrsperre, Getriebeart). Auch die Programmierung des gesamten Flash-EPROMs ist mit der End-of-Line-Programmierung möglich.

1 Diagnosestecker (Diagnoseschnittstelle)

Pin 2: Busleitung (high) von SAE J1850
Pin 10: Busleitung (low) von SAE J1850
Pin 7: K-Leitung entsprechend ISO 9141-2 und ISO 14230-4
Pin 15: K-Leitung entsprechend ISO 9141-2 und ISO 14230-4
Pin 6: CAN_H von ISO 15765-4
Pin 14: CAN_L von ISO 15765-4
Pin 1, 3, 8, 9, 11, 12, 13 nicht von OBD belegt
Pin 4: Fahrzeugmasse
Pin 5: Signalmasse
Pin 16: Batterie Plus

UWT0106-1D

Die Diagnose erfordert eine Schnittstelle für den Anschluss des Testers an die Steuergeräte. Für die Kommunikation stehen derzeit im Wesentlichen zwei Möglichkeiten zur Wahl:

- K-Leitung und
- CAN-Bus.

Der K-Leitungsverbund ist kein echter Bus, deshalb können Kollisionen auftreten. Da in den meisten Steuergeräten eine CAN-Schnittstelle für den Datenaustausch zwischen den elektronischen Systemen vorhanden ist, findet diese Möglichkeit der Testerkommunikation zunehmend an Bedeutung.

Auf den Schnittstellen sind die verschiedenen Protokolle implementiert. In der Regel sind dies das CARB- oder Behördenprotokoll und die herstellerspezifische Kommunikation, die in ihren Eigenschaften und Funktionen eng verwandt sein können. Es ist auch der Einsatz beider Schnittstellen möglich: CARB-relevante Funktionen laufen über CAN, herstellerspezifische Funktionen über die K-Leitung.

Einen Überblick über die verschiedenen Layer des OSI-Referenzmodells und die Normen gibt Bild 2.

Diagnoseprotokolle

Das Kommunikationsverfahren bei der Diagnose ist dadurch gekennzeichnet, dass der Tester (Client) ein oder mehrere Steuergeräte (Server) anspricht und eine Datenausgabe (z. B. vom Fehlerspeicher) oder eine Aktion (z. B. Stellglieddiagnose) anfordert. Diese Dienste (Services) sowie das Übertragungsmedium sind in den verschiedenen Protokollen definiert.

KWP 71

Dieses Protokoll wurde unter Mitwirkung von Bosch als erste standardisierte serielle Schnittstelle entwickelt und basiert auf einer 5-Baud-Initialisierung und Byte-Handshake. In dem Protokoll wird zur Adressierung eine unidirektionale Leitung (L-Leitung) verwendet. Die Leitung zum Datenaustausch (K-Leitung) ist bidirektional. Alternativ kann bei Verzicht auf die L-Leitung die K-Leitung auch zur Adressierung verwendet werden, da es sich bei Adressierung und Datenaustausch um zwei zeitlich aufeinanderfolgende Zustände handelt. Der Kommunikationsaufbau ist festgelegt, die Services sind standardisiert.

KWP 2000 (ISO 14230: 1-3)

Dieses Diagnoseprotokoll verbindet einen Tester über eine K-Leitung mit den Steuergeräten. In der KWP 2000-Norm gibt es verschiedene Möglichkeiten zum Kommunikationsaufbau (Fast-Initialisierung und 5-Baud-Initialisierung). Die Kommunikationsservices sind festgelegt, lassen aber Spielraum für kundenspezifische Anpassungen.

ISO 15765: 1-3 (CAN)

Diese Norm bildet die vorhandenen Protokolle ISO 14230: 1-4 auf den CAN ab. Sie definiert eine Möglichkeit, den grundsätzlichen Aufbau von Botschaften, die zwischen Tester und Steuergerät ausgetauscht werden, unangetastet zu lassen und sie über den CAN-Bus zu übertragen.

CARB

Die Umweltbehörde von Kalifornien (CARB) förderte die Unterstützung einer standardisierten Schnittstelle durch die Einführung von Richtlinien. Das CARB-Protokoll setzt dabei auf vorhandene Normen auf und spezifiziert den Datenfluss und das Zeitverhalten (Transport-Layer). Dies ist in ISO 14230-4/ISO 9141-2 für die K-Line und ISO 15765-4 für CAN festgeschrieben. Die eigentlichen Kommunikationsbotschaften (Services) im Applikations-Layer sind in der ISO 15031-5/SAE J1979 genau festgelegt und erlauben keine herstellerspezifischen Abweichungen.

Jedes neu zugelassene Fahrzeug muss in Kalifornien mindestens eines dieser Protokolle mit allen abgasrelevanten Steuergeräten unterstützen. Das europäische Pendant ist die EOBD-Norm.

2 Standards für Diagnosekommunikation

a

Layer	CARB			
	K-Leitung			CAN
7	ISO 15031-5	ISO 15031-5	ISO 15031-5	ISO 15031-5
6				
5				ISO 15765-4
4				
3				ISO 15765-2 ISO 15765-4
2	ISO 9141-2	ISO 14230-2 ISO 14230-4	SAE J1850	ISO 11898 ISO 15765-4
1	ISO 9141-2	ISO 14230-1 ISO 14230-4	SAE J1850	ISO 11898 ISO 15765-4

b

Layer	Herstellerspezifisch	
	K-Leitung: KWP 2000	CAN / UDS
7	ISO 14230-3	ISO 15765-3 ISO 14229-1
6		
5		ISO 15765-3
4		
3		ISO 15765-2
2	ISO 14230-2	ISO 11898-1
1	ISO 14230-1	ISO 11898

SVA0018D

Bild 2
a Carb Kommunikation
b Kundenspezifische Kommunikation

Layer des OSI-Referenzmodells
7 Application
6 Presentation
5 Session
4 Transport
3 Network
2 Data Link
1 Physical

UDS Unified Diagnostic Services

Applikationsprotokolle

Die zunehmende Komplexität der Steuergerätefunktionen stellt hohe Anforderungen an die Abstimmung und Optimierung dieser Systeme an die jeweiligen Motor- und Fahrzeugtypen. Dieser Vorgang wird als Applikation bezeichnet. Hierzu wird ein Applikationssystem mit dem Steuergerät verbunden. Das Applikationsprotokoll für die K-Leitung ist das McMess-Protokoll, für den CAN das CCP-Protokoll.

McMess

Mit dem McMess-Protokoll können Parameter im Steuergerät geändert und Rechengrößen erfasst werden. Das Protokoll beschreibt in einem speziellen Applikationsbetrieb die Kommunikationsverfahren und -inhalte zwischen Applikationssystem und Steuergerät für die K-Leitung. Mit McMess kann die Messeinrichtung z. B. schnell Inhalte des Variablenspeichers (z. B. Sensorwerte, Messwerte) auslesen.

CCP (CAN Calibration Protokoll)

Das CCP-Protokoll beschreibt die Kommunikationsinhalte zwischen einem Applikationssystem und einem Steuergerät, wenn diese über den CAN-Bus kommunizieren. CCP erlaubt, Steuergeräte im Verbund mit höheren Nutzdatenraten als über die K-Leitung zu applizieren,

Kommunikation über die K-Leitung

Physikalischer Aufbau

Der Diagnosetester steht über das K-Leitungssystem mit einem oder mehreren Steuergeräten in Verbindung (Bild 3). Alle Steuergeräte sind gleichberechtigt. Die Kommunikation läuft bidirektional zwischen Tester und den Steuergeräten. Das heißt, es können von allen Teilnehmern Daten empfangen und gesendet werden. Es kann jedoch immer nur ein Teilnehmer zu einem Zeitpunkt senden.

Die Kommunikation läuft asynchron ab. Es gibt keine weitere Leitung zur Übertragung eines Taktsignals. Die Baudrate auf der K-Leitung liegt gemäß ISO-Normen im Bereich von 1 200...10 400 Baud. In Sonderanwendungen (z. B. herstellerspezifische Flash-Programmierung) kann sie auch bis zu 250 kBaud betragen.

Die Datenübertragung über die K-Leitung wird auf folgende Art realisiert: Der im Tester angeordnete Widerstand hebt das Potenzial der Leitung – sofern kein Steuergerät auf der Leitung sendet – auf das Niveau der Batteriespannung (Bild 4). Wenn ein Steuergerät aktiv wird, verbindet es seinen K-Leitungsanschluss mit der gemeinsamen Masse und zieht damit das Potenzial der K-Leitung auf Masse. Jedes angeschlossene Steuergerät kann feststel-

3 Systemstruktur der Bussysteme

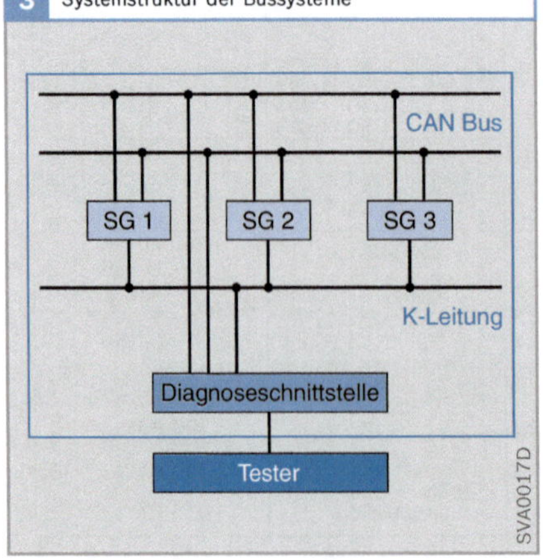

4 Schaltbild eines Steuergeräteverbunds

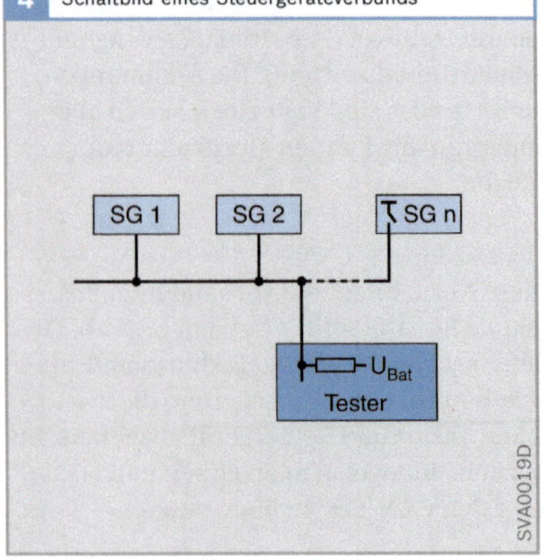

len, dass einer der Busteilnehmer aktiv auf die K-Leitung zugreift.

Botschaftsstruktur

Die Botschaftsstruktur des KWP 2000-Protokolls besteht aus drei Teilen (Bild 5):
- Header,
- Datenbytes und
- Checksumme.

Header
Der Header besteht aus maximal vier Bytes.
- Das Formatbyte (Fmt) enthält Informationen über die Form und Gestalt der Botschaft. Zwei Bit (A0 und A1) geben eine Adressinformation an, sechs Bit (L0...L5) die Anzahl der Datenbytes. Mit dieser Kodierung sind bis zu 63 Datenbytes möglich. Wenn L0...L5 zu Null gesetzt sind, muss die Anzahl der Nutzbytes mit dem Längenbyte (Len) kodiert werden.
- Die Zieladresse (Tgt) gibt an, für welchen Kommunikationspartner die Informationen bestimmt sind.
- Die Quelladresse (Src) gibt an, von welchem Kommunikationspartner die Informationen kommen.
- Das Längenbyte (Len) gibt die Anzahl der Nutzdatenbytes (max. 255 Byte) an. Bis zum Wert 63 kann die Kodierung in Fmt erfolgen, bei mehr als 63 muss die Länge mit diesem Byte angegeben werden.

Die Existenz von Ziel- und Quelladresse sowie Längenbyte ist von den Parametern aus dem Formatbyte abhängig.

Daten-Bytes
Es können bis zu 255 Bytes Nutzdaten pro Botschaft versendet werden. Das erste Byte der Nutzdaten ist immer ein Service Identifikationsbyte (SId). Die darauf folgenden Datenbytes sind von diesem Service abhängige Daten.

Checksumme
Die 1-Byte Checksumme steht immer am Ende einer Botschaft. Sie enthält den Wert der Modulo 256-Summe über alle Bytes in der Botschaft - außer der Checksumme selbst.

Initialisierung

Um Botschaften übertragen zu können, muss jedes Steuergerät eine Untermenge der möglichen Botschaftsformate unterstützen. Welche Formate das Steuergerät unterstützt, teilt es am Beginn einer Kommunikation im Rahmen der Initialisierung bzw. Reizung dem Tester über Key-Bytes mit.

Welche verschiedenen Initialisierungsverfahren für die Steuergerätediagnose üblich sind, geben die ISO-Normen vor. Folgende Initialisierungsverfahren werden unterstützt:
- 5-Baud-Initialisierung und
- schnelle Initialisierung.

Diese Initialisierungsvarianten werden entweder für die CARB-Diagnose oder für die Kundendiagnose verwendet. Weiter

5 Botschaftsstruktur des KWP 2000-Protokolls

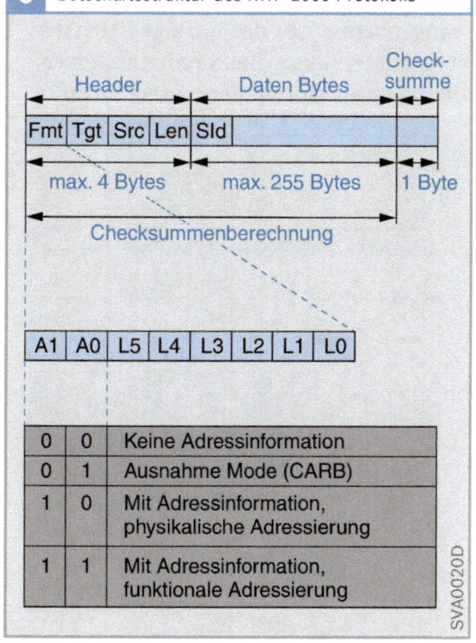

werden die Initialisierungsverfahren zwischen physikalischer Initialisierung und funktionaler Initialisierung unterschieden, die dann die „Point to Point"- oder „Point to Multi"-Kommunikation einleiten. Bei der funktionalen Initialisierung wird eine Gruppe von Steuergeräten angesprochen und initialisiert. Eine erfolgreiche funktionale Initialisierung kann nur erfolgen, wenn alle Steuergeräte dieser Gruppe die gleiche Baurate, das gleiche Übertragungszeitverhalten und das gleiche Protokoll unterstützen. Im Gegensatz dazu wird bei der physikalischen Initialisierung nur ein Steuergerät initialisiert.

5-Baud-Initialisierung

Der Einstieg in die Kommunikation erfolgt durch eine vom Tester übertragene 5-Baud-Adresse. Damit ist jedes Steuergerät gezielt adressierbar und die Adressierung von der Datenübertragung klar getrennt.

Der Tester gibt die Adresse mit der Übertragungsrate von 5 Baud auf die K-Leitung (Bild 6). Für 10 Bit (acht Daten-, ein Start- und ein Stoppbit) werden ca. 2 s benötigt.

Nach Erhalt der Adresse meldet sich das Steuergerät mit dem Baudratenerkennungsmuster. Aus der Bitfolge 01010101 (Binärdarstellung) bestimmt der Tester die Baudrate des Steuergeräts, die zwischen 1200 und 10400 Baud liegen kann. Anschließend überträgt das Steuergerät die beiden Key-Bytes, die die vom Steuergerät unterstützten Headerformate und das Timing mitteilen. Als Bestätigung des erfolgreichen Kommunikationsaufbaus sendet der Tester das Komplement des zweiten Key-Bytes an das Steuergerät zurück und erhält dann vom Steuergerät das Komplement der Adresse. Danach ist die Initialisierung abgeschlossen und es kann mit der regulären Datenübertragung begonnen werden.

Schnelle Reizung (Fast Initialisierung)

Die schnelle Reizung stellt die Kommunikation in kürzerer Zeit her als die 5-Baud-Initialisierung. Bei der schnellen Reizung sendet der Tester ein Wake up Pattern (WuP), das aus einer Low- und einer High-Phase mit jeweils 25 ms besteht (Bild 7). Nach Ablauf des WuP sendet der Tester den StartCommunication Service mit 10400 Baud. Darauf sendet das Steuergerät eine positive Antwort, in der die Key-Bytes enthalten sind. Danach ist die Initialisierung abgeschlossen und die reguläre Kommunikation kann beginnen.

6 5-Baud-Initialisierung

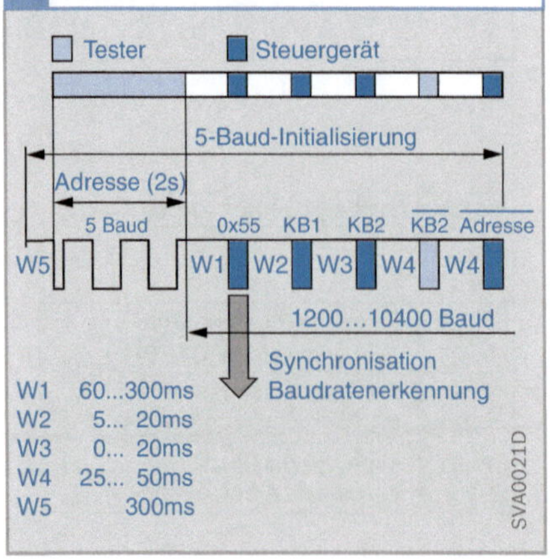

7 Schnelle Reizung

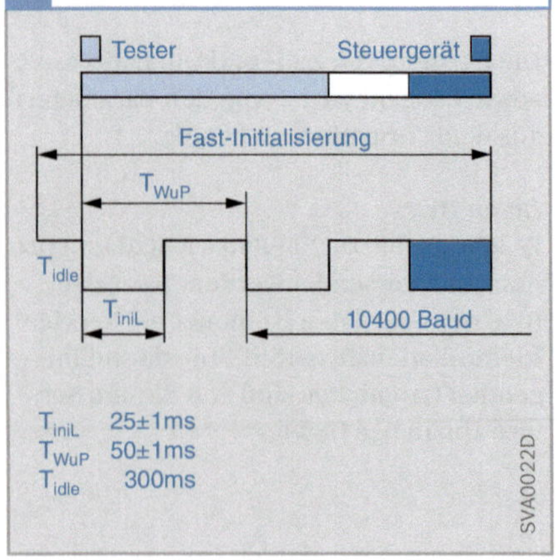

CARB-Initialisierung
Die CARB-Initialisierung ist ein spezieller Fall der 5-Baud-Initialisierung, CARB kann aber auch über die schnelle Reizung aktiviert werden. Mit der fest definierten Adresse 0x33 wird eine funktionale Reizung aller angeschlossenen Steuergeräte erreicht. Die Baudrate ist fest auf 10400 Baud eingestellt. Die genaueren Anforderungen sind in ISO 14230-4 und ISO 9141-2 beschrieben.

Eine Folge dieser Normen ist, dass alle in einem Fahrzeug vorhandenen abgasrelevanten Steuergeräte nur ein Protokoll, ISO 14230-4, ISO 9141-2 oder SAE J1850 unterstützen dürfen. Es darf keine Vermischung der Protokolle in einem Fahrzeug geben.

Key-Bytes
Mit den Key-Bytes informiert das Steuergerät den Tester über die unterstützten Header- und Längenbytes sowie die unterstützten Timings. Die Dekodierung der Key-Bytes ist in der ISO 9141 und ISO 14230-2 definiert.

Arbitrierung
Arbitrierung ist eine Möglichkeit, Kollisionen von Daten, die von verschiedenen Steuergeräten zum gleichen Zeitpunkt gesendet werden, zu vermeiden oder zu entdecken. Eine Arbitrierung ist notwendig, um im Falle einer funktionalen Kommunikation (z. B. Auslesen des Fehlerspeichers aller abgasrelevanten Steuergeräte mit einem Scan Tool) eine korrekte Antwort auf die Testeranfrage zu erhalten. Da nach der Reizung durch den Tester mehrere Steuergeräte senden dürfen, sind Kollisionen zu erwarten.

Die Arbitrierung ist nur relevant für die Datenübertragung über die K-Leitung.

Kollisionsvermeidung
Um Kollisionen nach einer Testeranfrage zu vermeiden, überprüft jedes Steuergerät nach der Zeit P2min die K-Leitung auf eine fallende Flanke. Eine fallende Flanke kann eine Störung sein, oder ein anderes Steuergerät hat schon früher gesendet.

Wenn eine fallende Flanke erkannt wurde, so wird das Versenden der eigenen Daten solange verschoben, bis nach Eintreten von Busruhe wiederum die Zeit P2min abgelaufen ist. Erst dann darf eine erneute Versendung gestartet werden.

Kollisionsentdeckung
Eine Kollision kann nicht vermieden werden, wenn zwei Steuergeräte gleichzeitig senden. In diesem Fall muss die Kollision aber aufgedeckt werden. Dies kann durch Überwachung der K-Leitung erreicht werden. Hierzu lesen die Steuergeräte über die serielle Schnittstelle das eigene ausgesendete Byte wieder ein.

In Bild 8 senden zwei Steuergeräte gleichzeitig ein Startbit. Anschließend überträgt SG 2 eine 0 (dominantes Bit), SG 1 eine 1 (rezessives Bit). Auf der K-Leitung erscheint die 0. Beim zweiten Bit ist es genau umgekehrt. Hier setzt sich SG 1 mit dem dominanten Pegel durch. Wenn das komplette Byte übertragen ist, vergleichen die Steuergeräte das auf der K-Leitung übertragene Byte mit dem eingelesenen Byte. Im Beispiel wurden bei beiden Steuergeräten ein rezessiver Pegel durch einen dominanten Pegel überschrieben. Somit stellen beide Steuergeräte eine

8 Ablauf eines erfolglosen Kommunikationaufbaus

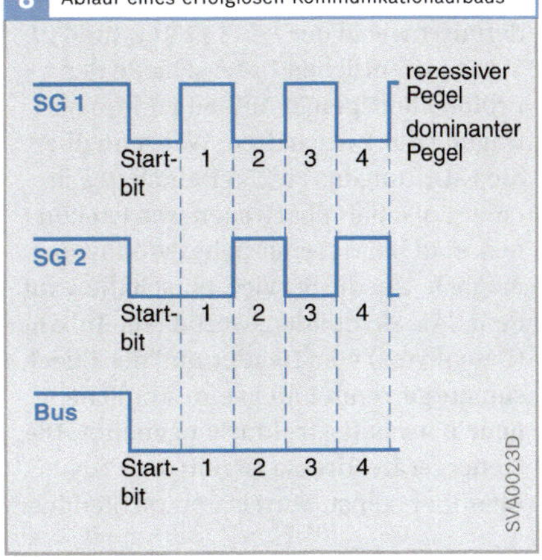

fehlerhafte Übertragung fest und ziehen sich vom Senden zurück. Um zyklische Kollisionen zu vermeiden, meldet sich das Steuergerät nach einer Zeit P2min, die nach einem bestimmten Algorithmus berechnet wird.

Angenommen, SG 2 sendet im vorigen Beispiel als erstes Datenbit eine 1, dann würde SG 1 von der Datenübertragung von SG 2 nichts mitbekommen und weiter die Kommunikation aufbauen. SG 2 erkennt aber die Kollision in Bit 2 und zieht sich zurück. In diesem Fall ist die Kollision nicht zerstörerisch.

Kommunikation über CAN

Physikalischer Aufbau

Eine CAN-Schnittstelle mit der erforderlichen Hardware ist in vielen Steuergeräten schon vorhanden. Dieses Bussystem kann auch für die Diagnose benutzt werden. Ein über den Diagnosestecker an den Bus angeschlossener Diagnosetester kann mit den Steuergeräten kommunizieren.

Baudraten

Übliche Baudraten bei CAN sind 500 kBaud oder 1 MBaud.

Adressierung und Botschaftsarten

Die Testerkommunikation auf dem CAN-Bus richtet sich nach der Norm ISO 15765. Die Kommunikations-Services der ISO 15765-3 oder 14229-1 sind ähnlich definiert wie in der ISO 14230-3 (Bild 2).

Die wesentlichen Unterschiede der Protokolle liegen in Aufbau und Übertragung der Botschaften. Während über die K-Leitung bis zu 255 Datenbytes in einer Botschaft übertragen werden können, sind bei CAN nur acht Datenbytes möglich. Um die Service-Botschaften auf dem CAN abzubilden, werden die Inhalte (Datenbytes) vom Header und der Checksumme getrennt und in eine ähnliche, neue Botschaftsstruktur eingebettet. Die Steuergeräteadresse ist nun der CAN-Identifier selbst. Mittels unterschiedlicher CAN-Identifier kann funktional oder physikalisch adressiert werden.

Es gibt unterschiedliche Adressierungsmethoden: die normale und die erweiterte (extended) Adressierung, wobei die normale Adressierung gewöhnlich zum Einsatz kommt und im Folgenden betrachtet wird. Längere Botschaften, die nicht in einen CAN-Frame passen (sieben Bytes bei normaler Adressierung, sechs bei erweiterter Adressierung), werden in mehrere CAN-Frames segmentiert und beim Empfänger wieder zusammengesetzt.

Unsegmentierte Botschaften

Wenn die Anzahl der zu übertragenden Datenbytes nicht größer als sieben Bytes (bei normaler Adressierung) beträgt, wird ein Single Frame übermittelt. Das erste übertragene Byte ist die PCI (Protocol Control Information). Sie weist den Frame im High-Nibble (obere vier Bit eines Bytes) als Single Frame aus und gibt im unteren Nibble die Datenlänge (DL) an (Bild 9). Die Daten werden vom Sender in einer einzigen Botschaft an den Empfänger übertragen (Bild 10a).

Segmentierte Botschaften

Sollen mehr als sieben Datenbytes (bei normaler Adressierung) übermittelt werden, schickt der Diagnose-Tester (Client) zuerst einen First Frame über den CAN-

9 Aufbau einer unsegmentierten Botschaft

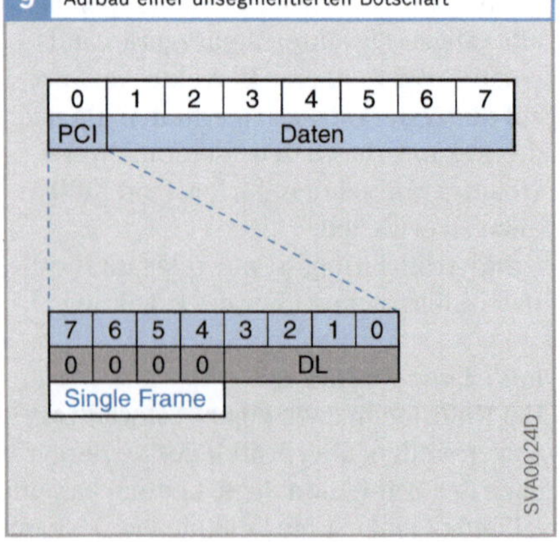

Datenbus (Bild 10b). Das Steuergerät (Server) bestätigt mit einem Flow-Control Frame. Im Anschluss daran werden die weiteren Daten in Consecutive Frames übertragen.

Der First Frame beinhaltet die PCI, ein zusätzliches Längenbyte (DL, Data Length) sowie die ersten sechs Datenbytes (Bild 11). Die PCI enthält im High-Nibble die Information zur Ausweisung des Frames als First Frame. Im Low-Nibble ist die erweiterte Datenlänge (XDL, extendet Data Length) hinterlegt. Zusammen mit DL ergibt sich ein 12-Bit-Datenwort, mit dem die Werte 0...4095 dargestellt werden können.

Der Sender überträgt den First Frame und wartet auf eine Empfangsbestätigung des Empfängers. Dieser sendet hierzu den Flow-Control Frame. Diese Botschaft enthält wieder die PCI, deren High-Nibble den Frame als Flow-Control Frame ausweist. Das Low-Nibble enthält den Flow-Status (FS), mit dem die Versendung der weiteren Frames (Consecutive Frames) freigegeben oder zeitlich verschoben werden kann.

BlockSize (BS) gibt an, wie viele Consecutive Frames empfangen werden können, ohne dass ein weiterer Flow-Control Frame übertragen werden muss. Der Wert in ST_{min} (Separation Time) gibt an, welcher Zeitabstand zwischen den Consecutive Frames eingehalten werden muss.

Nach dem Flow-Control Frame folgen die Consecutive Frames. Die PCI enthält im High-Nibble wiederum die Kennung, im Low-Nibble die Sequence Number (SN). Mit dem ersten versendeten Consecutive Frame steht SN auf 1. Mit jedem weiteren Consecutive Frame zählt SN hoch, nach 15 beginnt SN wieder bei 0. Anhand der Sequence Number kann der Empfänger erkennen, ob alle Frames angekommen sind.

10 Darstellung der Übertragung einer Botschaft

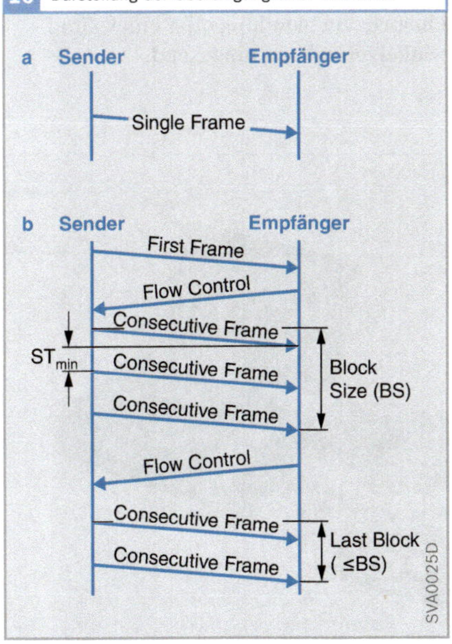

11 Aufbau einer segmentierten Botschaft

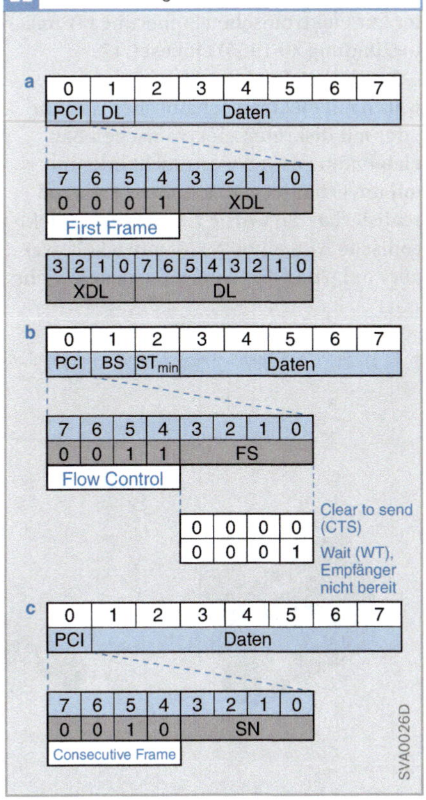

Bild 10
- a Botschaftsübertragung in einem Single Frame (unsegmentierte Botschaft
- b Botschaftsübertragung durch Segmentierung

Bild 11
- a First Frame
- b Flow Control
- c Consecutive Frame

Architektur elektronischer Systeme

Elektronische Systeme in Kraftfahrzeugen zeichnen sich heute durch einen hohen Vernetzungs- und Komplexitätsgrad aus. Um dieses Gefüge auch in Zukunft zu beherrschen, sind modernste Prozesse, Methoden und Werkzeuge der Systemarchitektur notwendig.

Übersicht

Historie

Über viele Jahrzehnte der Automobilgeschichte gab es eine sehr überschaubare Anzahl elektrischer Systeme im Kraftfahrzeug: Zündung, Beleuchtung, Scheibenwischer, Hupe, Tankanzeige, diverse Anzeigelämpchen und ein Autoradio. Halbleiter wurden zunächst nur zur Gleichrichtung (Ersatz Gleichstromgenerator durch Drehstromgenerator ab ca. 1963) und erst später zur elektronischen Steuerung (Transistorzündung ab 1965) eingesetzt.

Bestimmte Funktionen im Fahrzeug waren mit elektromechanischen Mitteln oder mit diskreten elektronischen Bauelementen entweder gar nicht oder nur mit unverhältnismäßig hohem Aufwand realisierbar. So wurde z. B. das erste elektronische ABS schon 1970 entwickelt, war aber aufgrund der Baugröße, des Gewichts und der Kosten nicht serien- bzw. marktreif (Bild 1).

Die Entwicklung integrierter Schaltkreise für breite Anwendungen hat Mitte der 1970er-Jahre auch die Automobiltechnik erfasst und revolutioniert.

Eine der ersten Vernetzungen elektronischer Systeme ist im Rahmen der Entwicklung der ASR (Antriebsschlupfregelung) entstanden. Diese Vernetzung war zunächst rein mechanisch realisiert. Die Drosselklappe im Ansaugsystem des Verbrennungsmotors war mit einer Vorrichtung versehen, die von der Antriebsschlupfregelung direkt angesteuert werden konnte. Für die Motorsteuerung war es nicht sichtbar, ob der Fahrer oder die ASR die Drosselklappe bewegt.

Im nächsten Schritt wurde zur Verbesserung der Dynamik eine elektronische Verbindung zum Motorsteuergerät über eine PWM-Schnittstelle (Pulsweitenmodulation) realisiert. Über diese konnte dem Motorsteuergerät das Signal zur Reduktion des Antriebsmoments mitgeteilt werden. Dies wurde daraufhin entweder in Form einer Luftzufuhrdrosselung, einer Einspritzausblendung oder einer Zündwinkelverstellung umgesetzt.

1 Vergleich von Antiblockiersystemen unterschiedlicher Generationen

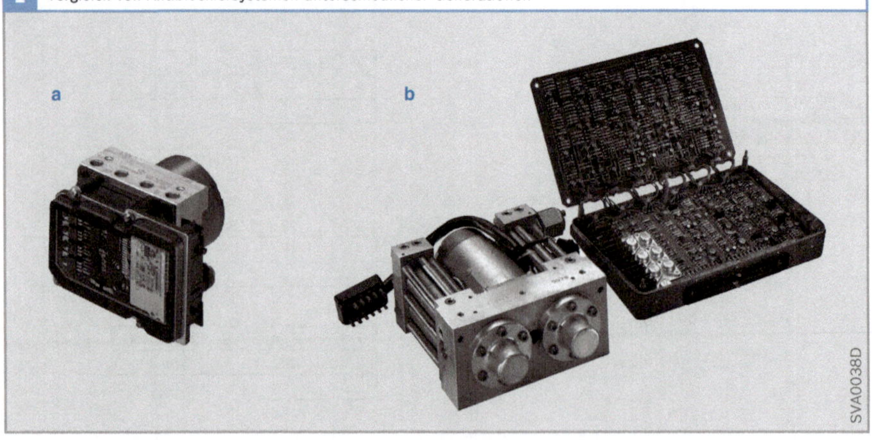

Bild 1
a ABS8 (aktuelles System)
b ABS1 aus dem Jahr 1970 (Gerät in Transistortechnik, ging nicht in Serie)

Durch die immer strenger werdenden Abgasvorschriften waren die bisher dargestellten Möglichkeiten der Koppelung nicht mehr aufrecht zu halten. Es musste der Motorsteuerung überlassen werden, wie eine von der ASR angeforderte Reduktion des Antriebsmoments umgesetzt wird (Luftpfad, Kraftstoffpfad oder Zündpfad). Dadurch war eine leistungsfähigere Schnittstelle erforderlich, über die ein Wunschdrehmoment und eine Dynamikanforderung übertragen werden konnte. Umgekehrt war dem ASR-Steuergerät das Ist-Moment, die Motordrehzahl und die aktuelle Stellreserve zu übermitteln. Die Übertragung dieser unterschiedlichen Daten über diskrete, z. B. pulsweitenmodulierte Schnittstellen, war bzgl. der benötigten Leitungsanzahl aufwändig und teuer. Als Alternative zur diskreten Verkabelung wurde daher ab 1991 das Bussystem CAN (Controller Area Network) eingesetzt. Damit wurde der Grundstein für die moderne Vernetzung von Systemen in Kraftfahrzeugen gelegt.

Stand der Technik

In den Fahrzeugen der Mittel- und Oberklasse sind heute nahezu alle Steuergeräte direkt oder indirekt (z. B. über Gateways) miteinander vernetzt (Bild 2). Die Vernetzung geht teilweise so weit, dass 60 oder mehr Steuergeräte über mehrere CAN-Busse sowie weitere Kommunikationssysteme wie MOST (Media Oriented Systems Transport) oder LIN (Local Interconnect Network) miteinander kommunizieren.

Neue Systeme, wie z. B. die automatische Abstandsregelung oder die Einparkhilfe, bringen Ihr eigenes Steuergerät mit den bestimmenden Sensoren und Stellgliedern mit. Sie verlassen sich aber zunehmend darauf, vom Netzwerk mit weiteren Informationen versorgt zu werden. So versorgt das ESP-Steuergerät (Elektronisches Stabilitätsprogramm) das Netzwerk mit der Information über die Fahrzeuggeschwindigkeit. Das Autoradio kann z. B. mit dieser Information die Lautstärke an die Fahrzeuggeschwindigkeit anpassen.

Zur Beherrschung der Komplexität ist es bei der Entwicklung neuer Systeme notwendig, alle aus dem Netz bezogenen Größen mit dem Urheber gemeinsam zu spezifizieren. Dies betrifft insbesondere die Signalgüte und die Signalverfügbarkeit. Hierbei spielt das Thema Sicherheit im Kfz stets eine wichtige Rolle. Das empfangende System stellt bei Nicht-Verfügbarkeit der aus dem Netz bezogenen Signale eine Notlauffunktion bereit.

Aufgrund der leistungsfähigen Vernetzung zwischen den Steuergeräten lassen

2 Steuergeräteverbund in einem modernen Fahrzeug der Oberklasse

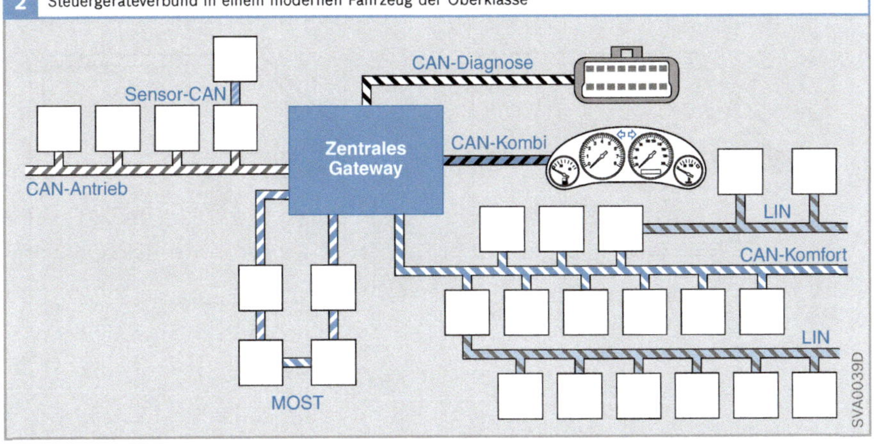

sich manche neuen Leistungsmerkmale sogar völlig ohne zusätzliche Hardware, d. h. rein über Datenaustausch und Software, darstellen. Ein Beispiel dafür ist das Öffnen der Seitenscheiben durch längeres Betätigen der Funkfernbedienung für die Zentralverriegelung. So kann z. B. im Sommer das Fahrzeug beim Öffnen der Türen gleich durchgelüftet werden. Elektrische Fensterheber und Zentralverriegelung tauschen die notwendigen Informationen aus. Die hierzu erforderliche Software läuft entweder auf dem Steuergerät der Zentralverriegelung oder dem Steuergerät der elektrischen Fensterheber. In vielen Fahrzeugen teilen sich beide Systeme sogar ein gemeinsames Steuergerät, sodass die Integration neuer Software-basierter Leistungsmerkmale noch einfacher gelingt.

Dies zeigt einen Trend auf, der bereits in der Karosserieelektronik Einzug gehalten hat: Die Integration von Einzelsteuergeräten zu Zentralsteuergeräten (Bild 3). Diese Zentralsteuergeräte sind mit den Sensoren und Stellgliedern entweder über diskrete, analoge Leitungen oder über Busse verbunden. Letzteres verringert die Anzahl der Pins im Stecker des Steuergeräts erheblich und reduziert damit auch die Verkabelungskosten. Man bezeichnet die über Busse angebunden Sensoren und Stellglieder auch als „intelligente" Sensoren oder Stellglieder. Diese müssen zur Busanbindung eine Elektronik an Bord haben, die in manchen Fällen auch die Sensorsignalaufbereitung oder Stellglied-Treiberfunktionen enthält. Durch den Einsatz von Elektronik werden allerdings gleichzeitig höhere Kosten in den Sensoren oder Stellgliedern verursacht. Die Minimierung der Gesamtkosten für Elektronik- und Verkabelung ist somit eine wesentliche Aufgabe bei der Definition neuer Vernetzungskonzepte.

So befindet sich z. B. die Logik für den Einklemmschutz der elektrischen Fensterheber in manchen Ausführungen direkt im Steuergerät am Fensterhebermotor. Die Ansteuerung für den normalen Betrieb, z. B. die erwähnte Fensteröffnung per Funkfernbedienung, wird über einen LIN-Bus von einem zentralen Steuergerät der Karosserieelektronik (engl.: Body-Computer) gesendet. Man spricht hier auch von einer Client-Server-Architektur. Der Einklemmschutz ist eine lokale Funktion, die sich aus Sicherheitsgründen und aufgrund ihrer zeitlichen Anforderungen in der Regel nicht verteilt realisieren lässt.

Entwicklungstendenzen

Die zuvor beschriebene Zentralisierung und der Einsatz intelligenter Sensoren und Stellglieder im Bereich Karosserieelekt-

3 Vergleich von dezentraler Steuerung zu zentraler Steuerung

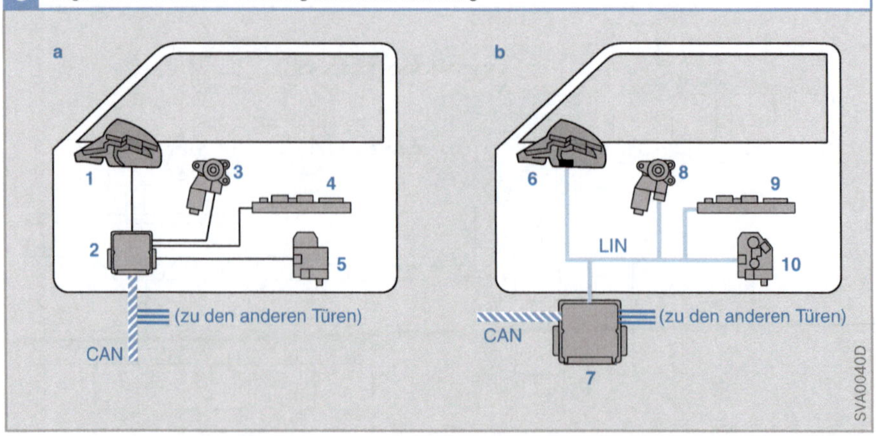

Bild 3
1 Spiegel
2 Türsteuergerät
3 elektrischer Fensterheber
4 Kontrolleinheit
5 Schloss
6 Spiegel (LIN)
7 zentrales Steuergerät
8 elektrischer Fensterheber (LIN)
9 Kontrolleinheit (LIN)
10 Schloss (LIN)

ronik werden sich in den kommenden Fahrzeuggenerationen voraussichtlich auch auf die anderen Elektronikbereiche ausbreiten. „Domänen-Leitrechner" werden Einzug halten, um zentrale Aufgaben in den Bereichen Komfort, Sicherheit, Fahrerassistenz, Infotainment und Energieversorgung zu übernehmen (Bild 4). An diesen Leitrechnern hängen die Steuergeräte der im Fahrzeug verteilten intelligenten Sensoren und Stellglieder. Funktionen, die eine hohe Vernetzung von Informationen und Stellbefehlen benötigen, werden vorwiegend auf diesen Zentralrechnern in Software abgebildet. Damit diese Funktionen auch auf verschiedenen Steuergeräteplattformen lauffähig sind und somit wiederverwendet werden können, ist eine Standard-Softwarearchitektur notwendig. Dies soll über die AUTOSAR-Initiative erreicht werden (siehe Abschnitt „AUTOSAR").

Die Leitrechner sollen dabei über ein leistungsfähiges Rückgrat („Daten-Backbone") miteinander vernetzt werden. An diesem Rückgrat wird auch der zentrale Netzzugang für Diagnose und Software-Download angebunden. Dieser wird eine Firewall beinhalten, um das Eindringen unerwünschter Software (Viren) zu verhindern.

Architekturmethoden elektronischer Systeme

Architekturbegriff

Mit steigendem Anteil von Elektronik und Vernetzung im Fahrzeug tritt gleichzeitig auch der Bedarf an leistungsfähigen Entwicklungsprozessen und deren Beschreibungsmethoden in den Vordergrund: die Architektur elektronischer Systeme.

Der Begriff Architektur bezeichnet im Allgemeinen die „Baukunst". In der Baubranche entwirft der Architekt ein Gebäude, indem er auf Basis der Wünsche und Randbedingungen des Bauherrn Pläne für die unterschiedlichen Ansichten und Gewerke erstellt. Ein Plan abstrahiert die Realität bezogen auf einen bestimmten Aspekt (z. B. geometrische Verhältnisse oder elektrische Verkabelung). Auf Basis der Pläne aller notwendigen Aspekte kann schließlich das Gebäude errichtet werden.

Übertragen auf das Kraftfahrzeug spricht man von der „E/E-Architektur". „E/E" bezeichnet die elektrischen und elektronischen Aspekte des Kraftfahrzeugs. Die „Pläne" des E/E-Architekten werden im Folgenden mit dem allgemeinen Begriff des „Modells" bezeichnet.

Es existieren bei den Kfz-Herstellern und Zulieferern unterschiedliche Ansichten darüber, wie viele Modelle welcher

4 Mögliches Szenario für ein zukünftiges Fahrzeug der Oberklasse

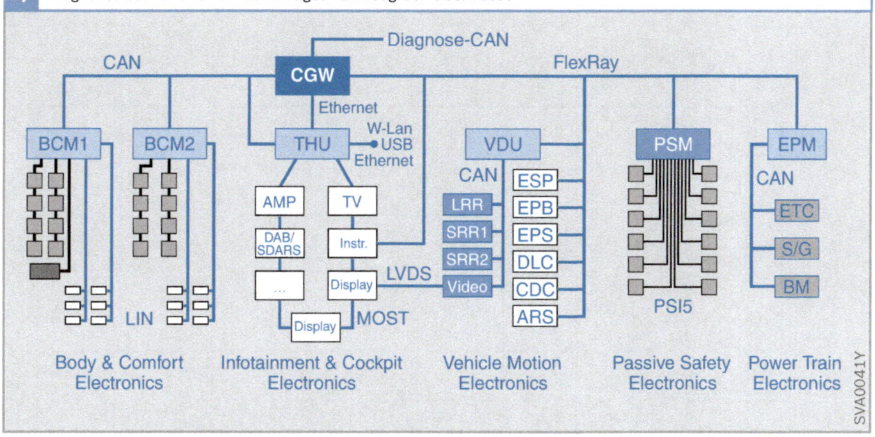

Bild 4
AMP Audio Amplifier
ARS Active Roll Stabilizer
BCM Body Computer
BM Battery Management
CDC Continuous Damping Control
CGW Central Gateway
DAB Digital Audio Broadcasting
DLC Differential Locks Control
EPB Electric Parking Brake
EPS Electric Power Steering
ESP Elektronisches Stabilitätsprogramm
ETC Electronic Transmission Control
LRR Long Range Radar
LVDS Low Voltage Differential Signaling
PSI Peripheral Sensor Interface
PSM Passive Safety Manager
SDARS Satellite Digital Audio Radio Services
S/G Starter Generator
SRR Short Range Radar
THU Telematics Head Unit
TV Television
VDU Vehicle Dynamics Unit

Art man benötigt, um die elektrischen und elektronischen Systeme des Fahrzeugs vollständig zu beschreiben. Die im Folgenden vorgestellten Modelle haben sich in der Praxis bewährt und sind ein notwendiges Gerüst zur Beschreibung des E/E-Umfangs.

Hinweis: Der Begriff Architektur wird in der Literatur und in Veröffentlichungen oft zur Bezeichnung der Modelle selbst verwendet. Hier wird zur klaren Unterscheidung zwischen Arbeitsvorgang (= Architekturentwicklung) und Darstellung des Ergebnisses (= Modell) getrennt.

Modelle der E/E-Architektur

Die Modelle der E/E-Architektur spiegeln die Ergebnisse der unterschiedlichen Integrationsschritte der elektronischen Systeme in das Fahrzeug wider. Diese Schritte werden in der Regel gleichzeitig bearbeitet, da man sich in der Konzeptphase eines Fahrzeuges sowohl mit der Geometrie (dem „Karosserie-Rohbau") als auch mit neuen Systemen befasst. Im Verlauf der Fahrzeugentwicklung kann sich dann herausstellen, dass sich ein elektronisches System in der gewählten Technologie nicht in die zur Verfügung stehenden Bauräume einpassen lässt. In diesem Fall müssen Kompromisse gesucht werden.

Funktionsmodell, Funktionsnetzwerk

Funktionsmodelle sind die Vorstufe konkreter technischer Systeme. Sie beschreiben die Übertragungsglieder, die zur Realisierung der geforderten Leistungsmerkmale notwendig sind, ohne auf deren konkrete Technologie einzugehen.

Für das Beispiel der Aktivlenkung bedeutet dies eine Analyse in logisch funktionale Übertragungsglieder wie

- Variable Lenkübersetzung,
- Stabilisierungsregelung,
- Fahrzeugmodell,
- Aktor,
- Fahrzeug,
- Fahrer.

Die Funktionsmodelle werden gewöhnlich unter Verwendung von Blockschaltbildern nach DIN 19226 erstellt (Bild 5).

Es gab in der Vergangenheit mehrere Ansätze zur Integration der Funktionswirkketten in eine standardisierte hierarchische Struktur für das komplette Fahrzeug („Funktionsnetzwerk"). Dieses sollte z. B. zwischen Funktionen auf Fahrzeugebene und Funktionen auf Subsystemebene (z. B. im Antriebsstrang) unterscheiden. Das CARTRONIC®- Konzept von Bosch ist hierfür ein Beispiel. Leider ist es bisher noch nicht gelungen, sich in

5 Signalflussplan mit Standardelementen

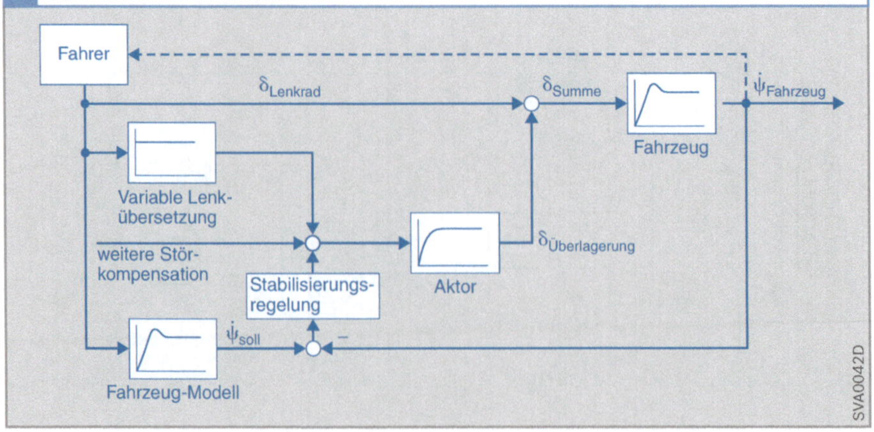

Bild 5
Signalflussplan dargestellt am Beispiel der Aktivlenkung

der Automobilindustrie auf eine einheitliche funktionale Struktur des Fahrzeugs zu einigen. Allerdings sind viel versprechende Ansätze in der AUTOSAR-Initiative enthalten, in die Bosch die Ideen aus der CARTRONIC® aktiv mit einbringt.

Technologiemodell, Technologisches Netzwerk

Das Technologiemodell beschreibt, welche technische Realisierung für die spezifizierten Funktionsblöcke eingesetzt wird, ohne diese bereits zu Baugruppen, wie z. B. elektronische Steuergeräte, zusammenzufassen. Es entstehen „Technologie-Bausteine“.

So kann die Funktion „Signalfilterung“ entweder mit diskreten Bauelementen, durch eine digitale Schaltung oder durch eine Filter-Software auf einem Mikroprozessor realisiert werden. Auch eine Reglerfunktion kann durch eine diskrete Elektronik oder einen Mikroprozessor ausgeführt werden. Eine Spannungsstabilisierung kann entweder durch einen Glättungskondensator oder einen elektronischen DC/DC-Wandler erreicht werden.

Die Entscheidung für eine Realisierungstechnologie ist einerseits durch die Funktion und andererseits durch die Kosten getrieben. Ein weiterer wichtiger Treiber ist die Wiederverwendung. Bevor die Technologiebausteine zu Baugruppen in Form von Steuergeräten zusammengefasst werden, wird zunächst die Synergie zu den weiteren zu integrierenden Technologiebausteinen gesucht. Es entsteht ein technologisches Netzwerk (Bild 6). Ist z. B. für ein Wirkkettenglied eine bestimmte Sensortechnologie vorhanden, deren Signal auch von einer anderen Wirkkette benötigt wird, so wird diese mitgenutzt. Dies geschieht auch dann, wenn dieser Sensor für den zusätzlichen Nutzer überspezifiziert ist.

Dennoch ist es wichtig, die ursprüngliche Anforderung in einer Datenbasis zu hinterlegen, da diese Synergie in einem anderen Fahrzeug möglicherweise so nicht mehr gegeben ist.

Für die gerätetechnische Beschreibung wird in der KFZ-Industrie in der Regel die Nomenklatur z. B. nach DIN 19 227, IEC 617-4 und weiterer Normen eingesetzt.

Integrationsmodelle

Knotenmodell

Die Glieder der technologischen Wirkketten werden zu Gruppen an unterschiedlichen Orten, den „Knoten“, zusammengefasst. Es wird dabei streng auf das Kostenoptimum bei der Integration der Technologiebausteine geachtet. So

6 Beispiel für eine technologische Wirkkette

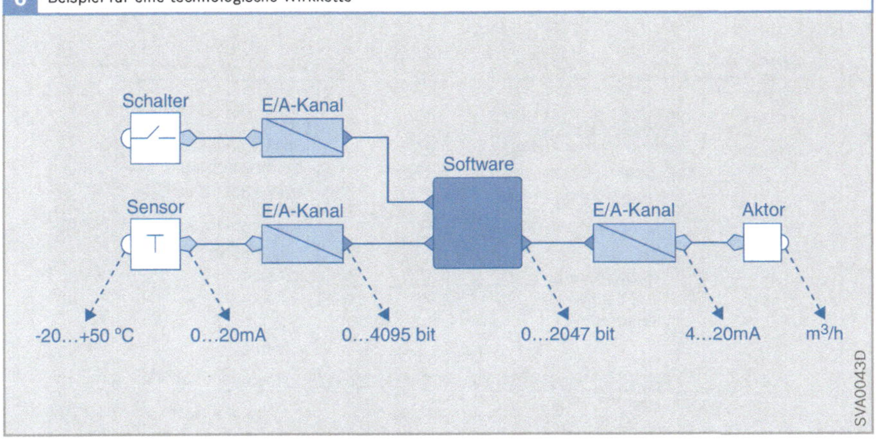

versucht man z. B. die Softwareanteile mehrerer technologischer Wirkketten auf einen gemeinsamen Mikroprozessor zu integrieren. Sensorsignale werden möglichst mehrfach verwendet und Stellglieder möglichst gemeinsam genutzt. Aber auch im mechanischen Bereich gibt es aus der Historie bemerkenswerte Synergien (z. B. Unterdruckversorgung eines pneumatischen Bremskraftverstärkers durch den Ansaugkanal des Ottomotors).

Steuergeräte-Hardwaremodell
Dieses Modell stellt die Struktur der elektronischen Hardware eines einzelnen Steuergeräts dar. Es entsteht durch Zuordnung bestimmter Elektronikbestandteile aus den technologischen Wirkketten auf eine elektronische Baugruppe in einem Knoten. Ein Steuergerät ist also im Allgemeinen ein Sammelplatz elektronischer Bauteile unterschiedlicher Systeme, eine „Integrationsplattform".

Auch auf den im Steuergerät befindlichen Mikroprozessoren ist Software zur Steuerung unterschiedlicher Systeme aus unterschiedlichen Quellen (Automobilhersteller oder -zulieferer) integriert. Durch die Vernetzung der Steuergeräte ist es möglich, komplexe verteilte Funktionen darzustellen, die Sensoren und Stellglieder aus unterschiedlichen Verbauorten im Fahrzeug nutzen.

Während der Entwicklung werden zunächst gewöhnliche Schaltpläne für den elektrischen bzw. elektronischen Teil des Steuergeräts verwendet. Danach wird die Steuergerätemechanik sowie die Aufbau- und Verbindungstechnik festgelegt. In der frühen Konzeptphase beschränkt man sich hier auf eine sehr grobe Darstellung.

Steuergeräte-Softwaremodell
Wurden die Softwareanteile mehrerer technologischer Wirkketten einem Steuergerät zugeordnet, ist es erforderlich, die benötigte Software für den jeweiligen Prozessor zu planen und zu modellieren.

Es gibt aus der klassischen IT (PC-Systeme) einige anerkannte Methoden zur Softwarearchitektur-Entwicklung mit zugehörigen Modellen. In der Kfz-Industrie hat sich jedoch bisher noch kein Standard herausgebildet. Am weitesten verbreitet ist die Modellierung mit Hilfe von UML (Unified Modelling Language).

AUTOSAR ist derzeit dabei, einen Standard für die Gliederung der hardwarenahen Software und deren Schnittstelle zu den Anwendungsfunktionen in den Steuergeräten von Kraftfahrzeugen zu definieren (Bild 8). Eine einheitliche Darstellungsweise ist ebenfalls in Arbeit. Einige Her-

7 Steuergerätemodell

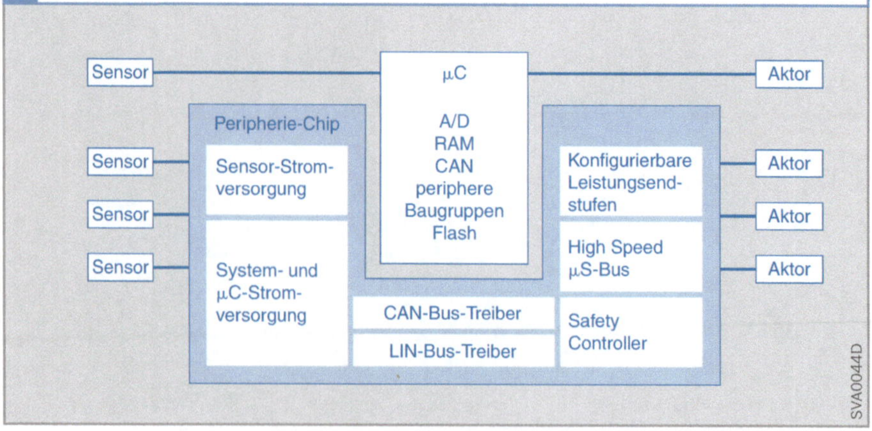

steller von UML-Werzeugen bieten bereits „AUTOSAR-Profile“ auf Basis der bisher erreichten Standardisierung an.

Typischerweise unterscheidet man zwischen Basis- und Anwendungssoftware (die „Nutzlast“). Bausteine der Basissoftware sind z. B. Gerätetreibersoftware, Kommunikationssoftware, Betriebssystem und Hardwareabstraktion.

Netzwerkmodell der Kommunikation
Da in den vorangegangenen Schritten alle Technologiebausteine eines Fahrzeugs elektronischen Steuergeräten zugeordnet wurden, liegt jetzt ein Netz dieser Steuergeräte mit deren Kommunikationsbeziehungen vor. Das Netzwerkmodell der Kommunikation stellt alle Steuergeräte des Kraftfahrzeugs dar, die über eine Buskommunikation verfügen und somit direkt oder indirekt miteinander vernetzt sind.

Jedes Signal, das zwischen zwei oder mehrerem Steuergeräten ausgetauscht wird, ist einem geeigneten Bussystem zugeordnet.

Für den Entwurf und die grafische Darstellung gibt es zurzeit noch keine einheitliche Notation. Die Modelle werden zumeist in handelsüblichen PC-Grafik-Werkzeugen erstellt.

Netzwerkmodell der Energieversorgung
Durch die Zuordnung der Technologiebausteine zu Steuergeräten sowie Sensor- und Stellgliedbaugruppen ist auch ein Netz elektrischer Verbraucher entstanden, das eine geeignete Versorgung erfordert.

Zu beachten ist hier einerseits die Absicherung einzelner elektrischer Schaltkreise, damit ein Kurzschluss nicht das gesamte Netz betrifft. Zum anderen sollen nicht alle Schaltkreise in jedem Betriebszustand mit elektrischer Energie versorgt werden. Dazu wurde das Prinzip der „Klemmen“ eingeführt. So wird z. B. die Klemme 15 nur bei eingeschalteter Zündung mit elektrischer Energie versorgt.

8 Vereinfachte Darstellung des AUTOSAR-Softwaremodells

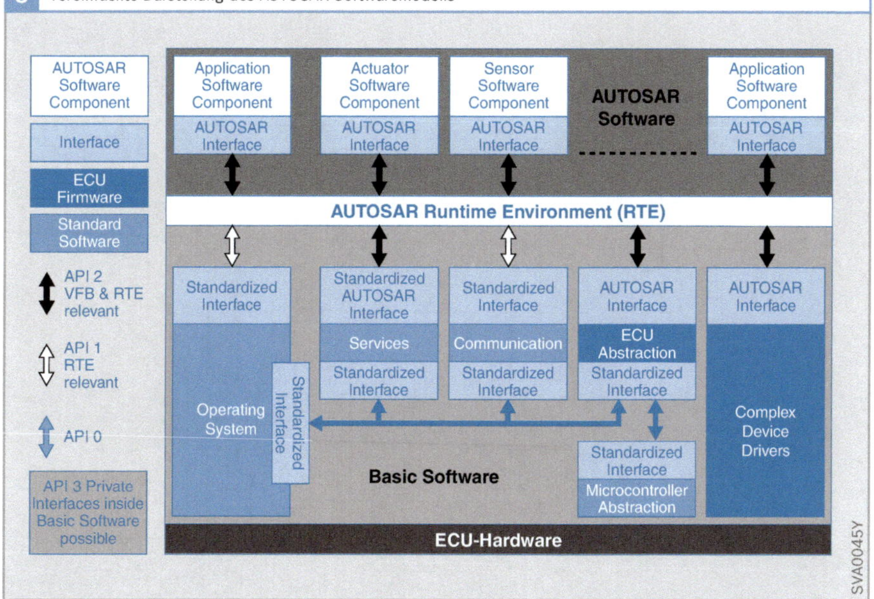

Bild 8
API Application Programm Interface
ECU Electronic Control Unit (Steuergerät)
RTE Real Time Environment
VFB Virtual Function Bus

Der elektrische Schaltplan (Bilder 9 und 10) zeigt die elektrische Vernetzung und Absicherung der einzelnen Baugruppen ohne Berücksichtigung der Einbaulage. Hier werden die Farben der Leitungen und die Zugehörigkeit zu einer Klemme bzw. Sicherung sichtbar. Die Klemmenbezeichnung folgt nach DIN 72 552.

Im oberen Teil der Darstellung befindet sich üblicherweise der Pluspol der Versorgungsspannung, während der Minuspol (Masse) im unteren Teil dargestellt ist.

Bauraummodell und Kabelbaum

Dieses Modell gruppiert elektronische Baugruppen an einem bestimmten Ort im Fahrzeug (Bild 11). Dadurch werden die Verbindungsleitungen zwischen den Steuergeräten bzw. die Leitungen zur Energieversorgung der elektrischen Verbraucher zu Kabelsträngen zusammengefasst. Es entsteht das Rückgrat eines jeden Fahrzeugs, der Kabelbaum. Es sind dabei viele unterschiedliche Randbedingungen zu beachten, wie z. B.:

10 Stromlaufplan: Autoradio

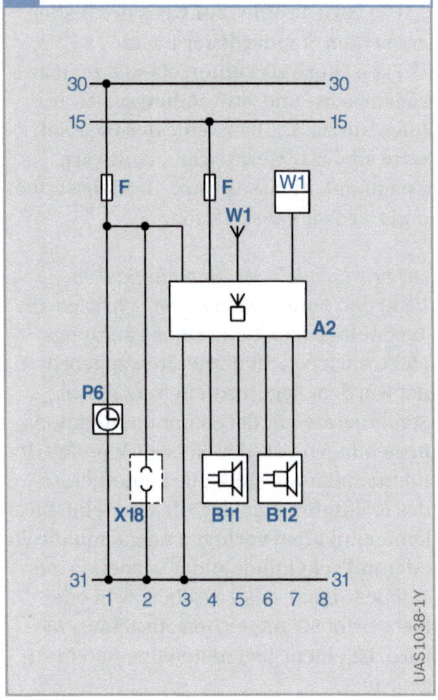

Bild 10
A2 Autoradio
B11 Lautsprecher
B12 Lautsprecher
F Sicherung
P6 Zeituhr
W1 Autoantenne
X18 Diagnosesteckdose

9 Stromlaufplan: Stromversorgung

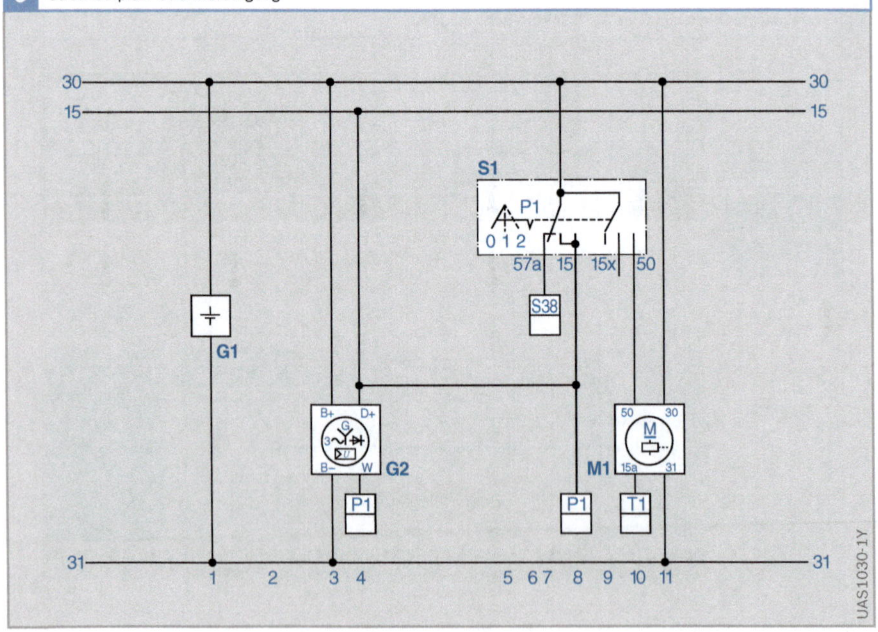

Bild 9
G1 Starterbatterie
G2 Drehstromgenerator mit Regler
M1 Startermotor
P1 Anzeige
S1 Zünd-Start-Schalter
T1 Zündspule

- Das Fertigungskonzept (einteiliger oder mehrteiliger Kabelbaum),
- Strangquerschnitte (Biegefähigkeit),
- Elektromagnetische Verträglichkeit (EMV),
- Wärmeableitung,
- Gewicht,
- Kosten (Kupfer).

In der Konzeptphase eines Fahrzeugs genügen meist zweidimensionale Modelle, in der späteren Entwicklungsphase kommen detailliertere 3D-Modelle zum Einsatz.

E/E-Entwicklungsprozess

Der E/E-Entwicklungsprozess verkettet die einzelnen Entwurfsschritte logisch und zeitlich miteinander und gibt Qualitätskriterien zu Beginn und Ende eines Entwurfsschritts zur Hand.

Da es sich bei der E/E-Architektur für das Kfz noch um eine junge Disziplin handelt, sind die Prozesse bei Kfz-Herstellern und -Zulieferern noch recht unterschiedlich. Dies betrifft sowohl die Anzahl und Reihenfolge der Entwurfsschritte als auch die Qualitätskriterien.

11 Beispiel für ein 2-D-Bauraummodell

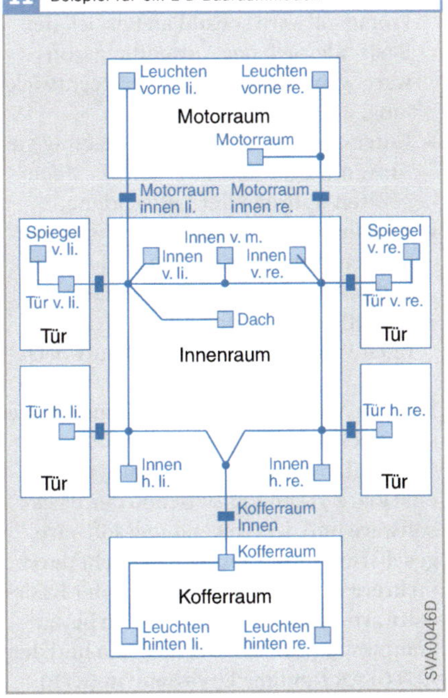

Anforderungsmanagement

Die Anforderungen bestimmen die Entscheidungen des E/E-Architekten maßgeblich. Es ist ratsam, zwischen funktionalen und nicht-funktionalen Anforderungen zu unterscheiden. Funktionale Anforderungen beziehen sich auf die gewünschten Leistungsmerkmale bei der Nutzung des Fahrzeugs (Features). Nicht-funktionale Anforderungen beziehen sich auf die technische Lösung und werden deshalb auch als Entwurfseinschränkungen bezeichnet.

Eine solche Einschränkung kann z. B. das Raumvolumen sein, das in der Mittelkonsole zur Montage von Steuergeräten zur Verfügung steht. Eine andere Einschränkung kann die an einem Ort maximal zulässige Wärmeabfuhr sein, die Einfluss auf die dort platzierbare Leistungselektronik hat. So ist z. B. der Audioverstärker in Fahrzeugen oft im Bereich des Kofferraums eingebaut, da die Wärme im Cockpit-Bereich nicht ausreichend abgeführt werden kann.

Bewertung von Modellen

Folgendes ist bei allen Ansätzen zu beobachten: Beim Übergang von einer Modellhierarchie auf die nächste (z. B. vom Funktionsmodell zum Technologiemodell) wird eine Liste mit Bewertungskriterien (z. B. Wiederverwendung oder Testbarkeit) einem Portfolio an Lösungsmustern (z. B. Bustechnologien) gegenübergestellt. Durch Bewerten der Lösungsmuster anhand der Kriterien kristallisiert sich auf Basis der rein funktionalen Anforderungen und unumstößlicher Randbedingungen („Muss-Kriterien") eine Lösung heraus. Dieses Vorgehen ist auch unter dem Namen QFD (Quality Function Deployment) bekannt.

Ein alternatives Vorgehen besteht darin, eine Referenzlösung (z. B. das bisherige Vernetzungsmodell) anhand der Bewertungskriterien mit alternativen Lösungen zu vergleichen. Dies führt zwar zu schnellen Ergebnissen, aber möglicherweise nicht zum globalen Optimum.

Da die Bewertungskriterien von den Automobilherstellern im Allgemeinen unterschiedlich gewichtet werden, unterscheiden sich die elektronischen Systeme der Fahrzeuge zum Teil erheblich voneinander.

E/E-Entwicklungswerkzeuge

Wünschenswert wäre ein Werkzeug, das die verschiedenen Modelle der E/E-Architekturarbeit darstellen und miteinander vernetzen kann. Des Weiteren sollte es möglich sein, die Eigenschaften der Modellierung zahlenmäßig zu erfassen, um sie einer Bewertung zuführen zu können.

Voraussetzung hierzu ist allerdings ein gewisser Grad an Standardisierung der Modelle und ihrer Datenformate. Nur dies ermöglicht einen Wettbewerb unter den Werkzeugherstellern und eröffnet den verschiedenen beteiligten Disziplinen die Möglichkeit, im Prozess an verschiedenen Punkten einzusteigen.

Viele Automobilhersteller und -zulieferer arbeiten intensiv an solchen Konzeptwerkzeugen bzw. Formaten. Leider ist zurzeit noch nicht abzusehen, ob und wann sich Standardformate zur Beschreibung der Modelle herausbilden werden.

Zumindest für die Beschreibung von Software und Steuergerätenetzwerken eröffnet AUTOSAR diesen Standard. Deshalb soll im Folgenden auf AUTOSAR näher eingegangen werden.

AUTOSAR

Die AUTOSAR-Partnerschaft (AUTomotive Open Systems ARchitecture) wurde im Juli 2003 von Fahrzeugherstellern und Zulieferern, darunter auch Bosch, ins Leben gerufen. Ihre Zielsetzung ist die gemeinsame Entwicklung einer offenen Softwarearchitektur für zukünftige Automobilanwendungen. Zu den Zielen der Partnerschaft gehören die Standardisierung grundlegender Steuergeräteinfrastruktur (Basissoftware), Austauschformate und funktionale Schnittstellen. Sie sollem die bisherigen firmenspezifischen Einzellösungen ersetzen. Modellbasierte Konzepte und Methodiken machen die kontinuierliche Komplexitätssteigerung, hervorgerufen durch neue Funktionen, beherrschbar. Die Forderungen nach Qualität und Zuverlässigkeit werden durch Mehrfachverwendung erprobter Standards erfüllt. AUTOSAR befasst sich dabei schrittweise mit allen Fahrzeugdomänen.

Auf der Basis der einheitlichen Infrastruktur-Software, die vornehmlich aus Standardmodulen besteht, kann jeder Fahrzeughersteller seine spezifischen Inhalte (Anwendungssoftware) umsetzen.

Ziele und Konzepte

Konkret werden zu AUTOSAR folgende Ziele verfolgt:

- Wiederverwendung von Basissoftware für unterschiedliche Fahrzeugplattformen und Fahrzeughersteller,
- Unterstützung bei der Integration von Fremdsoftware sowohl im Bereich der Basis- als auch der Anwendungssoftware während der Steuergeräteentwicklung,
- Unterstützung bei der Verschiebung von Anwendungssoftware zwischen Steuergeräten während der Entwicklung,
- Austausch von Standard-Hardwarebausteinen, ohne dass dies zu Änderungen in der Anwendungssoftware führt,
- Modellbasierte Konzepte zur frühzeitigen Validierung des Systementwurfs.

Das von AUTOSAR definierte Steuergerätesoftware-Modell (Bild 8) unterstützt eine Horizontalisierung der Software, indem eine klare Trennung zwischen der Basissoftware und der Anwendungssoftware geschaffen wird. Dies wird erreicht durch mehrere Abstraktionsebenen in der Basissoftware – von Hardwaretreibern bis zu komplexen Infrastrukturdiensten und dem AUTOSAR Runtime Environment (RTE).

Da die Schnittstellen der meisten Basissoftwaremodule innerhalb dieser Schichten standardisiert sind, können Standard-Hardwarebausteine und die zugehörigen Treiber ausgetauscht werden, ohne dass dies Änderungen der Anwendungssoftware nach sich zieht.

Umgekehrt kann Anwendungssoftware, die sich auf die Nutzung dieser Standardschnittstellen beschränkt, während der Entwicklung leichter in ein Steuergerät eingefügt oder auch auf ein anderes Steuergerät verschoben werden. So kann beispielsweise die gleiche Anwendungssoftware eines Fahrgeschwindigkeitsreglers je nach Fahrzeugplattform auf dem Motorsteuergerät, dem Getriebesteuergerät oder einem anderen Steuergerät laufen, ohne dass die Anwendungssoftware selbst verändert werden muss. Voraussetzung dafür ist natürlich, dass das Steuergerät und die Vernetzung ausreichend leistungsstark sind.

Die Standardisierung der Basissoftware sowie deren Konfigurierbarkeit je nach Anforderungen der Anwendungssoftware ermöglichen die Wiederverwendung von Basissoftwaremodulen für unterschiedliche Fahrzeugplattformen und Hersteller. Dies erhöht die Qualität der Software, da produktspezifische Änderungen entfallen, reduziert die Entwicklungskosten durch Wiederverwendung und bildet eine stabile Basis für die immer weiter fortschreitende Komplexitätssteigerung und Vernetzung der Anwendungsfunktionen.

Zudem entwickelt AUTOSAR modellbasierte Konzepte zur frühzeitigen Validierung des Systementwurfs. Auf Basis einer formalisierten Beschreibung erfolgt eine Überprüfung, ob Anwendungssoftware-Schnittstellen zueinander konsistent sind, ohne dass die Anwendungssoftware als vollständiges Programm vorliegen muss.

Zusammenfassung und Ausblick

Durch den zunehmenden Umfang und die zunehmende Vernetzung elektronischer Systeme ist es erforderlich, in geeignete Prozesse, Methoden und Werkzeuge für die E/E-Architektur zu investieren. Die E/E-Architektur hat sich als eigenständige Aufgabe in der Automobilindustrie herauskristallisiert. Wenn die vorgestellten Vorgehensweisen konsequent angewendet und weiterentwickelt werden, ist Elektronik im Kraftfahrzeug auch in Zukunft beherrschbar und trägt weiterhin maßgeblich zum Verkehrsfluss, zur Verkehrssicherheit, zum Fahrkomfort und zum sparsamen Umgang mit Kraftstoffen bei.

Abkürzungen

A

ABC: Active Body Control (Fahrwerksregelung)
ABS: Antiblockiersystem
AC: Alternating Current
ACC: Adaptive Cruise Control (Adaptive Fahrgeschwindigkeitsregelung)
ADAC: Allgemeiner Deutscher Automobil-Club
ADC: Analog Digital Converter
AGM: Absorbent Glass Mat
AMA: Active Member Address
AMP: Audio Amplifier
AMS: Application Message Service
ARS: Active Roll Stabilizer
ASC: Active Suspension Control
ASIC: Application Specific Integrated Circuit (Anwendungsbezogene integrierte Schaltung)
ASR: Antriebsschlupfregelung
AT: Action Time
AUTOSAR: Automotive Open Systems Architecture

B

BCI: Bulk Current Injection
BCM: Body Computer
BD: Bus Driver
BG: Bus Guardian
BGE: Bus Guardian Enable
Bit: Binary Digit
BM: Battery Management
BM: Bus Minus
BNEP: Bluetooth Network Encapsulation Protocol
BP: Bus Plus
BSS: Byte Start Sequence
BZE: Batteriezustandserkennung

C

CAC: Channel Access Code
CAN: Controller Area Network
CAS: Collision Avoidance Symbol
CBG: Central Bus Guardian
CDC: Continuous Damping Control
CDM: Code Division Multiplex
CDMA: Code Division Multiple Access
CGW: Central Gateway (zentrales Gateway)
CHI: Controller Host Interface
CISPR: Comité international special des perturbations (spezielles Komitee für elektromagnetische Störungen)
CMS: Control Message Service
CNI: Communication Network Interface
CPM: Clear Pending Mode Change
CPU: Central Processing Unit (Zentrale Recheneinheit)
CRC: Cyclic Redundancy Checksum
CSM: Chlorsulfoniertes Polyethylen

D

DAB: Digital Audio Broadcasting
DAC: Device Access Code
DC: Direct Current
DF: Dynamo Feld
DFM: Dynamo Feld Monitor
DI: Direct Injection (Direkteinspritzung)
DIN: Deutsches Institut für Normung
DLC: Differential Locks Control
DMA: Direct-Memory-I/O-Access
DMC: Deferred Pending Mode Change

E

EBS: Elektronischer Batteriesensor
ECU: Elektronic Control Unit (Steuergerät)
EDC: Electronic Diesel Control (Elektronische Dieselregelung)
EDR: Enhanced Data Rate
EEM: Elektrisches Energiemanagement
EMV: Elektromagnetische Verträglichkeit
EN: Euronorm
EPB: Electric Parking Brake
EPS: Electric Power Steering
ESD: Electrostatic Discharge (Elektrostatische Entladung)
ESI(tronic): Elektronische Service
ESP: Elektronisches Stabilitätsprogramm
ETC: Electronic Transmission Control (elektronische Getriebesteuerung)
ETFE: Ethylen-Tetrafluorethylen
ETN: Europäische Typnummer
EU: Europäische Union

F

FEC: Forward Error Correction
FEP: Perfluorethylenpropylen-Copolymer
FES: Frame End Sequence
FOT: Fiber Optic Transceiver
FSK: Frequency Shift Keying
FSR: Force Sensitive Resistance
FSS: Frame Start Sequence
FTDMA: Flexible Time Division Multiple Access
FTU: Fault Tolerant Unit
FTM: Fehlertoleranter Mittelwert

G

GAP: Generic Access Profile

GFSK: Gaussian Frequency Shift Keying
GOEP: Generic Object Exchange Profile
GPS: Global Positioning System

H

HCI: Host Controller Interface
HD: Heavy Duty
HDL: Hardware Description Language
HFM: Heißfilm-Luftmassenmesser
HHC: Hill Hold Control
HUD: Headup-Display

I

I/O-Ports: In/Out-Ports (Ein-/Ausgänge)
IA: Independent Aftermarket
IAC: Inquiry Access Code
IC: Integrated Circuit (Integrierte Schaltung)
IEC: International Electrotechnical Commission (Internationale Elektrotechnische Kommission)
IEEE: Institute of Electrical and Electronics Engineers
IFG: Interframe Gap
INIC: Intelligent Network Interface Controller
ISO: International Organization for Standardization (Internationale Gesellschaft für Normung)

J

JIS: Japanese Industrial Standard

K

Kfz: Kraftfahrzeug
KSN: Kundensuchnummer
KW: Kurzwellen

L

L2CAP: Logical Link Control and Adaptation Protocol
LAN: Local Area Network
LAP: Lower Address Part
LCD: Liquid Crystal Display (Flüssigkristall-Display)
LDF: LIN Description File
LED: Light Emitting Diode (Leuchtdiode)
LF: Ladefaktor
LIN: Local Interconnect Network
LLI: Logical Line Interface
LRF: Load Response Fahrt
LRR: Long Range Radar
LRS: Load Response Start
LSB: Least Significant Bit
LVDS: Low Voltage Differential Signaling
LW: Langwellen

M

MAC: Media Access Control
MAMAC: MOST Asynchronous Medium Access Control
MARS: Maintainable Real Time System
MC, µC: Mikrocontroller
MEDL: Message Descriptor List
MHP: MOST High Protocol
MOST: Media Oriented Systems Transport
MSB: Most Significant Bit
MSC: Message Sequence Chart
MW: Mittelwellen

N

NAP: Non-significant Address Part
Nfz: Nutzfahrzeug
NIC: Network Interface Controller
NIT: Network Idle Time
Nkw: Nutzkraftwagen
NM: Network Management
NRZ: Non-Return to Zero
NTC: Negative Temperature Coefficient (negativer Temperaturkoeffizient)

O

OBD: On-Board-Diagnose
OBEX: Object Exchange
OEM: Original Equipment Manufacturer
OES: Original Equipment Service
OSI: Open System Interconnection

P

PA: Polyamid
PAN: Personal Area Network
PC: Personal Computer
PCM: Pulse Code Modulation
PD2: Partition Design 2
PDA: Pesonal Digital Assistant
PE: Polyethylen
Pkw: Personenkraftwagen
PLC: Powerline Communication
PMA: Parked Member Address
POC: Protocol Operation Control
POF: Plastic Optical Fiber
ppm: parts per million
PPP: Point-to-Point Protocol
PRP: Post-Receive Phase
PSI: Peripheral Sensor Interface
PSK: Phase Shift Keying
PSM: Passive Safety Manager
PSOC: Partial State of Charge (Ladezustand der teilgeladenen Batterie)
PSP: Pre-Send Phase
PTC: Positive Temperature Coefficient (positiver Temperaturkoeffizient)
PVC: Polyvinylchlorid
PWM: Pulsweitenmodulation

Q

QFD: Quality Function Deployment

R

RADAR: Radiation Detecting and Ranging
RAM: Random Access Memory (Schreib-Lese-Speicher)
RFCOMM: Radio Frequency Communication
ROM: Read-Only Memory (Nur-Lese-Speicher)

S

SAE: Society of Automotive Engineers
SDAP: Service Discovery Application Protocol
SDARS: Satellite Digital Audio Radio Service
SDP: Service Discovery Protocol
SEI: Software Engineering Institute
SIG: Special Interest Group (Bluetooth)
SIR: Silicon-Elastomer (Silicon-Kautschuk)
SOC: State of Charge (Ladezustand einer Batterie)
SOF: State of Function (Leistungsfähigkeit einer Batterie, Batteriezustand)
SOH: State of Health (Alterungsgrad einer Batterie)
SOS: Slightly-Off Specification
SPP: Serial Port Profile
SRR: Short Range Radar
SRU: Smallest Replacable Unit
STN: Super Twisted Nematic
STP: Shielded Twisted Pair
StVZO: Straßenverkehrszulassungsordnung (für Deutschland)

T

TA: Technische Anforderungen
TCS BIN: Telephony Control Protocol Specification – Binary
TDD: Time Division Duplex
TDMA: Time Division Multiple Access
TEM: Transversales Elektromagnetisches Feld
THU: Telematic Head Unit
TP: Transmission Phase
TSS: Transmission Start Sequence
TTA: Time Triggered Architecture
TTNR: Typteilenummer
TTP: Time Triggered Protocol
TV: Television

U

UAP: Upper Address Part
UART: universal Asynchronous Receiver Transmitter
UKW: Ultrakurzwellen
UTP: Unshielded Twisted Pair

V

VDE: Verband deutscher Elektrotechniker
VDU: Vehicle Dynamics Unit

W

WAN: Wide Area Network
WLAN: Wireless Local Area Network
WPAN: Wireless Personal Area Network
WUP: Wakeup Pattern
WUS: Wakeup Symbol

Sachwortverzeichnis

S

T

U

Batch number: 10577946

Printed by Printforce, the Netherlands